Deepen Your Mind

[前言]

在過去，大家可能會認為程式交易是一個高大上的東西，我可以很有信心地告訴你，在技術上你要利用程式完成你腦中的交易策略並不是一件難事，最難的絕對是賺錢的策略以及你在撰寫程式交易時的細心度及反覆驗證。而且在現在這個年代，程式單早已大肆興起，因為人的精力有限、速度有限，程式單則 24 小時全程為你工作，速度絕對是手單比不上的。現今有許多產品都具備夜盤，包括基本的大小台指，甚至你如果想玩國外的商品，你就得半夜盯盤，太耗費精神了，當你研究出一套策略之後，透過回測確立可行，你就可以用程式去實現它，並且讓他 24 小時為你工作，你則可以去研究其他策略，或者是專注在你的主業上，這就是程式交易的魅力所在。

當然了，說上面這些並不是非要你玩程式交易，畢竟這跟每個人的想法跟接受度有關，有很多人其實不能放心程式拿他的錢做自動交易，所以即使有了程式在幫他交易，他仍然會不斷的干預，進而影響到程式真正的獲利。無論你玩不玩程式交易，有一件事情都是同等重要，那就是回測，回測你的想法是否能夠賺錢，因此回測會是本書的核心之一。

我的想法是我認為入門的同學還不太適合太早開始做自動交易的程式，而且說真的如上所提及，大部分的人對於真正的程式自動交易還是存在許多擔憂與疑慮，所以本書的核心之一並不是以開發自動交易的程式為主，而是以開發小幫手系列為主，透過程式替你監控市場，再由你自己決定是否要入場。當然其實你的小幫手開發出來後，要轉成程式交易也並非難事，因為你的小幫手勢必是有條件的，只是當條件符合時是發出通知，把它改成下單的程式就可以了，不過這中間也牽涉到很多細節，例如現金、庫存的判定；程式運行頻率的設置等等，這些就是比較進階的事情了。

總的來說，這本書有三個核心，我認為是做程式交易入門常常應用到的三個層面，我希望你對於這三個層面的處理有基礎的認識。除了三個核心之外，我在最後一個章節設計了比較輕鬆，不談寫程式的環節，我想跟讀者聊聊自己對於 AI 的相關應用以及我們現在的工作大致情況。三個核心如下：

1. 資料的取得
2. 掃描股票市場的小幫手輔助系列
3. 回測框架驗證你的策略

最後很感激能夠獲得出版此書的機會，也希望能藉由此書跟正在閱讀的你交個朋友，我在之後的章節有提及，在 Github 上我有專門為此書開一個頁面，有任何問題無論是不是書中的問題都可以提出來討論，我會盡我所知的給予建議，這本書只是帶你用 python 走進台股、程式交易的世界，只是冰山一角，如果你想要更精進，市面上還有許多非常進階的 python 相關金融統計分析的書，我很建議你也買來看一看，亦或是像我一樣，我自知金融知識不是很專業，所以我跟一位在交易的領域打滾多年高手合作，也是我現在的老闆，我負責以 python 或是其他工具軟體實現他的策略，而他負責構思策略，並且我也常常在他那裏學到許多金融知識。我在本書中介紹給你的就是我們日常作業中對於台股的應用。歡迎你加入這個領域，我們所有人加入這個領域，應該都不是單純為了研究、為了開心吧，我們就是想要賺錢，賺錢才會讓我們開心，因此在這裡預祝你旗開得勝，賺大錢！

[目錄]

01 環境準備—順便談一些開發小習慣

02 資料取得 — 資料就是財富

03 股市小幫手系列一股市小幫手，股票池篩選與入門

04 指標型策略撰寫與效益評估

05 聊聊 AI、大數據與金融

Chapter

01

環境準備—順便談一些開發小習慣

1.1 安裝 Python

安裝 python

這本書既然跟 Python 有關係，那勢必得要先安裝了，雖然說本書預期的是閱讀者有一點點的基礎，因此你可能已經有自己的開發環境，不過我還是需要介紹一下我的環境，這樣假設真的出問題有些東西不能夠運行，至少你可以嘗試按照接下來介紹的步驟走一次，確保我們的環境一致，當然如果沒問題就沒差了。安裝的方法很簡單，到 Python 官網去即可。

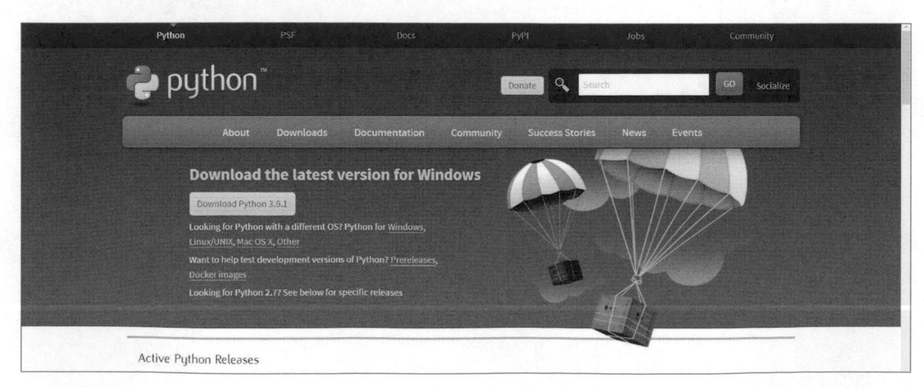

圖 1.1.1 Python 官網

在滑鼠移至 Downloads 時，我們看到下圖右邊的框框處，有一個 Python3.9.1，通常這個代表最新的穩定版本，有些人會認為那個是最新的版本，但有時候未必，像是在撰寫的時候官方已釋出到 3.10.0 以上的版本了，不過那些是預發行，除非你有興趣，不然最好先不要使用。

如果你想要安裝官方推薦的最新穩定版也沒問題，但通常我們不會安裝如此超前的版本，通常會退個 1-2 版，例如安裝 3.7 或 3.8 以上的版本，原因是若是 3.9 以上的版本有新增或是移除一些功能，可能會導致部分程式無法運行，因為有大部分的的程式或套件很可能是使用 3.9 以下的版本撰寫的，但其實 90% 的情形 3.7、3.8、3.9 的改動不會過大導致有些程式無法運行，通常是特定套件才比較有影響。

因此我會點擊左邊的框框處選擇自己的作業系統並進去安裝退一版本的 python。

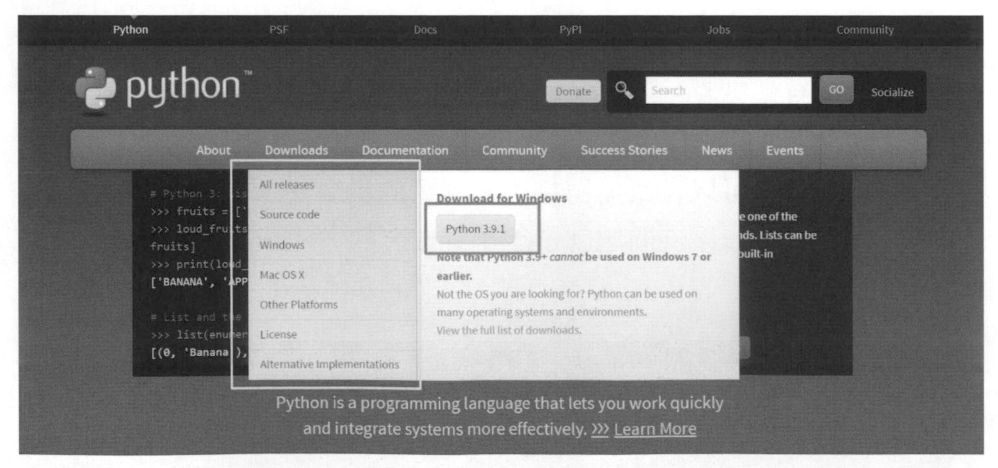

圖 1.1.2　下載頁面

點擊後你就會來到如下圖的畫面，右邊那一排 Pre-releases 就是所謂的預發行的版本，可以直接忽略，請選擇左邊那一排 Stable 的版本。

Python Releases for Windows

- Latest Python 3 Release - Python 3.9.1
- Latest Python 2 Release - Python 2.7.18

Stable Releases

- Python 3.8.7 - Dec. 21, 2020
  Note that Python 3.8.7 *cannot* be used on Windows XP or earlier.
  - Download Windows embeddable package (32-bit)
  - Download Windows embeddable package (64-bit)
  - Download Windows help file
  - Download Windows installer (32-bit)
  - Download Windows installer (64-bit)
- Python 3.9.1 - Dec. 7, 2020
  Note that Python 3.9.1 *cannot* be used on Windows 7 or earlier.

Pre-releases

- Python 3.10.0a4 - Jan. 4, 2021
  - Download Windows embeddable package (32-bit)
  - Download Windows embeddable package (64-bit)
  - Download Windows help file
  - Download Windows installer (32-bit)
  - Download Windows installer (64-bit)
- Python 3.8.7rc1 - Dec. 7, 2020
  - Download Windows embeddable package (32-bit)
  - Download Windows embeddable package (64-bit)
  - Download Windows help file

圖 1.1.3　Python Releases 頁面

我會選擇滑到下面去選擇 3.7.6 的版本，原因是因為我自己有在用的永豐 api 報價的部分據悉目前適用於 3.8 以下版本，所以我選擇 3.7 版。請點擊 web-based installer 的選項，請參考下圖。基本上每一個都是下載，只是方式不一樣，有些是直接使用瀏覽器下載安裝執行檔，有些是下載壓縮檔再解壓縮，所以你可以挑一個順眼的點擊就好。

Note that Python 3.7.6 *cannot* be used on Windows XP or earlier.

- Download Windows help file
- Download Windows x86-64 embeddable zip file
- Download Windows x86-64 executable installer
- Download Windows x86-64 web-based installer
- Download Windows x86 embeddable zip file
- Download Windows x86 executable installer
- Download Windows x86 web-based installer

圖 1.1.4　python 下載選項

安裝 python – x86 與 x86-64

同學這時候可能就有疑問了，為什麼有些是 Windows x86-64 有些卻是 Windows x86 ？基本上 x86 適用 32 位 windows 作業系統，x86-64 則適用 64 位 windows 作業系統。怎麼看呢？以 windows10 來說，請你打開檔案總管，也就是你的資料夾，並對著本機或我的電腦按右鍵並點選內容，你就可以看到你是 32 位元還是 64 位元的了。

圖 1.1.5　查看作業系統類型

下載完畢後點開會有執行檔，強烈建議將下圖框框處打勾，然後 Install Now 即可。

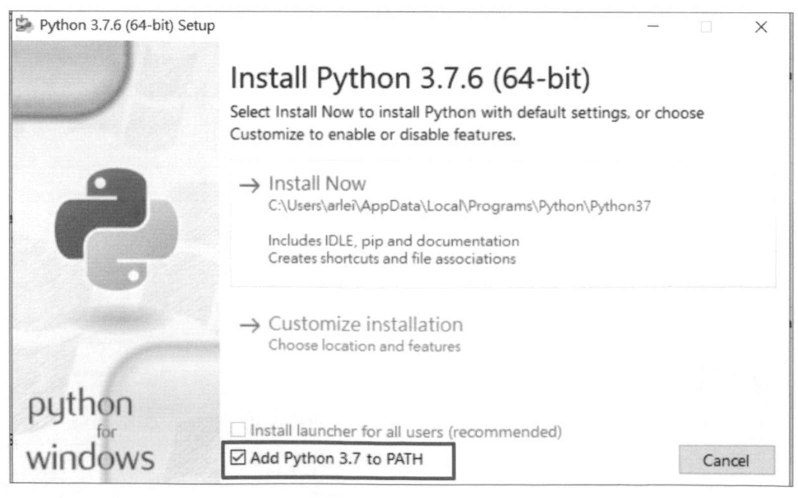

圖 1.1.6　安裝視窗

安裝 python – 測試安裝是否成功

安裝完之後，怎麼確定安裝正確完成了呢？請你點開命令提示字元，你可以通過搜尋 cmd 三個字來找到命令提示字元。打開後請輸入 python。

```
=====================cmd=====================
C:\Users\arlei>python
```

成功的話你就會看到像下圖一樣的畫面，記得稍微看一下版本對不對哦。

```
Python 3.7.6 (tags/v3.7.6:43364a7ae0, Dec 19 2019, 00:42:30) [MSC v.1916 64 bit (AMD64)]
Type "help", "copyright", "credits" or "license" for more information.
>>>
```

圖 1.1.7　確保安裝成功

小節統整

到這裡，完成了 python 的安裝，也是本小節唯一的目標。因為篇幅有限，所以本書不會對 python 基礎做太多解釋，如果你是完全沒有程式概念的初學者，很基本的概念要先有，不用到精熟，但是你至少要知道基礎怎麼用，基礎知識網路上即有豐富資源，我先列幾個關鍵字重點，如果你都清楚這些是什麼，那就代表你已有基礎知識 (你可以等第一章節完成後再進行這些練習)。有些我覺得新手比較容易搞混或是特別重要的，我在後面章節使用到的時候會特別說說，例如 pass / break / continue 這一類的控制方法或者是 try / except 這些，其餘的基礎概念如下表：

1. 基本觀念：變數、print 等
2. 常用資料結構概念：list、dictionary、dataframe、array
3. 常用基本資料類型必懂：str、int、float、datetime
4. 迴圈、條件式及控制：for、while、if / else / elif、pass / break / continue
5. 運算子：+ - * / 以及其他概念如 += 寫法、% 取餘數等
6. Python 規則：python 規定縮排 (例如 for、while、if、def 這些包起程式時需要加一個 Tab)、import 使用套件基礎操作
7. 函數 (def) 基本概念

上述概念有了基礎的了解後，我很推薦 https://github.com/gto76/python-cheatsheet。

圖 1.1.8　Google 搜尋 python cheatsheet github 應該就有

它把 python 的超重要基礎用法都寫進去了，如果你全部都學會並且應用自如的話，基本上你已經可以算是個程式小高手了。我覺得新加入的同學特別有需要先看看的應該是 1.Collections -> 2.Types -> 4.System -> 5.Data，還有 3.Syntax 裡面的 Class，其餘的可能等你未來更加熟練了再回來看也不遲。

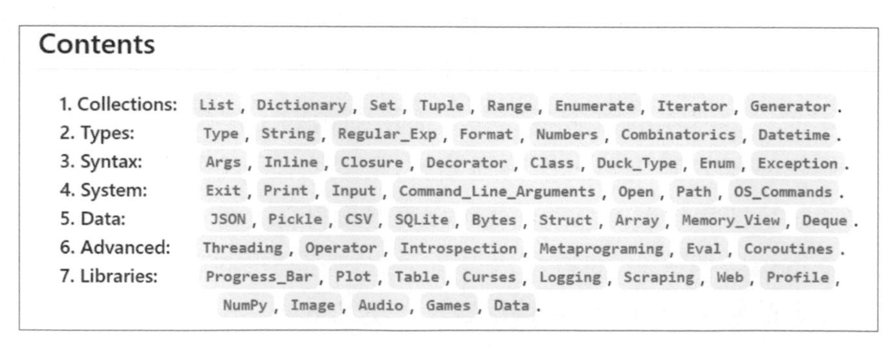

圖 1.1.9　Cheatsheets 超詳細

例如 List(列表)，他會告訴你一些經典的用法，你如果有時間可以多多練習，例如你可以自己打開程式隨便創建一個 list，x = [1 ,3 ,4 ,5 ,6] 之類的，然後按照他的指令做一次看看並把 list print 出來看看會有什麼變化你就很清楚了，初學者真的先不用把各種指令背起來，你只要記得例如 list 好像可以做排序喔？以前好像有練習到，這時候你再去 Google list 排序就可以了，多遇到幾次你一定就會記起來的，初期不要像背單字一樣死背語法，記住它的功用跟概念我覺得比較重要。

List

```
<list> = <list>[from_inclusive : to_exclusive : ±step_size]
```

```
<list>.append(<el>)            # Or: <list> += [<el>]
<list>.extend(<collection>)    # Or: <list> += <collection>
```

```
<list>.sort()
<list>.reverse()
<list> = sorted(<collection>)
<iter> = reversed(<list>)
```

```
sum_of_elements  = sum(<collection>)
elementwise_sum  = [sum(pair) for pair in zip(list_a, list_b)]
sorted_by_second = sorted(<collection>, key=lambda el: el[1])
sorted_by_both   = sorted(<collection>, key=lambda el: (el[1], el[0]))
flatter_list     = list(itertools.chain.from_iterable(<list>))
product_of_elems = functools.reduce(lambda out, el: out * el, <collection>)
list_of_chars    = list(<str>)
```

圖 1.1.10　List 的各種用法

本小節就先進行到這裡了，接下來我們要講套件管理，也就是 pip 的使用，如果只講 pip 如何安裝套件，讀者可能會很不滿，我會舉幾個日常工作 pip 很好用的其他功能。

1.2 pip 套件管理

pip 安裝套件 – 基礎語法

Python 之所以好用，除了簡潔易懂的語法，且因為開源的特性他還擁有龐大的套件庫，基本上你想的到的應用都有對應的套件可以使用。撰寫網頁領域有 Django、Flask；機器學習與深度學習則有著名的 scikit-learn、pytorch、tensorflow；如果你想開發 app，那也有 Kivy (但聽說不太好用) 等等。藉由這些套件，我們可以將許多複雜的流程或架構簡單的透過幾行程式來實現。

所以接著就要來說明如何使用套件管理系統安裝套件，我知道許多人是用 Anaconda，他有內建的 conda 管理套件，但我個人沒有使用，所以我會以 pip 套件管理系統來講解 (Anaconda 的使用者除了 conda 之外也可以使用 pip)。

安裝的命令超級簡單，一樣打開 cmd(命令提示字元)，然後就是 pip install + < 套件名稱 >，你可以嘗試看看安裝 python 使用率超高的套件 pandas。

```
======================cmd======================
C:\Users\arlei> pip install pandas
```

安裝完後，基本上沒有紅字且看到 Successfully 就是代表安裝成功，有些同學可能會看到黃字，如：

```
======================cmd======================
WARNING: You are using pip version 20.2.1; however, version 20.3.3 is available.
You should consider upgrading via the 'c:\users\arlei\appdata\local\programs\
\python\python38\python.exe -m pip install --upgrade pip' command.
```

你可以解讀它字面上的意思，即是告訴你 pip 這個套件管理系統有新的版本可以取得啦，你現在還再用舊版，你要考慮對他作升級嗎？你看，他很貼心的還把語法都給你了：python -m pip install --upgrade pip。有同學可能會問，那應該要更新嗎？對我來說如果沒有造成問題，我就不會更新，當然如果你覺得常常收到警告想要更新，那也沒關係。

接著，有許多簡單的常用其他語法，我一一列給你，你可以嘗試打打看，我們就不再示範了：

■ 解除套件安裝 -pip uninstall { 套件 }:

```
======================cmd======================
C:\Users\arlei> pip uninstall pandas
```

■ 指定版本 -pip install { 套件 }== 版本號 :

```
======================cmd======================
C:\Users\arlei> pip install pandas==1.2.1
```

■ 列出已安裝套件及版本 -pip list:

```
======================cmd======================
C:\Users\arlei> pip list
```

■ 升級某套件 -pip install { 套件 } --upgrade:

```
======================cmd======================
C:\Users\arlei> pip install pandas -upgrade
```

■ 秀出某套件資料 (筆者常常用來找某套件的資料夾位置)-pip show { 套件 }

```
======================cmd======================
C:\Users\arlei> pip show pandas
```

pip 安裝套件 – 安裝套件列表中的套件

以上所述的都是最基礎的功能。我們現在來設想一個情境，如果今天你在網路上看到一個很棒的專案，你想拿來使用，但是一個大專案他使用的套件可能動輒就是數十個數百個，你總不可能一個個去對，一個個慢慢安裝吧？所以通常對方都會附上所謂的套件列表，讓你一次安裝所有需要的套件。

我們剛剛裝了 pandas 套件了，那我們現在就試著把你的環境的套件釋出，一樣在 cmd 中輸入 pip freeze > { 自訂 }.txt，檔名可以自由定義，你也可以叫做 abc.txt：

```
======================cmd======================
C:\Users\arlei> pip freeze > requirement.txt
```

輸入完後，你應該可以在對應的位置找到一份叫做 requirement.txt 的檔案如下圖，很多初學者常常會有找不到檔案的問題，很簡單，你看你的 cmd 顯示的位置在那裡，你的套件列表就會出現在那裡，以我的為例，就會出現在 C:\Users\arlei 裡面。

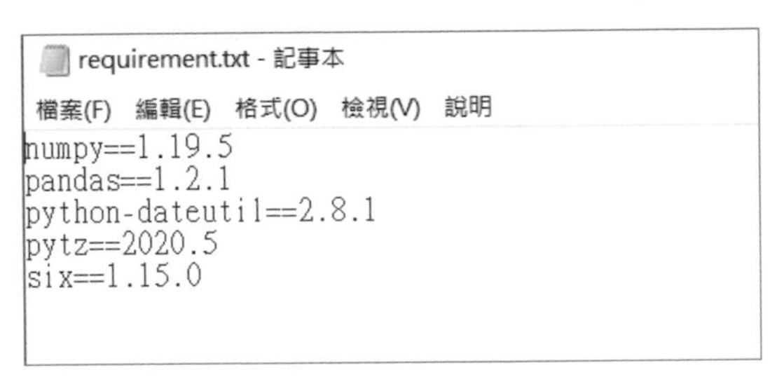

圖 1.2.1　套件列表中，會記錄套件名稱及版本

看到套件列表，你可能會小驚訝，裡面有些東西根本不是我下載的啊？很正常，有些東西是預先幫你裝好的，或是隨著某些大型套件的需要安裝好的。

這時候，好用的地方來了！我們要把列表中的所有套件一次下載完畢。一樣保持 cmd 的畫面，我們可以輸入 :pip install -r { 目標檔案 }.txt，目標檔案就是你或者是給你套件列表的人命名的。

```
======================cmd======================
pip install -r requirement.txt
```

你就會看到他自動安裝列表中的所有套件了，當然你是自己 freeze 然後自己安裝的，所以理論上它應該會跟你說目標套件已存在 (Requirement already satisfied)，然後就略過，這個小操作很基本卻常常在使用，務必記得，未來絕對會用的上的。你想想，如果大型專案需要 200 個套件，你只需要運行上面那個指令，他就會一次幫你裝完，你只需要去看個 Netflix 就行，總不能 200 個套件你一個一個 pip install 吧？ pip 的部份我們就先介紹到這裡，後面有其他情境及特殊需求，會再補充。

小節統整

本小節有一些重要的 pip 語法你必須要熟練，其他的你大概知道有這個功能存在就好：

1. pip 安裝套件 : pip install { 套件名 }
2. pip 安裝套件列表 : pip install -r { 檔名 }.txt
3. pip 匯出套件列表 : pip freeze > { 檔名 }.txt
4. pip 移除套件 : pip uninstall { 套件名 }

1.3 準備編輯器

下載 vscode

俗話說的好：工欲善其事，必先利其器。好的編輯器對你開發上的順手度會大大的提升，你想想，如果你用記事本或是其他東西寫程式，他會提示你可用的參數或是變數嗎？他會用顏色幫你區分類型嗎？肯定不會！所以這時候你就需要編輯器了。我知道許多人會使用 Jupyter Notebook 做為編輯的工具，若是你已經擁有了，那你可以跳過此小節，繼續使用 Jupyter Notebook。但在這裡我想介紹我很愛使用的 Visual Studio Code(簡稱 vscode)。

只要 Google vscode 你就會找到他們官方，然後把下載按鈕點下去，執行安裝檔。基本上除非你有特殊需求，例如更改路徑，不然一路下一步按到底就沒問題了！

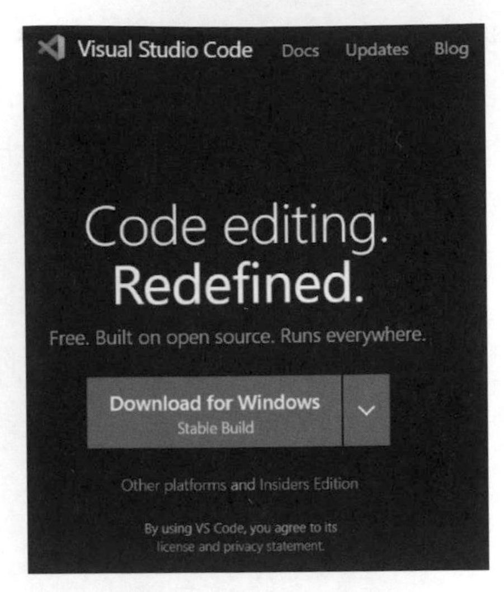

圖 1.3.1 vscode 官網

vscode 相關設定

接下來介紹如何更改為中文，如果你沒差就不用改了，不過我還是簡略說一下，三個步驟，請你安裝完後先打開 vscode：

1. 按 ctrl + shift + P，你會看到上方的搜尋列被你打開了。
2. 搜尋列輸入 language，通常你打到一半就會看到 Configure Display Language，點下去。
3. 他會出現一個 install additional languages，點擊下去你就會看到如下圖的語言選項了。(載完之後請記得重啟)

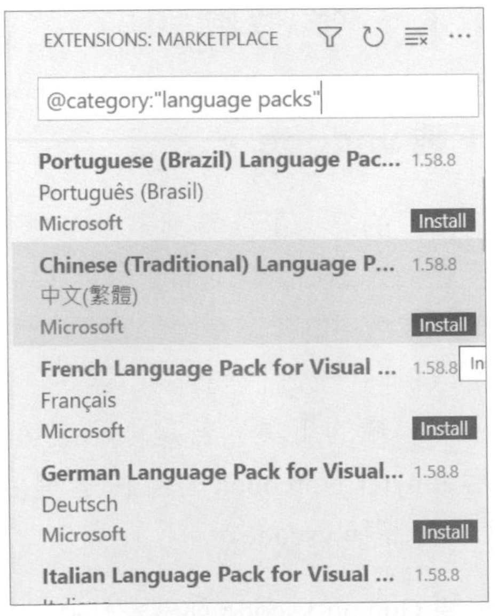

圖 1.3.2 語言選項

更換完語言之後，還可以更換背景顏色，在 vscode 左下角有一個齒輪圖樣，點下去你會看到色彩佈景主題，再點下去就可以選擇了！然後你知道嗎，vscode 還可以更換背景為自己喜歡的主題，例如放一個多啦 A 夢在背景，這個就是課外題，有興趣可以 Google: vscode 更改背景圖片，照著做就可以了！

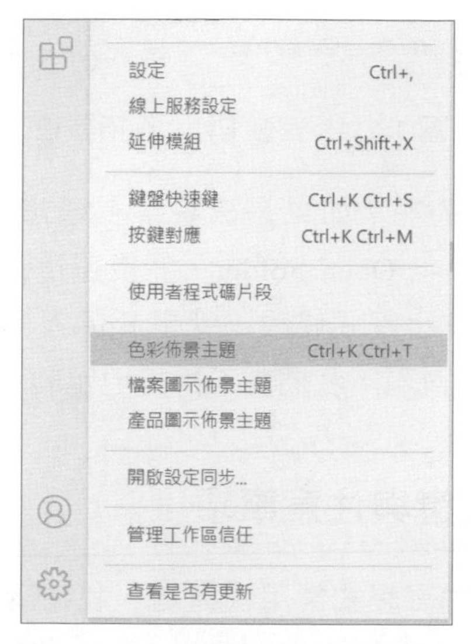

圖 1.3.3 更換背景顏色及主題

再來，最後也是最重要的環節：下載 Python 擴展包。有些人會問，咦？我的電腦裡不是早就裝了 Python 了嗎？為什麼 vscode 還需要一個？不衝突嗎？

這個問題問得很仔細，請注意這個 Python 的擴展包他並不是安裝 Python 的概念，而是官方設計出來的一個讓你在 vscode 上面順順的使用 Python 的小工具罷了。有些使用者在安裝拓展包時看到官方直接寫一個 Python，會以為他又安裝了一個 Python 了，其實不是。

好的，回正題，請參考下圖，點擊左方框框處後再鍵入 Python，然後將第一個跳出來的安裝起來即可。

圖 1.3.4　安裝 Python 拓展包

至於日常是怎麼操作的呢？如果是寫專案，通常操作範圍是整個資料夾，就是左上角的 File -> Open Folder，然後選擇你的專案資料夾就可以了，如果只是做一兩支小程式修改，就是 File -> Open File 打開單一 py 檔即可，你可以自己試試看，我們就不再特地示範了。

vscode 常見快捷鍵與注意事項

有幾個很重要很基礎的寫程式常用快捷鍵，我建議最好是背起來，以後很好用：

快捷鍵	作用
先按 Ctrl(按著)+/	快速註解，可選取多行
Tab	快速縮排 (程式往右)
先按 shift(按著) + tab	取消縮排 (程式往左)
先按 shift(按著) +enter	vscode 內執行單行或指定多行程式

另外，如果你一直都是用 vscode 執行程式，當你在編輯 A 程式時沒有影響，編輯完即可正常執行，但假設你的程式使用到 B 套件，你如果更改 B 套件，保險起見最好是清除終端機，也就是下方執行程式的位置有一個垃圾桶符號 (進去 vscode 如果沒看到終端機，你要先 shift+enter 執行隨便一段程式才會看到)，再重新執行一次才會更改到 B 套件的變更。

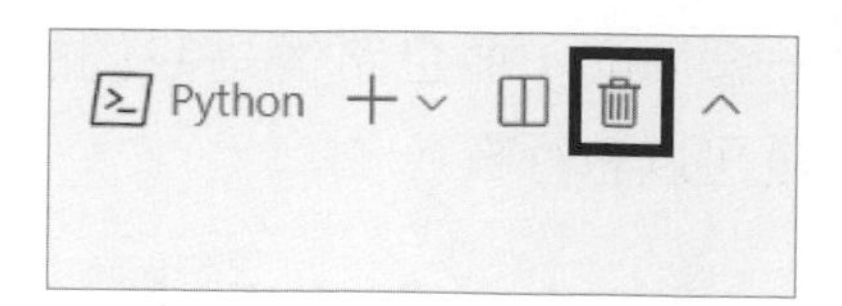

圖 1.3.5　vscode 刪除當前執行

vscode 編寫程式，cmd 執行 py 檔

vscode 其實蠻萬能，不只可以啟動 python 運行環境與虛擬環境，也可以當終端機使用，還有許多人喜歡的一行一行執行的功能，你只要選取你要執行的程式行按 shift+enter 即可，並且也支援如 jupyter notebook 那樣的區塊寫程式，後面會說到。不過我個人操作很喜歡使用電腦原生的 cmd 來執行程式，大部分都是使用 vscode 來編寫程式，然後用 cmd 的命令來運行程式，我將我日常操作方式告訴你，你可以自行決定要使用 vscode 執行還是跟我一樣使用 cmd 來運行。我簡單示範一下 cmd 執行程式，假設我們今天要執行的是 D:\test 裡面的 test.py。

圖 1.3.6　示範用資料夾

請你對著上面的搜尋列打下 cmd，並且按 enter。

圖 1.3.7　上方搜尋列打 cmd 按 enter

你就會看到他打開了一個 cmd，並且路徑是我們的目標 D:\test，然後我們就打 python test.py 就可以執行囉。

```
D:\test> python test.py
```

圖 1.3.8　cmd 執行 python

那如果剛剛這個方法你不管用或是不喜歡呢？那我們還可以靠 cd 的方法進入。首先你先打開 cmd，不管你的起始位置在哪都沒關係。

```
C:\Users\ONE PIECE>
```

圖 1.3.9　打開 cmd

然後你先決定你要進入 D 或者是 C 槽。像我們如果是 D 槽，就是輸入 D:，C 也一樣 C:。

```
C:\Users\ONE PIECE> D:
D:\>
```

圖 1.3.10　進入 D 槽

接著我們用 cd 指令進入 D:\test，然後進入後一樣在執行 python test.py 即可。反正說來說去原則就是一個，你要進入到你 py 檔所在的路徑就對了，無論你用什麼方法。

```
C:\Users\ONE PIECE> D:
D:\> cd D:\test\
```

圖 1.3.11　cd 指令前進到 D 槽的 test

補充一下，cd 是前進，cd.. 是後退一層，如果你今天在 D:\test 中，你要回去 D:\，你輸入 D: 是無效的，你如果要退回去 D:\ 你要使用 cd 點點 (cd..)，你可以自行練習看看使用 cd 進出各種資料夾。

其實 vscode 也能夠操控終端機，但我建議你還是使用內建的 cmd 來操作一些指令比較好，因為 vscode 要執行一些指令例如虛擬環境還需要再做一些設定，或者是指令不太一樣。不過因為內建的 cmd 比較醜，為了貼範例能清楚所以我盡可能是用 vscode 來實踐的，方便貼畫面。Vscode 叫出終端機很容易，你開啟一個 vscode 視窗，然後按 Ctrl+` (這個符號在 esc 按鍵的下面，與 ~ 波浪號同一個)，你就可以在 vscode 中操作終端機，作法一模一樣。

```
問題    輸出    偵錯主控台    終端機

Windows PowerShell
Copyright (C) Microsoft Corporation. 著作權所有，並保留一切權利。

請嘗試新的跨平台 PowerShell https://aka.ms/pscore6

PS C:\Users\ONE PIECE>
```

圖 1.3.12 在 vscode 中使用終端機

小節統整

本小節目標安裝完編譯器即可，還有希望你熟練 cmd 執行 py 檔的方法，當然如果你已經有自己習慣的開發方式，那就不需要特地改變習慣，就當作我的一個小小的分享就好。不過因為 cmd 的輸出結果比 vscode 醜一點，為了美觀，我還是會使用 vscode 輸出的結果貼上來給你看。本小節就到這裡，我們接著來談談虛擬環境。

1.4 開發小習慣 – 虛擬環境

虛擬環境介紹

這一個小節中，我們要來說明一下開發的好習慣，虛擬環境。什麼是虛擬環境呢？詳細的底層技術若你有興趣可以去翻閱相關資料，用白話說就是你可以創建多個環境 (比較好理解的話想成資料夾也可以)，並且每一個運行環境 (資料夾) 都有獨立的套件包，可以想像你有 10 個資料夾，10 個資料夾都是以虛擬環境創建，那這 10 個他們都會有獨立的套件環境，以及一個跟你本機上同版本的 Python。

這有什麼好處呢？假設有一天你在做深度學習的專案，遇到了某一個模型特別要求 pytorch 要在 1.0.0 以下的版本，但偏偏你其他專案又要求 pytorch 1.5.0 的版本，這時候就糟糕了，如果你沒有虛擬環境，難道你要每跑一個就重新安裝 pytorch 嗎？因為你不可能在同一個環境裝兩種套件。但如果有虛擬環境，就舒服很多了，我創建 A 環境裝 pytorch 1.0.0，再創建一個環境 B 安裝 pytorch 1.5.0，我就可以視需要去啟動不同的環境來做運算，而且不與任何環境或你原本電腦上的預設環境衝突，很棒吧？

圖 1.4.1 創建 A&B 兩個不同的環境，即可使用不同版本的套件。
虛擬環境會複製你原本環境的 python 版本與 pip 版本來創建

除此之外你可以試想一個情境，當你有各種不同的專案，例如機器學習與撰寫網站，那你會需要的套件是天差地遠的，會造成你的原本環境有各式各樣的套件。有些樂觀的同學可能會想說，咦？這樣不是很好嗎？我以後很多程式都能直接跑啊，因為我曾經裝過這些套件了。

單純從這個角度想確實沒錯，但你想想，今天你寫了一個程式交易的程式，你想要掛去別台電腦上，其實明明就只需要 10 個以內的額外套件，你卻給人家裝了 50 個毫無相關的套件，連撰寫網站的也裝上去了，這時候就很容易造成無謂的消耗。

創建虛擬環境

說了這麼多，現在就來使用看看。Python3 有內建的虛擬環境創建套件 -venv，我們就使用這個內建的，就無需下載其他虛擬環境的套件了。首先，請你選擇一個你喜歡的地方創建資料夾，我們接下來都會在這個資料夾下進行開發，我先命名叫做 Trading Strategy_EX。然後我們需要開啟該目錄的 cmd。跟上一小節教的一樣，我們示範最後一次囉，我們在指定的地方輸入 cmd。

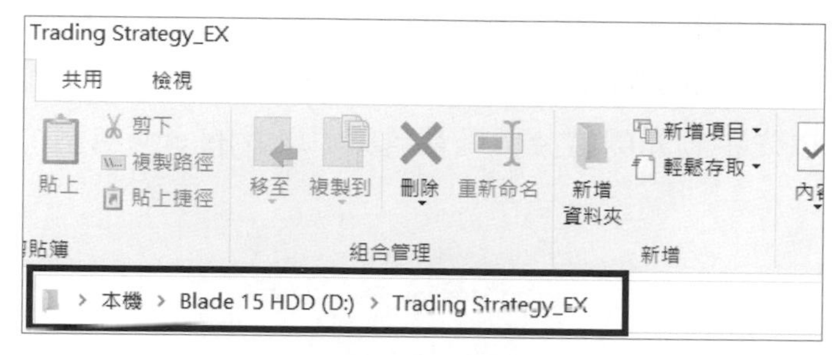

圖 1.4.2　進入剛剛創建的資料夾

圖 1.4.3　在此處輸入 cmd

這時候你會發現他幫你開啟了位置在我們剛剛創建的資料夾的 cmd。如果你無法進行此操作，那你可能需要善用上一小節說的 cd 指令去到達你剛剛所創建的資料夾。

```
D:\Trading Strategy_EX>
```

圖 1.4.4　到目標資料夾的位置

一切都就緒後，請你在 cmd 上輸入以下指令，他就會自動創建一個虛擬環境囉，然後後面的 env 代表虛擬環境名稱，你可以取自己喜歡的，例如 project 之類的，都可以。

```
=======================cmd=====================
D:\ Trading Strategy_EX> python -m venv env
```

啟動及關閉虛擬環境

如果你有在專案資料夾底下看到你命名的資料夾，就代表成功囉。例如我會看到一個叫做 env 的資料夾。接著，我們要學會如何啟動及關閉虛擬環境。你可以先手動點開虛擬環境資料夾 (以我的 env 為例)，你可以點擊進入。

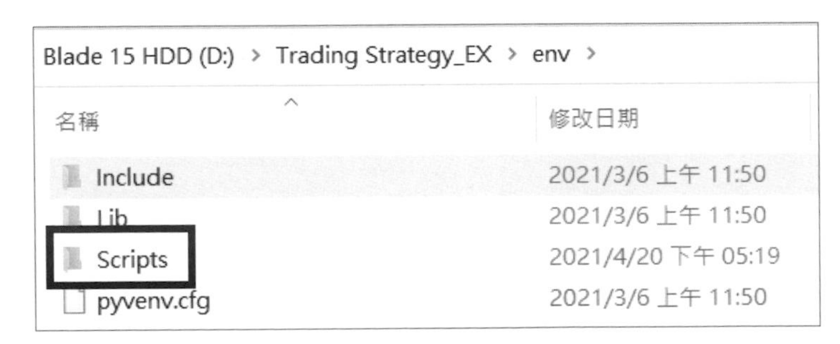

圖 1.4.5　env 中的 Scripts 資料夾最為重要，因為啟動檔案在裡面

點入後，你會看到如下圖兩個框框的檔案，這兩個就是我們的目標。其中 activate.bat 是用來啟動虛擬環境，而 deactivate 則是用來退出虛擬環境 (但我工作上很少使用退出，因為我都直接關掉 cmd)。

名稱	修改日期	類型	大小
activate	2021/1/30 上午 10:19	檔案	3 KB
activate.bat	2021/1/30 上午 10:19	Windows 批次檔案	1 KB
Activate.ps1	2021/1/30 上午 10:19	Windows PowerS...	18 KB
deactivate.bat	2021/1/30 上午 10:19	Windows 批次檔案	1 KB
easy_install.exe	2021/1/30 上午 10:19	應用程式	104 KB
easy_install-3.8.exe	2021/1/30 上午 10:19	應用程式	104 KB
pip.exe	2021/1/30 上午 10:19	應用程式	104 KB
pip3.8.exe	2021/1/30 上午 10:19	應用程式	104 KB
pip3.exe	2021/1/30 上午 10:19	應用程式	104 KB
python.exe	2021/1/30 上午 10:19	應用程式	522 KB
pythonw.exe	2021/1/30 上午 10:19	應用程式	521 KB

圖 1.4.6　activate.bat 跟 deactivate.bat 是啟動與退出虛擬環境的重要檔案

剛剛只是帶你大概看一下虛擬環境在哪裡而已，實務上我們不太會點進來的，我們會使用 cmd 直接啟動虛擬環境來使用。剛剛這波操作你應該還沒有關掉 cmd 吧？請你確認一下位置是否還在專案資料夾，像是我的在：

```
=======================cmd======================
D:\Trading Strategy_EX>
```

這時候，我們要善用 cd 指令，cd 指令可帶我們到指定的資料夾下面，而 cd.. 則可以帶我們離開此資料夾回到上一層。我們剛剛不是說 activate.bat 在 Scripts 底下嗎？ Scripts 又在虛擬環境資料夾 env 底下，所以你可以依照以下指令步驟進入並啟動虛擬環：

■ cd env

```
=======================cmd======================
D:\Trading Strategy_EX>cd env
```

■ cd Scripts

```
=======================cmd======================
D:\ Trading Strategy_EX \env>cd Scripts
```

- activate

```
=====================cmd=====================
D:\ Trading Strategy_EX \env\Scripts>activate
```

- cd.. (要回去 Trading Strategy_EX 底下時可使用)

```
=====================cmd=====================
(env) D:\ Trading Strategy_EX \env\Scripts>cd..
```

如果你有照著做，你應該就會到如下圖的畫面，請注意左方，是不是出現一個 (env) 的符號？這就代表你已經在虛擬環境中。env 為你當初自訂的虛擬環境名，如果當初是 project 的話，你就會看到 (project)。

```
PS D:\Trading Strategy_EX\env\Scripts> .\activate
(env) PS D:\Trading Strategy_EX\env\Scripts>
```

圖 1.4.7　正式 \ 啟動虛擬環境

你可以嘗試看看在虛擬環境下使用 pip list 指令，你就會發現前幾個小節裝的 pandas 或是其他套件都消失了，意味著這就是個全新又乾淨的虛擬環境。

```
(env) PS D:\Trading Strategy_EX\env\Scripts> pip list
Package            Version
------------------ ----------
```

圖 1.4.8　pip list 確認虛擬環境非常乾淨

以上是在 cmd 操作虛擬環境我自己習慣的方式，如果你用 vscode 操作的話，用 activate 你可能需要設定一些東西，因為 vscode 呼叫 activate.ps1 檔案，ps1 檔案常常是 windows 不信任的檔案，所以你需要調整一些設置。原則上我會希望你用 cmd 操作，如果你真的要解決這個問題你可以私下私訊我，我可以告訴你怎麼設定，這裡就不贅述了。

虛擬環境與 requirement.txt

你還記得我們在 1-2 小節曾經講過 pip 可以批量 install 套件以及匯出套件嗎？工作上最常配合虛擬環境使用，我們分為今天我們要使用別人的專案，以及我們要把自己寫的程式給別人。再複習一下，通常流程很簡單，如下：

- 要安裝別人的專案套件
  1. 創建資料夾，將對方的程式放入，並於內部創建虛擬環境，python -m venv env
  2. 下載別人提供的 requirement.txt，並放到專案資料夾中 (就是套件列表，雖說可以自定義名稱，但大家其實公定都會把他取為 requirement.txt)
  3. cd 至虛擬環境的 Scripts 中，activate(啟動環境)。
  4. cd.. 回到放 requiremcnt.txt 的路徑，然後輸人 pip install -r requirement.txt

- 將寫的程式給他人，他人要安裝套件
  1. 假設你是使用虛擬環境開發，cd 至虛擬環境中的 Scripts，activate 啟動環境
  2. cd.. 至你想產生套件包的位置
  3. 產出套件包 : `pip freeze > requirement.txt`
  4. 把套件包跟程式給別人，但注意程式不要包到 env，虛擬環境的那個資料夾

雖然步驟有點多，但你有沒有發現都是虛擬環境跟 pip 產出及匯入套件有關？如果你搞懂為何要這樣做就會覺得很簡單了。為什麼我們要使用虛擬環境？除了一直說的可以使用不同版本的套件之外，最重要的是當你要將程式包出去時，你總不能讓人家裝一大堆無謂的套件吧？所以我們會使用虛擬環境並匯出這個環境使用的套件，會相對乾淨非常多 (如果你

的專案是爬蟲專案，你總不可能在裡面裝一堆機器學習的套件吧）。所以虛擬環境最重要的應用其實在這裡：你可以很清楚的知道你這個專案的套件使用範圍，並在程式交付或上線時安裝必要使用的套件即可。

虛擬環境與 vscode

最後，有人可能會問如果使用 vscode 執行的怎麼辦？原則上 vscode 很聰明，你在使用 open folder 的時候只要你打開的那一層有包含虛擬環境，他就會自動幫你啟動。假設我們的資料夾結構如下。

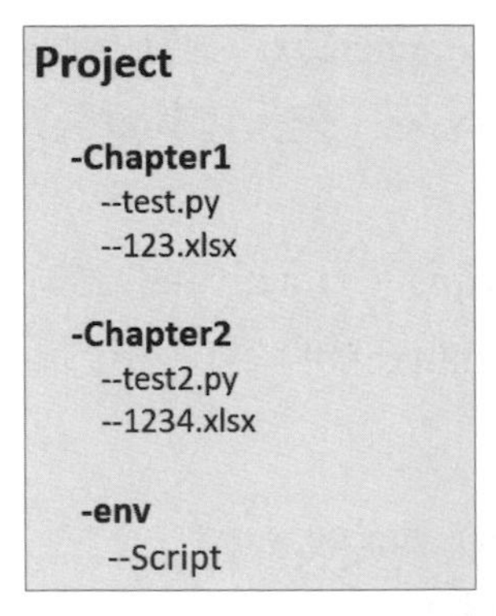

圖 1.4.9　假設虛擬環境，env 即為虛擬環境資料夾

我們 1.3 小節有稍微提到打開專案資料夾 Open Folder，如上面這個例子，如果你打開的 Folder 是 Project，然後你用 shift+enter 要執行 Chapter1 的 test.py，這時候 vscode 默認的執行環境是 D:/Project，他感應到了 env 虛擬環境，所以它會自動幫你去啟動 Project 虛擬環境；那當你今天開的 Folder 是 Chapter1，vscode 默認的執行環境是 D:/Project/Chapter1，糟糕了，這時候他在 Chapter1 裡面找不到虛擬環境了，所以他就不會幫你開啟。所以如果你使用 vscode 執行程式，你就要注意虛擬環境要包含在你打開的 Folder 的底下，你打開 Chapter1，對 vscode 來說 env 就是他的上層結構了，他就無法偵測到。

當然未來 vscode 會不會改善這個功能，找虛擬環境更加智慧就不得而知了，至少目前我使用時是這樣。

❑ 小節統整

這個小節內容不多，希望你能夠徹底明白使用虛擬環境的原因，以及如何做虛擬環境的套件匯入及匯出，還有一些 vscode 操作虛擬環境及快捷鍵等小知識。下一小節我們要來介紹一下本書程式的位置，希望也能順便讓你熟知一下 Github 這個超棒的工具。

1.5 本書的程式 (Github)

本書有些地方因為示範的 code 太長，為了篇幅考量我可能不會把 code 整個貼上，原則上佔兩頁以內的我才會貼，超過的我會請你去 Github 上面自己抓取程式，一來是我希望剛入門的寫程式的朋友可以接觸 Github，倒不是要把 Github 當成版控工具來使用，那個比較偏有經驗的程式設計師或是工程師在使用的，我只是希望你將 Github 當成學習跟找專案的工具罷了。

有時候遇到一個大專案需求，通常都會上 Github 找找有沒有類似的專案，並將他 download 下來並且依照自己的需求做客製化即可，非常迅速，這就是開源最棒的地方，當然了若是以後你有能力，也期待你能夠多多開源與人分享。不過若是你要當成作品集公開在你的 Github 上面，最基本的是希望你可以標註一下你的專案是參考誰的，算是對對方的一種感謝與尊重。

廢話不多説了，請你 google arleigh418 github，應該就會看到如下圖我的 github page，請你點擊框框處的 repositories。

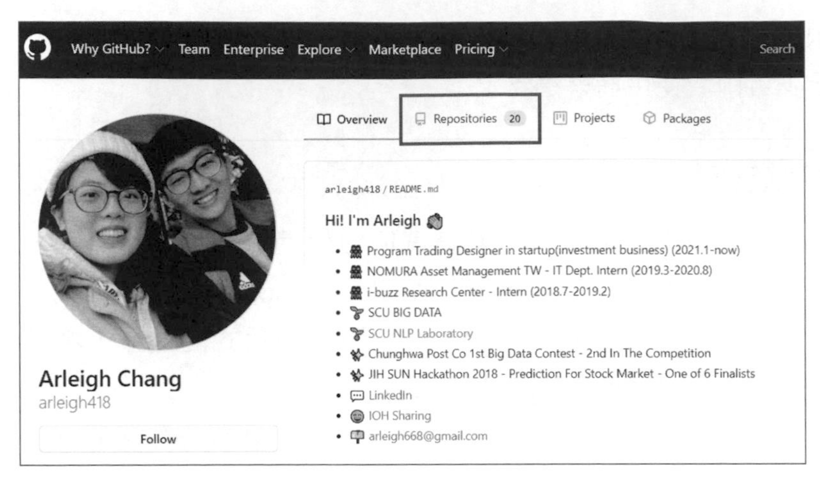

圖 1.5.1　arleigh418 github page

進入之後請你打開下面這個儲存庫，我在撰寫此部分的時候將這儲存庫先隱藏，所以才會有 Private 代表私人的意思，到時候正式出版時我會將它公開。

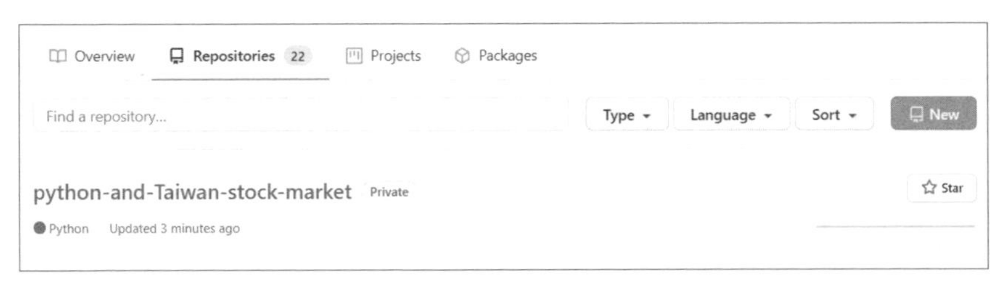

圖 1.5.2　本書程式碼所在儲存庫名稱

有幾個比較重要的點我說明一下，首先很基本，你點進去之後就能看到程式包。

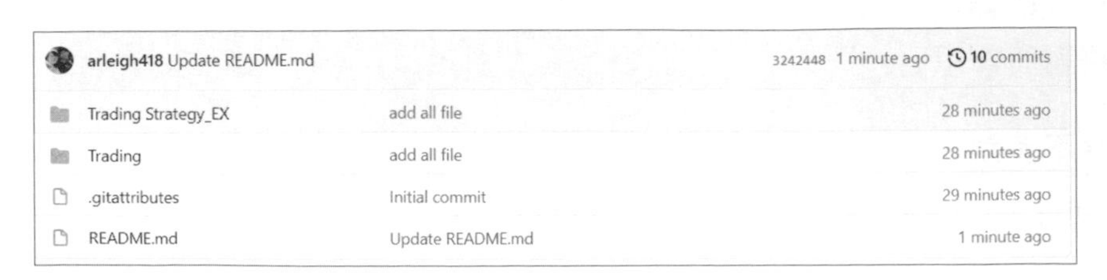

圖 1.5.3　程式包所在位置

你可以選擇直接整份下載下來，或者是先跟著書上做，每完成一個章節再來這裡查看完整程式。

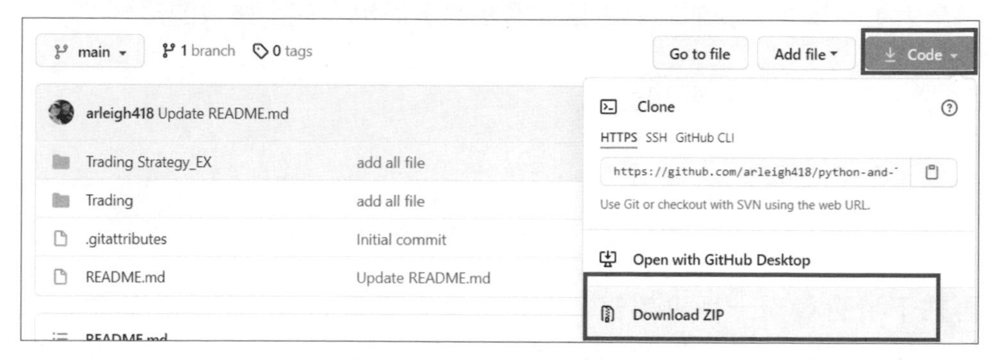

圖 1.5.4　下載程式壓縮檔

在下面的 README 的部分我放了章節對照表，你可以看自己讀到哪裡對應的程式在哪個資料夾的哪支程式。

python and Taiwan stock market

章節對照表

檔案名稱	對照章節
Trading_Strategy_EX/Chapter2/stock_list.py	2.2
Trading_Strategy_EX/Chapter2/yahoo_price.py	2.3
Trading Strategy_EX/Chapter2/yahoo_news.py	2.4
Trading_Strategy_EX/Chapter2/TWSE.py	2.5
Trading_Strategy_EX/Chapter3/yfinance_example.py	3.1
Trading_Strategy_EX/Chapter3/pd_example.py Trading_Strategy_EX/Chapter3/ta_example.py	3.2
Trading_Strategy_EX/Chapter3/generate_picture_example.py	3.3
Trading_Strategy_EX/Chapter3/smtp.py	3.4
Trading_Strategy_EX/Chapter3/smtp2.py Trading_Strategy_EX/Chapter3/AES_Encryption/	3.5
Trading_Strategy_EX/Chapter3/is_open.py	3.6
Trading/1_buy_follow_corp.py	3.7

圖 1.5.5　章節對照表

除此之外我會維護一個重要事記，紀錄非常重要你一定要注意的事情，要請你特別先關注這裡，通常紀錄的可能是一些例如我們使用的套件因為重大更新或者是我們爬蟲的目標網站改版而導致完全失效的部分。

圖 1.5.6　重要事記

再往下滑會發現一個勘誤表，這個勘誤表紀錄的有可能是我的個人失誤，或者是年久我們書上使用的套件有重大更新導致無法使用，此時我會在此列出維護。我建議在你開始閱讀之前能夠來勘誤表看一下有什麼部分要特別注意的。

勘誤表

訂正日期	對照章節	頁數	對照檔案	錯誤原因	修正內容	勘誤發現

圖 1.5.7　勘誤表

再來是一個很重要的地方，就是 issues，既然都花錢買書了希望你能夠物盡其用，無論你是遇到錯誤 (bug)，或者是本書有什麼不清楚的地方、仍有困惑的地方，甚至是本書沒有提到但你有問題或建議想要討論、交個朋友，都歡迎你提出問題，如果沒有急事要忙我必定會在 48 小時內回覆。

圖 1.5.8　提出 issues 的頁面

提出方法也很簡單，就是點擊右方的 new issue 就可以了。

圖 1.5.9　提出 issues

原則上基本的使用大致上就這樣。題外話一下，如果你立志要成為一位工程師，那我建議你至少對 git 的板控套件有點認識，我會推薦這一個免費資源，寫得非常清楚實用，跟著學保證你受益良多。我當初就是看這個打底學基礎，不過後來我比較偷懶一點，我選擇使用 github 的軟體 GitHub Desktop 桌面版來進行維護，省了許多指令，變成點來點去基本就可以了，但是你還是要懂一點點基本的名詞跟概念，所以我還是會建議你看一下。

圖 1.5.10　推薦 git 版控工具免費學習資源，圖源自 Will 保哥 github

當然時間要花在重要的地方上，若是你是金融專業而非是想要成為專業的程式設計師，我倒是覺得你暫時先不用花太多時間在學習 git 版控上。本小節大致上就到這邊囉，我們就不列出小節統整了，本小節目的只在於告知你完整程式碼所在位置以及一些重要的紀錄而已。

Chapter

02

資料取得－資料就是財富

2.1 網路爬蟲簡介

聊聊爬蟲

那麼，什麼是網路爬蟲呢？白話説就是透過程式去解析結構化的網頁資料，但這樣説就介紹完的話就太敷衍了。在此之前，很多人應該都很清楚網頁運作的方式，你使用電腦透過瀏覽器點擊要進入對方的網站，這時候瀏覽器會發送請求，要求對方的伺服器回傳一些 html、css、js 等等並組成你看到的網頁。這些大家應該都知道，但其實裡面的技術含量很高，先不談瀏覽器怎麼傳送，光是接收與傳送網路封包請求、如何包網路封包，就有一大堆學問，如果你想知道更細節，那你需要去了解網路協定概論及瀏覽器。光這個學問就可以寫成一本超級厚的書，有興趣可以去鑽研鑽研。

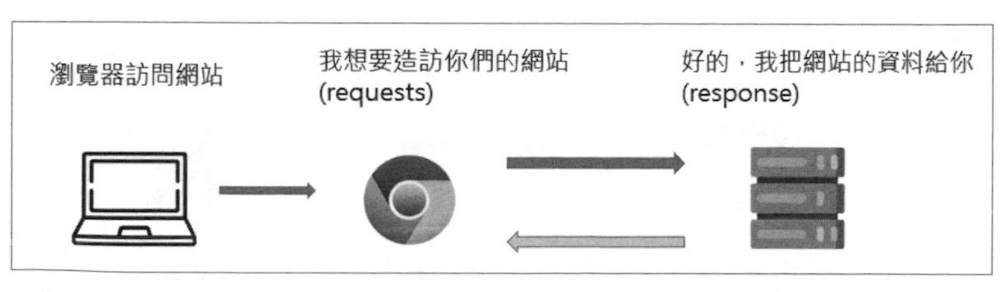

圖 2.1.1　很簡單，網站運作的邏輯用白話講就是這樣

那爬蟲呢？請看下圖，我們的爬蟲程式直接發出請求向對方伺服器要求網站的資料回來解析，對方就會回應你一些組成網站的元件，就是 html、css 這些的。而我們解析 html 檔來擷取我們要的內容，這就是爬蟲大致的流程了。

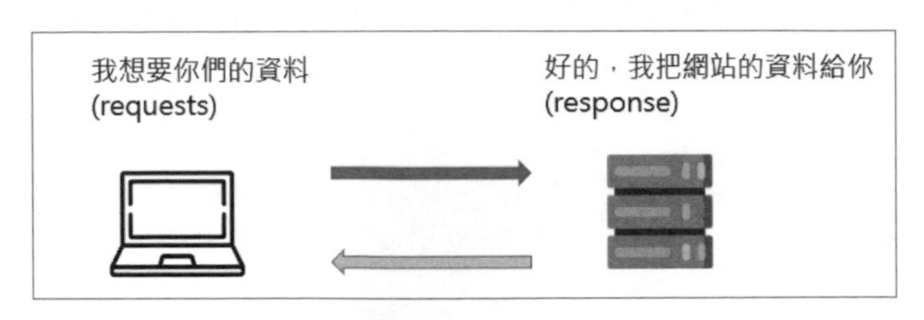

圖 2.1.2 爬蟲程式向對方伺服器請求

但是，有這麼簡單嗎？原理是這樣子沒錯，但你比較兩張圖應該可以很容易的發現，瀏覽器消失了對吧？我們不再透過瀏覽器向對方要求資料，而是透過爬蟲程式直接發送請求，你站在一個不願意被爬取資料的角度來說，是不是發現有許多方法可以簡單反制爬蟲？我先列舉幾個我所知道的介紹給你聽。

爬蟲攻防戰之一 - 你不是瀏覽器！

剛剛有稍微提過，對方很容易察覺你不是瀏覽器。瀏覽器最基本的會發送聲明瀏覽器的 user-agent 的資料過去 Server 端，若是你沒聲明，爬蟲程式請求會老實的告訴對方 server 自己是 python 的腳本，因此第一波攻防戰直接失敗。

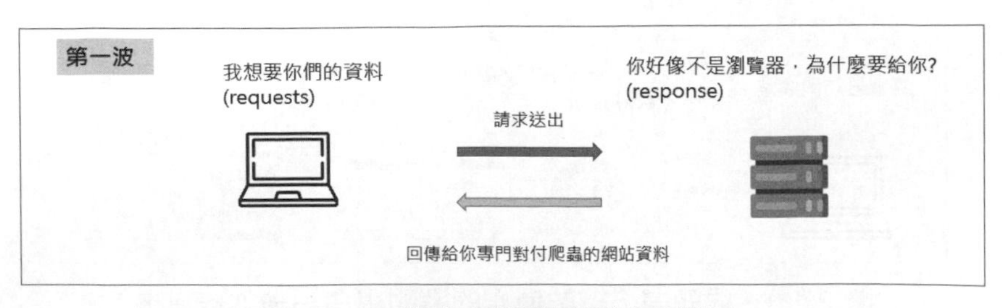

圖 2.1.3 對方伺服器察覺你是腳本

這裡補充一下，何謂 User-agent(使用者代理)？你可以去查查定義，不過講簡單點就像 Chrome 或是 safari 這類的就算是 user-agent(但不意味著 user-agent= 瀏覽器)，他代理你去向對方網站發送可靠的請求來使用，並且將網頁渲染成漂亮的樣子供你使用，這就是基本瀏覽器的功能。我們可以來看看這個 User-agent 的格式，請你隨便打開一個網站，然後按 F12，你會看到下圖這個東西跳出來對吧？你先點擊上方列表的 Network > 點擊 Doc> 按照指令敲下鍵盤的 Ctrl+R

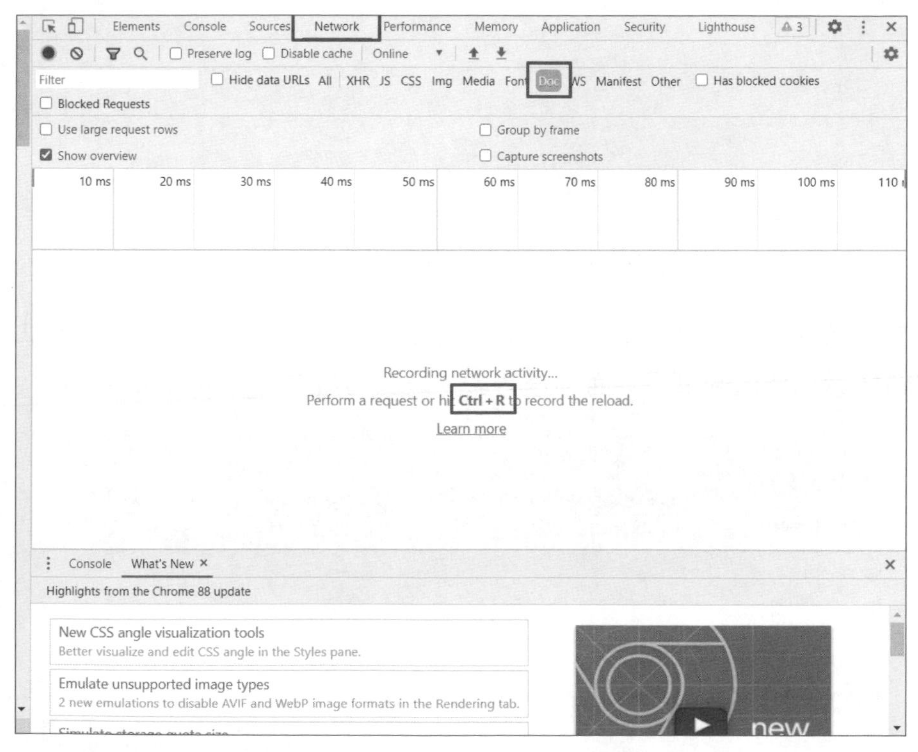

圖 2.1.4　查看 User-agent 的步驟 1

這時候你很有可能會看到像下面這張圖的東西，但你也可能會看到更多，不過沒關係，你點開排在第一個的通常就是了。如果對方的網站列出太多太難找，筆者是用巴哈姆特來示範，正好在看海賊王新情報，所以我使用巴哈的網站範例。

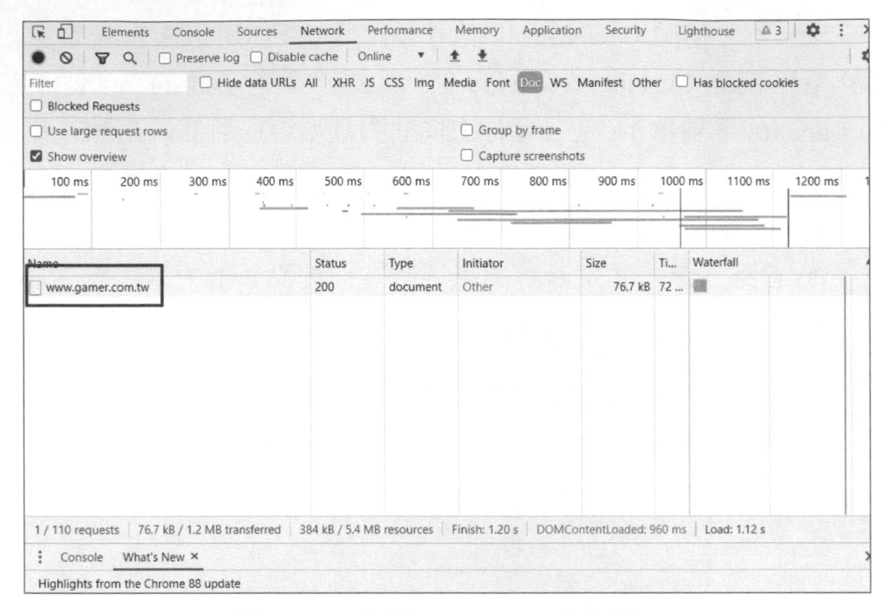

圖 2.1.5　查看 user-agent 的步驟 2

點開後請你一路滑到最下方，看到了嗎？這個 user-agent 就是我們爬蟲應該隨著請求傳送的東西，而不是老實的跟對方説自己是 python 腳本。

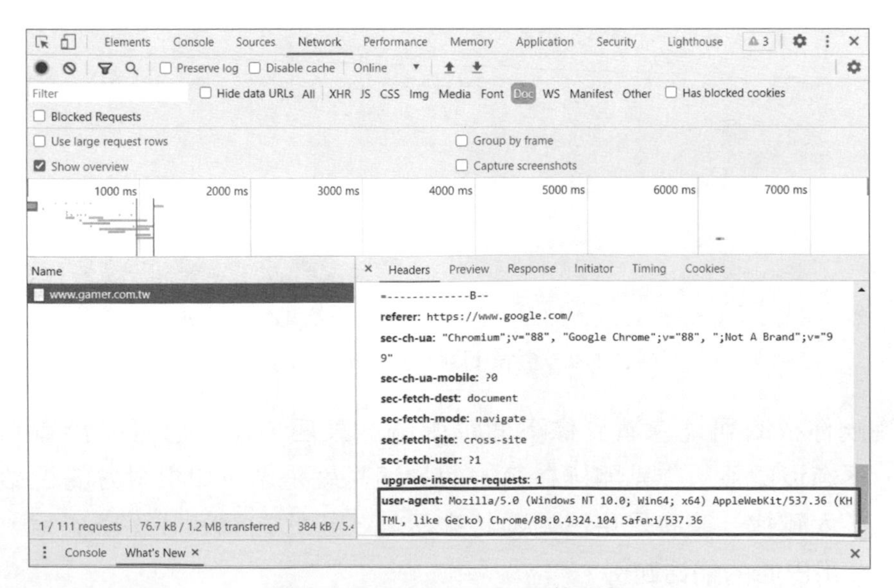

圖 2.1.6　user-agent，找到了

剛剛既然說了，我們如果不指定 user-agent 的話，請求就會老實交代自己是 python 腳本，所以我們得要當個間諜偽裝一下，通常會加入 header(表頭，就是請求中先聲明自己的 user-agent)，而這個 header 我們就會完全複製剛剛你在瀏覽器中看到的那一串 user-agent，這個到時候實作時會再說。

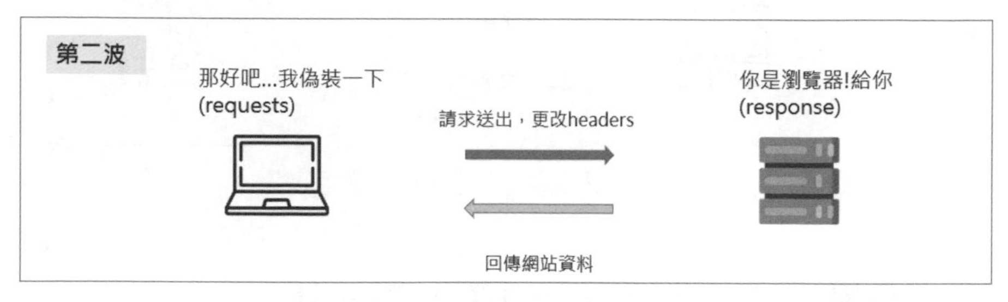

圖 2.1.7　嘗試偽裝，騙過對方伺服器

爬蟲攻防戰之二 - 你為什麼瘋狂向我請求？

有時候，因為任務需要很多人會寫迴圈去對同一個網域做資料請求，但程式的處理速度可能超乎你的想像，可能就會造成 1-2 秒內就送 5 次甚至是數 10 次的請求，這時候對方 server 先不論他是不是把你當爬蟲，他甚至會把你當作你在攻擊他，因為正常人不可能每秒都瘋狂的在重新整理瀏覽器請求吧？就算真的有，也不可能 1 秒達 5 次以上。因此如果你拼命的對一個網域做請求，也會被對方擋住。

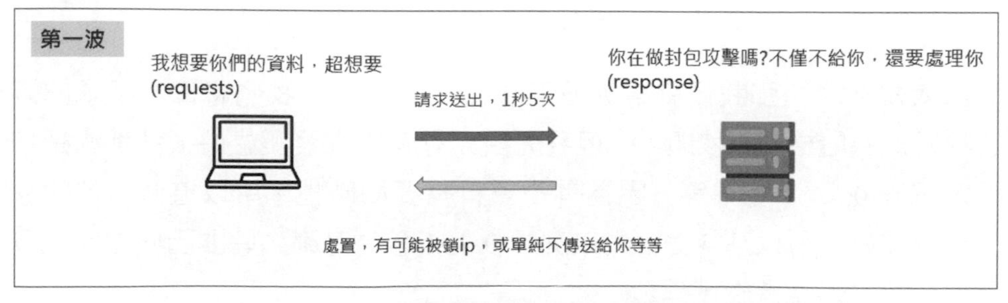

圖 2.1.8　過度頻繁的請求，也會被拒絕

這個問題的解法非常之簡單，既然過度請求，那我就在每一次請求沉睡個 1 秒再發下一個請求即可，很簡單對吧？

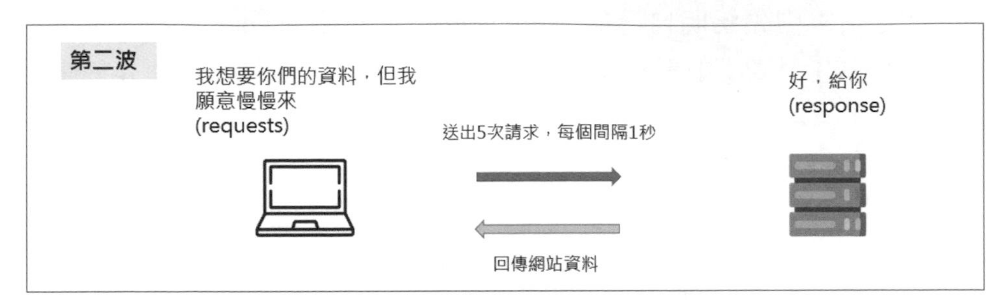

圖 2.1.9　每次請求沉睡個 1 秒即可

爬蟲攻防戰之三 - 我知道你刻意沉睡一秒

剛剛攻防戰之二有提到，很多人會選擇沉睡一秒在進行下一次的請求，但有些開發者知道這種情況，對於太規律的請求同樣視為爬蟲。

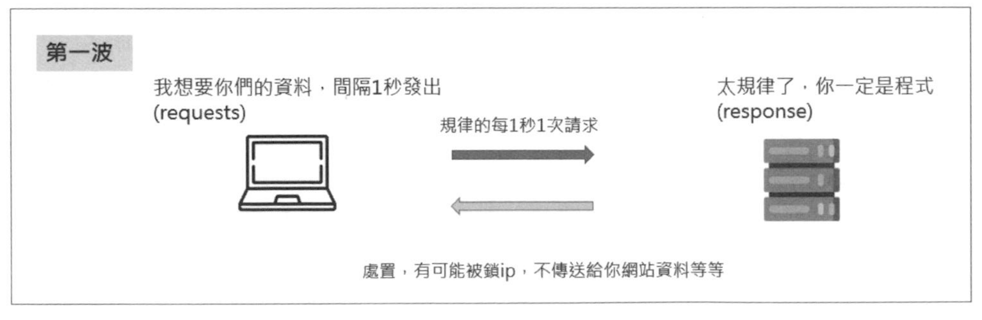

圖 2.1.10　太規律的請求有時候也會被擋住

既然太規律了，那我們就讓沉睡不規律一點，例如我們將每次請求的沉睡秒數改為隨機 1-3 秒即可。但我先說，通常在開發爬蟲時很多都會選擇固定沉睡 0.5 - 1 秒不等，因為有些資料需要即時性，所以這個等待的秒數越少越好，所以基本上會先以沉睡 0.5 -1 秒為基礎，除非因此被擋，我們才會採取因應措施。

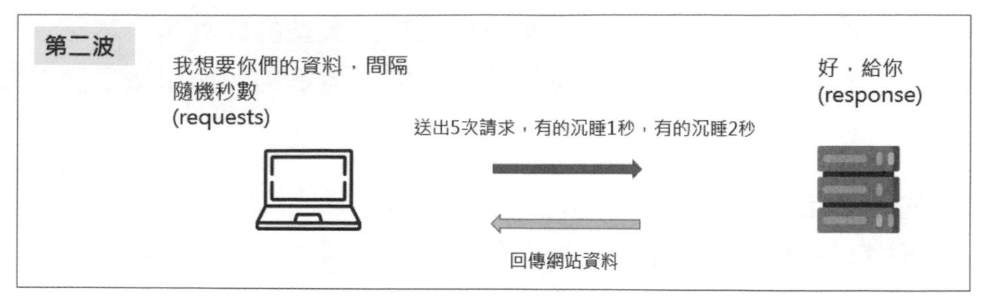

圖 2.1.11　將每一次的請求間隔時間隨機化

爬蟲攻防戰之四 - 我的網站要有操作才有資料，或者是動態網站，你不行了吧？

你一定有操作過，網站的資料需要選擇日期按確定才會給你對吧？或者是你一定有瀏覽過某些用 js 打造的網站，他必須要滾動往下才會有新的文章跑出來，甚至更簡單的，有些網頁的文章在第二頁，那對於這種的該怎麼處理呢？

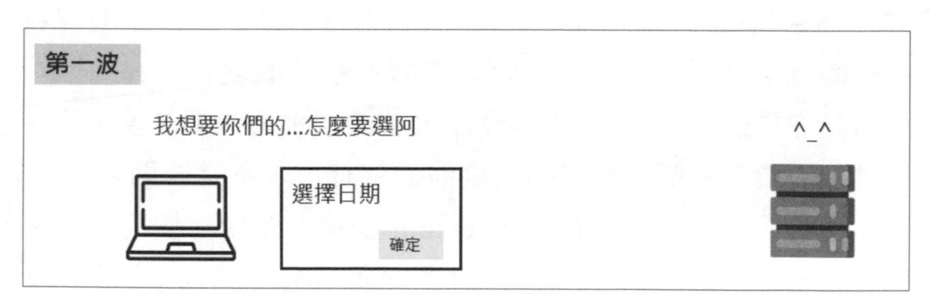

圖 2.1.12　遇到帶有選項的網站，便不能無腦爬蟲

對於這種有許多方案，我會有以下建議。你先思考，對你來說開發時間越短且難度越低越好，還是追求效能好？如果你是開發簡單且迅速派，那我建議你考慮 Selenium(自動操作瀏覽器)。Selenium 即是程式自動打開瀏覽器如 chrome，並依照你寫的定位去幫你自動點擊，所以你可以操控 Selenium 去點選日期並按下確定。但是，既然他是仿造瀏覽器，那他勢必要等網站的元素全部 run 完才有辦法抓對吧？所以 Selenium 是相

對低效率且很吃網路及內存的方案，所以有些大型的爬蟲專案甚至會禁用，基本上我是除非真的非不得以才會使用。但是相較效率派很簡單就是了。

聰明的你一定有想到很多應用吧？例如搶票、幫忙點 youtube 影片流量 (但不要輕易嘗試，youtube 很聰明的，他會知道你在刷他觀看次數) 等等。

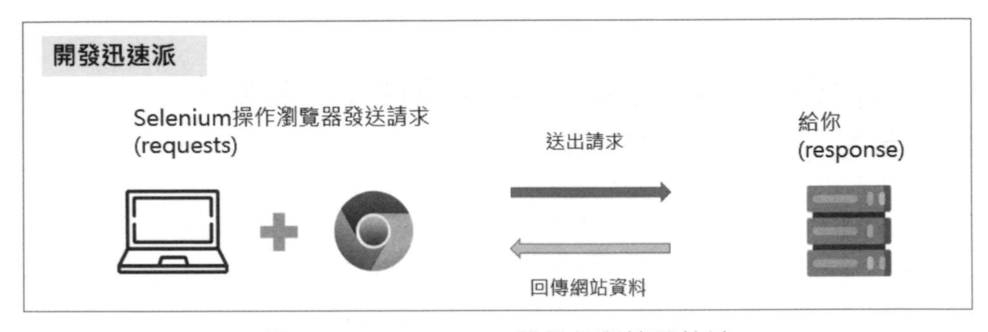

圖 2.1.13　selenium 開發相對簡單快速

如果你是追求執行效率派，那應該從觀察對方網站的網址列與資料來源做起。這是什麼意思呢，首先你應該先觀察網址的變化。我們舉例一個情境，假設你要去 pchome 抓電器產品，這時候你應該要在搜尋列中搜尋吸塵器才會有資料對吧？你仔細觀察他的網址，是不是後面多有一個 q= 吸塵器？這時候，你就不用操縱 selenium 去輸入關鍵字找商品了。你可以試試看，要找冰箱，就用一樣的網址列並將吸塵器換成冰箱即可。

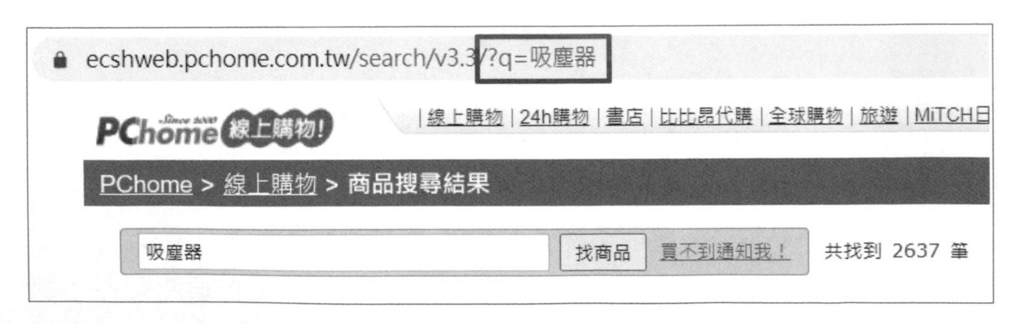

圖 2.1.14　觀察網址列的變化

我們剛剛說觀察網址列以及資料來源，其中的資料來源是什麼意思呢？是這樣子的，很多網站他的資訊是透過 api 來呼叫，例如剛剛的 pchome，你搜尋吸塵器，他其實會去 call 一個他們內部自己開發的 api，這個 api 會告訴遠端伺服器說，有客人剛剛搜尋了吸塵器，請你把吸塵器的商品資料給我，此時伺服器就會回傳一個 JSON 格式的資料，然後網頁在解析傳回的 JSON 檔變成你看到的各種商品，那這種東西要怎麼才能找到呢？

你還記得怎麼打開開發者工具的 Network 嗎？按 F12 > 上方的列表選擇 Network > 依照指示按 Ctrl+R，你應該就可以看到下圖的畫面 (以 pchome 內部搜尋冰箱商品為例)，請你點選框框處 XHR 你會看到有許多條目。有同學可能會想知道什麼是 XHR (XMLHttpRequest)，這個東西就涉及到網頁架設的技術了，簡單來說它的作用就是透過呼叫一個 URL(我們剛剛提到的 API) 來呼叫資料，而不用再讓整個頁面重新整理才能顯示資料，這個技術在現今很紅的 AJAX 應用中大量使用，對網站開發有興趣的同學則必須深入理解，我們這裡點到為止就好。

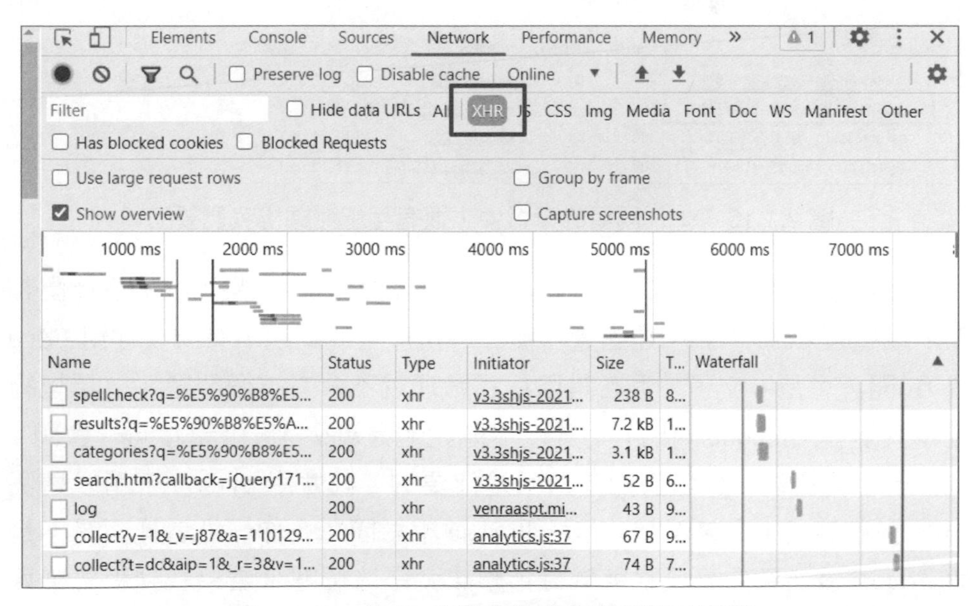

圖 2.1.15　XHR 會回傳許多網站使用的資料

許多能夠舉一反三的同學可能已經理解我們要做什麼了，剛剛有提過，當你搜尋商品的時候，pchome 根據你搜尋的商品，並透過 api 傳回商品資料，那他的動作也必定是向遠端伺服器發起請求資料，我們也可以啊，對吧？我們先來觀察一下，請你對框框處 result 開頭的選項點選右鍵，並選 Open in new tag。有些追根究柢的同學可能會問，為何是選這個而不是其他的？這個問題嘛，我自己開發時是 XHR 協定傳回來的資料每一個都會點開來看，看看是不是我想要的。我是因為事先看過了，才有辦法直接告訴你。

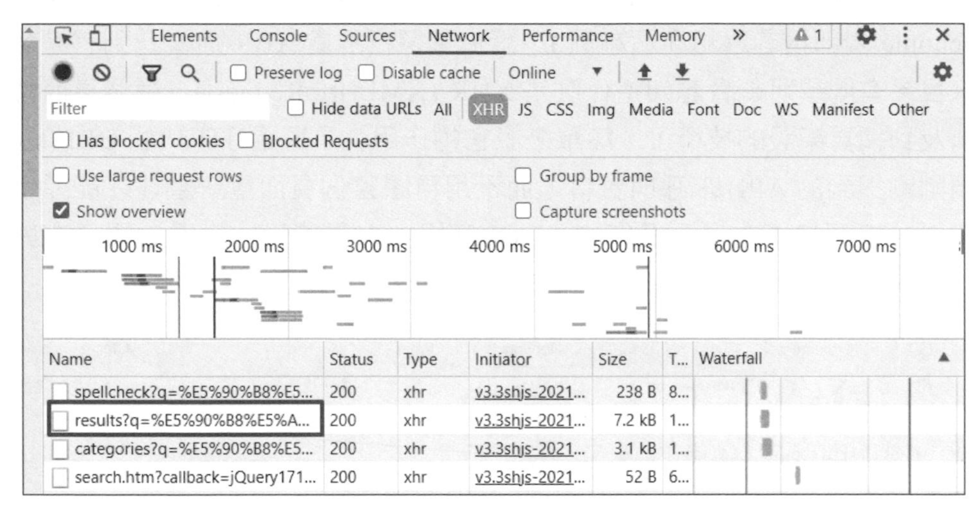

圖 2.1.16　XHR 回傳的資料中，很有可能發掘出我們要的

如果你點擊的話，你應該會看到與下面類似的東西，驚呆了！這是什麼亂碼？以這個 Case 來說，是瀏覽器編譯時所產生的問題，有時候你用 Edge 或 IE 開就會是中文了，且若是用程式處理就不會有這個問題。這類型的亂碼其實是 Unicode 編碼 (其實也不能說他是亂碼)。可能有同學會問：既然他都是亂碼，你怎麼知道這個是你要的？我會用 python 來請求這個 api，並解碼成中文來看看。但這個 case 相對簡單，你仔細看裡面是不是有 price，我當初看到價格就覺得，應該就是這個吧！結果套到程式確實就是，裡面是以 json 格式儲存的商品資訊，你就可以任意取用了！

ecshweb.pchome.com.tw/search/v3.3/all/results?q=吸塵器&page=1&sort=sale/dc
{"QTime":37,"totalRows":2628,"totalPage":100,"range":{"min":"","max":""},"cateName":"","q":"\u5438\u5875\u
["\u5438\u5875\u5668","\u5438\u5875","\u5438","\u5875","\u5668"],"isMust":1,"prods":[{"Id":"DMAX02-
A900AVXAL","cateId":"DMAX02","picS":"\/items\/DMAX02A900AVXAL\/000002_1600768560.jpg","picB":"\/items\/DMA
6\u5438\u5875\u5668-HEPA\u9032\u5316\u7248ZB3311","describe":"\u2605\u52a0\u78bc\u9001\u56db\u5927\u5438\u
HEPA\u9032\u5316\u7248ZB3311\\r\\n\uff0e\u7e8c\u822a\u529b\u518d\u63d0\u5347
\u904e\u6ffe\u6548\u679c\u518d\u9032\u5316!\r\n\uff0e\u7368\u5bb6\u5c08\u5229\u6bdb\u9aee\u622a\u65b7\u529
\u4e2d\u6bb5\u5438\u529b\u53ef\u4f7f\u752848\u5206\u9418\r\n---
\r\n\ud83d\udce2\u4f0a\u840a\u514b\u65af\u9001\u96d9b\u25b6\u7d42\u7d50\u60b2\u5287\uff01\u767b\u8a18\u900
","price":7999,"originPrice":7999,"author":"","brand":"","publishDate":"","sellerId":"","isPChome":1,"isNC
A900AZH5G","cateId":"DMBF05","picS":"\/items\/DMBF05A900AZH5G\/000002_1612145433.jpg","picB":"\/items\/DMB
\u624b\u6301\u7121\u7dda\u5438\u5875\u5668(\u9ed1)","describe":"Dyson Cyclone V10 Absolute \u624b\u6301\u7
(\u9650\u91cf\u5c0a\u7235\u9ed1)\\r\\n\u767b\u9304\u9001\u9ad8\u8655\u8f49\u63a5\u982d\u53cadyson
2\u5343\u79ae\u5238\r\n\ud83d\udce2v10\u6578\u4f4d\u99ac\u9054\u5438\u5875\u5668\u5df2\u901a\u904e\u7f8e\u
60\u5206\u9418\u5f37\u52c1\u5438\u529b\r\n\u25a0 \u96d9\u5438\u982d\u7d44\u5408\uff01\u65d7\u8266\u6b3e\u9
\u7279\u6b8a\u9ed1\u8272\u92c1\u7ba1\uff0c\u9650\u91cf\u8a02\u88fd\u6b3e\r\n\u25a0 \u5438\u53d6\u52d5\u726
\u6709\u6548\u5438\u966499.97\u5c0f\u81f30.3\u5fae\u7c73\u7684\u5fae\u5875 \r\n\u25a0 \u8f15\u6309\u53ef\u
\r\n\u25a0 \u4e00\u9375\u5f48\u51fa\u6e05\u7a7a\u96c6\u5875\u7b52 \r\n\u25a0 \u5168\u6a5f\u904e\u6ffe\u7cf
\r\n\u25a0 3\u6bb5\u5438\u529b\u6a21\u5f0f \r\n\u25a0 \u8a3b\u518a\u9001\u5169\u5e74\u4fdd\u56fa \u3010\u9
\u6046\u9686\u884c\u516c\u53f8\u8ca8\u4fdd\u56fa\u6709\u4fdd\u969c\uff0c\u63d0\u4f9b\u5230\u5e9c\u6536\u90
\r\n\u2234\u2235\u2234\u2235\u2234\u2235\u2234\u2235\u2234\u2235\u2234\u2235\u2234\u2235\u2234\u2235\u2234
\n\u2605\u8acb\u9ede\u4e0b\u65b9ad\u81f3\u6d3b\u52d5\u767b\u9304\u9801","price":16900,"originPrice":16900,
[],"BU":"ec"},{"Id":"DMBF05-1900AZRZI","cateId":"DMBF05","picS":"\/items\/DMBF051900AZRZI\/000002_16121457
\u7121\u7dda\u5438\u5875\u5668","describe":"\ud83c\udf1f\u9650\u6642\u72c2\u964d4000Dyson V8 SV10K Slim Fl

圖 2.1.17　對方 api 回傳的資料格式

為了方便理解，我們假設對方是網頁伺服器與 API 伺服器分開 (雖然通常不會，但我們假設)，我們通過觀察資料來源，找到了對方是呼叫 api 來使用資料，因此我們就不對網頁進行請求，而是直接對 api 伺服器進行請求，這樣的爬蟲可以說是最理想的了，因為效率非常高，且資料完整又便於解析。如果對網頁進行請求，通常你需要等待的回應會比較久，而且會收到一些為了網頁美觀而實際上對我們沒什麼用的資訊。

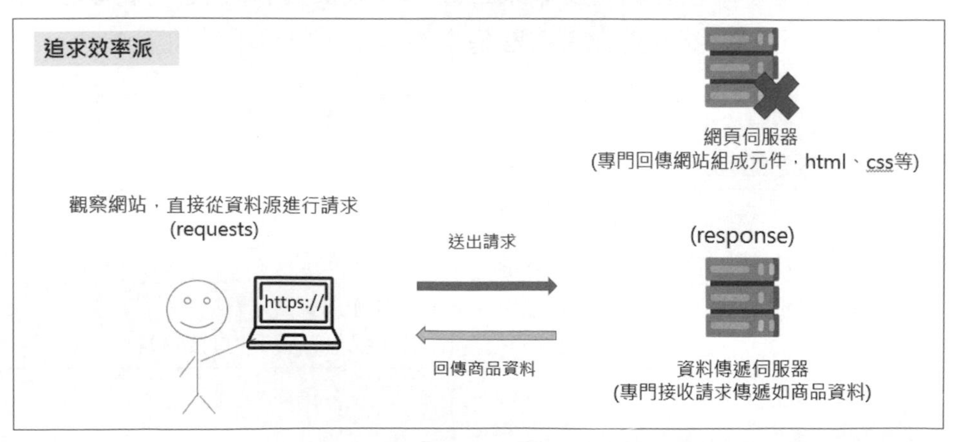
追求效率派
網頁伺服器
(專門回傳網站組成元件，html、css等)
觀察網站，直接從資料源進行請求
(requests)
送出請求
(response)
https://
回傳商品資料
資料傳遞伺服器
(專門接收請求傳遞如商品資料)

圖 2.1.19　直接向資料源頭進行請求

其他可能爬蟲攻防戰

當然了，爬蟲絕對不只有這樣，因為我們目前的使用需要到這裡我認為就足夠了，真正的爬蟲領域有些還會查看 cookies、有些你請求太多次直接就鎖 ip 的，你還要購買 ip 代理池去更換 ip 並繼續爬蟲等。但這些就不在我們的討論及使用範圍內了，我相信你擁有以上那些方法，應該足以應付 7 成以上的爬蟲需求了。

❑ 本小節對應 Code

無。

❑ 小節重點

剛剛介紹了那四種基本的攻防戰，我們總結一下吧？請查看下表，理論上第一點跟第二點是所有爬蟲基本都會加上去的，因為對方檢查的機會太高了，所以在設計爬蟲的時候，通常很習慣直接加入仿瀏覽器表頭以及每一次請求的等待時間，不管這個網站會不會擋，其實常常都會加。在這裡先擁有一點概念就好，因為本章節後面我們會實際來操作爬蟲，我只是希望你先有一點概念為什麼我們要做某些動作，後面實作才會更加清楚。最後，2.1 小節看完之後希望你有這些基本的概念，整理重點如下：

類型	解決方法
對方發現你不是瀏覽器	加入瀏覽器資訊表頭 (headers)。
拒絕瘋狂請求	每次請求加入等待時間
拒絕太過規律的請求	每次請求加入隨機等待時間
動態網站 & 需要點擊動作	1. 使用 selenium 操作瀏覽器點擊 2. 觀察資料來源，找尋有無 api 直接呼叫

2.2 台股列表蟲

聊聊台股清單

剛剛說了這麼多，能夠實戰才是最重要的吧？所以我們這個小節馬上就來造一隻爬蟲。我們要獲取台股列表蟲，畢竟台灣有上千支上市上櫃的股票，你一定不想去整理那個清單，還要定期手工去整理吧？我們就靠爬蟲來替我們獲取清單。這種清單如果定期執行的話，除非特定需求不然不用更新的太頻繁，例如每三個月再啟動更新一次清單即可。有人可能會困惑，我要台股上千檔的上市櫃股票做什麼？應用情景很大的，畢竟我們做股市要有野心，我不想放過每一檔的機會對吧？有了這個清單，我們使用迴圈就可以去掃過一輪股票，然後篩選出我們想要的標的，很棒吧？

前置作業 – 在寫程式之前

因為這是本書第一次編寫 python 程式，我們會在這個章節中廢話比較多一點，我會把我日常是如何操作的分享給你，以及一些很重要的資料處理方法。先前不是有請你下載 vscode 嗎？請你如下圖打開資料夾，並打開我們 1.4 章節創建虛擬環境時請你創立的那個。

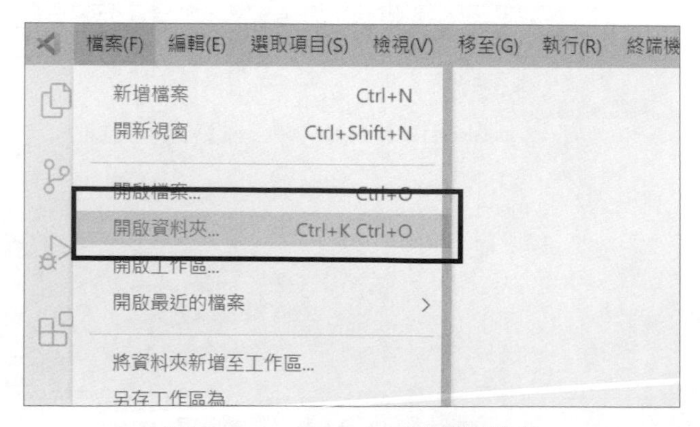

圖 2.2.1 vscode 開啟資料夾

打開後你應該會看到我們先前創立的虛擬環境資料夾，不過我們先不理他，請你在下圖的地方點擊滑鼠右鍵，並選擇新增檔案，我們要來新增一個 python 檔。

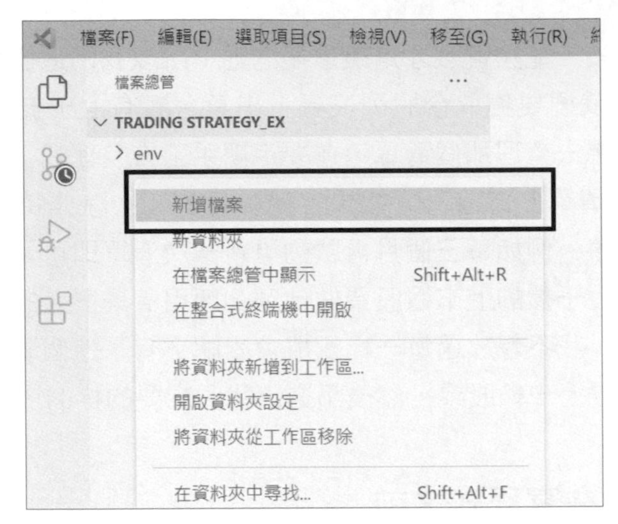

圖 2.2.2 vscode 新增檔案

點擊了之後，創建一個叫做 stock_list.py 的檔案，請記得連副檔名 (.py) 一起打，成功後你會看到左邊有一個藍色的 python 符號，就是成功了。創立 py 檔很容易吧。

圖 2.2.3 創建 py 檔

同樣在檔案處，這裡有一個自動儲存，我建議你把它打開，這樣就不用每寫一段都還要 Ctrl+S 保存程式碼了！

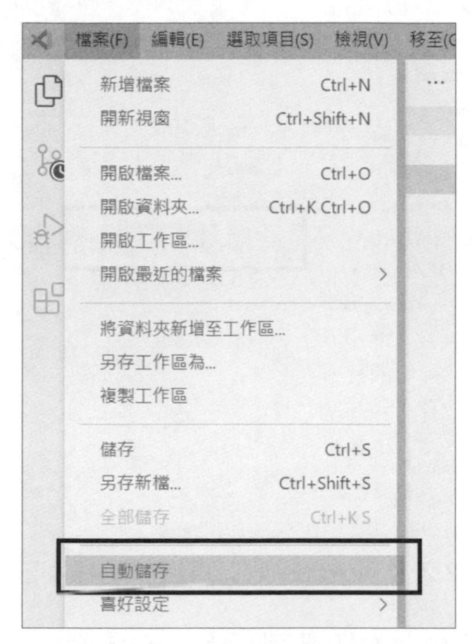

圖 2.2.4 打開自動儲存

虛擬環境與套件安裝

在寫爬蟲前，我們需要相關套件，我們先安裝 requests、bs4 與 pandas 套件，你還記得如何開啟虛擬環境並為你的獨立環境安裝套件嗎？如果你記得，那太棒了，你可以跳過這一段！如果忘記了，我們迅速複習最後一次喔！。

先要進入虛擬環境資料夾 (env) 的 Scripts，並開啟 cmd 啟動 activate 對吧？你可以像之前那樣從檔案總管找到資料夾在打開 cmd 操作，不過現在我們有 vscode 了，就善用它吧！我們可以從 vscode 左方點開 env 資料夾，接著點開 Scripts 資料夾，對著裡面的任一檔案點選右鍵，選擇紅框處，你就能直接到達目標資料夾了！

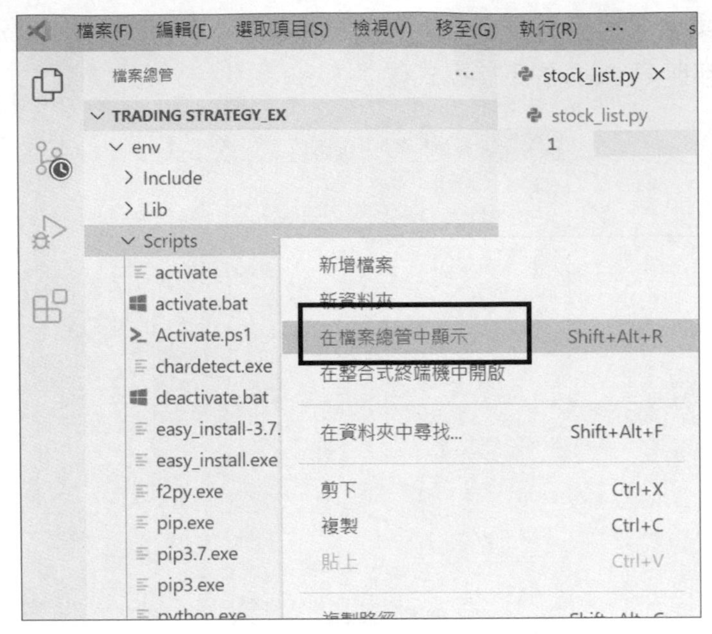

圖 2.2.5 vscode 可以直接找到檔案位置

一樣！找到之後請你在上方搜尋列打上 cmd，就會帶出該路徑給你使用了。

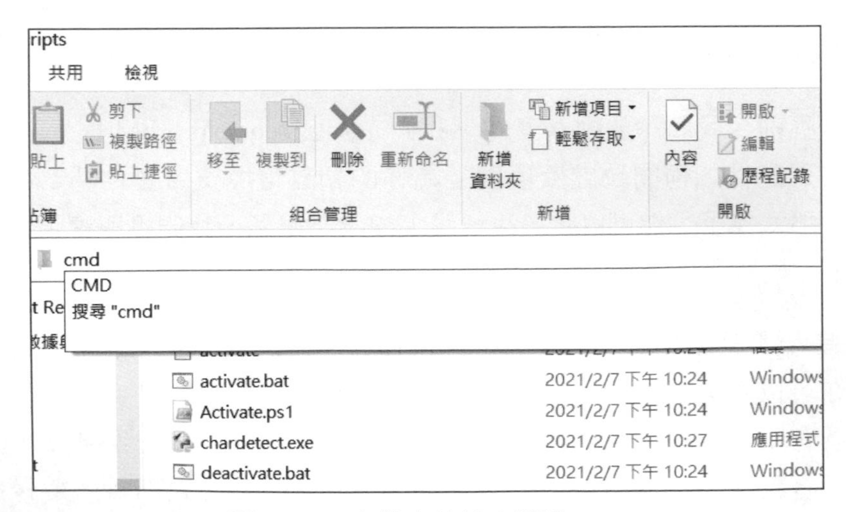

圖 2.2.6 在檔案總管中開啟 cmd

接著只要 activate 環境，你就會看到前面有一個 (env) 了。

```
======================cmd=====================
D:\Trading Strategy_EX\env\Scripts>activate
======================cmd=====================
(env) D:\Trading Strategy_EX \env\Scripts>
```

安裝完如果你想退回去程式所在的位置，你可以像下面幾個步驟一樣 cd.. 回到 D:\Trading Strategy_EX 目錄。

```
======================cmd=====================
(env) D:\Trading Strategy_EX\env\Scripts>cd..
======================cmd=====================
(env) D:\ Trading Strategy_EX \env>cd..
======================cmd=====================
(env) D:\ Trading Strategy_EX >
```

好，啟動環境後，請你安裝 requests(對網站發起請求套件)、bs4(內含 Beautifulsoup 為解析 html 格式常用套件)、pandas(python 最著名資料分析套件之一)，裝完之後我不建議你關掉，因為到時候有套件需要補裝，再打開比較方便，就不用重新啟動一次了。

```
======================cmd=====================
(env) D:\Trading Strategy_EX> pip install requests
======================cmd=====================
(env) D:\Trading Strategy_EX > pip install bs4
======================cmd=====================
(env) D:\Trading Strategy_EX > pip install pandas
```

原則上，在你有建立虛擬環境的情況下，vscode 會自動去偵測並啟動虛擬環境，你只需要選取程式並按 shift+enter 執行就好 (前提是你有裝 python 拓展包，參見 1.3 節)，要記得用滑鼠選取要執行的區塊，或者是 Ctrl+A 全選後再執行。

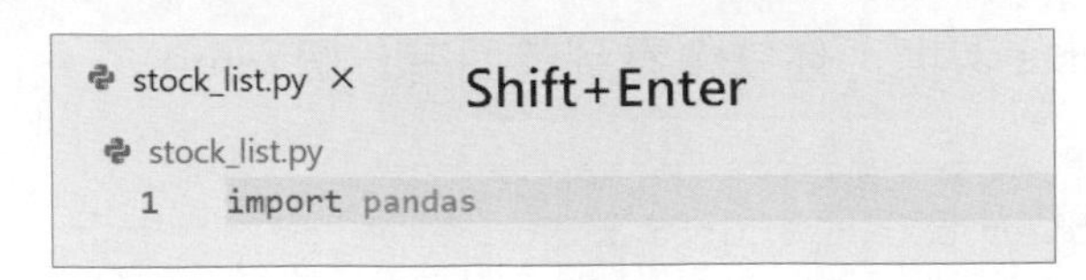

圖 2.2.7　vscode 執行程式

如果你的跟筆者不一樣，不奏效的話，你可以選擇使用 cmd 來執行程式，我自己是比較喜歡使用 cmd 來執行，但是為了美觀的輸出畫面，所以我才選擇使用 vscode。如果你是用 cmd 的話，要做到只執行部分行，你就要反向想，把不需要的註解掉即可。在 vscode 中快速註解的快捷鍵是 Ctrl+/。

善用開發者工具，觀察網頁結構

好，我們進入正題。我們剛剛説，爬蟲要先從觀察對方網站做起，對吧？我們來源使用證交所網站，在產品與服務 -> 證券編碼 -> 證券編碼公告中，我們可以找到本國上市證券國際證券辨識號碼一覽表，如下圖，這就是我們的目標。這精美的表格式網站，就是我們的最愛，基本上使用 requests+pandas 套件，簡單又快速。

最近更新日期:2021/02/09

掛牌日以正式公告為準

有價證券代號及名稱	國際證券辨識號碼(ISIN Code)	上市日	市場別	產業別	CFICode	備註
股票						
1101　台泥	TW0001101004	1962/02/09	上市	水泥工業	ESVUFR	
1102　亞泥	TW0001102002	1962/06/08	上市	水泥工業	ESVUFR	
1103　嘉泥	TW0001103000	1969/11/14	上市	水泥工業	ESVUFR	
1104　環泥	TW0001104008	1971/02/01	上市	水泥工業	ESVUFR	
1108　幸福	TW0001108009	1990/06/06	上市	水泥工業	ESVUFR	
1109　信大	TW0001109007	1991/12/05	上市	水泥工業	ESVUFR	
1110　東泥	TW0001110005	1994/10/22	上市	水泥工業	ESVUFR	
1201　味全	TW0001201002	1962/02/09	上市	食品工業	ESVUFR	
1203　味王	TW0001203008	1964/08/24	上市	食品工業	ESVUFR	
1210　大成	TW0001210003	1978/05/20	上市	食品工業	ESVUFR	

圖 2.2.8　證交所上市辨識號碼一覽表

我們用肉眼看覺得是表格式套件，但通常寫爬蟲勢必要打開開發者工具 (F12) 來好好確認一下，請你先按 F12，並且按照下圖的順序點擊 Elements，這個我們以後肯定會常常用到，因為我們要觀察網頁的結構。再來請你點擊 2，他會賦予你的滑鼠功能，你依照 3 滑到指定的地方時，下圖的 4 的地方會告訴你這個位置對應的 html 程式是哪一段。

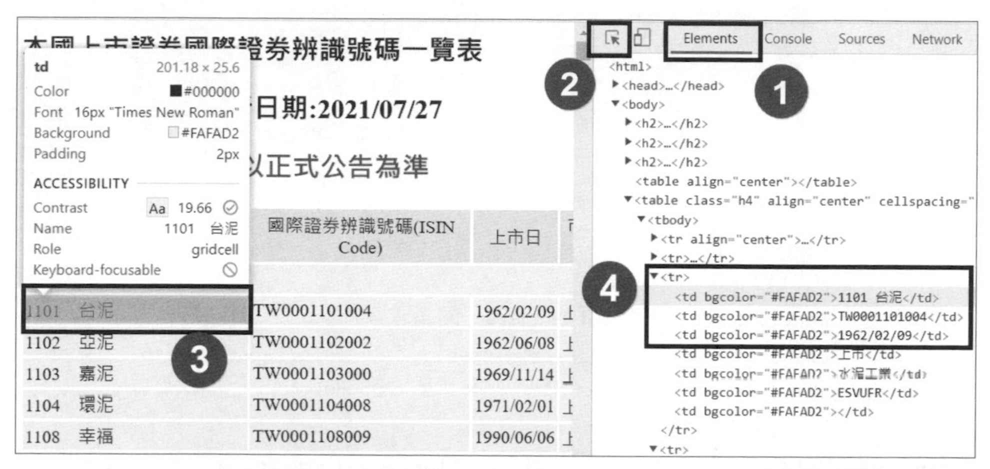

圖 2.2.9　使用開發者工具確認目標的 html 結構

未來，無論你要爬什麼，你都需要這樣觀察你要爬的目標的 html 結構，這樣你才有辦法找到你要的目標。如果你依照上圖把鼠標移到表格上，你應該可以看到 <td><td> 以及 <tr><tr> 這一類的結構對吧，在 html 語法中，這就是表格的結構，以後看到這種表格式類型的網站我們應該感到開心，因為可以很方便的處理。

開始爬蟲 – requests+pandas 處理表格式網站！

好，那我們現在就來爬取這個股票代碼列表，請你打開 vscode，我們來寫程式了。請你參考下面的 code 以及註解 (前面有 # 的是註解)，首先我們先 import 套件，然後我們在 2.1 小節時是不是有帶大家去瀏覽器中看過 user-agent ？所以我們現在就是完全複製那一段資訊，並以字典儲存後一同送出請求，很簡單吧？之前用說的好像很複雜，但寫程式就是這樣兩行，就能搞定很複雜的需求。其實我們爬的這個目標無需帶 headers 也能爬到，但就像我之前說的，現在會檢查 headers 的網站實在是太多了，因此無論爬什麼我都會習慣先帶上。

```
====================stock_list.py===================
#import套件，將pandas簡寫成pd，呼叫函式即pd.xxx而非pandas.xxx
import pandas as pd
import requests
#加入headers
headers = {
    "user-agent": "Mozilla/5.0 (Windows NT 6.1; Win64; x64)
AppleWebKit/537.36 (KHTML, like Gecko) Chrome/74.0.3729.157 Safari/537.36"
    }
#對網站進行requests，並加入指定的headers一同請求
html_data = requests.get("https://isin.twse.com.tw/isin/C_public.jsp?strMode
=2",headers=headers)
#print出結果來看一下
print(html_data)
```

上面的程式寫完後，我們來執行看看。有些同學執行時可能會報錯，他可能會寫 ImportError: lxml not found, please install it，看到報錯不要緊張，我們讀他的意思，他説 lxml 找不到，請你安裝他。通常這個是 pandas 套件有的問題，常常會需要你補裝 lxml，不過沒關係，我們補裝就好了，希望你還留著剛剛啟動了虛擬環境的 cmd。

我們重新執行一次，我們有將請求結果 print 出來看，因此你應該會看到 Response[200]，這是代表對方伺服器回應的狀態，200 即代表正常回應。這個 response 的資訊是拿來幹嘛的呢？常常適用在開發的時候確認是不是被對方鎖了。我們 2.1 小節有説過，有些網站他就是不想讓你拿資料，所以你請求過多它會直接鎖你 ip，這意味著無論你怎麼發請求，對方都會拒絕你，而這時候拒絕常常會傳回 403，而非 200。

```
>>> print(html_data)
<Response [200]>
```

圖 2.2.11　執行結果，伺服器回應

確認連線都沒有問題後，我們使用 pandas 的 read_html 方法來處理，這個 read_html 方法筆者通常是看到表格式的資料就會使用他。在這裡補充一點，剛剛我們 print(html_data) 返回的是狀態，那這個 html_data 如果你使用 text 或是 content 方法 (html_data.content)，那他就會回傳解析完的資料給你。

```
====================stock_list.py===================
#使用pandas的read_html處理表格式
x = pd.read_html(html_data.text)
#print出結果
print(x)
#print出結果的類型
print(type(x))
```

有同學會問，text 跟 content 都是回傳整理好的資料給你，那他們的差別在哪？簡單來說，text 使用在文字的資料，因為它會返回 Unicode 型的資料；而 content 則常常使用在二進位制型的資料 (檔案、圖片那些的)。你可能會說，那我們用 html_data.content 來讀取文字資料可以嗎？當然可以，但大部分情境我不會那麼做，因為 content 常常取回亂碼，你還需要再經過編碼解碼，而 text 處理文字資料相對穩定。

回歸正題，我們一樣執行程式。你看，我們使用套件非常簡單就把所有的台股列表抓回來了。不過他傳回來是一個 list 裡面包著一個 dataframe(資料表)，所以如果你沒有 print 出來看就直接一股腦地操作資料表的話，你會收到一堆錯誤訊息，因為他的資料表在 list 裡面，我們要把它這個東西做一個整理。

```
[                    0                      1           2     3      4
0           有價證券代號及名稱   國際證券辨識號碼(ISIN Code)
1                     股票                  股票            股票    股票
2              1101   台泥          TW0001101004  1962/02/09    上市  7
3              1102   亞泥          TW0001102002  1962/06/08    上市  7
4              1103   嘉泥          TW0001103000  1969/11/14    上市  7
...                    ...                  ...          ...   ...     ...
23605   01003T  兆豐新光R1            TW00001003T4  2005/12/26    上市
23606   01004T  土銀富邦R2            TW00001004T2  2006/04/13    上市
23607   01007T  兆豐國泰R2            TW00001007T5  2006/10/13    上市
23608   01009T  王道圓滿R1            TW00001009T1  2018/06/21    上市
23609   01010T  京城樂富R1            TW00001010T9  2018/12/05    上市

[23610 rows x 7 columns]]
>>> print(type(x))
<class 'list'>
```

圖 2.2.12　執行結果，read_html 解析完成的資料與其類型

爬蟲之後的客製化資料

除了他結構是 list 包裹著 dataframe 之外，我們還要做其他處理，例如你看他的欄位名稱都是 0123456，我們應該要用他的下一列來當作我們的欄位，以及我們想把股票的代號及中文名稱分開，除此之外，竟然還有一列全部都是股票，很礙眼對吧。

我們首先把 dataframe 從 list 中取出，在此之前我們先確認是否 list 裡面只有一個 dataframe，所以我們先印出他的大小確認。

```
====================stock_list.py==================
#確認裡面是否只有一組dataframe
print(len(x))
```

我們 print 出來目前 x 的大小，確認大小是 1，代表裡面僅有一個 dataframe，為什麼要確認呢？因為如果網頁是複數個 table 的話，read_html 可能會將好幾個資料表一起包在一個 list 裡面，因此裡面有可能會有複數個。這時候你就需要決定你要的是裡面的第幾個。

```
>>> print(len(x))
1
```

圖 2.2.13　執行結果，確認取回的資料長度

因為我們只有一個，所以我們直接取 list 裡面的第一個元素就是了，

```
===================stock_list.py===================
#list取出list裡面的第一個元素，就是我們的Dataframe
x = x[0]
#查看型態，應為dataframe了
print(type(x))
```

把型態 print 出來，你就可以看到他從 list 變成 dataframe 了，我們就可以來用 pandas 操作這個 dataframe 了。

```
>>> print(type(x))
<class 'pandas.core.frame.DataFrame'>
```

圖 2.2.14　執行結果，取出後 x 變成了 dataframe 了

爬蟲後的客製化資料 - Dataframe 資料切割 iloc

接著要來處理欄位的問題，我們在這裡介紹一個 dataframe 切片的超好用函數 iloc，你看下面這張圖就很直白了，iloc 可以有兩個切片範圍，可以並存，第一個是切割 dataframe 的列，第二個是切 dataframe 的行。我們剛剛不是說除了要把 column 的名稱換掉之外，第一列要刪掉嗎？所以我們要操作的是第一個切片範圍，即是 x[1 : , :]。你看第一個切片範圍，1: 的意思是整個 dataframe 的列從第二列再開始，是不是很簡單就切掉了很冗的第一列？至於第二個切片範圍，也就是逗號後面那個 : 的意思即是不動。如果今天反過來，整個 dataframe 要從第二行開始呢？那就是 x[: , 1 :]。

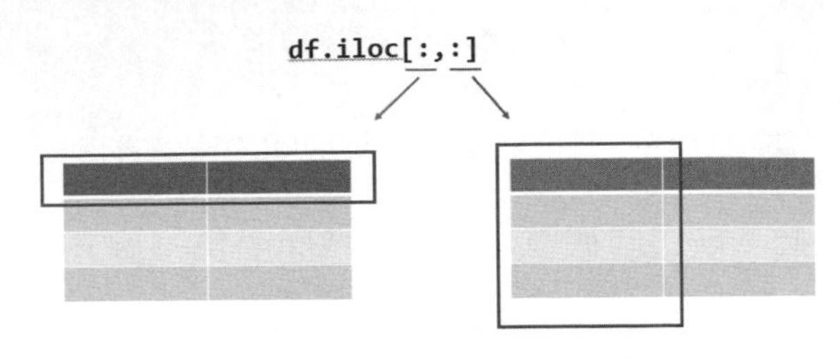

圖 2.2.15　iloc 切片示意圖

iloc 了解了，那接下來就簡單了，我們要處理把原本是數字的欄位名稱換掉，並且除掉多餘的列對吧？我們就全部使用 iloc 操作，我們呼叫 x.columns 方法，將 dataframe 的 column 名稱換成原先的第一列，並將多餘的列換掉，所以我們可以這樣寫：

```
====================stock_list.py===================
#pandas的好用函數iloc切片，我們指定dataframe的欄位為第一列
x.columns  = x.iloc[0,:]
#欄位雖然變成了正確的，但本來的那一列以及都是股票的那一列還在，我們把它拿掉
x = x.iloc[1:,:]
#print出來確認
print(x)
print(x.columns)
```

你看，我們把整理完的 dataframe 還有欄位名稱都輸出出來看看，是不是越來越接近完美了？

```
>>> print(x)
0            有價證券代號及名稱  國際證券辨識號碼(ISIN Code)          上市日
1                   股票                  股票        股票  股票    股票
2              1101   台泥        TW0001101004  1962/02/09  上市  水泥工業
3              1102   亞泥        TW0001102002  1962/06/08  上市  水泥工業
4              1103   嘉泥        TW0001103000  1969/11/14  上市  水泥工業
5              1104   環泥        TW0001104008  1971/02/01  上市  水泥工業
...                 ...                   ...         ...  ..   ...    ...
23605  01003T  兆豐新光R1          TW00001003T4  2005/12/26  上市    NaN  C
23606  01004T  土銀富邦R2          TW00001004T2  2006/04/13  上市    NaN  C
23607  01007T  兆豐國泰R2          TW00001007T5  2006/10/13  上市    NaN  C
23608  01009T  王道圓滿R1          TW00001009T1  2018/06/21  上市    NaN  C
23609  01010T  京城樂富R1          TW00001010T9  2018/12/05  上市    NaN  C

[23609 rows x 7 columns]
```

圖 2.2.16　執行結果，整理後的 dataframe

```
>>> print(x.columns)
Index(['有價證券代號及名稱', '國際證券辨識號碼(ISIN Code)', '上市日'
       '備註'],
     _ dtype='object', name=0)
```

圖 2.2.17　執行結果 2，整理後的 Column 名稱節錄

爬蟲後的客製化資料 - 將函數套用到每一筆資料 - apply

接著要處理將有價證券代號及名稱分開對吧，在此之前我們要介紹一個新的 pandas 超好用的方法 :apply。請你參考下圖，我們用中文解釋下圖那一串語法就是：

x 的 c 欄位 = x 的 a 欄位的值去執行 A 函數 (A 函數 = 每一筆 *10)

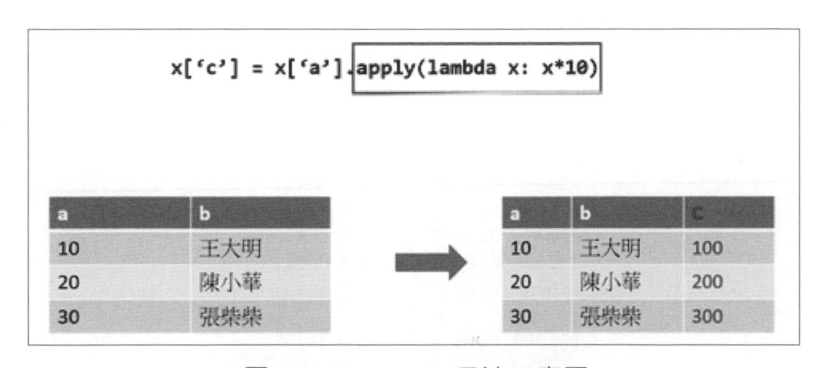

圖 2.2.18　apply 用法示意圖

至於 lambda 是什麼呢？講簡單一些它就是簡易版的函數，很多人常常叫他小函數 (python 中的 def 用法)，而如 apply 用法示意圖，apply 的功用就是使用你寫的簡短函數去執行你指定的欄位。好處在哪裡？簡潔易懂，你如果不用 apply 也可以，你可以把欄位 a 存成 list，並迴圈去處理後存到新的 list，在新增至 dataframe。這樣也可以達到目的，但問題是，這樣子做程式就多了很多行。

另外還要注意，apply 通常是操作一維的數據，什麼叫做一維的數據？簡單來說就是假設你有一個櫃子 (dataframe)，裡面又有 10 層抽屜，抽屜就是組成 dataframe 的每一個欄位 (series)，抽屜就是一維的數據，而櫃子因為包含多個一維數據，所以他是二維的。這時候如果你要用 apply 作業員去作業，你要給他的是指定哪一個櫃子的哪一個抽屜，他才願意幫你操作，不然你會收到他的拒絕，所以你看到我們在示範 apply 的時候，都會告訴他是哪一個抽屜 (欄位)。

我們再回來看這個 dataframe 現在的樣子，你看到規律了嗎，我們要處理的那個欄位是不是全部都長這個格式：股票代號 空白 股票名稱 (1101　台泥)。

```
>>> print(x)
0          有價證券代號及名稱
1                  股票
2              1101　台泥
3              1102　亞泥
4              1103　嘉泥
5              1104　環泥
...               ...
23605   01003T　兆豐新光R1
23606   01004T　土銀富邦R2
23607   01007T　兆豐國泰R2
23608   01009T　王道圓滿R1
23609   01010T　京城樂富R1

[23609 rows x 7 columns]
```

圖 2.2.19　原先處理好的 dataframe

爬蟲後的客製化資料 – split 切割字串

我們既然找到規律了，就使用 str.split 方法，split 方法會根據你指定的方式將字串切開，你符合幾個，他就會切幾塊給你，如果不指定則預設用空白分割，因此我們的情境中不需指定。什麼意思？例如我們以空白來切割，我們的目標字串符合條件，所以他會將原字串一分為二或三，視中間有多少空格。如果今天每一筆都是 '1101@ 台泥 '，那怎麼切？

split('@')，裡面帶上指定的切割字元，他就會返還給你 [1101 , 台泥]，你就取你要的就可。

我們的情境只有一組空白，因此切成兩個，我們要代號，就取第一個 [0]，要取股票名稱，就取最後一個 [-1]，然後如上面所教，我們用 apply 來實現，很簡潔吧，就兩行。

```
====================stock_list.py===================
#使用split方法，以兩個空白切割字串，並取切割完後第一個，儲存至新增的代號欄位
x['代號'] = x['有價證券代號及名稱'].apply(lambda x: x.split()[0])
#使用split方法，以兩個空白切割字串，並取切割完後第一個，儲存至新增的股票名稱欄位
x['股票名稱'] = x['有價證券代號及名稱'].apply(lambda x: x.split()[-1])
#print出來看看
print(x)
#存成excel看一下，你可以存在自己喜歡的路徑
x.to_excel('D:\Trading Strategy_EX\Chapter2\stock_list.xlsx')
```

然後我穿插補充一下，存成 excel 的函數就是 to_excel(路徑 + 檔名) 而已，如果是存成 csv 檔就是 to_csv(路徑 + 檔名)，我很建議初學者檔案先用絕對位址來處理，因為隨著你使用的執行方法，路徑的表示位置會不一樣，有時候你的專案有多層結構的資料夾，如果你未寫清楚路徑，你直接儲存檔名例如 to_excel('stock_list.xlsx ') ，程式邏輯他會將檔案存著與你執行的目錄相同，但是 cmd cd 到目標 folder 執行程式，跟你使用 vscode 執行程式兩者在尋找執行目錄的位置略有不同，如果你不明白我的意思你可以測試看看用 cmd 執行上述存檔方式，再使用 vscode 來執行看看，你就會明白差異在哪裡。

説回正題我們看最後兩行，是不是成功多了一個代號及名稱？有同學可能看得很問號，為什麼格式怪怪的，而且有一列全部都叫做股票？沒關係，執行完後我通常會存成 excel 來檢查一下是不是有怪怪的地方，我們來檢查一下。

```
          上市日  市場別     產業別  CFICode    備註        代
票  股票     股票        股票    股票        股票        股票
上市  水泥工業  ESVUFR  NaN      1101      台泥
上市  水泥工業  ESVUFR  NaN      1102      亞泥
上市  水泥工業  ESVUFR  NaN      1103      嘉泥
上市  水泥工業  ESVUFR  NaN      1104      環泥
 ...     ...   ...    ...     ...
 上市    NaN  CBCIXU  NaN  01003T  兆豐新光R1
 上市    NaN  CBCIXU  NaN  01004T  土銀富邦R2
 上市    NaN  CBCIXU  NaN  01007T  兆豐國泰R2
 上市    NaN  CBCIXU  NaN  01009T  王道圓滿R1
 上市    NaN  CBCIXU  NaN  01010T  京城樂富R1
```

圖 2.2.20 執行結果，分割股票代號及名稱

我們存成 Excel 之後，確認格式沒有跑掉，可是問題來了，有許多列長得像下圖這樣，包含我們說的都是股票的列。這些應該是原生網站以列區分各種不同類型的上市股票，我們要怎麼去除他呢？

A	B	C	D	E	F	G
	有價證券代號及名稱	券辨識號碼(ISIN	上市日	市場別	產業別	CFICode
1	股票	股票	股票	股票	股票	股票
949	上市認購(售)權證	上市認購(售)權證	上市認購(售)權證	上市認購	上市認購	上市認購(售)權證
22104	ETN	ETN	ETN	ETN	ETN	ETN
22118	特別股	特別股	特別股	特別股	特別股	特別股
22139	ETF	ETF	ETF	ETF	ETF	ETF
22264	ETN	ETN	ETN	ETN	ETN	ETN
22281	臺灣存託憑證(TDR)	臺灣存託憑證(TI	臺灣存託憑證(TDF	臺灣存託	臺灣存託	臺灣存託憑證(TDR)
22295	受益證券-不動產投資信託	受益證券-不動產	受益證券-不動產投	受益證券	受益證券	受益證券-不動產投

圖 2.2.21 作為分類用的列，我們不需要

爬蟲後的客製化資料 - 篩選台股 947 檔股票與去除雜質

這時候，我會思考一個問題，哪一個欄位是絕對不可能出現這種中英文字元的？以我們這個 Case 來說，其實備註就是其中一個，因為大家都是空白的，只有這些特殊列才會有一個股票在那裡，不過我選擇上市日。仔細觀察，上市日必定是日期，只有這些特殊值的上市日才會是股票、ETN 什麼的這種分類用的字眼，因此我們從上市日下手。

我們來寫寫看吧，我們使用 pd.to_datetime 函數，顧名思義他的作用就是將指定欄位的值全部都換成 datetime 類型 (日期型)，想當然耳也有 pd.to_string 這類的轉換類型函數，但我們目前用不到。這個函數我們可以拿來用是因為他有一個參數 errors='coerce'，意味著將無法轉換的值轉為 Nan(空值)，像 2020/01/01 這類型的必定可以轉換為 datetime，而且股票這種中文字，絕對不可能可以轉，所以都會變成 Nan。如果不設置 errors='coerce' 則預設無法處理的會報錯。這時候我們再使用 df.dropna 函數，此函數可去除掉 Nan 值，並且指定為以上市日的欄位為主。

```
====================stock_list.py===================
#善用to_datetime函數，並將無法轉成datetime的資料化為Nan
x['上市日'] = pd.to_datetime(x['上市日'], errors='coerce')
#把上市日的Nan去掉即可
x = x.dropna(subset=['上市日'])
#print出來看看
print(x)
```

噹噹噹，你看，第一列的股票是不是不見了？我們順利得處理掉了這些異常值。

```
0        有價證券代號及名稱  國際證券辨識號碼(ISIN Code)        上市日  市場別
稱
2          1101   台泥          TW0001101004 1962-02-09  上市   水泥工業   ESVUFR
3          1102   亞泥          TW0001102002 1962-06-08  上市   水泥工業   ESVUFR
4          1103   嘉泥          TW0001103000 1969-11-14  上市   水泥工業   ESVUFR
5          1104   環泥          TW0001104008 1971-02-01  上市   水泥工業   ESVUFR
6          1108   幸福          TW0001108009 1990-06-06  上市   水泥工業   ESVUFR
```

圖 2.2.22　執行結果，去除股票以及 ETN 等分類用的列

我們的整理快接近尾聲了，接著我們要做 Drop 掉我不想要的欄位，並且把整個 Dataframe 的欄位順序換一下。首先，drop 欄位前應該要將欄位都 print 出來確認，對我來說 有價證券代號及名稱、國際證券辨識號碼 (ISIN Code)、CFICode、備註，這五個欄位我完全不需要，所以我們就用 df.drop([欄位],axis=1) 方法，去除掉不要的欄位，然後更換順序的方法

也很簡單，df[[" 欄位 1"," 欄位 2"]] ，直接用雙中括號括起來，並且排列順序即可。

```
====================stock_list.py===================
#print出欄位來看一下
print(x.columns)
#Drop掉不要的欄位
x = x.drop(['有價證券代號及名稱', '國際證券辨識號碼(ISIN Code)',
'CFICode','備註'], axis=1)
#更換剩餘的欄位順序
x = x[['代號','股票名稱', '上市日', '市場別', '產業別']]
#print出結果確認
print(x)
#儲存成excel
x.to_excel('D:\Trading Strategy_EX\Chapter2\stock_list.xlsx')
```

整理完後，你看是不是很完美？如果你覺得這個顯示走鐘看得不舒服，一樣把它輸出成 excel 來看即可。

```
0          代號      股票名稱        上市日  市場別    產業別
2        1101        台泥  1962-02-09  上市   水泥工業
3        1102        亞泥  1962-06-08  上市   水泥工業
4        1103        嘉泥  1969-11-14  上市   水泥工業
5        1104        環泥  1971-02-01  上市   水泥工業
6        1108        幸福  1990-06-06  上市   水泥工業
...       ...       ...         ...  ..    ...
23605  01003T  兆豐新光R1  2005-12-26  上市    NaN
23606  01004T  土銀富邦R2  2006-04-13  上市    NaN
23607  01007T  兆豐國泰R2  2006-10-13  上市    NaN
23608  01009T  王道圓滿R1  2018-06-21  上市    NaN
23609  01010T  京城樂富R1  2018-12-05  上市    NaN

[23601 rows x 5 columns]
```

圖 2.2.23　執行結果，欄位整理完畢

如果你會在意的話，這應該是最後一個問題了。很多人可能一開始就發現了，台股上市怎麼可能有 2 萬多檔啊！因為後面很多是屬於投資信託、基金這一類的，例如說 0052 這一類的 ETF 也包含在裏頭，你要可以留著，不過我們來想一下怎麼把它拿掉。

我們打開 excel 檔觀察一下，哦！感覺我們平常在玩的 947 檔 (截至 2021 03) 股票，好像他最後一個欄位產業別都會有值，而其他都沒有，看來我們又找到很簡單的數據清洗規則了。

9941	裕融		2001-09-17 00:00:00	上市	其他業
9942	茂順		2002-01-28 00:00:00	上市	其他業
9943	好樂迪		2002-08-26 00:00:00	上市	觀光事業
9944	新麗		2002-08-26 00:00:00	上市	其他業
9945	潤泰新		1992-04-30 00:00:00	上市	其他業
9946	三發地產		2013-09-17 00:00:00	上市	建材營造業
9955	佳龍		2008-01-21 00:00:00	上市	其他業
9958	世紀鋼		2008-03-12 00:00:00	上市	鋼鐵工業
03001P	玉晶光群益02售17		2020-07-22 00:00:00	上市	
03002P	玉晶光群益02售18		2020-07-22 00:00:00	上市	
03004P	華擎群益02售02		2020-07-22 00:00:00	上市	
03005X	元展05		2014-07-31 00:00:00	上市	
03006Q	恒指麥證02售05		2020-08-25 00:00:00	上市	

圖 2.2.24　觀察資料，清洗規則

剛剛不是有學 dropna 嗎？我們現在再用一次，把產業別是空的先清除掉。

```
====================stock_list.py====================
#Drop掉產業別是空的欄位
x = x.dropna(subset=['產業別'])
#print出來看
print(x)
```

執行一下，還是沒有很乾淨，因為有一些非日常在玩如 2891C 這類的，他會標註市場別，但我們又發現一項規則了，基本是我們平常在玩的股票代號後面都不會有英文或是中文字元，且基本上代號都是數字對吧？

```
0         代號      股票名稱        上市日  市場別    產業別
2         1101        台泥  1962-02-09  上市    水泥工業
3         1102        亞泥  1962-06-08  上市    水泥工業
4         1103        嘉泥  1969-11-14  上市    水泥工業
5         1104        環泥  1971-02-01  上市    水泥工業
6         1108        幸福  1990-06-06  上市    水泥工業
...        ...         ...         ...  ..      ...
23437    2891C      中信金丙特  2019-05-06  上市   金融保險業
23438    2897A      王道銀甲特  2019-01-09  上市   金融保險業
23440    3702A      大聯大甲特  2019-11-01  上市   電子通路業
23441    5871A    中租-KY甲特  2020-09-10  上市     其他業
23442    9941A       裕融甲特  2018-11-26  上市     其他業

[970 rows x 5 columns]
```

圖 2.2.25　執行結果，清理產業別為空

爬蟲後的客製化資料 – 篩選符合條件的值

我們使用 pandas dataframe 的條件篩選機制。怎麼使用條件篩選呢？原則上他的格式為 x = x[x[" 欄位 "] + 條件] 意思就是 dataframe x 中，篩選指定欄位符合的條件，其實他是省略了 ==True，因為他默認為 True，所以你可以不用特地打，他完整的是長這樣子的 x = x[(x[" 欄位 "] + 條件)==True]，如果今天你要的是不符合才要的，那就是 False，很簡單吧？那小小思考一下吧？如果今天是 a 欄位要小於 5 怎麼寫？x[(x['a']<5)==True] ，就是這樣而已。

學會了之後，我們馬上套用。條件我們使用 str.isdigit() 這個函式，功能很簡單，篩選出是數字的欄位，並返回 Ture/False。如同剛剛所說，我們要的那 947 支股票都是數字，因此那種帶有字母或中文的必定會是 False。條件不一定得是運算元加減乘除喔，這種會返回布林值 (True/False) 的函數同樣可以作為條件。

```
====================stock_list.py===================
#str.isdigit()函數，確認是不是為數字
x = x[x["代號"].str.isdigit()]
#印出x來看
print(x)
```

輸出來看看，沒錯，只剩下我們熟知的 947 檔股票了。到了這一步，我們就完美的整理完我們所要的股票清單了。如若你其實想要全部上萬檔的資訊，那你就不需要操作後面這些步驟了。

```
0       代號   股票名稱         上市日  市場別      產業別
2    1101     台泥 1962-02-09  上市    水泥工業
3    1102     亞泥 1962-06-08  上市    水泥工業
4    1103     嘉泥 1969-11-14  上市    水泥工業
5    1104     環泥 1971-02-01  上市    水泥工業
6    1108     幸福 1990-06-06  上市    水泥工業
..    ...    ...          ...  ..     ...
949  9944     新麗 2002-08-26  上市     其他業
950  9945    潤泰新 1992-04-30  上市     其他業
951  9946   三發地產 2013-09-17  上市   建材營造業
952  9955     佳龍 2008-01-21  上市     其他業
953  9958    世紀鋼 2008-03-12  上市    鋼鐵工業
```

圖 2.2.26　執行結果，只保留代號全是數字的股票

最後，我們把 code 整理一下，把一些開發上為了拿來看的 print 以及儲存 excel 先拔掉就行了。完整的 code 如下。

```
====================stock_list.py====================
#import套件，可將pandas簡寫成pd，呼叫函數pd.xxx而不需pandas.xx
import pandas as pd
import requests
#加入headers
headers = {
    "user-agent": "Mozilla/5.0 (Windows NT 6.1; Win64; x64)
AppleWebKit/537.36 (KHTML, like Gecko) Chrome/74.0.3729.157 Safari/537.36"
    }
#對網站進行requests，並加入指定的headers一同請求
html_data = requests.get("https://isin.twse.com.tw/isin/C_public.jsp?strMode
=2",headers=headers)

#使用pandas的read_html處理表格式
x = pd.read_html(html_data.text)
#list取出list裡面的第一個元素，就是我們的Dataframe
x = x[0]
#pandas的好用函數iloc切片，我們指定dataframe的欄位為第一列
x.columns  = x.iloc[0,:]
#欄位雖然變成了正確的，但本來的那一列仍然存在，我們把它拿掉
x = x.iloc[1:,:]
```

```
#使用split方法，以兩個空白切割字串，並取切割完後第一個，儲存至新增的代號欄位
x['代號'] = x['有價證券代號及名稱'].apply(lambda x: x.split()[0])
#使用split方法，以兩個空白切割字串，並取切割完後第一個，儲存至新增的股票名稱
欄位
x['股票名稱'] = x['有價證券代號及名稱'].apply(lambda x: x.split()[-1])
#善用to_datetime函數，並將無法轉成datetime的資料化為Nan
x['上市日'] = pd.to_datetime(x['上市日'], errors='coerce')
#把上市日的Nan去掉即可
x = x.dropna(subset=['上市日'])
#Drop掉不要的欄位
x = x.drop(['有價證券代號及名稱', '國際證券辨識號碼(ISIN Code)', 'CFICode',
'備註'], axis=1)
#更換剩餘的欄位順序
x = x[['代號','股票名稱', '上市日', '市場別', '產業別']]
#Drop掉產業別是空的欄位
x = x.dropna(subset=['產業別'])
#pandas的str.isdigit()函數，確認是不是為數字
x = x[x["代號"].str.isdigit()]
#印出x來看
print(x)
#儲存成excel
x.to_excel('D:\Trading Strategy_EX\Chapter2\stock_list.xlsx')
```

❑ 本小節對應 Code

Trading Strategy_EX / Chapter2 / stock_list.py

❑ 小節統整

這個小節其實爬蟲的部分相對簡單，篇幅較長是因為我希望本書的第一次寫程式的部分能夠盡量講詳細一些，包括 pandas 套件一些超常使用的資料清洗的方法。本小節在寫程式方面不一定要背語法，但你一定要知道有這些功能存在，重點如下：

1. 爬蟲處理表格式網頁
2. dataframe 條件篩選式
3. dataframe iloc 切片
4. dataframe 的 apply 使用函數方法
5. 記得有 isdigit() 方法可以辨別出數字

2.3 報價取得蟲

聊聊報價來源

這個小節，首先我們要來取得比較沒有這麼即時的報價，我們的目標使用美國 Yahoo 官網的報價。爬這個要做什麼呢？老實說我放在這裡主要是練習的成分居多，畢竟如果你要即時報價，應該要去使用更專業穩定的券商 api，如果你只要每日的收盤價等資訊，那直接使用免費開源的套件就行了。這個除了練習之外，對我來說是在我初期還沒有券商 api 時，會用這個當作是即時報價的來源，僅此而已。

其實模擬交易我們通常會使用券商的報價，但由於我總不能說沒有券商 api 這本書就看到這裡就可以了，所以我們必須要去找一個報價來源，就跟我們剛開始做程式交易一樣。那為什麼會說沒有這麼即時呢？因為據我自己的觀察，美國 Yahoo 的報價約莫 10-15 分鐘才會有所變動，其實我並不是很確定有沒有更好又免費穩定的報價來源，因為我個人是使用券商的 api，所以也沒有花過多心力在找尋完美的免費資料來源，例如就我所知 Cmoney 的報價更新更快，但較不適合初學者爬；另外著名的套件 yfinance 似乎也是會定期更新當日報價，但據說是久久才更新一次，不像 yahoo 的網頁至少更新的還算比較快一點，所以這個算是我們暫用的報價來源，況且也是練習爬蟲很好的對象。

觀察網址與網頁結構

開始我們的一系列爬蟲之前，我先聲明一下本章節會頻繁出現的詞，我們先有個共識。如果你剛剛有稍微看一下或是對 html 有基本理解的話，你應該會看到這種 html 各種標籤中包含的屬性，有些如下圖，或是例如 <a class=xxx></a>，而其中的這個 <a></a> 我會叫他 Tag 或標籤，裡面的例如 class、id 或是 height 我會叫他屬性。

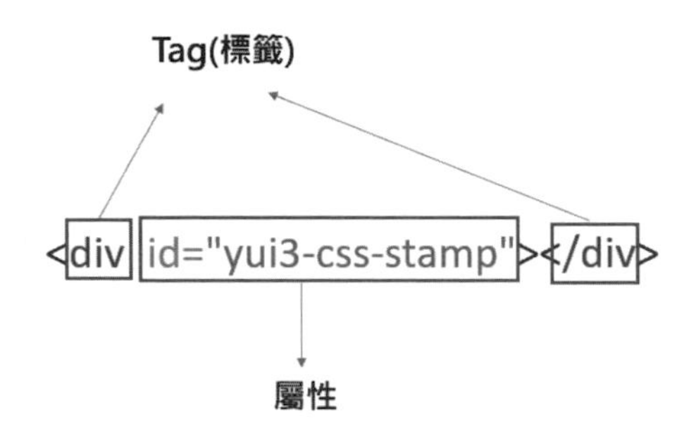

圖 2.3.1　標籤及屬性示意圖

Yahoo 無論你怎麼搜，都會導向中文版的 Yahoo，因為地區的問題。所以請你搜尋 Yahoo US，應該就可以進入到美國的 Yahoo 了

圖 2.3.2　美國 Yahoo

接著進入後請你點選 Finance 並且我們先搜 2330.TW 來看看，進入後你會看到這個大大的報價，這就是我們的目標，我們馬上開始爬吧！

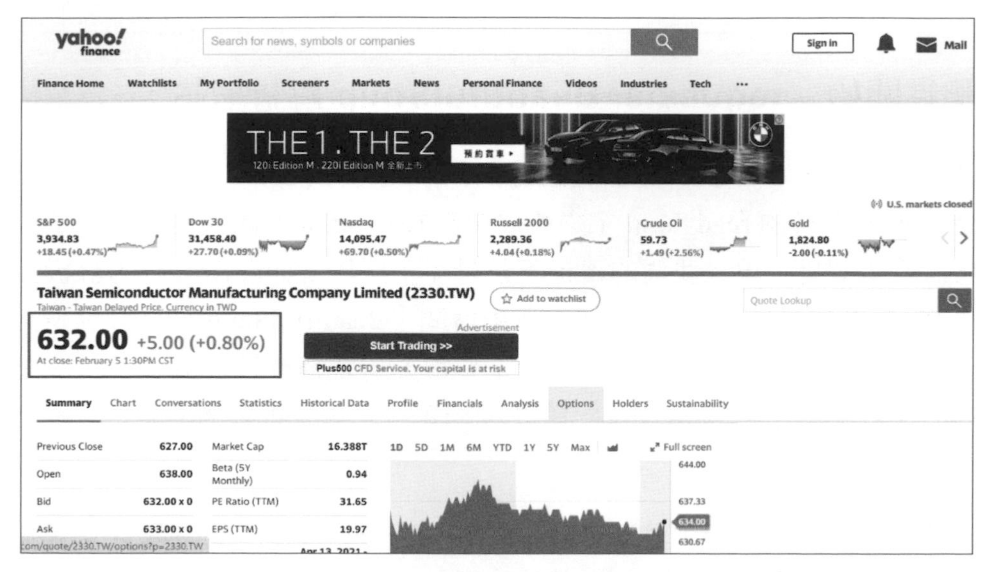

圖 2.3.3　Yahoo US 報價

我們以 2330.TW 先作為練習的目標，其實這個網站是屬於基礎的爬蟲，你一定會同意相當簡單的。我們先看看他的網址，你發現後面有一個 tsrc=fin-srch 嗎？我自己在爬蟲的時候，都會把這種看起來很像是在記錄使用者如何進來的標記拿掉，並看看有什麼影響。

finance.yahoo.com/quote/2330.TW?p=2330.TW&.tsrc=fin-srch

圖 2.3.4　利用操作瀏覽器點進來時的網址

把他拔掉貌似不影響網頁，你可以試試看，既然不影響我就會使用下面這個網址來爬。其實，這個步驟有做跟沒做都以現在的情境來說不影響爬到的結果，但我很喜歡這樣測網址，因為越簡短的網址我就越喜歡。你可以直接省略用原本的網址沒關係。

finance.yahoo.com/quote/2330.TW?p=2330.TW

圖 2.3.5　簡潔乾淨的網址

爬蟲開始 – requests+BeautifulSoup 解析網站

你還記得上一小節我們怎麼爬蟲嗎？我們是不是先做 requests，然後套進 pandas 套件的 read_html ？之所以要套 read_html 是因為他很好解析表格式網頁對吧？現在我們的目標不再是了，所以我們改用萬能的解析套件 BeautifulSoup 來解析網站。你可能會問，BeautifulSoup 拿來解析表格式網頁也可以嗎？當然可以囉，只是你需要再多寫幾行，這個我們下面再說，我們馬上就來寫 code，首先我們創立一個 yahoo_finance.py 的檔案，然後就開始吧。

很簡單，你看，import 不算的話三行就搞定了。很標準的流程吧，我們準備 headers，並且請求網站，然後使用 BeautifulSoup 獲取 Beautifulsoup 物件，就可以準備來解析了。

```
==================yahoo_price.py==================
#import套件
import requests
#from xxx import xxx優勢是省時省資源
from bs4 import BeautifulSoup
#準備headers
headers = {
    "user-agent": "Mozilla/5.0 (Windows NT 6.1; Win64; x64)
AppleWebKit/537.36 (KHTML, like Gecko) Chrome/74.0.3729.157 Safari/537.36"
    }
#對網站進行requests，並加入指定的headers一同請求
data = requests.get("https://finance.yahoo.com/quote/2330.TW?p=2330.TW",
headers=headers)
#準備使用BeautifulSoup進行解析
soup = BeautifulSoup(data.text)
```

爬蟲開始 - 多定位 find_all 與單一定位 find

那我們獲得了所謂的 BeautifulSoup 物件後，有什麼好處呢？我們可以使用他的 find 與 find_all 函數來定位我們的目標，應該一眼就能明白這兩個差異在哪裡，一個是找單一的定位，一個是找多重定位。什麼意思？我們以表格的例子來說，例如我們 2.1 小節不是有曾經看過表格網頁的組成，都是以 <tr> 與 <td> 組成的嗎？如果上一小節有細心觀察的話，<td><td> 代表表格的每一格對吧？這意味著你在用 find 系列函數定位時，必須要用 find_all，因為 <td><td> 有一大堆，你用 find 的話，就只會拿到第一個而已，這就是兩個的差別。剛剛不是說，如果上一小節我們要用 BeautifulSoup 而不用 read_html 的話怎麼辦呢？那就是 find_all 獲取全部的 <td><td> 即可，但組成一個 dataframe 就還需要特別處理就是了。

說了這麼多，我們立刻來觀察開發者工具 (F12) 裡面的網頁組成，並且我們觀察目標的報價是長什麼樣子。我們按照 2.1 小節說過的操作，把鼠標移到價格的地方並點擊，就會定位出下圖的位置。

```
<div class="W(100%) Bdts(s) Bdtw(7px)  Bdtc($positiveColor)" data-reactid="3"></div>
▶<div class="Mt(15px)" data-reactid="4">…</div>
▼<div class="My(6px) Pos(r) smartphone_Mt(6px)" data-reactid="29">
  ▼<div class="D(ib) Va(m) Maw(65%) Ov(h)" data-reactid="30">
    ▼<div class="D(ib) Mend(20px)" data-reactid="31">
      <span class="Trsdu(0.3s) Fw(b) Fz(36px) Mb(-4px) D(ib)" data-reactid="32">632.00</span> == $0
      <span class="Trsdu(0.3s) Fw(500) Pstart(10px) Fz(24px) C($positiveColor)" data-reactid="33">+5.00 (+0.80%)
      </span>
    ▼<div id="quote-market-notice" class="C($tertiaryColor) D(b) Fz(12px) Fw(n) Mstart(0)--mobpsm Mt(6px)--mobpsm"
    data-reactid="34">
        <span data-reactid="35">At close: February 5 1:30PM CST</span>
      </div>
    </div>
    <!-- react-empty: 36 -->
```

圖 2.3.6　開發者工具找出目標 html 屬性

我們要捕捉的就是這一段，請你對這一行點右鍵，選擇 copy 中的 copy element，之後把它複製到 vscode 裡，先隨便貼上就好。

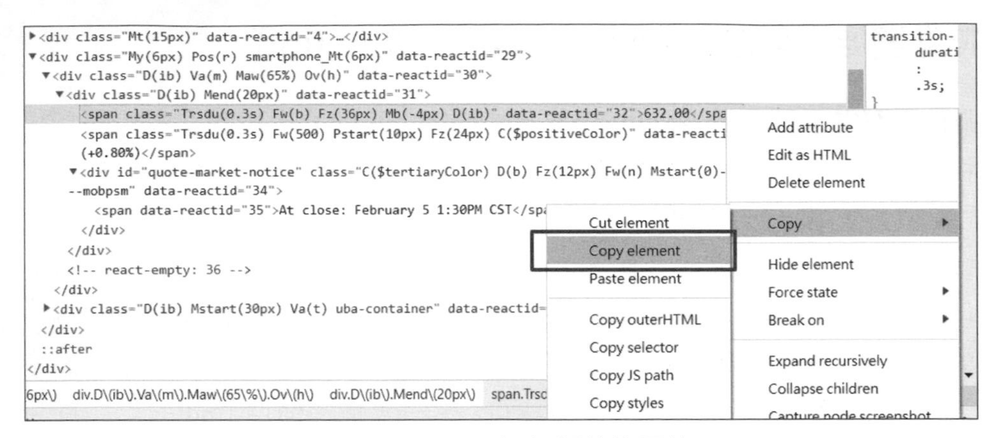

圖 2.3.7　copy 價格部位的屬性

貼上 vscode 中，你應該會看到這一段。我們需要的就是 tag(標籤) 以及它的 class 或 id 做為定位的依據。

```
===================yahoo_price.py==================
#網頁中複製貼上的定位訊息
<span class="Trsdu(0.3s) Fw(b) Fz(36px) Mb(-4px) D(ib)"
data-reactid="32">632.00</span>
```

我們剛剛不是操作到獲得 Beautifulsoup 物件嗎？現在我們就用 find 函數來獲得定位，就是這樣一行而已，是不是非常簡單？你注意到了嗎，它的結構就是 soup.find(tag, { class: class name})，就是這樣。最後我們 print 出來看的時候記得要用 text 將他的 tag 資訊都拿掉，我們可以兩個都 print 出來看，你就知道 text 函數的作用了。

```
===================yahoo_price.py==================
#find尋找元素
price = soup.find('span',{'class':'Trsdu(0.3s) Fw(b) Fz(36px)
Mb(-4px) D(ib)'})
#print出來看看是不是對的
print(price)
print(price.text)
```

print 出來看後，沒有使用 text 函數的，保留了原先屬性，呼叫 text 後，它就去蕪存菁的幫你保留住報價。

```
>>> print(price)
<span class="Trsdu(0.3s) Fw(b) Fz(36px) Mb(-4px) D(ib)" data-reactid="31">582.00</span>
>>> print(price.text)
582.00
```

圖 2.3.8　執行結果，爬蟲執行結果

對於定位如果你想多練習，你可以看看同樣這個網頁，它下面有許多 <td> 對吧，就是網頁上的 previous close 那些。如果你要使用 BeautifulSoup 獲取，一樣複製目標那一行的 element 並且放入 find_all 即可，但你要注意整個網頁有許多一樣的 tag，因此你需要用 find_all 並且迴圈處理，做法如下，我們先點到為止：

```
price = soup.find_all(' td ',{'class':' Trsdu(0.3s)'})
```

全部的 code 就長這樣了，非常快吧？

```
===================yahoo_price.py==================
#import套件
import requests
#from xxx import xxx意思是我只需要用到bs4裡面的BeautifulSoup這個Class，我就不用全部import了，我只import BeautifulSoup就好，省時省資源
from bs4 import BeautifulSoup
#準備headers
headers = {
    "user-agent": "Mozilla/5.0 (Windows NT 6.1; Win64; x64) AppleWebKit/537.36 (KHTML, like Gecko) Chrome/74.0.3729.157 Safari/537.36"
    }
#對網站進行requests，並加入指定的headers一同請求
data = requests.get("https://finance.yahoo.com/quote/2330.TW?p=2330.TW", headers=headers)
#準備使用BeautifulSoup進行解析
soup = BeautifulSoup(data.text)
#find尋找元素
```

```
price = soup.find('span',{'class':'Trsdu(0.3s) Fw(b) Fz(36px)
Mb(-4px) D(ib)'})
#print出來看看是不是對的
print(price.text)
```

程式函數化 (def)

報價是獲得了，但是我們現在要來寫一點新東西，我們要把報價取得的程式函數化，這有什麼好處呢？你想哦，以後做大了我們可能有數十個策略程式對吧？每一個你要測試的時候都需要用到報價，你不覺得數十個策略中，每一份程式都要貼一大段上面那些獲取報價的 code 很麻煩嗎？而且如果你的程式有更新了，你每一份都要拿出來改，這樣工是不是很大？所以在開發的時候，可以想想它的應用情景，如果這個程式是很多其他程式都用的到的工具，建議你額外開一個檔案，並把它寫成函式 (其實最好的是寫成 Class- 物件，但我認為具備一定的規模的程式才需要寫成物件，那是進階了，我們先不提)，其他程式要使用的時候，只要 import 你這個檔案，就像使用套件那樣，就可以呼叫裡面的函數了。

函數的概念其實就是這樣，請看下圖，我們定義 (def) 一個函數名稱，並規定使用這個函數需要輸入什麼參數，括號內的輸入參數與參數類型可用可不用，但我通常都會寫一下，原因是需要再回來看的時候，就會一目了然這個函數要傳入的類型。def 那一行完成之後，就開始寫這個函數要做什麼事，定義 def 函數要做的事情以及 return 的結果。至於格式的話 def 底下的程式都都必須要有 1 個 Tab 的間隔 (4 個空白)，我們來看一下範例。

```
def 函數名稱(輸入參數:參數類型):
    函數要做的事情
    return 結果
```

圖 2.3.9　函數中文講解

請看下面這個例子，我們定義一個叫做 test 的函數，然後需要定義的參數叫做 a，並且希望傳入的是 int 整數，接著函數做的事情就是把 a+1 然後傳回給變數 a 並返回 a。這時候我們在下方引用，因為我們的函數回傳一個值，所以你在使用時必須要給他一個變數承接結果，如果今天是 return a , b 呢？那你就要 x , y = test(2)，給他兩個變數承接。這就是函數了。

```
def test(a : int):
    a = a+1
    return a

x = test(2)
print(x) #x=3
```

圖 2.3.10　函數範例

接著我們來用原先的例子來改寫，我們希望報價函數的設計是，使用者傳入指定的股票代號，我們回傳給他現在的報價。我們把剛剛的 code 最上面先加上 def，並且傳入字串類型的股票代號

```
===================yahoo_price.py==================
#定義函數名stock_price，並且需要傳入字串類型的股票代號
def stock_price(stock:str):
```

def 下方的 code 都需要有一個 Tab 的空格，這是 def 格式的規定，所以我們把剛剛的 code 全部貼上，並且將 def 下方的 code 全選，按 Tab。

```
===================yahoo_price.py==================
#定義函數名stock_price，並且需要傳入字串類型的股票代號
def stock_price(stock:str):
    #準備headers
    headers = {
        "user-agent": "Mozilla/5.0 (Windows NT 6.1; Win64; x64)
        AppleWebKit/537.36 (KHTML, like Gecko)
        Chrome/74.0.3729.157 Safari/537.36"
        }
    #對網站進行requests，並加入指定的headers一同請求
```

```
data =
requests.get("https://finance.yahoo.com/quote/2330.TW?p=2330.TW",
headers=headers)
#準備使用BeautifulSoup進行解析
soup = BeautifulSoup(data.text)
#find尋找元素
price = soup.find('span',{'class':'Trsdu(0.3s) Fw(b) Fz(36px)
Mb(-4px) D(ib)'})
#print出來看看是不是對的
print(price.text)
```

程式函數化 - f-string 動態帶入函數參數

接著，我們現在 requests 的是 2330.TW，台積電的報價對吧？我們要讓它根據傳入的代號回傳相應的報價，我們先把 Yahoo US 的台積電報價先打開，並且我們把網址 2330 的部分改成鴻海 (2317) 來試試。你看！可以對吧。

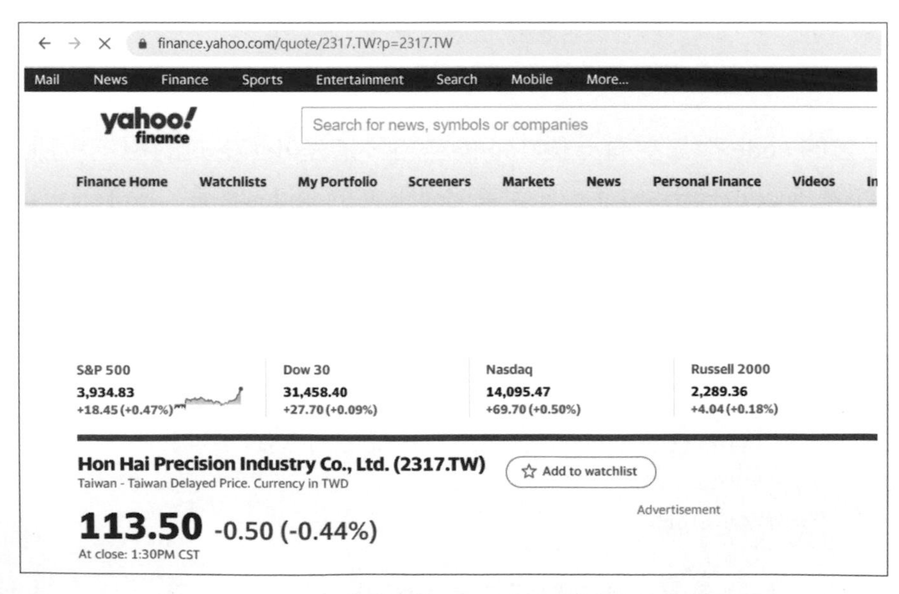

圖 2.3.11　網址更換成 2317，即變成鴻海的報價

所以以後爬蟲的時候，記得多多觀察網址，大部分的網址都是這樣，透過網址的參數變換就可以達到目的，例如大部分的電商都是如此，例如他的網址是 https://xxx.com/p=1，通常看到 p 我會猜他是頁數，但你也不用猜，自己改改看就知道了，https://xxx.com/p=2 代表第二頁，如果真的是這樣，爬蟲就簡單多了，你要爬好幾頁不就用迴圈傳入數字就達成目的了嗎？我們現在做的也是差不多的事情，觀察網址的變化並做出相對應的處理。

我們要使用超好用的 f-string (字串格式化)，如果你有寫過 python 的經驗，他其實就是 format 跟 % 這一類的字串格式化方法的更直觀的寫法，他的寫法就是 f "{}"。看下圖範例，f-string 可以帶入變動的變數，我們用一個變數叫做 x 為 2330，並且將 y 字串中的關鍵處替換成 x，這時 y 的大括號處就會變成變數 x 了。你想到應用了嗎？假設我們有一個有 967 檔股票的 list，我們是不是用迴圈去跑這個 list 然後變動網址的股票代號處，就可以獲得每一檔股票對應的報價了。

```
x = '2330'
y = f'https://finance.yahoo.com/quote/{x}.TW?p={x}.TW'

print(y)
>> https://finance.yahoo.com/quote/2330.TW?p=2330.TW
```

圖 2.3.12　f-string 範例

我們把 f-string 套入我們原先的函數，並且把 return 返回的結果加進去，就得到一個完整的函數了。請特別注意 requests.get 那邊，雖然上面的範例是將 2330 的部分換為變數，TW 寫死，但我們視情況來調整，因為如果你將 TW 的部分寫死，那你的報價勢必只限於台股報價，通常我會將 2330.TW 整個都換成自定義的變數，這樣如果你想傳入納指或其他美國股票都會比較輕鬆。因此我們將 2330.TW 的部分都換成 stock，也就是函數需要傳入的變數，這時候股價就完成了。

```
==================yahoo_price.py==================
def stock_price(stock:str):
    #準備headers
    headers = {
        "user-agent": "Mozilla/5.0 (Windows NT 6.1; Win64; x64)
AppleWebKit/537.36 (KHTML, like Gecko) Chrome/74.0.3729.157 Safari/537.36"
        }
    #使用f-string變動網址中的股價部分，而帶入的資訊就是函數所需的股票代號
    data =
        requests.get(f"https://finance.yahoo.com/quote/{stock}?p={stock}",
        headers=headers)
    #準備使用BeautifulSoup進行解析
    soup = BeautifulSoup(data.text)
    #find尋找元素
    price = soup.find('span',{'class':'Trsdu(0.3s) Fw(b) Fz(36px)
    Mb(-4px) D(ib)'})
    #返回價格資訊
    return price.text
```

我們來用用看這個函數吧，測試一下就可以了，我會新開一個檔案 test.py，請注意 test.py 跟函數檔案 yahoo_finance.py 最好放在同一個資料夾裡，他才可以直接找到，如果你堅持不要放在一起，你要給程式這個函數包的位置，sys.path.append(路徑)，不過這個是後話，我等一下會說。

名稱	修改日期	類型	大小
stock_list.py	2021/2/15 下午 01:04	Python File	2 KB
test.py	2021/2/15 下午 01:07	Python File	0 KB
yahoo_finance.py	2021/2/15 下午 01:05	Python File	1 KB

圖 2.3.13　像這樣，最好放在同一個資料夾裡

首先，我們在同樣路徑開一個 test.py 來測試剛剛的報價，先 import 剛剛那一份 yahoo_finance.py，然後製作一個裡面放股票代號的 list，這時候迴圈讀取這個 list，我們就會得到每一個股票代號，將他傳入函數中，就可以得到報價了，很棒吧，我們可以變動的得到每一個股價的報價。

```
=====================test.py=====================
#import 的函數包，給他簡寫成yf
import yahoo_price as yp
#我們製作一個都是股票代號的list
stock_list = ['2330.TW','2317.TW','2324.TW']
#迴圈讀取list
for x in stock_list:
    #yf就是我們的檔案，我們讀取裡面的函數stock_price，並傳入x
    price = yp.stock_price(x)
    #print出股票代號跟價格來看
    print('股票:',x,'| 價格:',price)
```

import 自己寫的程式小意外，找不到程式

如果你是用 cmd 執行的，那應該沒問題，但如果是用 vscode 執行的話，你可能會發現他報錯 ModuleNotFoundError，這是由於 vscode 編譯時他的檔案路徑讀取的原理導致他找不到這個套件，這時候我們剛剛說的 sys 套件，這套件跟執行環境的操作有關，他最廣泛的應用是在如果你有寫過 python 的經驗，你用一些其他人寫好的套件並用 cmd 執行時，他是不是可以讓你在後面加參數？例如 python test.py --2330，大部分都用在這裡。但現在我們要用他來讓程式知道我們的函數包的路徑，如剛剛所說，就是 sys.path.append(路徑)，因此全部的 code 就是這樣了，這樣無論是你使用 cmd 執行或者是 vscode 執行都不會有問題。

```
=====================test.py=====================
#sys加入yahoo_finance的所在路徑
import sys
sys.path.append('D:\Trading Strategy_EX\Chapter2')
#import 的函數包，給他簡寫成yf
import yahoo_price as yp
#我們製作一個都是股票代號的list
stock_list = ['2330.TW','2317.TW','2324.TW']
#迴圈讀取list
```

```
for x in stock_list:
    #yf就是我們的檔案，我們讀取裡面的函數stock_price，並傳入x
    price = yp.stock_price(x)
    #print出股票代號跟價格來看
    print('股票:',x,'| 價格:',price)
```

弄完之後，我們再執行。你看，這樣是不是很完美，他每一次迴圈都 print 出我們的股票代號以及價格，這就是函數的寫法與使用範例了，測試完後我們就可以把 test.py 先刪掉了，我們只是測試看看而已，之後會在其他場域用到的。

```
  soup = BeautifulSoup(data.text)
股票: 2330.TW | 價格: 581.00
股票: 2317.TW | 價格: 114.50
股票: 2324.TW | 價格: 22.05
```

圖 2.3.14　執行結果 – test.py 應用函數

❑ 本小節對應 Code

Trading Strategy_EX / Chapter2 / yahoo_price.py

❑ 小節統整

上個小節我們使用 pandas 的 read_html 獲取網頁上的表格資訊，這個小節我們用 BeautifulSoup 來取得網頁的單一元素，以下這些重點你必須要熟練：

1. BeautifulSoup find 方法尋找定位，並了解 find_all 方法
2. 熟練函數 def 寫法，並且知道如何導入，包含 sys.path.append
3. f-string 方法，字串更靈活

2.4 新聞取得蟲

聊聊新聞作用

接著本小節我們來爬新聞相關資料。俗話說得好，只看新聞操作股票的人必敗，那為什麼我們還需要呢？理由有二，其一是我們程式不一定每次都拿來下單交易，有時候是用來篩選股票池，再交由專業人士來判斷應該買哪一支，而這時我們有股市小幫手服務，就會將各股的相關資訊傳給對方，我們也能夠傳個股的相關新聞清單；其二是在大數據的時代，我們有時會在使用模型去預測市場，雖然不會只參考新聞，但是新聞通常也會是很不錯的資料，有許多研究資料證明在大多時候參考新聞資料的模型較無參考新聞資料的來的優，至於新聞怎麼應用那就跟詞嵌入以及 BERT、FastText 這一類的 model 有關了，這個就不是目前討論的重點了。

快速開始爬蟲 – 觀察網址與網頁結構再開始爬

這一次我們就用台灣的 yahoo 來爬新聞了，請你至 Yahoo 股市中，並如下圖找到新聞。

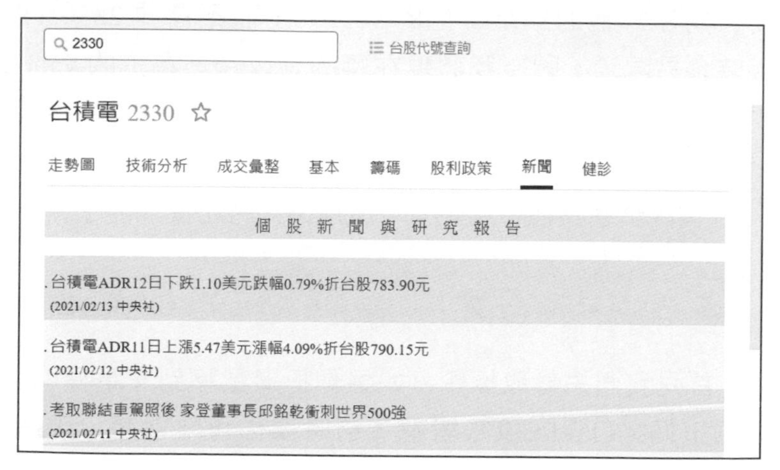

圖 2.4.1　Yahoo 股市新聞

首先我們先創立一個檔案，我把他取叫 yahoo_news.py，前面幾步一模一樣，如果沒有特殊處理，例如需要動用到我們 2.1 小節所說的 Selenium，或者是網站需要驗證 cookies 的話，基本上這幾乎是 SOP 了。我們把 soup 稍微 print 出來看一下有沒有我們想要的資料即可。然後我們就可以開始打開開發者工具來好好觀察一下了。

```
===================yahoo_news.py==================
import requests
from bs4 import BeautifulSoup
import pandas as pd
#準備headers
headers = {
        "user-agent": "Mozilla/5.0 (Windows NT 6.1; Win64; x64)
AppleWebKit/537.36 (KHTML, like Gecko) Chrome/74.0.3729.157 Safari/537.36"
        }
#requests指定網址，並且帶入headers
data = requests.get(f"https://tw.stock.yahoo.com/q/h?s=2330",headers=headers)
#使用BeautifulSoup準備解析
soup = BeautifulSoup(data.text)
#print出來看
print(soup)
```

對了，要特別注意他的網址，他的 s=2330，而不需要 2330.TW，有些人在使用時容易混淆。因為我們現在爬的是以台灣為主的 yahoo，所以你只需要傳代號就可以，但是像我們上一小節以及之後會使用到的套件 yfinance 都是以國外為主，因此他們需要更加清楚的代號，如 2330.TW，因為 2330 這個代號在其他市場也有，所以請記得不要搞混了。

```
===================yahoo_news.py==================
data = requests.get(f"https://tw.stock.yahoo.com/q/h?s=2330",headers=headers)
```

回到正題，首先我們先獲取標題。如果你把滑鼠移到文章標題處，就會找到下圖的這個 <a href> 標籤對吧？這時候你可能會想，那我就 find_ all("a") 就可以找到了。<a> 這種標籤常常像這樣應用於帶入網址的，所以你如果這麼做，你想想網站上有多少文字是帶有連結的，你可能會全部都抓來，連同底下的贊助廣告。所以抓 a 是行不通的，會造成資料處理的大麻煩。這時候我們就要往上找，找他上層結構。

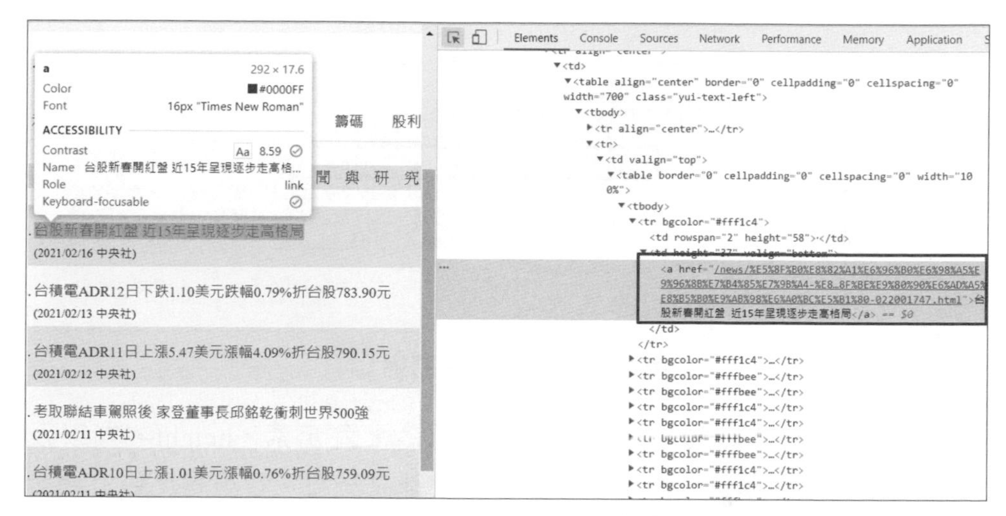

圖 2.4.2 查看文章標題，獲得標籤 <a>

這時候我們去找他的上層結構，框框處的 <td>，他的下面是不是還有一個對應的 </td>，然後中間夾著 <a>? html 裡面一個 tag 必須是 <td></td> 這樣為一對的，<a> 也同理，必須是 <a></a> 這樣，然後你看 <a></a> 在 <td></td> 的裡面，意味著他是屬於 <td> 裡面的 tag，因為 html 是結構化的，所以常常會有包覆的情形，我們從他的上層結構同樣也能獲得 <a> 這個元素的內容。那你可能會問，那我再往上找呢？再找他的上層可以嗎？當然可以，但問題是你離目標越遠，他裡面包的東西就越多，同時雜訊也越多，所以是越近越好，處理起來較容易。

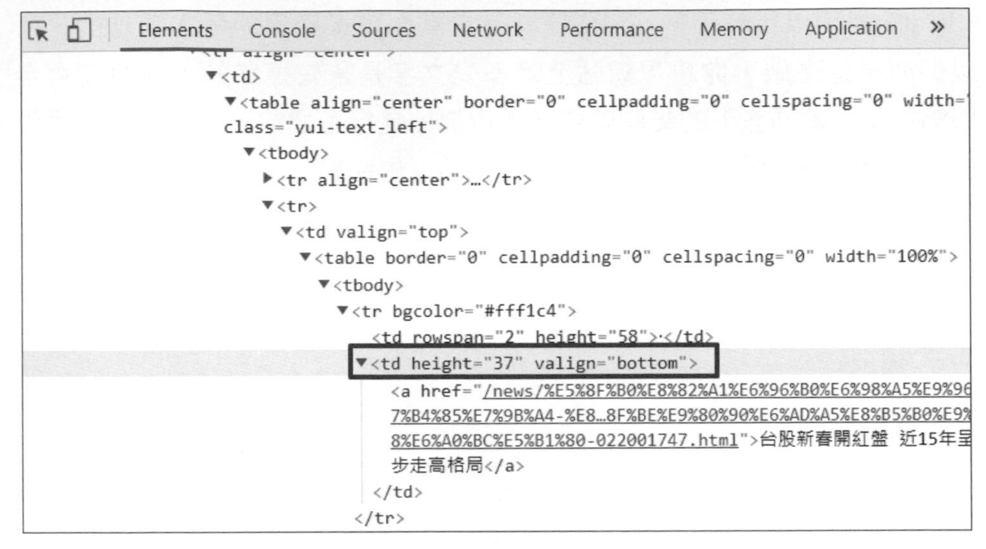

圖 2.4.3　找到上層結構 td

應該還記得如何複製吧？你看它裡面有兩個元素，height=37 以及 valign=bottom 這兩個，為了示範我會兩個都試試看，看誰是比較沒問題的。還記得嗎？我們取標題是要取整頁的標題，並非單一元素，所以我會用 find_all，find_all 顧名思義是找尋符合條件的 all，所以是一個 list 包著多個符合條件的資料回來，所以需要用迴圈來讀取。另外 text 方法可以擷取 tag 裡面的文字，所以我們用 text 獲得新聞標題文字。

```
==================yahoo_news.py==================
#find_all獲取所有都是td且屬性為valigh:botton的tag
article = soup.find_all('td',{'valign':'bottom'})
#find_all返回符合條件的所有元素，是一個list，所以請用迴圈讀取
for x in article:
    print(x.text)
```

oops，你看，他輸出的東西下面多了一個 Yahoo Finance 什麼服務條款之類的，這代表下面很多元素同時具備這個屬性，這時候端看個人想怎麼處理，像我會去用剛剛那個 height=37 的 tag，並檢查第二頁是不是也是

一樣的 tag，代表他不會隨著頁數變動，有些人可能會用邏輯處理，例如確定一頁有幾篇文章，loop 到第幾次就停止，或者是遇到空白就停止，很多種作法，但我會直接使用另一個屬性試試看。

```
《半導體》法說衝擊鈍化 台積電拚翻紅
《半導體》台積衝3奈米 啟動EUV改善計畫
台積電ADR19日下跌0.39美元跌幅0.34%折台股647.16元
《半導體》法說會後 台積電走疲爭戰580元
想讓台積電赴日設晶圓廠？日媒：有兩大課題待解
台積電ADR16日下跌1.79美元跌幅1.52%折台股648.26元
《政治》張忠謀一段話 江啟臣揪出蔡英文「大謊言」：超過700人枉死
《科技》法說後股價雖大跌… 外資多頭部隊照挺台積
《科技》陸行之：買了只會拉低毛利率
《政治》梁文傑爆民進黨找台積電買疫苗


Yahoo Finance
服務條款
隱私權

精誠資訊　　版權所有 © 2021 Systex All Rights Reserved.

台股資料來源臺灣證券交易所、臺灣期貨交易所及財團法人中華民國證券
Finance。使用Yahoo奇摩股市服務前，請您詳閱相關使用規範與聲明。
```

圖 2.4.4　執行結果－ valign:bottom 屬性結果

我們換成 height:37 這個屬性來試試看。

```
==================yahoo_news.py==================
#find_all獲取所有都是td且屬性為height:37的tag
article = soup.find_all('td',{'height':'37'})
#find_all返回符合條件的所有元素，是一個list，所以請用迴圈讀取
for x in article:
    print(x.text)
```

我們來執行看看，這一次就很乾淨了，看來 height:37 是一個比較有獨立性的屬性。但只有這個資料還不夠，如果我們的股市小幫手要給予新聞資料，最少還要在附上時間及連結對吧？我們馬上來處理。

```
《半導體》法說衝擊鈍化 台積電拚翻紅
《半導體》台積衝3奈米 啟動EUV改善計畫
台積電ADR19日下跌0.39美元跌幅0.34%折台股647.16元
《半導體》法說會後 台積電走疲爭戰580元
想讓台積電赴日設晶圓廠？日媒：有兩大課題待解
台積電ADR16日下跌1.79美元跌幅1.52%折台股648.26元
《政治》張忠謀一段話 江啟臣揪出蔡英文「大謊言」：超過700人枉死
《科技》法說後股價雖大跌… 外資多頭部隊照挺台積
《科技》陸行之：買了只會拉低毛利率
《政治》梁文傑爆民進黨找台積電買疫苗
```

圖 2.4.5 執行結果－使用 height:37 屬性

標題確認了之後，接下來我們來獲得連結，我們的新聞標題是 <a> 標籤的文字資料並透過 text 方法取得的，網址也同樣在這裡，<a href = "/news/xxxxx">。

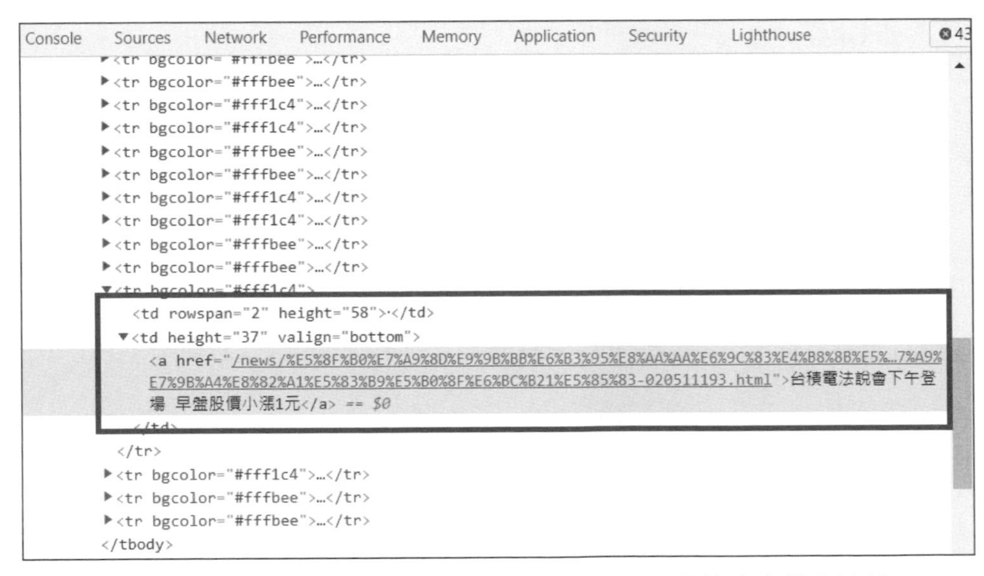

圖 2.4.6 td 中包含的 a 除了帶有文字資料外，屬性中也帶有連結

快速開始爬蟲 – 爬取新聞標題網址

那我們要怎麼取得這種 tag 裡面帶的屬性資訊 <a href > 呢？很簡單，我們拿剛剛那個 soup.find_all('td',{'height':'37'}) 來使用就好，請記得 find

與 find_all 都是可以不斷往下定位的，意味著你可以 find 或 find_all 先前 find 過的東西（就是多層 find 或 find_all 都可以的意思），做更精準的定位，畢竟 html 是結構式的，一層包覆一層，你取得的目標底下可能還有非常多層，所以理所當然可以定位之後再定位。我們只要把剛剛的 soup.find_all('td',{'height':'37'})，也就是 x，再往下定位 <a> 的 href 屬性，就能獲得網址，如最後一行。

```
========================yahoo_news.py========================
article = soup.find_all('td',{'height':'37'})
#find_all返回符合條件的所有元素，是一個list，所以請用迴圈讀取
for x in article:
    print(x.text)
    print(x.find('a')['href'])
```

很多人在這裡會搞混，為什麼剛剛取新聞標題的時候不用再次定位 <a> 而直接 text 就好，取網址就需要？其實 x.find('a').text 確實才是最精準的方法，text 方法會幫你去掉所有的 tag，並完整的保留下文字，我們這個 case 之所以可以直接 x.text，是因為 td 裡面除了 <a> 之外沒有任何文字阿，所以我們不會出差錯，就只是這樣而已。

print 出來後，網址不甚理想，因為只有後半段而已，你可以實際點進去觀察一下他真正的網址長什麼樣子，我們就可以發現他都缺少 https://tw.stock.yahoo.com，也就是他的主要網址，那我們這就加上去。

```
台積電支援＋報價再漲，凌陽H2會更好，平均毛利率維持五成以上
/news/%E5%8F%B0%E7%A9%8D%E9%9B%BB%E6%94%AF%E6%8F%B4-%E5%A0%B1%E5%83%
Dh2%E6%9C%83%E6%9B%B4%E5%A5%BD-%E5%B9%B3%E5%9D%87%E6%AF%9B%E5%88%A9%
%88%90%E4%BB%A5%E4%B8%8A-083455835.html
《半導體》法說衝擊鈍化 台積電拚翻紅
/news/%E5%8D%8A%E5%B0%8E%E9%AB%94-%E6%B3%95%E8%AA%AA%E8%A1%9D%E6%93%
D%E9%9B%BB%E6%8B%9A%E7%BF%BB%E7%B4%85-025644896.html
《半導體》台積衝3奈米 啟動EUV改善計畫
/news/%E5%8D%8A%E5%B0%8E%E9%AB%94-%E5%8F%B0%E7%A9%8D%E8%A1%9D3%E5%A5
94%B9%E5%96%84%E8%A8%88%E7%95%AB-235400455.html
```

圖 2.4.7 執行結果，網址缺少前面的主網址

一樣是剛剛那一段程式，我們把本來是取網址的部分再加上前面那一段主網址，就沒問題了。簡單提醒，在 python 中字串相加就是黏在一起，我們剛剛不是有提到 f-string 嗎？其實這一段也可以用 f-string 改，你可以試試看，當作練習。

```
==================yahoo_news.py==================
for x in article:
    print(x.text)
    print('https://tw.stock.yahoo.com'+x.find('a')['href'])
```

執行完後，太棒了，網址就被我們完美的處理了。

```
《科技》法說後股價雖大跌… 外資多頭部隊照挺台積
https://tw.stock.yahoo.com/news/%E7%A7%91%E6%8A%80-
E5%A4%A7%E8%B7%8C-%E5%A4%96%E8%B3%87%E5%A4%9A%E9%A
8D-020452044.html
```

圖 2.4.8　執行結果，完成網址處理

快速開始爬蟲 – 爬取日期

接下來，就剩下日期了。我們的網址跟標題之所以可以綁在一起做，是因為他們來自同一個標籤，且被包在同一個 <td> 裡面，我們現在要來找找日期的定位。請看下圖，我們很快就找到了。目前看到這裡的你，應該腦中馬上知道我們有三個可以定位對吧？其中兩個是 <td> 的 height 屬性與 valign 屬性，另一個是 <font> 且具有屬性 size=-1 對吧？

以我的經驗來說，這種 <font> 或是 <a> 通常不會是我直接定位的目標，如果你有深究這兩個 tag 的用途就知道，他們其實作用很單純，所以不會有太明顯的屬性在裡面，font size=-1 其實我們可以用英文去理解他，就是字型大小為 -1。整個網頁中，要是有很多字型大小都是 -1 的，可能就有一堆雜訊。至於什麼是明顯的屬性呢？通常最棒的是 id 跟 class 這一類，因為這一類通常只有固定用途，不會抓到太多雜訊。說了這麼多，

總之我不會先考慮 <font>，如果真的要用，也是像剛剛一樣先定位他的上層結構再來找他，所以我會先從 <td> 標籤抓起。

```
▼<td valign="top">
  ▼<table border="0" cellpadding="0" cellspacing="0" width="100%">
    ▼<tbody>
      ▶<tr bgcolor="#fff1c4">…</tr>
      ▼<tr bgcolor="#fff1c4">
        ▼<td height="29" valign="middle"> == $0
            <font size="-1">(2021/02/17 中央社)</font>
          </td>
        </tr>
```

圖 2.4.9　日期資料的標籤及屬性

既然我們上面獲取新聞標題是用 height，我們這裡也用 height 來定位日期好了。就先不用 valign=middle 了。

```
==================yahoo_news.py==================
#一樣用BeautifulSoup物件來尋找定位，獲取td tag且屬性為height:29
date_data = soup.find_all('td',{'height':'29'})
#迴圈讀取，並且print出結果
for y in date_data:
    print(y.text)
```

執行程式後我們就能獲得日期以及對應的出版公司，接著做進一步的處理。

```
(2021/07/20 財訊快報)
(2021/07/20 時報資訊)
(2021/07/20 時報資訊)
(2021/07/20 中央社)
(2021/07/19 時報資訊)
(2021/07/19 Moneydj理財網)
(2021/07/17 中央社)
(2021/07/17 時報資訊)
(2021/07/17 時報資訊)
(2021/07/17 時報資訊)
```

圖 2.4.10　執行結果，獲取新聞日期與發佈者

快速開始爬蟲 – 日期字串處理 split()

我們接下來只要處理只留下日期就好。你還記得切割字串嗎？我們在 2.2 小節有教過 split 方法。在資料處理的領域，尤其是字串資料 split 可以説是超頻繁使用的方法之一，我們發現日期跟來源中間有一個空白，那就是 split() 了的最佳使用時機 (請記得不指定切割什麼字元的話，他預設用空白)。

但這時候還有一個小問題，切割後前面是不是有一個討厭的小左括號？我們在 2.2 小節講 pandas 的 iloc 時，不斷提到所謂的切片 (e.g. x.iloc[0:5 , :]) 對吧，就是後面的那個中括號。這個切片其實不只是 pandas 才可以用喔，他是想當廣泛的方法，無論是在 list、array、tensor、dataframe、string 等等都可以使用。所以我們只要使用切片，讓他把第一個元素也就是小括號去掉就好。

所以整個 code 會變成下面這個。我們對 y.text 做字串切割，並且只取第一個，他會按照空白把整個字串一切為二，所以會產生包含兩個元素的 list，我們只取第一個，也就是日期。取完之後，我們再做切片，移除第一個字元。其實，如果你覺得這樣子太長難以理解怎麼運作的，大可以把它拆開。每一個都獨立 print 出來看，例如先 print 出來 split 完的結果，這樣子學習最有效，反正不懂的東西 print 出來觀察就是了，只是礙於篇幅我就不示範的如此細節。

```
===================yahoo_news.py==================
#一樣用BeautifulSoup物件來尋找定位，獲取td tag且屬性為height:29
date_data = soup.find_all('td',{'height':'29'})
#迴圈讀取，並且print出結果
for y in date_data:
    #使用split切割字串之後，在排除掉第一個字元
    print((y.text.split()[0])[1:])
```

你看，太完美了，這就是我們要的，現在我們將它小小的做整合。

```
2021/07/20
2021/07/20
2021/07/20
2021/07/20
2021/07/19
2021/07/19
2021/07/17
2021/07/17
2021/07/17
2021/07/17
```

圖 2.4.11　執行結果，日期完整的處理完畢

快速開始爬蟲 – zip 方法同時迴圈多個 list

我們現在有兩個迴圈，一個是獲得標題跟網址，一個是獲取日期，我們來用一個精簡的寫法，把兩個迴圈合併成一個，就是用 zip 包起來，zip 會將多個 list 包起來一次幫你做迴圈，至於你包多少個 list 就得給他多少個變數承接，例如我們本來是 for x in list1，當你用 zip 包起兩個，你就得給他兩個變數，如 for x , y in zip(list1 , list2)，此時 x 就是代表 list1 的每一個元素，y 則代表 list2 的每一個元素。

實際應用我們看下面的 code，我們用 zip 包起兩個 list，所以你勢必要給他同樣兩個來承接，就是 x 跟 y，這時候 x 就代表 loop article，反之 y 就代表 loop date_data，就是這樣。zip 有一個特性需要注意，雖然我們沒有遇到這個問題，他會依照你傳入的變數中大小最小的當作迴圈的次數。什麼意思？就是如果你今天給他有 5 個元素的 list，跟有 4 個元素的 list，這個迴圈只會跑 4 次而已，所以你的 5 個元素的 list 就會有一個值不會被讀到。

```
===================yahoo_news.py==================
#find_all獲取所有都是td且屬性為height:37的tag
article = soup.find_all('td',{'height':'37'})
#一樣用BeautifulSoup物件來尋找定位，獲取td tag且屬性為height:29
```

```
date_data = soup.find_all('td',{'height':'29'})
#zip方法可以把多個list拿來一起loop
for x,y in zip(article,date_data):
    print(x.text)
    print('https://tw.stock.yahoo.com'+x.find('a')['href'])
    print((y.text.split()[0])[1:])
    print('---------------------------')
```

你一定會想，結果不就跟剛剛一樣嗎！確實你可以用兩個迴圈去處理這兩個變數，但用 zip 方法大大的增加程式的簡約度，雖然達成的事情一樣，但人家如果看到 code 可能會多喜歡你一點，因為很簡潔。

```
---------------------------
《半導體》法說會後 台積電走疲爭戰580元
https://tw.stock.yahoo.com/news/%E5%8D%8A%E5%B0%8E%E9%AB%94-%E6%B3%95
%E7%A9%8D%E9%9B%BB%E8%B5%B0%E7%96%B2%E7%88%AD%E6%88%B0580%E5%85%83-03
2021/07/19
---------------------------
想讓台積電赴日設晶圓廠？日媒：有兩大課題待解
https://tw.stock.yahoo.com/news/%E6%83%B3%E8%AE%93%E5%8F%B0%E7%A9%8D%
6%99%B6%E5%9C%93%E5%BB%A0-%E6%97%A5%E5%AA%92-%E6%9C%89%E5%85%A9%E5%A4
A3-233200737.html
2021/07/19
```

圖 2.4.12　執行結果，用 zip 包起來其實結果一樣

快速開始爬蟲 – 取得多頁數

接著，我們離成功還差兩步，第一步是我們最好是全部的新聞資料都抓進來，你看他每個股票都固定有 20 頁對吧，除非是剛上市的。第二步就是我們最好也寫成函數，未來其他程式需要新聞時只需要傳入參數即可獲得新聞。

首先來實踐第一步，如果你再新聞頁面點選第二頁，你應該會看到網址變成 https://tw.stock.yahoo.com/q/h?s=2330&pg=2，如果你點了第一頁或第三頁，也只是 pg=1 或是 pg=3 而已，你一定注意到也知道怎麼做了，就

跟剛剛那些範例一樣，我用 f-string 傳入 1-20，就完成了。 技術上對了，但是如果你這麼想你可能不夠細心，因為你可能要考量到並不是所有的股票都擁有 20 頁的新聞，不信我們查查看最近剛上市的富采 (3714)，你看，他只有一頁。這時候你看下圖框框處，我們有一個新爬蟲目標要抓囉，我們要抓這支股票共有幾頁。

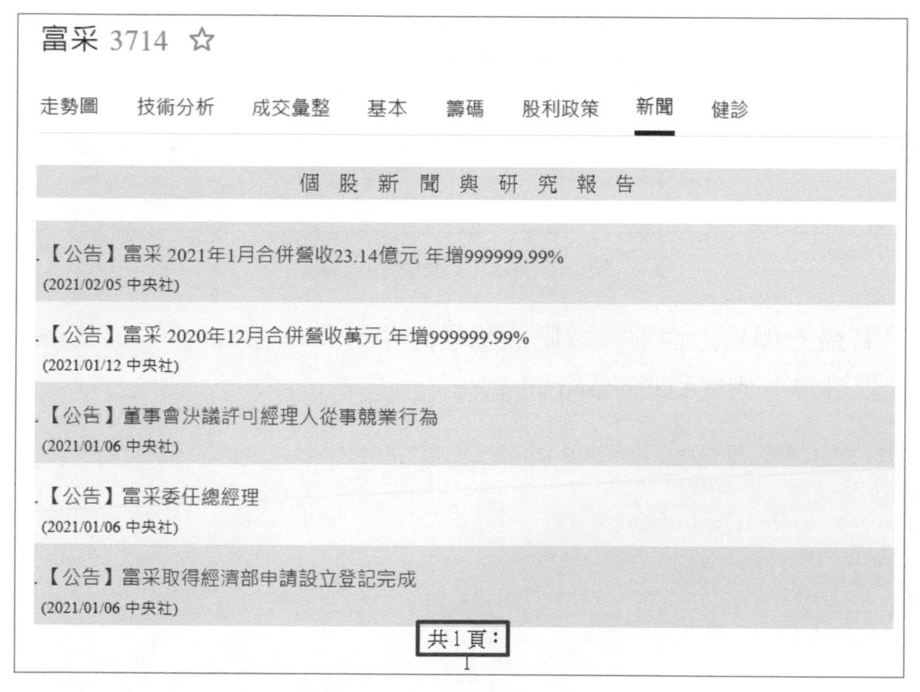

圖 2.4.13　目標獲取頁數

老樣子，我們打開開發者工具，我們看到了他有一個 tag <span> 以及裡面的屬性 class=mtext，太好了，這個 class 就是很少雜訊的類型，我們可以直接來測測看這個元素是否可行。

```
▶<table align="center" border="0" cellpadding="0" cellspacing="0"
"margin-left: 0">…</table>
▼<table width="700" border="0" cellspacing="0" cellpadding="0">
  ▼<tbody>
    ▶<tr>…</tr>
    ▼<tr>
      ▼<td valign="top">
        ▼<div align="center">
...         <span class="mtext">共 20 頁：</span> == $0
          ▶<span class="mtext">…</span>
          </div>
        </td>
      </tr>
    </tbody>
  </table>
```

圖 2.4.14　共幾頁的元素

還留著最一開始上面那一段吧？我們穿插一下，把 soup 再拿來 find 一次，就 find 我們找到的 <span>。

```
===================yahoo_news.py===================
#使用BeautifulSoup解析
soup = BeautifulSoup(data.text)
#find我們找到的共幾頁元素
page = soup.find('span',{'class':'mtext'})
#print出來看
print(page.text)
```

太順利了，這就是我們要的資料。你看他有中文和數字，希望你有想起我們在 2.2 小節有介紹過有一個內建的函數可以判斷是否是數字，我們用在篩選出純數字組成的股票代號，還記得嗎？忘記了我們現在在用一次吧。

```
>>> print(page.text)
共 20 頁：
```

圖 2.4.15　獲取頁數資訊

處理的方式很簡單，你應該還記得前面有說過，字串的相加是把兩個黏在一起，例如字串 '123' + ' 中午要吃什麼 ' = '123 中午要吃什麼 '。知道這個特性後，我們就創建一個空字串 x，並用迴圈去跑 ' 共 20 頁 '，然後使用 if 條件式與 isdigit() 方法檢查是否為數字，他就會逐個元素檢查是否為數字，檢查到的就會加入字串 x 中。這似乎是我們第一次使用到 if 條件控制，我們現在這個情境還很簡單，只是檢查是否符合一個條件，我們講完抓完新聞後在本小節末來介紹一下其他條件控制的方法。

```
==================yahoo_news.py=================
#find我們找到的共幾頁元素
page = soup.find('span',{'class':'mtext'})
#建立一個空字串
x = ''
#迴圈處理page這個元素，符合的就加起來
for i in page.text:
    if i.isdigit():
        x+=i
print(x)
```

你看，很棒吧，完美的處理完了。其實這樣用迴圈處理是我推薦新手使用而且最直觀好懂的方式，如果未來你進階了想要炫技 (小玩笑) 的話，你可以用 filter，會讓程式更簡潔優雅一點。但以我們的情境來說這不是很必要的東西，我把另一個寫法示範給你，你有興趣可以自己去學習，我很快速帶過。

```
>>> print(x)
20
```

圖 2.4.16　print 出來，就是我們要的結果

請參考下面的簡潔寫法的部分，filter 的意思就像字面上，篩選。你給他一個篩選規則，再傳入要被篩選的變數，他會把篩選後的結果給你，但值得注意的是他返回的是一個 object，根據官方示範，你需要用 list 把他

包起來，你就會看到一個儲存著 2 跟 0 兩個字串的 list。這時候在用 join 把字串黏起來就好。我覺得這個方法比較不適合新手，但是你可以試著去解讀，以後看到也不會看不懂。

```
======================test.py====================
#================原本示範的方法================
x = ''
for i in page.text:
    if i.isdigit():
        x+=i
#================簡潔寫法===================
all_page = filter(str.isdigit,page.text)
final_page = int(''.join(list(all_page)))
```

程式函數化 - for loop + range 處理多頁數

接下來，我們把頁數用迴圈加入網址中並 requests 處理就可以了，我們要把他一樣變成函數 (def)，並且把元素儲存成 dataframe 再返回，我們再來練習一次吧！我們剛剛做了這麼多操作，很混亂吧？有取標題、連結、日期、頁數。我們來理清一下，應該怎麼設計。首先必定要先獲取頁數，所以我們的順序應該是：

首頁獲取頁數 -> 將頁數帶入網址 -> 取得資料 -> 存成 dataframe 返回

值得一提的是，在這個函數我還會加入頁數參數，為什麼？今天如果你的老闆跟你說：我只想看第一頁的新聞，第 1 頁以前的我根本不想管。老闆要一頁，你每個股票都抓 20 頁，是不是很費時？所以我們要讓函數多一點自由化。當然，如果你有自己的其他想法那也很好，你可以自由的設計。

先來實現獲取頁數，希望你還記得 def 函數寫法，記得 def 下方的函數。這時候我們給予函數參數，我們需要傳入字串型態的股票代號以及目標頁數。下面這一段 code 只多做兩件事情，請你看最後 4 行，我們將獲取的頁數先轉換為數字，因為等一下要用迴圈來跑頁數，再來我們多寫一個條件式，如果傳入的目標比總頁數小，那就直接使用目標頁數即可。什麼意思？我們用帶入理解就好，如果今天總頁數 20 頁，目標是 3 頁，這時候 target_page<x 我們是不是抓 3 頁即可？如果今天總頁數 10 頁，目標 20 頁，那 target_page>x，則不會觸發條件，我們還是取 10 頁，因為根本沒有 20 頁讓你取。

```
===================yahoo_news.py===================
def get_yahoo_news(stock:str,target_page:int):
    #=======================獲取頁數===========================
    #準備headers
    headers = {
            "user-    agent": "Mozilla/5.0 (Windows NT 6.1; Win64; x64)
AppleWebKit/537.36 (KHTML, like Gecko) Chrome/74.0.3729.157 Safari/537.36"
            }
    #requests指定網址，並且帶入headers
    data = requests.get(f"https://tw.stock.yahoo.com/q/h?s={stock}",
headers=headers)
    #使用BeautifulSoup解析
    soup = BeautifulSoup(data.text)
    #find我們找到的共幾頁元素
    page = soup.find('span',{'class':'mtext'})
    #建立一個空字串
    x = ''
    #迴圈處理page這個元素，符合的就加起來
    for i in page.text:
        if i.isdigit():
            x+=i
    x = int(x)
    #如果目標頁數比x小，那我們的拿來帶入頁數的x就可以直接替換成目標頁數
    if target_page<x:
        x = target_page
```

接著換取得資料的部分。如果你取得資料的 code 還留著，我們上次應該是做到 requests 單一網址並且解析資料後用 zip 包起來迴圈 print 出結果對吧？針對這一部分我們要加上小修改。第一是不能使用固定的網址，我們剛剛不是有找過網址後面會附帶 pg=1 的資訊嗎？所以我們要將網址換成帶有 pg 的網址，並且使用 f-string 迴圈更換網址獲取不同頁數的資料。第二是我們要把它存起來，返回一個 dataframe 以利後續分析用。

第一步很簡單，我們用迴圈 range 去讀取第一頁到 x+1。再來我們把 requests.get() 裡面的網址換成帶有頁數的，並用 f-string 方法帶入頁數資訊，然後下面本來是我們用 zip 包起來 article 跟 date_data，然後 print 出來對吧？我們不 print 出來而是下一步我們要來把這些資料裝成 dataframe。

```
===================yahoo_news.py==================
#range函數，顧名思義就是從1數到目標
    for i in range(1,x+1):
        data= requests.get(f"https://tw.stock.yahoo.com/q/h?s={stock}&pg=
{str(i)}",headers=headers)
        soup = BeautifulSoup(data.text)
        #find_all獲取所有都是td且屬性為height:37的tag
        article = soup.find_all('td',{'height':'37'})
        #一樣用BeautifulSoup物件來尋找定位，獲取td tag且屬性為height:29
        date_data = soup.find_all('td',{'height':'29'})
```

我在這裡特別提一下 range(a,b)，可能有同學剛剛對 range(1,x+1) 有疑慮，這個函數常常用在迴圈中，目的是從 a 數到 b-1，沒錯，你沒有看錯，假設你用迴圈跑 range(1,10)，他輸出就是 1-9。有剛入門同學可能很難明白他的邏輯，但你想一想就覺得正常了，怎麼說？因為 python 程式語言第一個一律是從 0 開始的，因為我們今天是從 1 開始，所以你沒感覺。如果今天我要的其實是數 10 次，我們寫 range(10)，他其實是 0-9，你應該就能有感覺為什麼他要 -1，因為他 -1 才是正確的數 10 次，如果是

0-10，反而是錯誤的，因為他數了 11 次。回歸正題，今天目標假設是 3 頁，所以 range 必須要是 range(1,4)，他才會數 1-3。你當然也可背起來，range 的頭不變尾要 -1。

另外說個題外話，range 其實有第三個參數，只是我們這裡用不到。range(a,b,c) 才是完整的，這個 c 代表什麼呢？代表它數數的間隔，不指定它預設 1，所以如果你 range(0,8,1) 並用迴圈去 print 的話你就會到看 01234567，如果你 range(0,8,3) 則會看到 036，它以 3 為間隔取數，第三個參數用途在這。

接著我們來儲存這些資料，首先我們要再迴圈的上方新增三個 list，準備儲存文章標題、日期還有網址，然後我們再創建一個空的 dataframe，把三個 list 都打包成 dataframe。有些初學者可能會犯一個小錯，就是他把創建 list 還有空的 dataframe 放進迴圈裡，這樣就代表，每處理一次新的頁數，你就自己把 list 跟 dataframe 弄成一個新的，也就是空的，這樣假設你處理了 3 頁的新聞，應該要是 60 篇，你最後一定只會拿到第 3 頁的那 20 篇而已，你可能會稍微困惑一下，其實只是你把創建空的 list 跟 dataframe 寫在迴圈裡，所以每一次處理新的頁的時候，你都把剛剛存的東西弄丟了，要注意創建儲存資料的變數的位置。

```
===================yahoo_news.py===================
    #準備儲存變數的list
    title,url,date_store = [],[],[]
    #準備儲存所有資料的空dataframe
    result = pd.DataFrame()
    #range函數，顧名思義就是從1數到目標
    for i in range(1,x+1):
        data = requests.get(f"https://tw.stock.yahoo.com/q/h?s={stock}&pg=
{str(i)}",headers=headers)
        soup = BeautifulSoup(data.text)
        #find_all獲取所有都是td且屬性為height:37的tag
```

```
        article = soup.find_all('td',{'height':'37'})
        #一樣用BeautifulSoup物件來尋找定位，獲取td tag且屬性為height:29'
        date_data = soup.find_all('td',{'height':'29'})
```

創建完之後，我們把原先 zip 處理迴圈的部分由單純只是 print 出來改成用 append 方法將資料存入 list 中。append 是操作 list 的超級常用函數，簡單來說就是把資料一筆筆存入 list 中，並且具備先後順序。對於 list 操作因為太多太多了，沒辦法細說，但我跟你說，有時候我也不太記得語法長怎樣，這時候很簡單，你就 google 你想要的操作，例如你今天想要刪除 list 中某一個元素，你就搜尋 python list 移除元素之類的，答案一定一大堆，對於重要的操作你可以自己分門別類存起來，像我就會將許多實用的語法丟到 github 的私人庫裡。

```
===================yahoo_news.py===================
    #準備儲存變數的list
    title,url,date_store = [],[],[]
    #準備儲存所有資料的空dataframe
    result = pd.DataFrame()
    #range函數，顧名思義就是從1數到目標
    for i in range(1,x+1):
        data = requests.get(f"https://tw.stock.yahoo.com/q/h?s={stock}&pg=
{str(i)}",headers=headers)
        soup = BeautifulSoup(data.text)
        #find_all獲取所有都是td且屬性為height:37的tag
        article = soup.find_all('td',{'height':'37'})
        #一樣用BeautifulSoup物件來尋找定位，獲取td tag且屬性為height:29
        date_data = soup.find_all('td',{'height':'29'})
        #zip方法可以把多個list拿來一起loop
        for x,y in zip(article,date_data):
            #把三個資訊都append到list中
            title.append(x.text)
            url.append('https://tw.stock.yahoo.com'+x.find('a')['href'])
            date_store.append((y.text.split()[0])[1:])
```

程式函數化 - 將多個 list 儲存至 dataframe

最後我們用剛剛創建的空的 dataframe 按照指定的欄位存入，然後返回處理完的 dataframe 就結束了。dataframe 的中括號代表欄位，你用 excel 思維來想的話意味著我把 title 存成一行 (直的)，並且那一行的欄位名稱叫 title，這個操作就是在做這個而已。這是很常見的將資料存成 dataframe 的方法，流程就是我把資料先分別存入各個 list 裡面，然後創建空的 dataframe，並且用下面這一段的方法，指定欄位名稱，再傳入對應的 list，即可做出一個漂亮的 dataframe。

```
===================yahoo_news.py==================
    #最後用dataframe儲存起來
    result['title'] = title
    result['url'] = url
    result['date'] = date_store
    #返回dataframe
    return result
```

整體來說，整個函數長這樣，我們等一下就來測試看看。題外話一下，有些人會不喜歡函數這麼長，所以他可能會把整個函數拆成兩個，一個專門來返還頁數，一個專門來取資料，如果你願意也可以這樣改寫看看，對熟練很有幫助。然後我有在爬取每頁的部分加入了 time.sleep(2) ，稍微睡眠一下可以多少提升一點穩定性。

```
===================yahoo_news.py==================
import requests
from bs4 import BeautifulSoup
import pandas as pd
import time
def get_yahoo_news(stock:str,target_page:int):

    #準備headers
    headers = {
```

```
            "user-agent": "Mozilla/5.0 (Windows NT 6.1; Win64; x64)
AppleWebKit/537.36 (KHTML, like Gecko) Chrome/74.0.3729.157 Safari/537.36"
            }
    #requests指定網址，並且帶入headers
    data = requests.get(f"https://tw.stock.yahoo.com/q/h?s={stock}",
headers=headers)
    #使用BeautifulSoup解析
    soup = BeautifulSoup(data.text)
    #find我們找到的共幾頁元素
    page = soup.find('span',{'class':'mtext'})
    #建立一個空字串
    x = ''
    #迴圈處理page這個元素，符合的就加起來
    for i in page.text:
        if i.isdigit():
            x+=i
    x = int(x)
    #如果目標頁數比x小，那我們的拿來帶入頁數的x就可以直接替換成目標頁數
    if target_page<x:
        x = target_page
    #準備儲存變數的list
    title,url,date_store = [],[],[]
    #準備儲存所有資料的空dataframe
    result = pd.DataFrame()
    #range函數，顧名思義就是從1數到目標
    for i in range(1,x+1):
    #為求穩定，加入time睡眠
    time.sleep(2)
        data = requests.get(f"https://tw.stock.yahoo.com/q/h?s={stock}&pg=
{str(i)}",headers=headers)
        soup = BeautifulSoup(data.text)
        #find_all獲取所有都是td且屬性為height:37的tag
        article = soup.find_all('td',{'height':'37'})
        #一樣用BeautifulSoup物件來尋找定位，獲取td tag且屬性為height:29
        date_data = soup.find_all('td',{'height':'29'})
```

```
        #zip方法可以把多個list拿來一起loop
        for x,y in zip(article,date_data):
            #把三個資訊都append到list中
            title.append(x.text)
    url.append('https://tw.stock.yahoo.com'+x.find('a')['href'])

            date_store.append((y.text.split()[0])[1:])
    #最後用dataframe儲存起來
    result['title'] = title
    result['url'] = url
    result['date'] = date_store
    #返回dataframe
    return result
```

我們馬上在下方測試一下函數效果，測完之後記得要刪掉測試的這一段哦。

```
==================yahoo_news.py==================
#使用剛剛寫的函數
news_data = get_yahoo_news('2330',3)
print(news_data)
```

完美！這就是我們要的，如果你覺得顯示的很亂，可以自行輸出成 excel 確認。本章節就到這裡了，不知道你有沒有發現，其實大部分一般情境下爬蟲跟資料處理常常用到差不多的技術，資料處理不外乎是切割 (split)、切片 (e.g. x[0:2]) 或指定元素位置 (e.g. x[0]) 這些的，這些方法很基本，希望你可以非常熟練。

```
                                      title                                          url          date
0                 《科技》陸行之：買了只會拉低毛利率   https://tw.stock.yahoo.com/news/%E7%A7%91%E6%
 2021/07/17
1               《政治》梁文傑爆民進黨找台積電買疫苗   https://tw.stock.yahoo.com/news/%E6%94%BF%E6%
 2021/07/17
2    《各報要聞》APEC臨時峰會－張忠謀：各國晶片自給自足 會很可怕   https://tw.stock.yahoo.com/news/%E5%
4%E5%A...  2021/07/17
3     《各報要聞》採購價格政府全不公布 買疫苗搞黑箱 在野疑高層涉入   https://tw.stock.yahoo.com/news/%E
%84%E5%A...  2021/07/17
4            台積電進駐竹科寶山 通過環評初審補正後送大會   https://tw.stock.yahoo.com/news/%E5%8F%B0%
```

圖 2.4.17　執行結果－最終處理完成的新聞標題、網址與日期

還有一個小問題時，有時候這種公開的資料源會有不穩的情況，所以我會建議你如果你遇到資料不齊全的情況，例如第二三頁有，第一頁沒有這種情況，你可以像範例那樣在每一頁的爬蟲迴圈 sleep 的 1-3 秒，或者是休息一下過個 20 分鐘再重新試試。我目前雖然還沒有遇到，但是我確實有一陣子爬新聞的爬蟲不太穩定，最近看來是恢復了，如果你遇到了你可以稍微 sleep 一下，通常會改善。

通常爬公開資料的確常常不穩定，我們在後面的章節應用到這個新聞爬蟲的時候，當爬不到東西的時候會返回 Error 讓使用者知道，這時候可能就需要使用者自行去看新聞，當然在專業的爬蟲專案中，我們通常的做法是要記錄下來在哪一頁發生錯誤，可能寫進 SQL，然後會特別安排時段去專門自動補跑這些錯誤的網址。

小補充 – if / elif /else 條件控制

接著來說說剛剛要補充的一些條件控制的東西，基本上 if 的地位是最高的，elif / else 則是他的附屬品。一個條件情境中，if 是一切的開始，必須要有 if 條件情境才成立，elif 可有可無且可以有多個，else 則也是可有可無但只能有一個，並且 elif 用來指定我所知曉的條件，else 則是其他所有情況。通常不同的假設情境會用多個 if 分開，同類型的情境但假設不同，就會綁 if / elif /else。其實 if / elif / else 應該算直觀的，總之就是 if 作為條件開頭，elif 作為其他你已知或想要篩選的條件，else 則是 if /elif 假設中未符合的所有情況。你只需要熟記一件事情：if 是會不斷地去檢查的，但同樣一組 if / elif /else 只要符合其一，他就不會再進行其他的條件檢查，因此你在設計時若是你都用 if 而不用 elif / else 的話，你常常會發現你的動作重複執行很多次。

什麼意思？我們舉一個例子讓你知道，如下圖假設小明身高 160，超過 170 公分以及超過 150、130、120 公分我們各給小明一隻狗，很顯然的 if

跟 elif 所有條件都符合，但是如剛剛所說，if 跟 elif 由上而下，檢核到一個符合條件它就不會在往下檢核了，因此小明只獲得一隻狗，那我們都改成 if 呢？

條件	動作	符合?
if小明身高>170	給小明牽一隻狗狗	不符合
elif小明身高>150	給小明牽一隻狗狗	符合，給他一隻狗狗
elif小明身高>130	給小明牽一隻狗狗	符合，但是elif已觸發，不檢核條件
elif小明身高>120	給小明牽一隻狗狗	符合，但是elif已觸發，不檢核條件
else	給小明牽一隻狗狗	上面的情境有符合的，就沒有else的事了

圖 2.4.18　if / elif /else 的假設情境

都改成 if 的話就不一樣了，if 是每一個都同等重要，是一等公民，因此無論如何他都會執行檢核 if，所以小明符合 3 個 if，小明就會獲得了三隻狗狗。

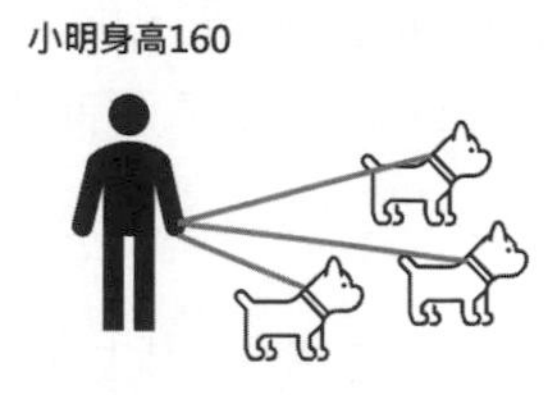

條件	動作	符合?
if小明身高>170	給小明牽一隻狗狗	不符合
if小明身高>150	給小明牽一隻狗狗	符合，給他一隻狗狗
if小明身高>130	給小明牽一隻狗狗	符合，給他一隻狗狗
if小明身高>120	給小明牽一隻狗狗	符合，給他一隻狗狗

圖 2.4.19　if / if / if 的假設情境

當你在設計程式的時候，你要思考你的情境，因為我們的情境比較簡單，有時候你的條件很複雜時，確實很有可能同時觸發兩三個條件，這時候你需要思考你希望只執行第一個觸發的條件嗎？還是每一次觸發你都希望有動作，如同例子中的給小明狗狗。If / elif / else 的理解不難，因為就只是假設 A、假設 B 跟其他而已，但這是一點點新手需要注意的小陷阱，if / elif /else 的情境跟全部都是 if / if / if 的情境的差異。

❑ 本小節對應 Code

Trading Strategy_EX / Chapter2 / yahoo_news.py

❑ 小節統整

爬蟲的技術上，其實與上兩節並沒有太大差異，原因是確實 7-8 成的網站如此都能爬到。有些很複雜的，我會建議新手先嘗試後無法的話去網路上找答案。例如你想研究房市，你先自己爬爬看，加入 headers 被擋，那就按照 2.1 小節我們稍微提過的，去開發者工具的 Network 中找有沒有 XHR 可以直接當 API 使用，這時候你只需要了解 JSON 格式的數據處理就能搞定了。真的沒辦法，你可以 google python 591 爬蟲，去跟網路上的高手們學習學習，其實有時候求高速開發，例如我們有些專案一次要負責 20-30 支爬蟲，為了省時有些像是電商網站太麻煩的，我們也常常去 Google 來修改成自己要的樣子。本小節的重點如下，希望你熟練：

1. 熟悉爬蟲如何查找定位，並能找出上下層 (父子節點) 結構
2. 爬蟲獲取屬性內資料，例如本小節示範 x.find('a')['href']
3. 理解 zip、filter 方法 (不一定非要用不可，但至少理解)
4. 清楚記得 python 第一個元素是從 0 開始 (range 的問題)，以後迴圈會很常遇到
5. 熟練將多個 list 資料分別存成 dataframe
6. If / elif / else 觀念

2.5 證交所三大法人買賣超日報表蟲

聊聊買賣超日報

剛剛前三節，我們做的練習真的是很基本，現在我們要來點比較需要觀察的技術了。你還記得 2.1 小節我們提到：我的網站要有操作才有資料，或者是動態網站，你不行了吧？這個議題，我們是不是有提到說我們會觀察開發者工具的 XHR 是不是有現成的 API，也就是資料來源可以使用？通常是萬不得以才會採用 Selenium 自動控制瀏覽器技術。不過我要聲明在前，證交所的防爬蟲技術是很難克服的，也不建議新手去跟他硬碰，所以我們爬證交所的操作原則上以那種一天爬個一兩次即可的操作，例如每日去抓買賣超日報表就很適合，因為一天抓一次就好了，你不需要無時無刻爬他吧，他也不會變。

使用開發者工具 Network 觀察對方資料來源

前面的小節介紹過的東西我就不再贅述了，請你至證交所的網站並找到三大法人買賣超日報。

圖 2.5.1　證交所三大法人買賣超日報

這時候你應該會看到下圖的這個畫面，你看他需要日期跟分類選。其實這也不是完全無解，就像我們 2.1 小節説的，我們可以操控瀏覽器去選擇，而且其實 request 是可以帶參數進去的，例如 x = requests.get(url , data=date_data) ，後面的這個 data = date_data 就是你的程式發出請求時附帶上的參數，但是這個我自己覺得很麻煩，因為你還要研究他的網頁吃的日期格式，然後還要整理，我比較喜歡直接去開發者工具找他專門傳遞資料的 api。

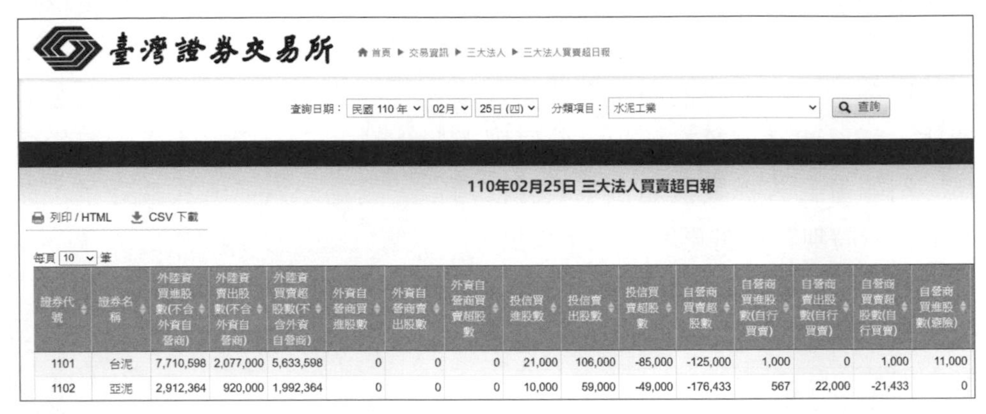

證券代號	證券名稱	外陸資買進股數(不含外資自營商)	外陸資賣出股數(不含外資自營商)	外陸資買賣超股數(不含外資自營商)	外資自營商買進股數	外資自營商賣出股數	外資自營商買賣超股數	投信買進股數	投信賣出股數	投信買賣超股數	自營商買賣超股數	自營商買進股數(自行買賣)	自營商賣出股數(自行買賣)	自營商買賣超股數(自行買賣)	自營商買進股數(避險)
1101	台泥	7,710,598	2,077,000	5,633,598	0	0	0	21,000	106,000	-85,000	-125,000	1,000	0	1,000	11,000
1102	亞泥	2,912,364	920,000	1,992,364	0	0	0	10,000	59,000	-49,000	-176,433	567	22,000	-21,433	0

圖 2.5.2　證交所三大法人買賣超日報官網

我們打開開發者工具，並且找到 Network，照指示按下 Ctrl+R 並選擇 XHR 就會跑出下面這張圖的內容了，如果你找不到在哪裡，你可以回去看看 2.1 小節。通常這種 api 有 9 成以上都是使用 json 資料格式來傳遞，有時候我會一個個點，但我通常看到有 json 關鍵字的都會第一個點他，因為有很大的機率就是他了。我們對著框框處按滑鼠右鍵，點選 Open in new tab 來觀察一下就知道了。

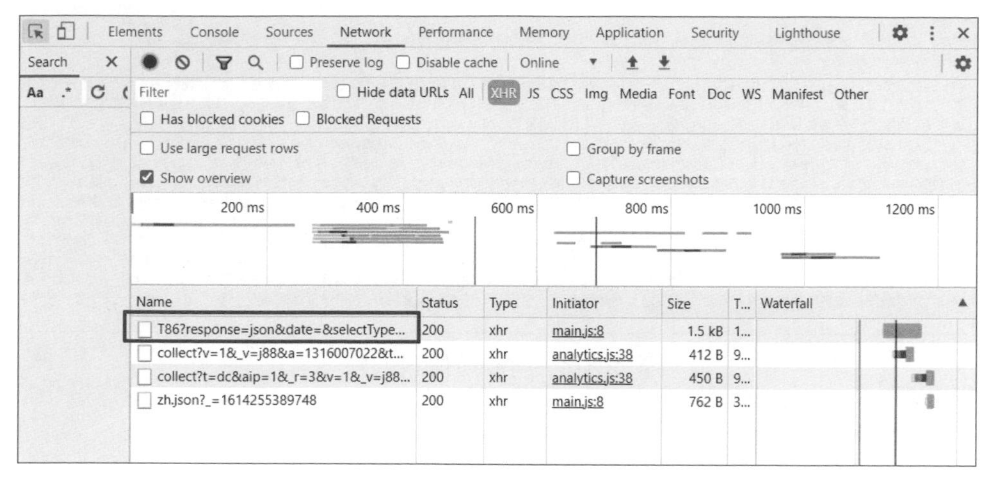

圖 2.5.3　開發者工具，對方呼叫 api 獲取資料

使用 api 獲取資料 - 觀察並測試對方 api 使用參數

很多初學者看到這個資料，可能很失望就要離開，因為他看起來如網頁上預設顯示的只有 10 筆，而且日期好像固定都是今日的。但如果你就這麼離開真的太可惜了，因為你離找到大秘寶只差一步了。我們要有一個概念，就是對方的程式如果透過這支 api 傳遞資料，那他必定是有參數的，不然他要怎麼變化？例如你選擇 2021/2/24，他的前端網頁必須要透過這支 api 告訴他遠方的 server 說：我們的客人選的是 2/24 號，你傳給我當天的資料吧！怎麼透過這支 api 告訴遠方伺服器？你仔細觀察他的網址，你是不是可以看到 date=&selectType=& ？你看他等於處都是空的，只有一個 and (&) 的符號，這只代表連接分隔不同的參數而已。這時候你必須要保持你的調皮，亂玩他的 api，反正玩了又沒有損失，還可以學會很多東西。

顧名思義，date 就是日期嘛，那我們傳入日期試試看。至於要傳什麼格式？我們隨意的瞄一瞄，可以看到他的 json 檔裡面就有 date，而且他的格式是 20210225，那我們就來比照改改看。

twse.com.tw/fund/T86?response=json&date=&selectType=&_=1614255389747

{"stat":"OK","date":"20210225","title":"110年02月25日 三大法人買賣超日報","fields":["證券代號","證券名稱","外陸資買進股
數","外資自營商賣出股數","外資自營商買賣超股數","投信買進股數","投信賣出股數","投信買賣超股數","自營商買賣超股數","自營商買
出股數(避險)","自營商買賣超股數(避險)","三大法人買賣超股數"],"data":[["1101","台泥
","7,710,598","2,077,000","5,633,598","0","0","0","21,000","106,000","-85,000","-125,000","1,000","0","1,000","11,
","2,912,364","920,000","1,992,364","0","0","0","10,000","59,000","-49,000","-176,433","567","22,000","-21,433","0
","274,000","146,000","128,000","0","0","0","0","0","0","0","0","0","0","0","0","128,000"],["1103","嘉泥
","212,000","105,000","107,000","0","0","0","0","0","0","0","0","0","0","0","0","107,000"],["1110","東泥
["1109","信大   ","16,000","21,000","-5,000","0","0","0","0","0","0","-2,000","0","2,000","-2,000","0","0
","551,000","653,000","-102,000","0","0","0","0","0","0","-2,000","0","2,000","-2,000","0","0","0","-104,000"],["1
","0","0","0","0","0","0","0","0","0","-797,000","3,000","800,000","-797,000","0","0","0","-797,000"]],"selectType
投資證券管理辦法」及「大陸地區投資人來臺從事證券投資及期貨交易管理辦法」辦理登記等投資人。","外資自營商買賣股數已計入自營商買
購。","本資訊以當日原始成交情形統計，不以證券商申報錯帳、更正帳號等調整後資料統計。","ETF證券代號第六碼為K、M、S、C者，表示

圖 2.5.4　證交所傳遞資料

原本的

https://www.twse.com.tw/fund/T86?response=json&date=&selectTy
pe=&_=1614255389747

新的

https://www.twse.com.tw/fund/T86?response=json&date=20210224
&selectType=&_=1614255389747

圖 2.5.5　將日期參數帶入 api 裡面

你看，他傳遞過來的資料就自己變成 2021/02/24 的資料了！有些人可能會發現另一個問題，怎麼跑出來的股票一堆泥，東泥、亞泥。如果你剛進入網站時有注意看的話，他預設就是帶水泥工業，這樣不行，我們要改。

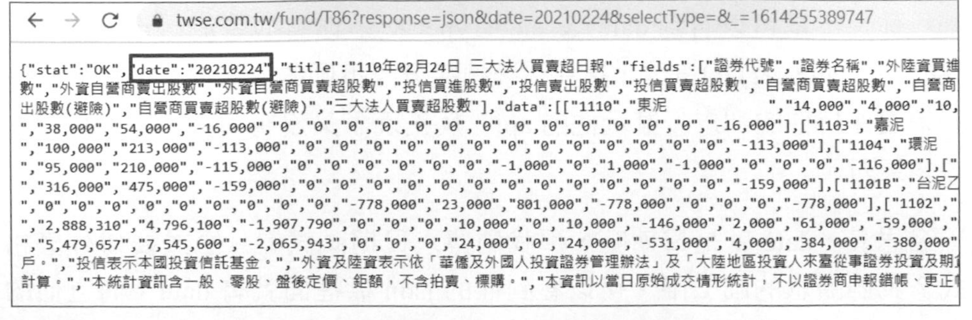
twse.com.tw/fund/T86?response=json&date=20210224&selectType=&_=1614255389747

{"stat":"OK","date":"20210224","title":"110年02月24日 三大法人買賣超日報","fields":["證券代號","證券名稱","外陸資買進
數","外資自營商賣出股數","外資自營商買賣超股數","投信買進股數","投信賣出股數","投信買賣超股數","自營商買賣超股數","自營商
出股數(避險)","自營商買賣超股數(避險)","三大法人買賣超股數"],"data":[["1110","東泥   ","14,000","4,000","10,
","38,000","54,000","-16,000","0","0","0","0","0","0","0","0","0","0","0","0","-16,000"],["1103","嘉泥
","100,000","213,000","-113,000","0","0","0","0","0","0","0","0","0","0","0","0","-113,000"],["1104","環泥
","95,000","210,000","-115,000","0","0","0","0","0","0","-1,000","0","1,000","-1,000","0","0","0","-116,000"],["
","316,000","475,000","-159,000","0","0","0","0","0","0","0","0","0","0","0","0","-159,000"],["1101B","台泥乙
","0","0","0","0","0","0","0","0","0","-778,000","23,000","801,000","-778,000","0","0","0","-778,000"],["1102","
","2,888,310","4,796,100","-1,907,790","0","0","0","10,000","0","10,000","-146,000","2,000","61,000","-59,000","
","5,479,657","7,545,600","-2,065,943","0","0","0","24,000","0","24,000","-531,000","4,000","384,000","-380,000"
戶。","投信表示本國投資信託基金。","外資及陸資表示依「華僑及外國人投資證券管理辦法」及「大陸地區投資人來臺從事證券投資及期
計算。","本統計資訊含一般、零股、盤後定價、鉅額，不含拍賣、標購。","本資訊以當日原始成交情形統計，不以證券商申報錯帳、更正

圖 2.5.6　傳入日期參數後，傳回的資料確實改變

使用 api 獲取資料 - 查看對方 api 使用參數類型

這時候我們在來看看網址，你一定跟我看到一樣的東西，還有一個 select_Type 是空的對吧，肯定就是他了，但是要填什麼呢？其實正常來說我們的日期也應該要用接下來要教的這種方式找應該傳遞的參數種類，但是有時候憑經驗跟感覺很快就可以猜出他的日期會是什麼格式，就懶得找了。

現在我們要去看看網頁元素，請你回到網頁並點選 Elements 的地方，我們來查看選分類的 html tag 跟屬性是什麼。在 html 中 option 代表選項，與 value 綁在一起則代表你選這些選項實際上他傳去後端的值是這些值。也就是說，你選擇全部，他就會傳 ALL 告訴遠方伺服器你選的是全部，請你拿全部的資料來。

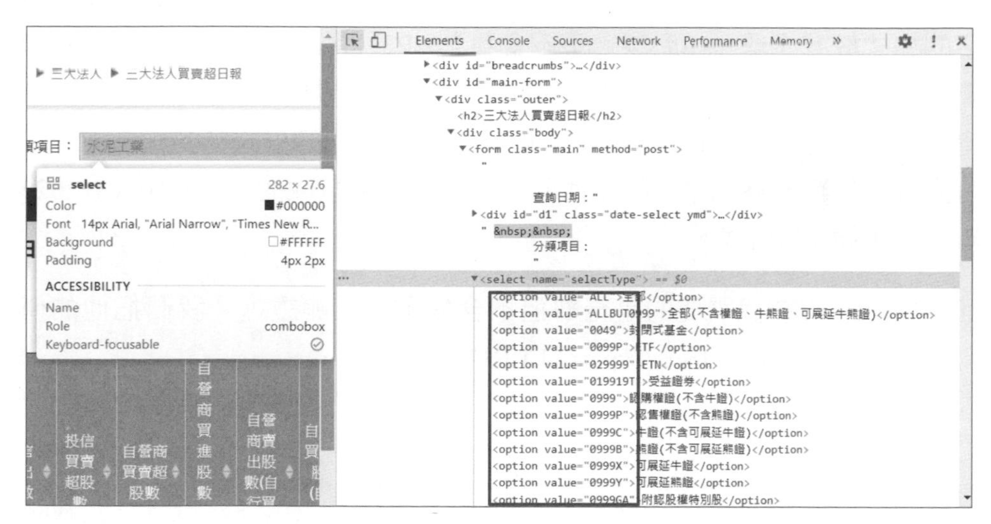

圖 2.5.7　每一個選項都有對應的值

如果你想要多做確認的話，你可以去看看日期資料的年，你看，是不是這樣。他讓你選的是民國，可是他傳入後端的其實是西元年。

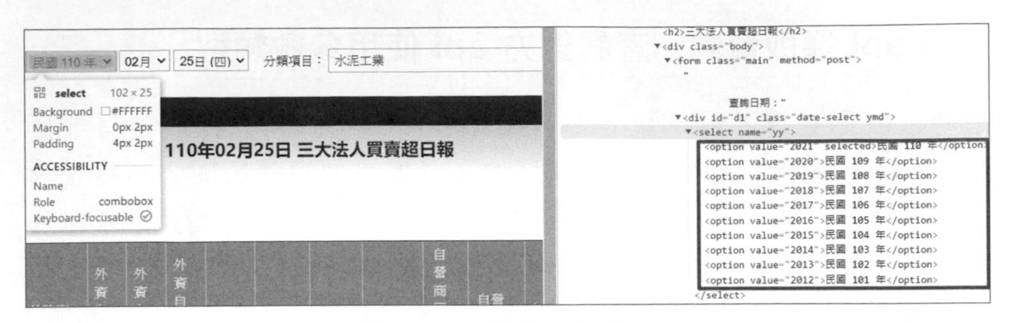

圖 2.5.8　驗證年的資料

如果你看月跟日的話可能會有小困惑，為什麼 value 是 1，可是參數我們要打 20210110(2021 年 1 月 10 號)，而非 2021110(2021 年 1 月 10 號)，怎麼會多加一個 0 呢？這個就牽涉到程式撰寫的邏輯了，如果你很常寫程式，你應該就知道日期的資料都是非常格式的，且西元的必定比民國的年更好處理，因為處理套件豐富又快速，在日期上大部分都是 8 位數字的格式較好處理，你應該幾乎不會看到 202111(2021 年 1 月 1 號) 這種東西，這種反而容易讓人邏輯混亂。所以看到日期的東西時要有一點感覺，有時候他雖然 value 是 1 而非 01，但我相信他的程式接收到 1 時一定有先經過日期的格式化，所以他伺服器最終需要接收的是 20210101(2021 年 1 月 1 號) 的格式。

回歸正題，現在我需要的是全部但不含權證、牛熊證等。我們把他的值帶入網址，也就是 select_Type=ALLBUT0999。

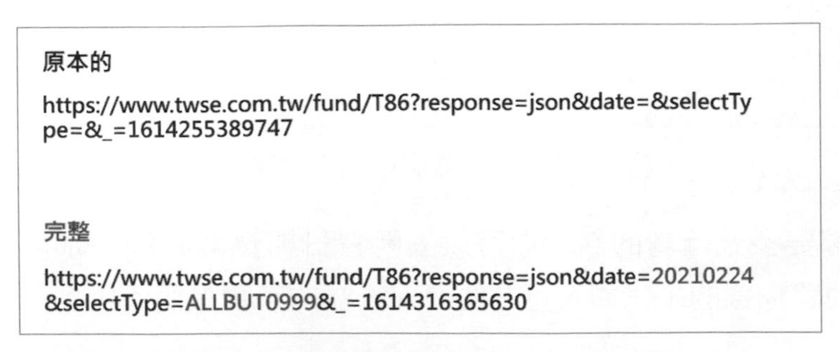

原本的

https://www.twse.com.tw/fund/T86?response=json&date=&selectType=&_=1614255389747

完整

https://www.twse.com.tw/fund/T86?response=json&date=20210224&selectType=ALLBUT0999&_=1614316365630

圖 2.5.9　網址加入類別 ALLBUT0999

使用 api 獲取資料 - 超好用的輕量級資料格式 json

初學者可能對於下圖這種格式很困惑，這就是經典的 json 格式，是從 JavaScript 延伸而來，其實我自己對 js 也不是很熟悉，所以也不敢隨便亂說，那我們是怎麼辨別所謂的 json 格式呢？通常這種一個 key 對應一個 value 儲存的就是 json 常見格式，這個概念就跟 1.1 小節末，我有請讀者先行去了解 dictionary 的概念是一樣的。你看看下面那張圖的 json 格式，如果你今天想要取得日期，你只需要 call 他的 key，他就會對將對應的值給你。例如我假設 x = 下圖的 json 檔 ，那日期的取得只是 x['date']，這樣他就會給你 20210224，就是這麼好用；你寫 x[title']，他就給你 110 年 2 月 24 日 三大法人買賣超日報。當然了 json 的對應 values 未必是一個數值，他也可以是一個資料儲存的格式，例如 list。


```
{"stat":"OK","date":"20210224","title":"110年02月24日 三大法人買賣超日報","fields":["證券代號","證券名稱","外陸資
股數","外資自營商賣出股數","外資自營商買賣超股數","投信買進股數","投信賣出股數","投信買賣超股數","自營商買賣超股數","
商賣出股數(避險)","自營商買賣超股數(避險)","三大法人買賣超股數"],"data":[["2409","友達
","92,054,802","56,427,698","35,627,104","0","0","0","24,815,000","1,000","24,814,000","-7,020,748","3,563,6
","48,329,875","19,448,154","28,881,721","0","0","0","83,000","0","83,000","369,384","209,384","227,000","-1
","20,940,454","8,934,600","12,005,854","0","0","0","125,000","0","125,000","-769,000","244,000","220,000","
","31,511,000","6,363,000","25,148,000","0","0","0","0","0","0","-16,629,506","2,060,000","400,000","1,660,0
","37,310,000","28,712,200","8,597,800","0","0","0","0","0","0","-136,000","3,567,000","4,053,000","-486,000
","85,975,741","85,737,500","238,241","0","0","0","7,396,000","150,000","7,246,000","758,581","9,021,765","6
","16,398,975","9,715,000","6,683,975","0","0","0","55,000","0","55,000","-233,000","10,000","147,000","-137
","12,621,000","6,763,000","5,858,000","0","0","0","1,450,000","478,000","972,000","-726,044","599,463","1,0
","22,083,093","15,736,676","6,346,417","0","0","0","10,000","0","10,000","-333,000","434,000","479,000","-4
","7,123,000","813,000","6,310,000","0","0","0","46,000","0","46,000","-340,813","4,187","455,000","-450,813
","15,109,274","9,535,400","5,573,874","0","0","0","49,000","0","49,000","-40,000","53,000","133,000","-80,0
","20,396,500","14,406,800","5,989,700","0","0","0","64,000","0","64,000","-976,434","12,566","159,000","-14
","10,186,029","6,238,500","3,947,529","0","0","0","1,648,000","0","1,648,000","-544,409","102,815","231,000
","4,387,425","4,155,000","232,425","0","0","0","4,333,000","0","4,333,000","139,840","2,052,643","349,803",
","13,844,149","9,412,385","4,431,764","0","0","0","210,000","0","210,000","-653,000","17,000","300,000","-2
","12,355,464","8,329,000","4,026,464","0","0","0","48,000","0","48,000","-231,000","11,000","94,000","-83,0
","17,111,200","13,445,000","3,666,200","0","0","0","42,000","0","42,000","-65,000","554,000","619,000","-65
","10,014,300","6,866,300","3,148,000","0","0","0","16,000","0","16,000","267,000","806,000","180,000","626,
","7,294,657","4,512,000","2,782,657","0","0","0","1,230,000","824,000","406,000","237,844","588,109","370,1
```


圖 2.5.10　找到最完整的資料

使用 api 獲取資料 - 開始使用對方 api 進行請求

我們馬上透過程式來處理，創建一個 TWSE.py 的檔案，一樣要對 api 進行 requests，然後我們使用 json 套件來 loads 他，此時他就會轉成

dictionary (下稱 dict) 格式方便我們處理。有些人可能會問，不用在使用 BeautifulSoup 解析嗎？因為這個目前 BeautifulSoup 大多是應用在處理如網頁結構的解析上，我們 call 這個 api 就沒有網頁結構的問題，我們根本沒看到半點什麼 <a></a> 或是 <div></div > 什麼的。Loads 完之後其實你可以把他 print 出來看一下，我就不示範囉，因為就跟瀏覽器看到的一模一樣。

```
====================TWSE.py====================
import requests
import json
import pandas as pd
#一樣我們對api進行請求
data = requests.get('https://www.twse.com.tw/fund/T86?response=json&date=
20210224&selectType=ALLBUT0999&_=1614316365630')
#使用json套件將他loads成json格式之後處理
data_json = json.loads(data.text)
```

接著我們要創建一個 dataframe 來儲存這些資料了。通常在獲取 api 的時候我會建議你整個都看一下有沒有可以利用的資料。以我們的 case 來說，我們勢必要知道各支股票的買賣超資訊在哪裡。他的 json 檔中有一個 key 叫做 fields，他就提供了欄位名稱，而 data 你仔細觀察的話，他就是用一個大的 list 包起來每一檔股票資訊的小 list，所以是個大 list 包小 list 的結構。

"title":"110年02月24日 三大法人買賣超日報","fields":["證券代號","證券名稱","外陸資買進股數(不含外資自營商)",
營商買賣超股數","投信買進股數","投信賣出股數","投信買賣超股數","自營商買賣超股數","自營商買進股數(自行買賣)",
數(避險)","三大法人買賣超股數"],"data":[["2409","友達
,627,104","0","0","0","24,815,000","1,000","24,814,000","-7,020,748","3,563,698","7,573,507","-4,009,
,881,721","0","0","0","83,000","0","83,000","369,384","209,384","227,000","-17,616","548,000","161,00
05,854","0","0","0","125,000","0","125,000","-769,000","244,000","220,000","24,000","285,000","1,078,
48,000","0","0","0","0","0","0","-16,629,506","2,060,000","400,000","1,660,000","33,227,021","51,516,
97,800","0","0","0","0","0","0","-136,000","3,567,000","4,053,000","-486,000","350,000","0","350,000"
,241","0","0","0","7,396,000","150,000","7,246,000","758,581","9,021,765","6,836,184","2,185,581","4,
3,975","0","0","0","55,000","0","55,000","-233,000","10,000","147,000","-137,000","3,000","99,000","
8,000","0","0","0","1,450,000","478,000","972,000","-726,044","599,463","1,090,507","-491,044","231,

圖 2.5.11　我們需要的資料分別的 key

pandas 對於這種用 list 包起來的各種小 list 支援非常良好 (但是你要確定他每一個小 list 格式都是一樣的喔)。直接拿來用就好。這樣就結束了，所以我寫爬蟲到後來第一個都是來找有沒有這種 api，真的很簡單快速。

```
=====================TWSE.py=====================
#我們知道了欄位是fields，資料是data
data_store = pd.DataFrame(data_json['data'],columns=data_json['fields'])
print(data_store)
```

這樣就處理完了，如果你對結果不放心你可以存成 excel 看一下。

```
        證券代號          證券名稱  外陸資買進股數(不含外資自營商)
營商賣出股數(避險) 自營商買賣超股數(避險)    三大法人買賣超股數
0        2409  友達                 92,054,802       56,427,698  ..
1        2891   中信金               48,329,875       19,448,154  .
2        2881   富邦金               20,940,454        8,934,600  .
3      00632R     元大台灣50反1         31,511,000        6,363,000
4        2609  陽明                 37,310,000       28,712,200  ..
...       ...          ...              ...            ...  ...
1075     2014  中鴻                  7,374,000       26,056,000  ..
1076    00882        中信中國高股息              24,200
1077    00881    國泰台灣5G+             2,997,937        9,324,293
1078     2303  聯電                 25,733,010       72,623,888  ..
1079   00637L     元大滬深300正2         6,446,000       16,373,000
```

圖 2.5.12　將結果 print 出來看，完美

有其他同學曾經問過我，要怎麼知道 pandas 有哪些方法可以儲存資料？你可以去細讀 pandas 的文檔，但是實在是太大量了可能讀不完。那我們是怎麼知道的呢？其實也只是懶而已啊。以前遇到類似的情境，腦中就在想，我只知道一種儲存 dataframe 的方式，可是太麻煩了吧？我要寫一個迴圈把這個 list 裡面的所有小 list 逐條加入 dataframe 嗎？所以就去 google 搜尋 :python 把多個 list 存入 dataframe，結果資料一大堆，也就記起來 pandas 存 dataframe 的時候對這種格式支援良好。

程式函數化

接著我們把他改寫成函數 (def) 就好，跟之前其他的一樣，以利其他程式來跟他要資料。我們這個 case 相對簡單，只要三個步驟：定義函數及傳入參數 -> 將 api 用 f-string 改寫關鍵處 -> return 結果

具體來說全部的 code 就長這樣：

```
=====================TWSE.py=====================
def twse_data(r_date:str):
    #一樣我們對api進行請求
    data = requests.get(f'https://www.twse.com.tw/fund/T86?response=
json&date={r_date}&selectType=ALLBUT0999&_=1614316365630')
    #使用json套件將他loads成json格式之後處理
    data_json = json.loads(data.text)
    #我們知道了欄位是fields，資料是data
    data_store = pd.DataFrame(data_json['data'],columns=data_json['fields'])
    return data_store
```

我們在函數下方測試一下，我們先傳入一個非假日的日期。一樣測完可以把最後測試的那兩行刪掉。

```
=====================TWSE.py=====================
import requests
import json
import pandas as pd
def twse_data(r_date:str):
    #一樣我們對api進行請求
    data =
    requests.get(f'https://www.twse.com.tw/fund/T86?response=json&date=
    {r_date}&selectType=ALLBUT0999&_=1614316365630')
    #使用json套件將他loads成json格式之後處理
    data_json = json.loads(data.text)
    #我們知道了欄位是fields，資料是data
    data_store = pd.DataFrame(data_json['data'],columns=data_json['fields'])
    return data_store
```

```
#測試函數
data = twse_data('20210225')
print(data)
```

你看，完美。我們這個小節的任務就完成了。

```
         證券代號              證券名稱  外陸資買進股數(不含外資自營商) 外
營商賣出股數(避險) 自營商買賣超股數(避險)    三大法人買賣超股數
0        2409  友達                   205,110,284       49,039,198  ...
1        3481  群創                   163,119,331       58,814,200  ...
2        2610  華航                    95,103,520       32,074,700  ...
3        2317  鴻海                    55,582,817       18,191,941  ...
4      00715L      期街口布蘭特正2            9,962,000         3,101,000
...       ...           ...               ...             ...   ...
1065   00677U   期富邦VIX                4,309,000        8,874,000  ...
1066     3037  欣興                    10,979,929       17,138,337  ...
1067     4938  和碩                     4,505,995       10,662,000  ...
1068   00637L    元大滬深300正2             8,406,000        5,786,000  .
1069    00882      中信中國高股息               18,002            1,000
```

圖 2.5.13 執行結果，測試函數結果

有同學可能會問，那假日怎麼辦呢？假日他肯定是不會回傳資料的，或是告訴你說查不到相關資料。通常是否有開市的處理我們會在主流程做控制，也就是需要 call 這些函數之前，會先確認今天是不是開市。因為散落在各個函數來確認是否開市很麻煩又消耗無謂的資源，所以在主流程控制是最簡單的，我們預計在第三章節就會來解決這個問題。

❑ 本小節對應 Code

Trading Strategy_EX / Chapter2 / TWSE.py

❑ 小節統整

這個小節我們介紹了另一種外面比較少教你的爬蟲方式，如果你熟練了這個方法，絕對會比其他小節來的簡單又優雅，但是未必每個網站都是這樣傳遞資料的。本小節你應該掌握的技術有：

1. 理解以及可以辨別 json 格式，並熟悉處理 (其實也就是要熟悉字典 -dict)
2. 熟悉如何尋找網站傳遞資料的 api

原則上我們的爬蟲教學就到這裡為止。但我需要聲明，這些爬蟲並非是永久有效，因為對方的網站若有所更動，由極大的可能爬蟲就會失效。如果可以到時候失效時你有餘力自行修改那是最好，代表你學習到了許多，當然如果是本書提到的網站失效，我會在個人的 github 上面說明並放上修改後的版本或其他替代方案。若是我還沒發現，你也可以提出 issue 或是寄信來告知我，我會非常感激你！

Chapter

03

股市小幫手系列－股市小幫手，股票池篩選與入門

3.1 yfinance 歷史資料取得

聊聊套件的使用

終於來到我們的第三章節了，在第二章節中希望你具備基本的爬蟲能力，能夠學會自行爬取想要的資料。第三章節我們會開始做一些小幫手系列，並非是如何進行交易策略的研究與回測，而是著重於看完本章節後讀者可以自己做出屬於自己的市場掃描工具，不然 9 百多檔都要關注，實在是太費工了。

説完大章節的目標後，本小節會先介紹 yfinance，其實這個章節對你對我來説都蠻輕鬆的，因為套件沒什麼好解釋的，怎麼使用通常官方文件都會寫，查一查用一用而已。通常這些套件的指令除非很熟的不然我都不會背，不過雖然不用背，但是必須要有印象哪些套件可以做到哪些事，例如別人需要股市歷史資料，立刻就會想到 yfinance、twstock 這一類型的套件。

很多經驗老道的工程師高手都會戲稱，他們後期的工作都是 copy-paste 而已，因為以前寫過的東西他們都會找地方記起來，例如記在 github

私人庫裡，下次有類似的功能需求，直接貼上修改就好，如果你有長期的寫程式計畫，我也建議你這樣做。我們馬上開始介紹一些很常使用的套件吧。

yfinance - 股市報價獲取

yfinance 是我很喜歡的股市報價獲取套件，有些有經驗的同學可能會問，為什麼不用台股的套件 twstock ？ twstock 確實是強大又好用的套件，套件無分好壞，我也不太會問別人為何不用 A 而用 B，通常我會問的只有他能夠達到我們要的目的嗎？我之所以選用 yfinance 的理由有二，其一是最重要的，我自己有研究國外股票與商品的需求，所以我會採用 yfinance，對於國外的股票支援更高；其二是 twstock 雖有即時資料，但其來源是很難處理的證交所，其實這個選擇是對的，證交所的資料品質極高，但就是太喜歡擋爬了，所以有時會被鎖 IP，況且我個人有永豐的 python api 獲取即時股價的資料源，所以即時報價對我來說不是太誘人。基於這兩個理由所以我選用 yfinance，如果你已經是 twstock 的愛用者，那就繼續使用沒問題。

開始之前，勢必是要先安裝套件的，請打開 cmd 並在虛擬環境啟動的情境下安裝 yfinance。

```
=====================cmd=====================
(env) D:\Trading Strategy_EX>pip install yfinance
```

1.2 小節曾經有介紹過，pip 的 show 語法可以看見這個套件資訊，我們可以從資訊上找到套件的官網。在使用套件時去官網看看他的使用說明是必要的。

```
=====================cmd=====================
(env) D:\Trading Strategy_EX>pip show yfinance
```

我們就可以看到下面的資訊，其中最常用的就是 Home-page(套件的主頁) 與 Location(這個套件安裝在哪裡)。我們先到主頁去看看。

```
PS D:\Trading Strategy_EX> pip show yfinance
Name: yfinance
Version: 0.1.59
Summary: Yahoo! Finance market data downloader
Home-page: https://github.com/ranaroussi/yfinance
Author: Ran Aroussi
Author-email: ran@aroussi.com
License: Apache
Location: c:\users\one piece\appdata\local\programs\python\python37\lib\site-packages
Requires: pandas, numpy, requests, multitasking, lxml
Required-by:
```

圖 3.1.1　pip show 套件資訊

你看，對方的官網把所有的用法都使用給你看了，還附加説明，我們需要做的只是把它全部複製到你的程式裡，一條條 print 出來長怎麼樣而已。

```
import yfinance as yf

msft = yf.Ticker("MSFT")

# get stock info
msft.info

# get historical market data
hist = msft.history(period="max")

# show actions (dividends, splits)
msft.actions
```

圖 3.1.2　節錄自 yfinance github page，套件使用範例

首先在一切開始之前，我們先創建一個 yfinance_example.py 的檔案，然後我們要先指定目標股票，我們以大名鼎鼎的台積電 (2330.TW) 為例。首先我們 import 的時候因為不想要打 yfinance 這麼長，所以我們把他簡寫成 yf，跟 pandas 常常簡寫成 pd 同理。接著值得注意的是，請你務必要記得加上 .TW，例如 2330.TW，如果你只打 2330，你會搜到一支日本的股票，代號是 2330。請一定要記得，台灣的上市後面都需要加 .TW，上

櫃要打 .TWO。先前有一個打 2330 的同學跑來跟我分享 yfinance 的資料很奇怪，因為他找到另一支股票了。然後接下來 call 所有方法都是用這個 stock 來 call 了。

```
=================yfinance_example.py================
import yfinance as yf
#指定2330.TW這支股票
stock = yf.Ticker('2330.TW')
```

接著我會快速示範各種很常用的用法及輸出的結果，你可以自己打打看，並且稍微記一下這個套件有哪些資料，或許未來有機會用上。

yfinance - 獲取指定區間的歷史股價 (含股利發放及股票分割)

下面這是最常使用的方法，我們可以得到指定區間的歷史資料，另外她還有附上了股利發放及股票分割的資料，你可以參考看看是否用得上。值得一提的是，資料會將日期放在 dataframe 的 index(索引) 處，所以你想獲取日期的話就是 df.index，想將索引放入欄位中的話就是 df['Date'] = df.index

```
=================yfinance_example.py================
df = stock.history(start="2017-01-01",end="2021-02-02")
```

	Open	High	Low	Close	Volume	Dividends	Stock Splits
Date							
2017-01-03	155.853601	157.570996	155.424252	157.141647	22630000	0.0	0
2017-01-04	157.141647	158.000345	155.853601	157.141647	24369000	0.0	0
2017-01-05	156.282938	157.570984	155.853589	157.570984	20979000	0.0	0
2017-01-06	158.000336	158.429684	157.570987	158.000336	22443000	0.0	0
2017-01-09	158.000336	158.859033	157.141638	158.000336	18569000	0.0	0
...	...	...	...	...	...	...	...
2021-01-26	626.821552	634.756002	605.001814	611.944458	100153482	0.0	0
2021-01-27	612.936295	619.878939	605.993651	609.960876	59985191	0.0	0
2021-01-28	595.083816	603.018267	593.100203	596.075623	96447533	0.0	0
2021-01-29	613.928109	613.928109	586.157532	586.157532	90745237	0.0	0
2021-02-01	590.124751	606.985459	582.190301	605.993652	67462398	0.0	0

圖 3.1.3　執行結果，指定區間的歷史資料

yfinance - 獲取其擁有的所有區間的歷史股價

跟剛剛指定區間的很像，只是變成取得他所有擁有的資料而已。

```
=================yfinance_example.py================
df = stock.history(period='max')
```

```
                  Open        High         Low       Close        Volume  Dividends  Stock Splits
Date
2000-01-04   36.507061   36.507061   35.891778   36.507061  200662336736        0.0           0.0
2000-01-05   36.507062   37.327374   36.096808   37.327374  402466805912        0.0           0.0
2000-01-06   37.122344   37.327373   36.507061   36.507061  197545715802        0.0           0.0
2000-01-07   35.276489   35.891772   34.866235   35.481518  235270344752        0.0           0.0
2000-01-10   36.507064   36.917122   35.891782   36.712093  276171685539        0.0           0.0
...                ...         ...         ...         ...           ...        ...           ...
2021-07-15  613.000000  614.000000  608.000000  614.000000      22012834        0.0           0.0
2021-07-16  591.000000  595.000000  588.000000  589.000000      57970545        0.0           0.0
2021-07-19  583.000000  584.000000  578.000000  582.000000      40644341        0.0           0.0
2021-07-20  579.000000  584.000000  579.000000  581.000000      15354333        0.0           0.0
2021-07-21  586.000000  586.000000  582.000000  584.000000      10812716        0.0           0.0
```

圖 3.1.4　執行結果，所有區間的歷史資料

yfinance - 股票基本資訊

info 返回的基本資訊非常大量，包括地址、市場別、電話等基本訊息，甚至裡頭還有例如 52 天的均價等等琳瑯滿目。這個其實就是我們 2.5 小節有處理過的字典 (dict) 格式，有興趣你可以自己處理看看，就是取想要的資料的 key 就好。

```
=================yfinance_example.py================
df_info = stock.info
```

```
{'zip': '300-78', 'sector': 'Technology', 'longBusinessSummary': 'Taiwan Semi
 sells integrated circuits and semiconductors. It also offers customer servic
pany serves customers in computer, communications, consumer, and industrial a
ina, and South Korea. Taiwan Semiconductor Manufacturing Company Limited was
', 'city': 'Hsinchu City', 'phone': '886 3 563 6688', 'country': 'Taiwan', 'c
maxAge': 1, 'address1': 'Hsinchu Science Park', 'fax': '886 3 563 7000', 'ind
ad 6', 'ebitdaMargins': 0.68267, 'profitMargins': 0.38149, 'grossMargins': 0.
, 'operatingMargins': 0.41559, 'ebitda': 991590809600, 'targetLowPrice': 209,
00, 'freeCashflow': None, 'targetMedianPrice': 268, 'currentPrice': 584, 'ear
ets': 0.13617, 'numberOfAnalystOpinions': 24, 'targetMeanPrice': 262.88, 'deb
hPrice': 302, 'totalCash': 870840008704, 'totalDebt': 413639999488, 'totalRev
```

圖 3.1.5　執行結果，股票基本資訊

yfinance - 內部人士與機構法人持有比例

老實説這個資料的應用蠻單純的，例如你希望了解機構法人的持有比例，這就是個很簡單暴力的指標。

```
================yfinance_example.py================
major_holders = stock.major_holders
```

```
        0                                      1
0   0.00%          % of Shares Held by All Insider
1  45.36%         % of Shares Held by Institutions
2  45.36%          % of Float Held by Institutions
3     597  Number of Institutions Holding Shares
```

圖 3.1.6　執行結果，持有比例

yfinance - 主要持有的機構法人

這個函數列出主要持有台積電股份的機構法人，裡面不乏一些基金。

```
================yfinance_example.py================
ins_holders =stock.institutional_holders
```

```
>>> print(ins_holders)
                                              Holder     Shares Date Reported   % Out         Value
0  Vanguard International Stock Index-Total Intl ...  300864748    2021-04-30  0.0116  180518848800
1  Vanguard International Stock Index-Emerging Ma...  241921285    2021-04-30  0.0093  145152771000
2                          Europacific Growth Fund  210645649    2021-03-31  0.0081  123648995963
3              iShares Core MSCI Emerging Markets ETF  209005000    2021-05-31  0.0081  124775985000
4                        New Perspective Fund Inc  192900941    2021-03-31  0.0074  113232852367
5                    Invesco Developing Markets Fund  185180429    2021-04-30  0.0071  111108257400
6              Capital World Growth and Income Fund  174736000    2021-03-31  0.0067  102570032000
7                        Growth Fund Of America Inc  127149000    2021-03-31  0.0049   74636463000
8                        Income Fund of America Inc  113988500    2021-04-30  0.0044   68393100000
9  Fidelity Series Emerging Markets Opportunities...  108957284    2021-05-31  0.0042   65047498548
```

圖 3.1.7　執行結果，主要持有法人

yfinance - 取得損益表

損益表裡面有許多極度重要的資訊，包含淨利、總收入等。

```
================yfinance_example.py================
fin_data = stock.financials
```

	2020-12-31	2019-12-31	2018-12-31	2017-12-31
Research Development	109486089000.0	91418746000.0	85895569000.0	80732500000.0
Effect Of Accounting Charges	None	None	None	None
Income Before Tax	584777180000.0	389845336000.0	397510263000.0	396161900000.0
Minority Interest	964743000.0	685302000.0	678731000.0	699700000.0
Net Income	517885387000.0	345263668000.0	351130884000.0	344998300000.0
Selling General Administrative	35570460000.0	28085836000.0	26253711000.0	27169200000.0
Gross Profit	711146502000.0	496098501000.0	500582087000.0	494831000000.0
Ebit	566783698000.0	375799706000.0	387648682000.0	386670600000.0
Operating Income	566783698000.0	375799706000.0	387648682000.0	386670600000.0
Other Operating Expenses	-693745000.0	794213000.0	784125000.0	258700000.0
Interest Expense	-2081455000.0	-3250847000.0	-3051223000.0	-3330300000.0
Extraordinary Items	None	None	None	None
Non Recurring	None	None	None	None

圖 3.1.15　執行結果，損益表

yfinance - 取得資產負債表

修正完剛剛那個問題後，原則上負債表及之後的現金流量表都會有資料了。如果你是價值型投資者，這些報表都是極度重要的資訊。

```
================yfinance_example.py================
balance_data = stock.balance_sheet
```

	2020-12-31	2019-12-31	2018-12-31	2017-12-31
Intangible Assets	2.033158e+10	1.495965e+10	1.120665e+10	8.526500e+09
Capital Surplus	5.634724e+10	5.633971e+10	5.631593e+10	5.630960e+10
Total Liab	9.100894e+11	6.427096e+11	4.126316e+11	4.972855e+11
Total Stockholder Equity	1.849657e+12	1.621410e+12	1.676818e+12	1.493747e+12
Minority Interest	9.647430e+08	6.853020e+08	6.787310e+08	6.997000e+08
Other Current Liab	3.885146e+11	3.318704e+11	1.163558e+11	1.723193e+11
Total Assets	2.760711e+12	2.264805e+12	2.090128e+12	1.991732e+12
Common Stock	2.593038e+11	2.593038e+11	2.593038e+11	2.593038e+11
Other Current Assets	8.984978e+09	5.600921e+09	5.639467e+09	4.395400e+09
Retained Earnings	1.588686e+12	1.333335e+12	1.376648e+12	1.205051e+12
Other Liab	1.630501e+10	1.183207e+10	1.518906e+10	1.859530e+10
Good Will	5.436602e+09	5.693376e+09	5.795488e+09	5.648700e+09
Treasury Stock	-5.467987e+10	-2.756837e+10	-1.544991e+10	-2.691790e+10

圖 3.1.16　執行結果，資產負債表

yfinance - 取得現金流量表

加上現金流量表，我們就獲得了會計領域的三大重要報表，分別是資產負債表、損益表及現金流量表。

```
================yfinance_example.py================
cf_data = stock.cashflow
```

	2020-12-31	2019-12-31	2018-12-31	2017-12-31
Investments	3.579610e+08	-1.078401e+10	-9.730504e+09	-1.628680e+10
Change To Liabilities	4.046070e+08	5.860068e+09	4.540583e+09	2.572100e+09
Total Cashflows From Investing Activities	-5.057817e+11	-4.588016e+11	-3.142689e+11	-3.361649e+11
Net Borrowings	1.727237e+11	-6.026287e+09	-3.410192e+10	-2.773710e+10
Total Cash From Financing Activities	-8.861509e+10	-2.696382e+11	-2.451248e+11	-2.156976e+11
Change To Operating Activities	3.637499e+10	2.260697e+09	-2.464394e+10	2.614330e+10
Net Income	5.178854e+11	3.452637e+11	3.511309e+11	3.449983e+11
Change In Cash	2.047713e+11	-1.224153e+11	2.442290e+10	1.213790e+10
Effect Of Exchange Rate	-2.349810e+10	-9.114196e+09	9.862296e+09	-2.131780e+10
Total Cash From Operating Activities	8.226662e+11	6.151387e+11	5.739543e+11	5.853182e+11
Depreciation	3.280554e+11	2.831369e+11	2.897110e+11	2.578320e+11

圖 3.1.17　執行結果，現金流量表

到這裡，我們使用了大部分比較常用的 yfinance 的功能。其實還有一個分析師推薦 stock.recommendations 我也很常參考，但問題是台股呼叫出來幾乎都是 None，空的。如果你想看看你可以把一開始的台積電 stock = yf.Ticker('2330.TW') 更換成美股例如蘋果 :stock = yf.Ticker('AAPL')，然後再 print 出來看，你就會看到了，其實很好參考，只是台股沒有。

❑ 本小節對應 Code

Trading Strategy_EX / Chapter3 / yfinance_example.py

❑ 小節統整

在這個小節中，最主要的目的就是學會 yfinance 怎麼使用，並且我還希望你能稍微了解一下我們遇到問題時是如何尋找解答的，本小節目標如下：

1. 熟悉 yfinance 使用
2. 熟悉以 vscode 的 Ctrl+ 滑鼠左鍵找到目標檔案

最後我們來做個整理吧，整理完後要介紹下一個套件了！我們假設 stock = yf.Ticker(' 商品代號 ')，你已經先指定好商品。

功能名稱	作用
stock.history()	呼叫歷史資料 (*start & end 為指定區間，period='max' 為全部區間)
stock.info()	獲取股價基本訊息
stock.major_holders	獲取主要持有人
stock.institutional_holders	獲取主要持有之機構法人
stock.financials	取得損益表
stock.balance_sheet	取得資產負債表
stock.cashflow	取得現金流量表
stock.recommendations	分析師建議 (* 目前已知僅有美股有資料，有興趣可以自行使用)

3.2 ta & pandas 產製各種指標

ta 產出各種技術指標

很多有經驗的人，可能都知道大名鼎鼎的股市分析套件 ta-lib，ta-lib 的確非常好用，但我更喜歡使用 ta，兩個其實是超級相像的套件，都是產生數十種技術指標。但我之所以使用 ta 而非 ta-lib 是因為他有一個很好用的函數 add_all_ta_features ，一行就可以快速計算出各種常用的技術指標，我們就可以直接使用產出的 dataframe 來進行分析。根據官網，他提供了 42 種技術指標供你使用。

The library has implemented 42 indicators:

Volume

- Money Flow Index (MFI)
- Accumulation/Distribution Index (ADI)
- On-Balance Volume (OBV)
- Chaikin Money Flow (CMF)
- Force Index (FI)
- Ease of Movement (EoM, EMV)
- Volume-price Trend (VPT)
- Negative Volume Index (NVI)
- Volume Weighted Average Price (VWAP)

Volatility

- Average True Range (ATR)
- Bollinger Bands (BB)
- Keltner Channel (KC)
- Donchian Channel (DC)
- Ulcer Index (UI)

圖 3.2.1　節錄自 ta github page

一樣，請你在虛擬環境下安裝 ta 套件。

```
====================cmd====================
(env) D:\Trading Strategy_EX>pip install ta
```

ta - 一次性產生 42 種技術指標

我們創建一個 ta_example.py，並且在開始之前，我們先用先前提到的 yfinance 產出資料。

```
===================ta_example.py==================
import ta
import yfinance as yf
#yfinance產出台積電股價資料
stock = yf.Ticker('2330.TW')
#獲取20170101-20210202
df = stock.history(start="2017-01-01",end="2021-02-02")
```

然後超級簡單，就是一行我們就完成了 42 種常用技術指標的計算。我們給函數的屬性就是資料以及 OHLCV (Open、High、Low、Close、Volume) 的欄位名稱。

```
===================ta_example.py==================
#add_all_ta_teatures方法，即可叫出所有技術指標
data =ta.add_all_ta_features(df, "Open", "High", "Low", "Close", "Volume",
fillna=True)
print(data)
```

執行結果節錄，我們瞬間就算好數種指標，你就可以展開你的分析了。

```
                  Open        High         Low       Close  ...  momentum_ppo_hist  others_dr
Date                                                        ...
2017-01-03  155.853601  157.570996  155.424252  157.141647  ...           0.000000 -39.870211
2017-01-04  157.141647  158.000345  155.853601  157.141647  ...           0.487630   0.000000
2017-01-05  156.282938  157.570984  155.853589  157.570984  ...          -0.184495   0.273216
2017-01-06  158.000336  158.429684  157.570987  158.000336  ...          -0.186181   0.272482
2017-01-09  158.000336  158.859033  157.141638  158.000336  ...          -1.287744   0.000000
...                ...         ...         ...         ...  ...                ...        ...
2021-01-26  626.821552  634.756002  605.001814  611.944458  ...           5.978757  -2.527646
2021-01-27  612.936295  619.878939  605.993651  609.960876  ...           1.434047  -0.324144
2021-01-28  595.083816  603.018267  593.100203  596.075623  ...           1.291231  -2.276417
2021-01-29  613.928109  613.928109  586.157532  586.157532  ...           0.439962  -1.663898
2021-02-01  590.124751  606.985459  582.190301  605.993652  ...          -2.126247   3.384094

[995 rows x 90 columns]
```

圖 3.2.2　執行結果，一次性產生所有內建技術指標

ta 移動平均 - 產生單一指標，以移動平均為例

有些同學可能會有其他需求，例如他根本不想看到琳瑯滿目卻又不理解的其他指標，他會想只單獨用出某一指標來看，基於這種需求，我們接下來要講講如何讓 ta 只產生單一指標，首先以移動平均為例。

首先，我們查找他的 github page，你可以透過 pip show 指令來找到，或者是直接 Google：ta github，但是要注意不要選到了 ta-lib 的就是了。找到之後，你應該會在他的 github 找到他提供的分類 Trend，並在裡面找到 SMA，然後請你先記得他是被作者歸類在 Trend 類型裡。

Trend

- Simple Moving Average (SMA)
- Exponential Moving Average (EMA)
- Weighted Moving Average (WMA)
- Moving Average Convergence Divergence (MACD)
- Average Directional Movement Index (ADX)
- Vortex Indicator (VI)
- Trix (TRIX)
- Mass Index (MI)
- Commodity Channel Index (CCI)
- Detrended Price Oscillator (DPO)
- KST Oscillator (KST)
- Ichimoku Kinkō Hyō (Ichimoku)
- Parabolic Stop And Reverse (Parabolic SAR)
- Schaff Trend Cycle (STC)

圖 3.2.3　節錄自 ta github，移動平均分類位置

接著請你往下找，找到他的文件網址，並且點進去。

Documentation

https://technical-analysis-library-in-python.readthedocs.io/en/latest/

圖 3.2.4　節錄自 ta github，說明文件

進入上圖的網址後，往下滑到 Contents，你就可以看到 Trend 類型指標，我們就要進去找到移動平均 SMA 的寫法。

Contents

- TA
  - Momentum Indicators
  - Volume Indicators
  - Volatility Indicators
  - Trend Indicators
  - Others Indicators

圖 3.2.5　ta 官方說明文件，Trend 指標

進入後他會把你帶到 Trend 類型開始的位置，請你慢慢往下找有沒有 SMA，滑了一下子之後你應該就會找到。

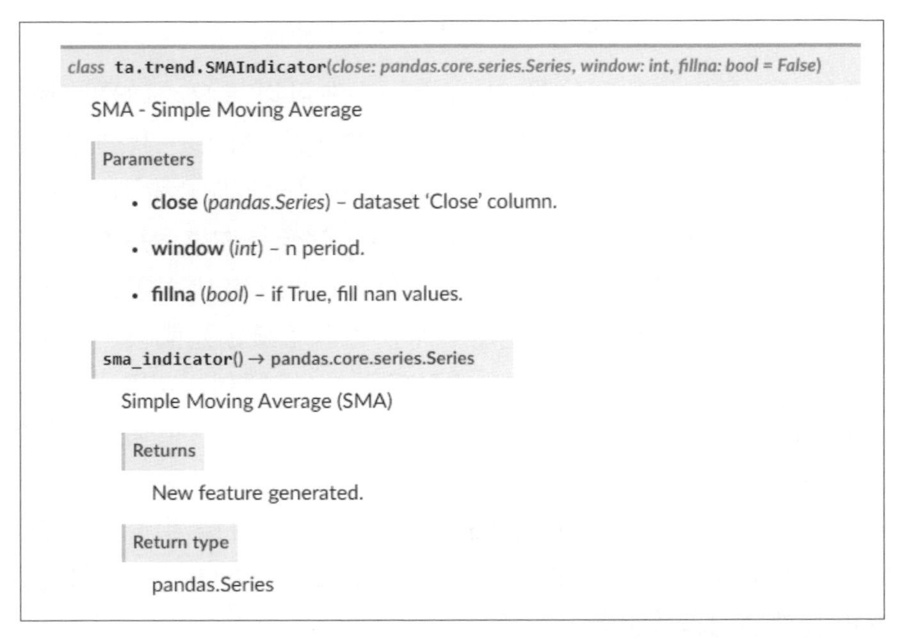

圖 3.2.6　官方說明文件－SMA 的寫法

看官方的説明，他的輸入參數需要 close、windows、以及 fillna，你看官方連應該傳入的類型都聲明了，你需要傳入 pd.Series 的 Close 以及 int 的 window 跟 bool 類型 (True/False) 的 fillna，並且每一項的作用他都寫得非常清楚。因此我們這就來傳入，以 10 ma 為例。

```
==================ta_example.py==================
#使用ma，並且傳入先前的台積電股票的Close欄位，以10ma為例
ma = ta.trend.SMAIndicator(df['Close'],10,fillna=True)
print(ma)
```

很多人必定對這個執行結果感到困惑，他返回的這個是什麼鬼東西？說好的移動平均資料呢？

```
>>> ma
<ta.trend.SMAIndicator object at 0x0000020CD26C57C8>
```

圖 3.2.7　print 出變數 ma

是這樣的，我們剛剛呼叫的是 Class(類)，你可以想像成你是造物主，假設你創建了一個類別鐵槌 (Class)，那當你：x = 鐵鎚，我們通常會稱為你建立了一個物件 (Object) x，而當你 print 出 x 時你會得到例如：< 鐵鎚 object at xxxxxx>，xxxxx 為記憶體位置，就像是你這個造物主設計了鐵鎚的藍圖，然後利用變數 x 將之物件化，從此 x 就代表了鐵鎚，真正的在人世間變出一支鐵鎚開始使用。而我們有了鐵鎚藍圖後，你可以定義鐵鎚的功用，例如功用敲釘子 (def 敲釘子)，這個創建功用通常稱之為 Method，就是你建立得這個物件會有的行為 (或功能)，此時你要獲得關於鐵鎚的什麼結果，你並不能單純只找鐵鎚物件或鐵鎚藍圖討要，你必須要執行了鐵鎚底下的某個動作 (def)，才會有相應的結果產生。這就是通俗且基本的 Class 概念，如果你想要涉及相關更多的知識，需要了解一下 OOP 物件導向程式設計。

ta 移動平均 - 趁機會解說為何使用 Class(類)

接著我們用應用層面來講講 Class。通常 Class 的通用好處是他有整理各種功能的功效，你想通俗一點如下圖，假設你是一個大學生，用功的那種，今天你要管理一大堆紙本，你通常會分門別類吧？會計給他一個資料夾、微積分給他一個資料夾、歷史考科給他一個資料夾，當你要找歷史講義的時候是不是很簡單？你只要打開歷史資料夾去找就好了。開發大型專案也是一樣概念，一個大功能用一個 Class 來統籌維護，最為簡潔且容易維護。

圖 3.2.8　使用分類管理各種紙本示意

我們用寫程式的思維來理解上圖，就更好理解了。我們為每一個類型及他底下的功能都給予命名。

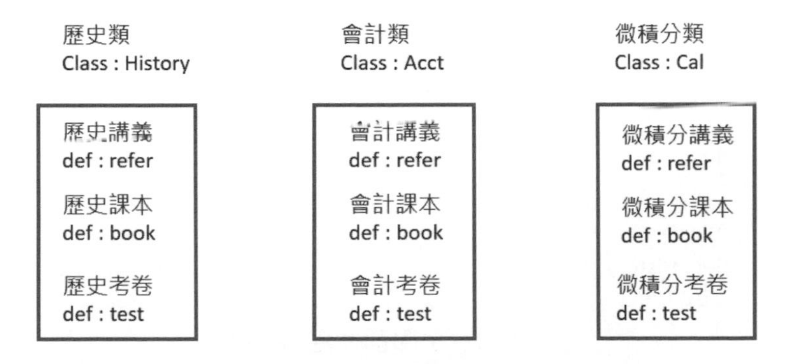

圖 3.2.9　用程式的思維來表示就是這樣

那假設我們今天需要獲得歷史課本，請看下圖，我們剛剛使用 10ma 的例子就像下圖的叉叉一樣，為什麼他返回給你一個什麼 object 的？因為你只呼叫了他的資料夾，而沒有真正去裡面找他的功能。我們要找到歷史課本，必須再去呼叫底下的 book 函數才可以。你還記得 3.1 小節我們用 yfinance 嗎？也是同樣的道理，我們要先呼叫出 stock = yf.Ticker('2330.TW')，然後我們是不是才能呼叫他底下的各種功能？這裡的 Ticker 類就好比那些歷史類、會計類，而什麼 history()、cashflow() 就是 book、refer 這些。

history = History()
#output : <Hisyory object at xxx>

history = History.book()
# output : history book

圖 3.2.10 呼叫歷史課本的正確方法

有同學可能會舉一反三想問，為什麼要這樣寫？我可不可以如下圖不要用 Class 綁著，直接用 def 就好了啊，這樣我呼叫歷史課本不就 history = History_book() 就好？當然可以，不過你我都不是作者，使用人家的套件就得遵守人家的規範及結構囉，況且因為我們現在示範的專案都很小，如果有實際開發過大型專案，你就能體會 Class 的美妙之處。

歷史講義 def : History _refer	會計講義 def : Acct_refer	微積分講義 def : Cal_refer
歷史課本 def : History _ book	會計課本 def : Acct_ book	微積分課本 def : Cal_book
歷史考卷 def : History _ test	會計考卷 def : Acct_ test	微積分考卷 def : Cal_test

圖 3.2.11 全部都使用 def 撰寫

ta 移動平均 – 查找對方 Class 底下的 function

那有些同學可能會再問，我要怎麼知道他每一個 Class 底下都有些什麼？基本上對方的文件都會寫，假設他今天沒有準備文件，可以用 Ctrl + 滑鼠左鍵去對方的程式中查看。Vscode 有個超棒的功能，你對著套件或者是這個套件底下的 Class 或 def 按 Ctrl (按著)+ 左鍵，他就會導引你去套件包裡，你就可以去讀他的程式。

```
import  (module) yfinance
import yfinance as yf
import pandas as pd
```

圖 3.2.12　Ctrl+ 左鍵可以查看程式

你看其實 ta 的官方有寫，看起來他這個 Class 底下只有一個 funciton。

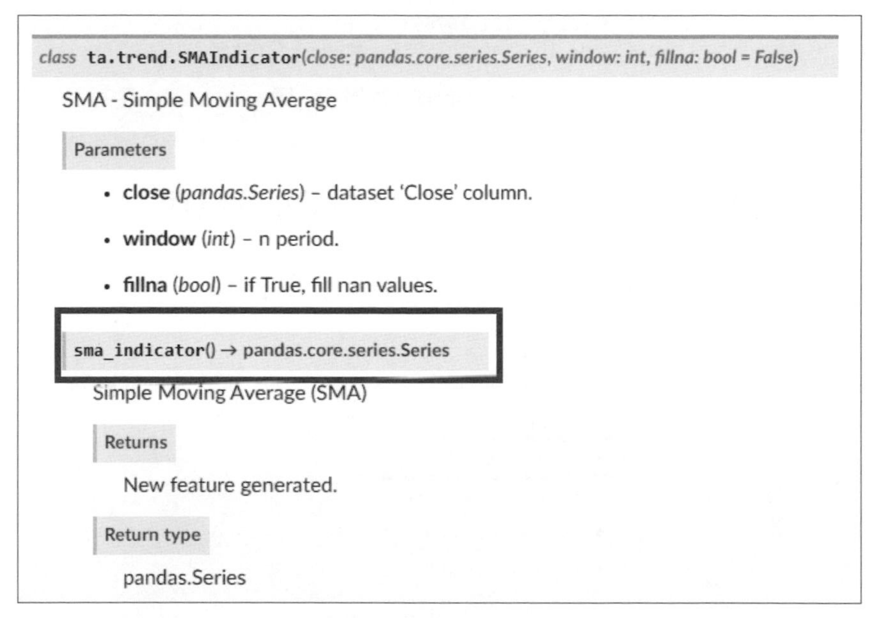

class **ta.trend.SMAIndicator**(*close: pandas.core.series.Series, window: int, fillna: bool = False*)

SMA - Simple Moving Average

Parameters

- **close** (*pandas.Series*) – dataset 'Close' column.
- **window** (*int*) – n period.
- **fillna** (*bool*) – if True, fill nan values.

sma_indicator() → pandas.core.series.Series

Simple Moving Average (SMA)

Returns

New feature generated.

Return type

pandas.Series

圖 3.2.13　ta 說明文件說明了 Class 底下的 function

所以我們應該要這樣寫。

```
===================ta_example.py==================
#使用Class ma並且呼叫他的function sma_indicator()
ma = ta.trend.SMAIndicator(df['Close'],10,fillna=True)
ma = ma.sma_indicator()
print(ma)
```

你看，這樣就能正確取得我們要的 10ma 資料了，接下來我們來試試布林通道吧！

```
Date
2017-01-03    157.141647
2017-01-04    157.141647
2017-01-05    157.284760
2017-01-06    157.463654
2017-01-09    157.570990
                 ...
2021-01-26    619.978119
2021-01-27    620.969928
2021-01-28    621.862555
2021-01-29    620.870746
2021-02-01    621.267468
Name: sma_10, Length: 995, dtype: float64
```

圖 3.2.14　ma 最終執行結果

ta 布林通道 - 產生單一指標，以布林通道為例

接著是布林通道，官方說明他歸類在 Volatility 底下。

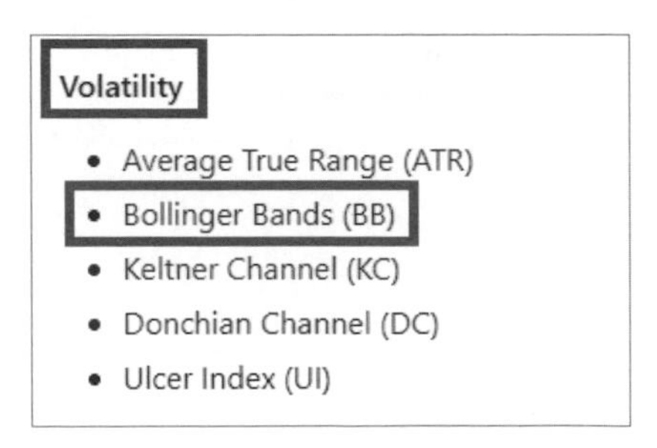

圖 3.2.15　節錄自 ta github，布林通道分類

一樣，我們到對方的說明文件中找到 Volatility。

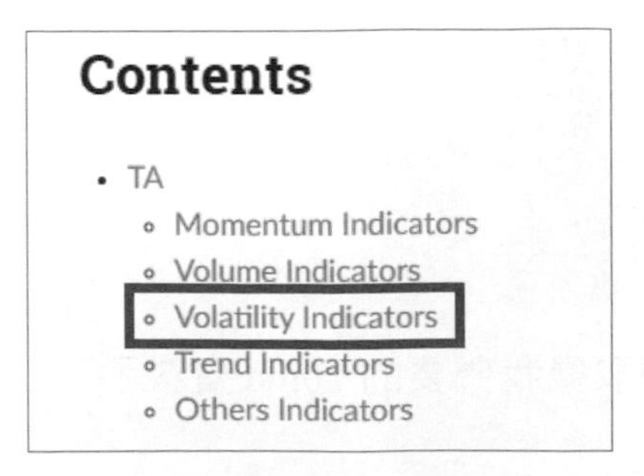

圖 3.2.16　節錄自 ta 官方文件

我們找到布林通道，並且根據官方的要求輸入收盤價以及計算布林通道的 window(預設 20)，還有上下多少個標準差 (預設 +-2)。

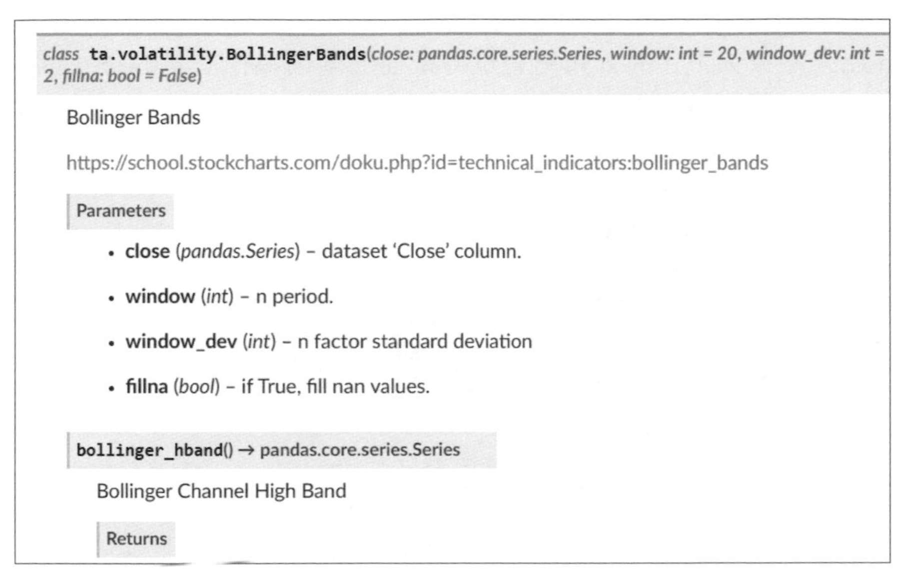
class **ta.volatility.BollingerBands**(*close: pandas.core.series.Series, window: int = 20, window_dev: int = 2, fillna: bool = False*)

Bollinger Bands

https://school.stockcharts.com/doku.php?id=technical_indicators:bollinger_bands

Parameters

- **close** (*pandas.Series*) – dataset 'Close' column.
- **window** (*int*) – n period.
- **window_dev** (*int*) – n factor standard deviation
- **fillna** (*bool*) – if True, fill nan values.

bollinger_hband() → pandas.core.series.Series

Bollinger Channel High Band

Returns

圖 3.2.17　節錄自 ta 官方說明文件，布林通道

接著我們就按照他教學的呼叫布林通道。

```
====================ta_example.py===================
#呼叫布林通道
indicator_bb = ta.volatility.BollingerBands(close=df["Close"], window=20,
window_dev=2)
```

依照官方的指引，我們就可以取得布林上中下線囉，我們就只 print 中線出來看看資料如何，其他就請你自己有興趣再試試看囉。

```
====================ta_example.py===================
#布林中線
bb_bbm = indicator_bb.bollinger_mavg()
#布林上線
bb_bbh = indicator_bb.bollinger_hband()
#布林下線
```

```
bb_bbl = indicator_bb.bollinger_lband()
#print出來，加入\n為python的換行符而已，print出來比較好看
print('布林中線\n',bb_bbm)
```

print 出來結果如下，有人可能會覺得奇怪，前面為什麼是 NaN，因為我們 windows 設置 20，他要拿前面 20 個資料去取平均，所以未滿 20 的他是變成空值。

```
布林中線
 Date
2017-01-03           NaN
2017-01-04           NaN
2017-01-05           NaN
2017-01-06           NaN
2017-01-09           NaN
                  ...
2021-01-26    583.578831
2021-01-27    588.537863
2021-01-28    592.306729
2021-01-29    595.331738
2021-02-01    599.051010
Name: mavg, Length: 995, dtype: float64
```

圖 3.2.18　執行結果，布林中線範例

接著還有許多用法，例如著名的布林 %b 指標、布林帶寬度等等，他都有額外提供，我們就不一個個 print 出來示範給你看了，code 及註解如下。

```
===================ta_example.py==================
# 返回Close是否大於布林上軌，大於的話返回1，反之為0
bb_bbhi = indicator_bb.bollinger_hband_indicator()
# 返回Close是否小於布林下軌，小於的話返回1，反之為0
bb_bbli = indicator_bb.bollinger_lband_indicator()
# 布林帶寬
bb_bbw = indicator_bb.bollinger_wband()
# 布林%b指標 (%b值 = (收盤價 布林帶下軌值) ÷ (布林帶上軌值 布林帶下軌值))
bb_bbp = indicator_bb.bollinger_pband()
```

pandas 高點與低點指標 – rolling 方法

示範完超好用的 ta 技術指標之後，我們要想想其他辦法來實現自己構思的指標。例如在短線操作中常常使用的當突破 N 根高點時我們多單做順勢加碼；反之突破 N 根低點時空單做加碼，那這時候我們就得生出所謂的 N 根高低點的指標了，我們可以善用 pandas 的函數 rolling()，其實應該很多套件都有 N 根高點這個指標，只是我們為了練習目的，得要來講講實作指標時非常頻繁使用的 rolling。

那何謂 rolling() 呢？如同它字面上的意思好像動態滾動一般，這個函數是專門處利時間序列型的資料。什麼是時間序列？請看下圖，時間序列就是你會隨著一個 windows 去移動計算你要的值。假設我們 windows 是 2，那他計算出來的第一個結果，就是拿我們給他的資料的第一筆跟第二筆來算；第二個結果則是拿第二筆跟第三筆來算，以此類推。你看，是不是像一個移動型的窗格？所以大家都叫他 windows。

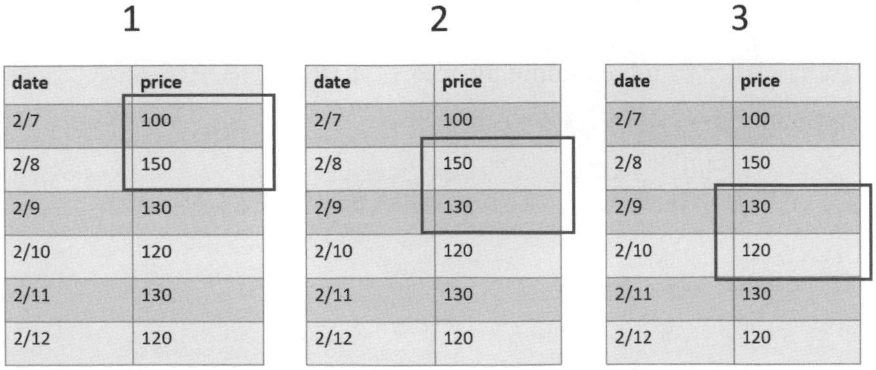

1

date	price
2/7	100
2/8	150
2/9	130
2/10	120
2/11	130
2/12	120

2

date	price
2/7	100
2/8	150
2/9	130
2/10	120
2/11	130
2/12	120

3

date	price
2/7	100
2/8	150
2/9	130
2/10	120
2/11	130
2/12	120

圖 3.2.19　時間序列 rolling 函數示意

是不是感到很熟悉？沒錯，剛剛的移動平均與布林通道也是這樣來的。Pandas 的 rolling() 是許多指標的基礎。我們可以去布林通道的程式看看，首先對下圖 ta 按 Ctrl+ 左鍵，進去之後一樣對 ta.wrapper 按 Ctrl+ 左鍵，然後找到 ta.volatility 裡面的 BollingerBands 做一樣的操作，層層往下找就能找到布林通道的程式。

```
1    import ta
2    import yfinance as yf
3    import pandas as pd
```

圖 3.2.20 查看對方布林通道寫法

你看，無論是計算標準差或是計算布林中線 (其實就是移動平均)，他也都是用到了 pandas 的 rolling，這是非常頻繁拿來計算與股市相關的技術指標的好用函數之一。

```
def _run(self):
    min_periods = 0 if self._fillna else self._window
    self._mavg = self._close.rolling(self._window, min_periods=min_periods).mean()
    self._mstd = self._close.rolling(self._window, min_periods=min_periods).std(
        ddof=0
    )
```

圖 3.2.21 ta 布林通道寫法

首先我們創建一個 pd_example.py 來練習如何自己造指標函數，並且把套件與 yfinance 的呼叫歷史資料先寫出來。

```
===================pd_example.py==================
import pandas as pd
import yfinance as yf
#yfinance產出台積電股價資料
stock = yf.Ticker('2330.TW')
#獲取20170101-20210202
df = stock.history(start="2017-01-01",end="2021-02-02")
```

我們一樣拿介紹 ta 套件時的 yfinance 呼叫出的歷史資料來使用，rolling() 很簡單，你只需要決定你的窗格大小，然後後面接上你想做的事情就好。窗格大小怎麼決定？例如我們要介紹的高點及低點判斷，統一以 6 根高低點來說的話窗格就是 6，也就是我們每 6 根移動去計算這 6 根中的高點及低點。程式如下，懂得舉一反三的你可能想到了，如果後面做的事情改成 mean() 平均，不就是 6ma 的意思嗎？沒錯！只不過你的目標要改一下，傳統都是用收盤價 Close 來算的。

```
===================pd_example.py==================
#rolling以6為單位位移並取最大值
Highest_high =df['High'].rolling(6).max()
#rolling以6為單位位移並取最小值
Lowest_low = df['Low'].rolling(6).min()
#存成Excel來看一下結果
df.to_excel(r'D:\Trading Strategy_EX\Chapter3\final.xlsx')
```

我們將最後儲存的 Excel 打開來檢視一下成果。為了讓你更清楚我已經節錄先做過顏色標記及處理，你看，他算出來的就是近 6 根的最高點。如果你有興趣的話也可以自行驗證最低點，我們就不逐條驗證了。

High	Highest_high
158.8727456	
159.3056414	
158.872757	
159.7385293	
160.171425	
160.6043208	160.6043208

圖 3.2.22　執行結果，輸出 excel 結果

pandas 窗格內的高點變化 – apply&lambda 靈活操作資料

有同學可能會問，rolling 介紹的方法都太簡單了吧？我真的想做股市研究怎麼可能只靠平均、最大跟最小值打天下？沒錯，所以我們要介紹另一種方法，讓你可以對你指定的欄位做更其他客製化的運算。如果你在看到這裡之前已經有頭緒，代表你吸收消化得很好，並且可以學以致用，不知道你有沒有想到我們在 2.2 小節中有提到的對於 dataframe 的指定欄位使用函數？沒錯！就是 apply() 方法加上 python 的小函數寫法 lambda！

對了，順道補充一下，lambda 的設計是只允許陳述句，而不允許有區塊，區塊就是指像我們寫一個 def 下面有經過縮排的區塊，都是屬於這個 def 的。簡單講就是他不像 def 函數的結構，還可以讓你寫很多行再讓你 return 的，lambda 只允許簡單的一行表示函數，所以很多人叫他小函數。

現在我們來設計一個新的指標，我們定義 6 根中的第一筆 High 跟 6 根中的最後一筆 High，來表示這 6 根當中的開始與結束的高點落差。只要你還記得 apply 根 lambda 的格式及用法，寫法很簡單，先前我們是以某個欄位來做 apply，現在只是多了一個 rolling 而已，就想像成以 6 個窗格為單位的 dataframe 去執行這個函數。而函數也很單純，就是第一筆 x[0] 減去最後一筆 x[-1]，我們來看一下輸出成 excel 的成果。

```
==================pd_example.py==================
#一樣用6根作為rolling，並且設計計算函數第一個值減去最後一個值
O_C_high = df['High'].rolling(6).apply(lambda x : x[0]-x[-1])
#加入dataframe
df['OCHIGH'] = O_C_high
#存成Excel來看一下結果
df.to_excel(r'D:\Trading Strategy_EX\Chapter3\final.xlsx')
```

你看，結果就是我們要的。如果是負的就代表在這六根中股價的形狀慢慢往上，當然要判斷趨勢是否往上不是只看高是否較高，有時候也得看底是否也跟著墊高。當然這就是隨你自由變化了，包含很多人可能會覺得應該要正的才代表形狀正再慢慢往上，那也可以，你就倒過來就好，用最後一筆減去第一筆。

High	OCHIGH
158.8727456	
159.3056414	
158.872757	
159.7385293	
160.171425	
160.6043208	-1.731575157

圖 3.2.23　執行結果，檢視 excel 輸出成果

接下來我們也來製作自己的 ta 函數吧？我們把自製的指標也包起來，這樣下次引用一行函數就可以載入所有自己寫的指標了。你可以新開一個檔案，例如我取叫 mine_ta.py，然後我們在裡面寫上函數。

如果前面你有充分練習的話，對於改寫成函數應該不陌生，以現在這個情境其實就只是把輸入參數跟 return 準備好，其他都貼上去就可以了，我們的函數就完成了。如果你有其他新的指標僅管加進去就是了。

```
====================mine_ta.py====================
import pandas as pd
def mine_add_all_features(df:pd.DataFrame):
    #rolling以6為單位位移並取最大值
    Highest_high =df['High'].rolling(6).max()
    #rolling以6為單位位移並取最小值
    Lowest_low = df['Low'].rolling(6).min()
    #一樣用6根作為rolling，並且設計計算函數第一個值減去最後一個值
    O_C_high = df['High'].rolling(6).apply(lambda x : x[0]-x[-1])
    #加入dataframe
    df['OCHIGH'] = O_C_high
    df['Highest_high'] = Highest_high
    df['Lowest_Low'] = Lowest_low
    return  df
```

❑ 本小節對應 Code

Trading Strategy_EX / Chapter3 / pd_example.py

Trading Strategy_EX / Chapter3 / ta_example.py

Trading Strategy_EX / Chapter3 / mine_ta.py

❑ 小節統整

在這個小節中，我們利用 ta 套件以及 pandas 的 rolling 方法產生出各種技術指標供未來使用，在本小節希望你熟悉以下操作：

1. 熟悉 ta 套件如何一次產生所有內建技術指標
2. 熟悉 ta 套件如何產生單一指標
3. 對於 class(類) 有基礎概念
4. 熟悉查找套件的說明文件過程
5. 熟悉 pandas 套件的 rolling 用法
6. 更加 pandas dataframe 常常使用的 apply+lambda 組合
7. 練習使用第五點及第六點產生出自製的特別指標

3.3 畫出 K 棒與基礎視覺化方法

聊聊視覺化方法與建議

在本小節中，我們要教基礎的視覺化方法，目標是畫出一張 K 棒圖並包含布林通道以及移動平均。不過說實在的，我自己主觀覺得對商管或金融學群來說用 python 實踐視覺化並不是非常好的選擇，因為如果你善用許多工具，如 Power BI 或是 Tableau 等等 (據我所知 Power BI 也可繪製出 K 棒)，你會發現你輕易的就能繪製出高級又好看的圖表，並獲得上司青睞。反觀你使用 python，若是你不夠熟練，費了一大堆功夫結果畫出來還被上司嫌棄一頓，得不償失，其實我以前待在野村的時候，在 AI 的專案中我們常常要做資料分析給主管前輩們聽，我們也都是使用 Power BI 來進行，模式基本上是先使用 python 做資料處理再利用 Power BI 繪圖。

當然啦，我說了一堆不代表想隨便敷衍過這個小節然後就不講了，其實使用哪一種繪圖還是要看情景，例如你使用機器 / 深度學習去預測進場訊號，你想要視覺化訓練過程，最好是使用 python 更為方便，你當然也可以把訓練過程保存至 excel 再匯入 Power BI，如果你不嫌麻煩的話，但如果你今天想要全程自動化，基本上就得使用 python 進行視覺化開發。總之如果你是開發一個服務或是一個大專案，最好是使用 python 來自動生成圖表，但如果你是需要盯著視覺圖表研究股市或者是要發表的話，我強烈建議你使用 BI 工具。

視覺化方法 - 設置畫布及區塊

好，說了這麼多，我們馬上開始吧，先創建一個 generate_picture_example.py 然後我們首先從畫出基本的 K 棒開始，我需要你先安裝兩個套件，分別是 matplotlib 跟 mpl_finance，其實只需要 pip install mpl_finance 就好，因為 matplotlib 是他的必要套件，他會順便幫你裝的。這兩個是什麼呢？前者是超好用的視覺化庫，如果對統計分析很了解的人，可能早就聽說過這個存在已久的工具；後者則是專門被我們拿來畫 K 棒的套件。一樣建議你在虛擬環境啟動的情境下安裝。

```
======================cmd======================
(env) D:\Trading Strategy_EX>pip install mpl_finance
```

畫圖這種類的許多資源都沒有對許多細節解釋得太清楚，所以會造成你想用的時候霧煞煞，我們將一步步告訴你畫圖的步驟及邏輯。其實絕大部分的技術上都跟 matplotlib 的操作有關，只有小小一段畫 K 棒的會借助 mpl_finance 的幫助。一樣，請你先 import 套件以及使用 yfinance 提供的資料來進行。

```
==============generate_picture_example.py==============
#先將可能會用到的套件import起來
import ta
import yfinance as yf
import pandas as pd
import mpl_finance as mpf
import matplotlib.pyplot as plt
#yfinance產出台積電股價資料
```

```
stock = yf.Ticker('2330.TW')
#獲取20170101-20210202
df = stock.history(start="2017-01-01",end="2021-02-02")
```

首先，畫圖的第一步就是先創造畫布，你得要先有畫布才能開始作畫對吧？畫布就是這樣創建而已，其中 figsize 代表你要創建的畫布大小，你可以自己嘗試看看各種不同的組合感受一下畫布大小的變化。只要你創建了畫布，隨時都可以用 plt.show() 將畫布 show 出來看，不過現在你應該只能看到一大張空白而已，我們就先不示範，等等再來 show。

```
==============generate_picture_example.py==============
#創建畫布，其中figsize代表畫布大小，可以不設，不設就基礎的小小一張
fig = plt.figure(figsize=(24, 8))
```

接下來的這個是許多新手很困惑的，畫布創建完後第二步通常就是所謂的增加區塊在你的畫布上，add_subplot() 就是在做這件事情，如果你 always 是一項指標畫一張圖，那這邊你應該就沒有什麼好困惑的，直接 add_subplot() 就沒問題了。那你如果有需要多個區塊在一張圖上，例如上面是 K 棒，下方是成交量圖，那你就有需要使用這個了。其中這個函數可以有三個吃的參數 add_subplot(x ,y ,z)，我們先從 x 說起，x 代表如下圖橫的方向你想要切幾塊，如果指定是 3，他就會切割成三個區塊，讓你分放三種不同的圖。

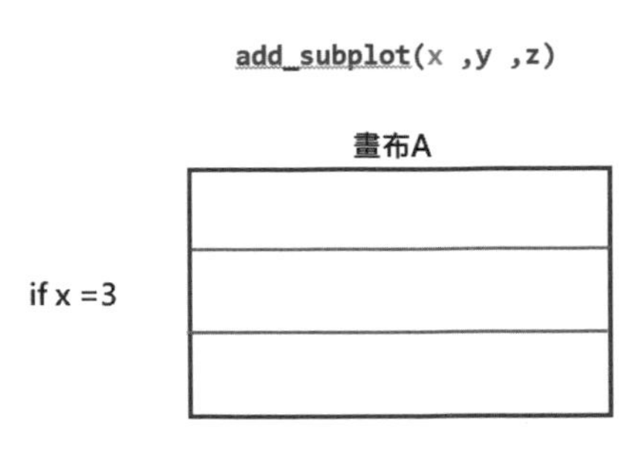

圖 3.3.1　add_subplot 第一個參數

再來是 y，y 就是直的分割畫布，如果你今天想要左右圖對比，那就指定 y 為 2，剛剛的 x 為 1，他就會照下圖這樣切割。

圖 3.3.2　add_subplot 的第二個參數

最後一個 z 參數了，看完 x 跟 y 參數你應該有感了，他其實就是切割平面畫布成為你要的大小，你想要 2x2 的區塊，你就設 x=2，y=2 就好了。你可能已經猜到了 z 是做什麼的了，如下圖，我們假設畫布是 3x2 的大小，z 就是指定你現在這張圖應該要怎麼位置。例如你想將台積電的收盤價的圖放在 z=1 的位置，你的參數就是 add_subplot(3 ,2 ,1)，台積電就會在下圖的 z=1 的位置；如果你希望聯電在 z=1 的位置，那聯電的設置就 add_subplot(3 ,2 ,2)，以此類推。總之他就是由左至右，再由上至下的計算位置。

add_subplot(x ,y ,z)

畫布A　if y=2

if x =3

Z=1	Z=2
Z=3	Z=4
Z=5	Z=6

圖 3.3.3　add_subplot 的第三個參數

至於詳細怎麼用，我們稍等寫程式會介紹，我們現在先姑且先將區塊丟入畫布上，並且設置 add_subplot(1,1,1)，意思就是只有一個區塊，不再做切割，並且將指定一個變數來承接這個區塊。但請注意，通常是每一個區塊都等大我們才會直接使用 add_subplot() 來進行，但是你畫圖的時候可能常常會有需求是上面那張圖希望大一些，下面那張希望小一些，針對這種情境，我們下面會再做教學。

```
==============generate_picture_example.py==============
#add_subplot設置為1，並將ax指定為此區塊
ax = fig.add_subplot(1,1,1)
```

畫出 K 棒

接著我們就要來使用畫分 k 的函數了，我們首先傳入剛剛創建好的畫布及區塊，並且依照順序填入開、收、高、低資料，然後接下來的參數就是寬度、設置紅綠 K(台灣普遍是紅 K 代表收高，國外是反過來的，如果你看國外的看慣了，就把 r 跟 g 反過來) 以及透明度。老實說這些參數我基本每次都是照填，也很少需要特別做更動，除非你看不慣他的格式。最後我們使用 plt.show() 函數把圖片叫出來看看。

```
==============generate_picture_example.py==============
#使用mpl_finance的candlestick2_ochl函數，傳入畫布加上OCHL值
mpf.candlestick2_ochl(ax, df['Open'], df['Close'], df['High'],
      df['Low'], width=0.6, colorup='r', colordown='g', alpha=0.75)
#把圖片呼叫出來看
plt.show()
```

呼叫完後，我們就畫好了第一張的 K 棒，但總覺得少了很多東西對吧？例如標題、x 軸。

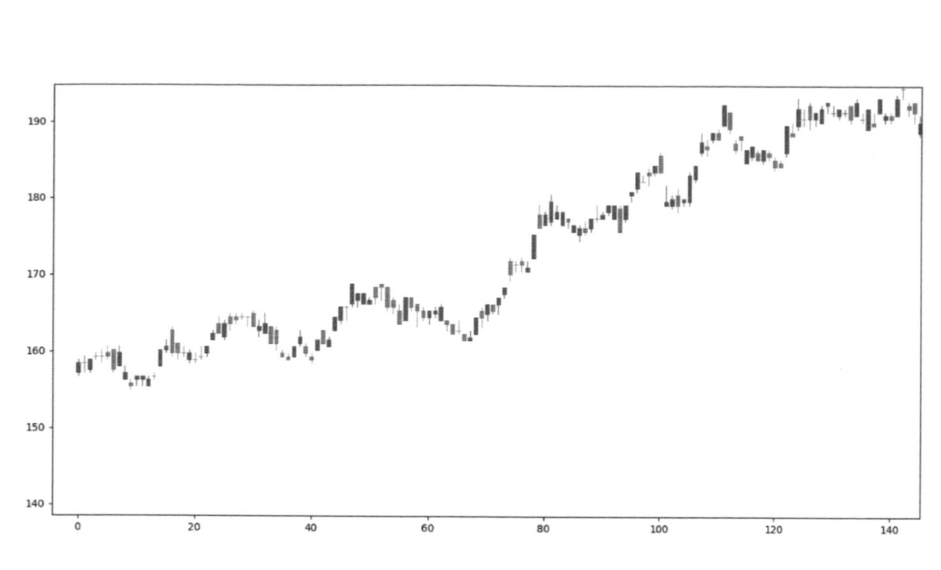

圖 3.3.4　執行結果，簡單畫出 K 棒

畫出 K 棒 – 調整標題與 xy 軸

現在我們為他加上標題以及以日期為主的 x 軸，加上標題跟 x、y 軸名稱很容易，分別是 title、xlabel、ylabel 指令即可，我們再把他 show 出來看。

```
==============generate_picture_example.py==============
#設置圖片標題
plt.title(f'2330 Stock Price')
#設置x軸名稱為Date
plt.xlabel('Date')
#設置y軸名稱為Price
plt.ylabel("Price")
plt.show()
```

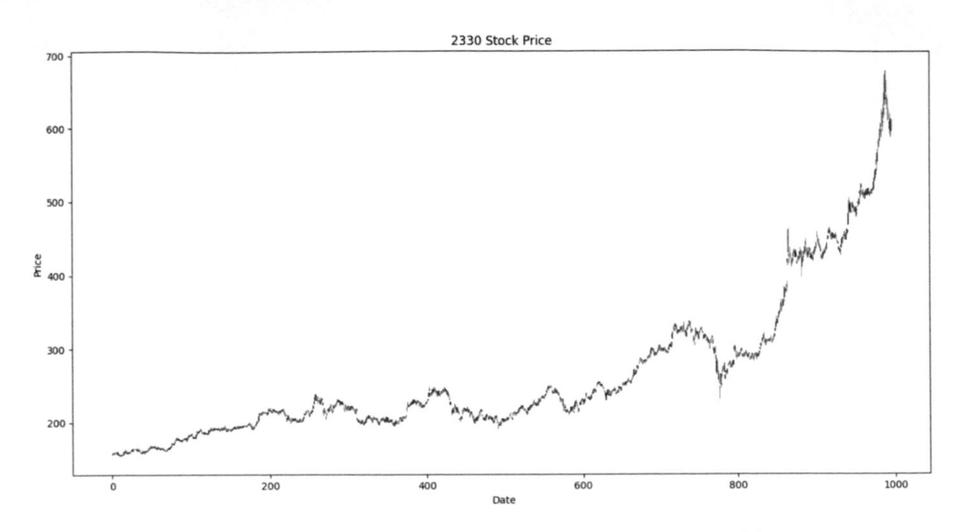

圖 3.3.5 執行結果，圖片上多了標題、y 軸與 x 軸名稱

接著我們要把我們的日期資料放在 x 軸，我們使用 set_xticks 跟 set_xticklabels 來進行，這兩個是什麼東東呢？你可以想像成 set_xticks 是在問你要多少個刻度，然後他會把刻度一個個先刻上去，而 set_xticklabels 則是跟你要值並且依序放到每一個刻度裡，所以可想而知你在 set_ticks 的大小勢必要跟 set_xticklabels 傳入的值大小一致。

我們先告訴他我們要的刻度數量。你應該還記得我們在 3.1 小節說過 yfinance 給的資料日期是放在 index 裡的，所以我們傳入 index 長度的 range (記得是要傳入 range)，然後 set_xticklabels 我們就傳入 index 就可以了。然後我們連同剛剛那些設置都一起畫出來看看。

```
==============generate_picture_example.py==============
#設置刻度
ax.set_xticks(range(len(df.index)))
#設置這幾個刻度的值
ax.set_xticklabels(df.index)
#設置圖片標題
plt.title(f'2330 Stock Price')
```

```
#設置x軸名稱為Date
plt.xlabel('Date')
#設置y軸名稱為Price
plt.ylabel("Price")
plt.show()
```

執行結果真的是太醜了對吧？下面的日期完全變成一坨黑黑的東西，為什麼會這樣？因為你的座標給得太多了，他小小一張圖根本顯示不出來。最直觀的解決方式就是我們將刻度縮小對吧，因為如果你有 1000 個日期，他小小的圖根本顯示不上去，不過我們可以讓每隔一個月在顯示一次，把它變成區間的概念，而不是逐筆，就可以解決這個問題。

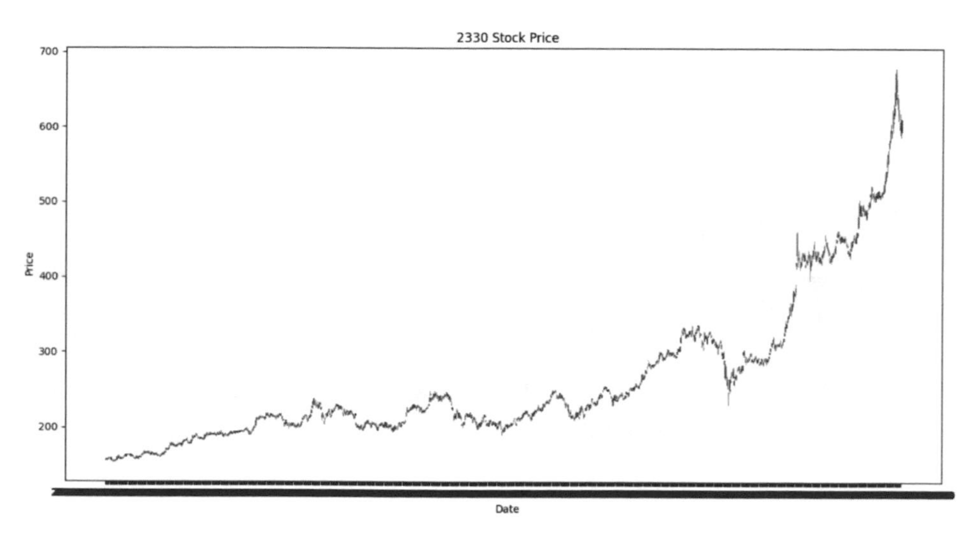

圖 3.3.6　執行結果，Date 完全看不到

畫出 K 棒 – 處理 x 軸日期顯示問題

我們先前都有提到切片對吧？無論是 list 還是 dataframe 等等，如果你要 0-20 筆，那就中括號 df[:20]，dataframe 還可以利用 iloc 方法達到目的，你應該還有印象。那你有看過裡面有兩個冒號的嗎？如 df[::20]，這個代

表以 20 為周期篩選出資料，什麼意思？我們簡單示範給你看，我們隨意創建一個 list。

```
======================test.py=====================
x = [2,3,4,5,6,7]
```

先前常常有提到的，我們切片篩選出想要的片段。

```
======================test.py=====================
x[:2]
```

如我們所預想，他會返回第 0 個元素跟第 1 個元素。(順便回憶一下哦，之前有提到過 python 的索引是 N ~ N-1，因為他從 0 開始索引)

```
>>> x[:2]
[2, 3]
```

圖 3.3.7　執行結果，如預想返回指定切割區間

那現在我們改成兩個冒號，你可以觀察他返回什麼。

```
======================test.py=====================
x[::2]
```

它從原本的 [2,3,4,5,6,7] 中，以間隔為 2 篩選出新的 list，意即他以第 0、第 2、第 4、第 6 以次類推的順序篩選出來，所以你就會看到下圖的結果。如果今天是 x[::3] 呢？那就是第 0、第 3、第 6 以此類推，結果就會是 [2,5]。用此方法我們就能獲得以 n 為間隔的日期，並把他畫在圖上就會是一個又一個區間，而不是逐筆造成擁擠了。

```
>>> x[::2]
[2, 4, 6]
```

圖 3.3.8　執行結果，以 2 為間隔篩選

接著我們來修改一下 set_xticks 跟 set_xticklabels 傳入的東西，你還記得我們在 2.4 小節中提到的 range 有第三個函數嗎？就是以間隔來取數，我們這裡就會用到。我們假設以 30 作為間隔的筆數，首先我們要先設置刻度。這時候我們就不再是 range 整個長度了，因為你傳入值的時候是以 30 為間隔取數，所以你在傳入時要以 30 為間隔去 range，就會得到 0、30、60、90 以此類推，而這個時候刻刻度的人就知道原本是一公分一公分的刻出位置，現在是每 30 公分刻一個位置。

```
==============generate_picture_example.py==============
#設置你要的刻度
ax.set_xticks(range(0,len(df.index),30))
```

確保完刻度之後，我們就以 30 為間隔傳遞值給所有刻度，總之記住一個規則，set_xticks 傳入的是 range，他會以此去刻劃刻度；而 xticklabels 則是傳入值，他會將值放入準備好的刻度中。其中 rotation=90 這個只是把 x 軸的值倒過來顯示，因為日期如果用橫的顯示，大部分都會疊在一起。

```
==============generate_picture_example.py==============
#設置你要的刻度
ax.set_xticks(range(0,len(df.index),30))
#設置這幾個刻度的值
ax.set_xticklabels(df.index[::30],rotation=90)
```

下圖這個結果勢必又讓你皺眉了，還是好醜阿，因為我們的日期格式是到秒的，太長了。所以基本上這個圖不夠他顯示，就會被切到了。這種問題有兩種解，第一種是超直觀的我就把字變小，第二種是我只讓它顯示到日期就好，反正資料是以日為單位，也都是 0，我猜想大部分的人應該不太在意分秒的值了。第一種在我們的情境下不太實際，因為你可能要縮到肉眼幾乎看不到才可以放滿所有的字，但這樣就沒意義了。

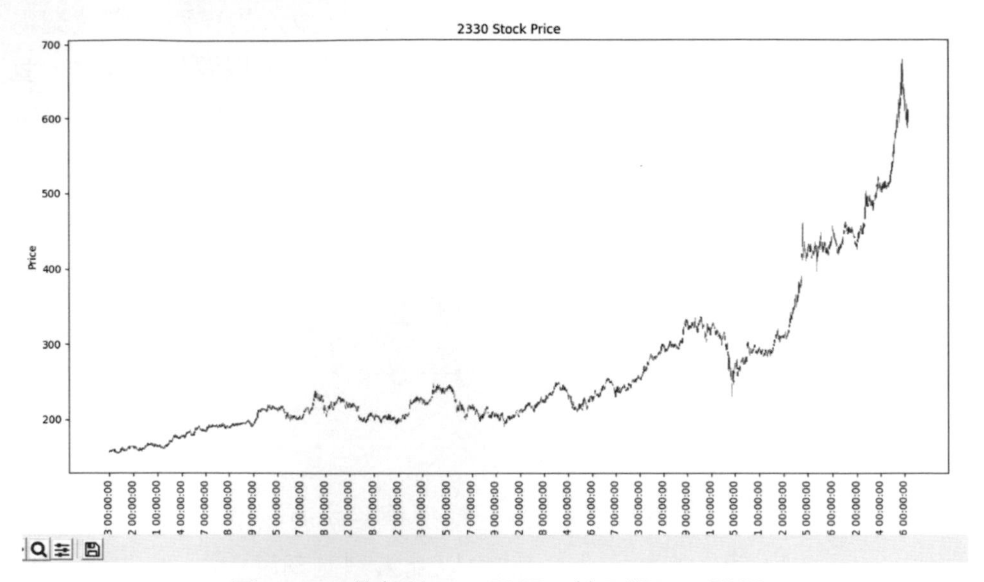

圖 3.3.9　執行結果，設置 x 軸日期顯示間隔

我們接著把 ax.set_xticklabels(df.index[::30],rotation=90) 裡面的 df.index [::30] 先單獨拿出來做日期的處理，我們只保留到日的資料，時分秒我們就拿掉。我想你可能有想到我們可以怎麼處理，我們一樣要使用之前常常使用的 apply+lambda 來對每一個以 30 為間隔的日期做格式修改。

至於怎麼修改呢？很簡單。我們用 time 的 strftime 函數來處理，這個函數怎麼使用呢，基本上它使以 %Y(年) 、%m(月)、%d (日)、%H(時)、%M(分)、%S(秒) 組成的，注意大小寫，小 m 是月，大 M 是分。使用上其實很簡單，你需要什麼就拿什麼，什麼意思？請看下圖，我們假設 Date 已經是日期類型，很直觀吧，要年就用 %Y；月就是 %m。

```
Date = 2021/03/01 19:00:00

情境1：只要年
Date.strftime(%Y) =2021

情境2: 只要月
Date.strftime(%m) =03

情境3: 只要時
Date.strftime(%H) =19
```

圖 3.3.10 strftime 針對日期格式進行指定的格式化

但要注意喔，我們上面假設 Date 不是字串，是日期類型，字串你還需要再轉日期格式才可以這樣用，如果你自己試做打 Date = '2021/03/01 19:00:00' 然後再使用會出錯，因為你的 Date 是字串，怎麼辦呢？你可以用套件 datetime 的字串轉日期函數例如 datetime.datetime.strptime("2021/03/01 19:00:00", "%Y/%m/%d %H:%M:%S")，然後再用 strftime() 就沒問題了。不過這種日期格式化你要特別注意當中的空格，例如你 2021/03/01 19:00:00，01 這個日期與小時 19 有空格在，所以你 %Y/%m/%d %H:%M:%S 的這個部分 %d 根 %H 也得要有空格在，兩邊要一模一樣的格式。

那至於我們的情境呢？或許你早就想到了，很簡單，我們只要年月日的話就只是 Date.strftime(%Y/%m/%d) 他就會自動只保留年月日了。我們下面在小小的補充，他還可以對格式進行修改，如果你今天對 2021/03/01 中間的斜槓不滿，你可以把它改成 Date.strftime(%Y-%m-%d) 讓中間的間隔變成小橫線，你可以自己試試看。

```
Date = 2021/03/01 19:00:00

我們的情境: 只要年月日
Date.strftime(%Y/%m/%d) =2021/03/01

特殊情境: 更改格式
Date.strftime((%Y-%m-%d) =2021-03-01
```

圖 3.3.11 strftime 針對日期格式進行我們需要的格式化

但針對這個格式化函數，我要特別補充，他基本上是單一元素做格式化，因此你傳入一個 dataframe、series 或者是一個 list 這種資料結構包含多種資料的他會不接受，你看我們上面的圖片，Date 就是屬於單一元素，因為他就是一個明確的日期格式，而非例如 [20210301, 20210405] 這種包含多個元素的 list。因此你在使用上如果是像上述的 list 或其他資料結構，可能要用迴圈去處理。這也是我們之所以要對 dataframe 做格式化要使用 apply，如先前所說，他的概念有點像是將你指定的那一行的值一個個去跑那個函數 (或依照你指定的方式)，所以才可以 work。

綜合剛剛所說，我們將 df.index[::30] 使用 apply 套入小函數 lambda 更換日期格式。

```
==============generate_picture_example.py==============
#將以30為間隔的df以apply+小函數lambda轉換日期
convert_date = df.index[::30].apply(lambda x: x.strftime('%Y-%m-%d'))
```

但如果你執行的話可能會收到報錯，他的意思簡單來說就是 DatetimeIndex 的物件無法使用 apply。這是什麼意思？如果你前面還有印象的話，你一定會發現我們前面的案例在套用 apply 時都是 df[' 某欄位 ']，這個 df[' 某欄位 '] 會讓本來的 dataframe 的類型變成 series，而 dataframe 的 index 是十分重要的，他是組成 dataframe 的重要索引，所以他通常不允許你對於 index 做相關運算，因此你才會收到錯誤，請切記最好不要以 index 或者是整個 dataframe 來操作數據。那應該怎麼辦呢？

```
Traceback (most recent call last):
  File "<stdin>", line 1, in <module>
AttributeError: 'DatetimeIndex' object has no attribute 'apply'
```

圖 3.3.12　執行結果，收到錯誤訊息

你還記得我們在 2.2 小節介紹 apply() 的時候比喻過的櫃子跟抽屜嗎？我們應該要用一維的數據來使用 apply，這時候怎麼做呢？如下面的程式，我們可以用 pd.DataFrame 將 index 類先轉成 dataframe，他會根據 index 的命名將他轉成欄位名稱，因此你可以使用 ['Date'] 來尋找目標欄位，此時數據就會變成 series 一維的了。我們把他 print 出來確認確認。

```
==============generate_picture_example.py==============
#將以30為間隔的df以apply+小函數lambda轉換日期
convert_date= pd.DataFrame(df.index[::30])['Date'].apply(lambda x:
x.strftime('%Y-%m-%d'))
print(convert_date)
```

看下圖的執行結果，果然只保留下年月日，且依照 30 為間隔篩取數據，我們先前已經將刻度位置刻好了，接下來只要將這個數據放上去刻度上就可以了。

```
>>> print(convert_date)
0     2017-01-03
1     2017-02-22
2     2017-04-11
3     2017-05-24
4     2017-07-07
5     2017-08-18
6     2017-09-29
7     2017-11-15
8     2017-12-27
9     2018-02-08
```

圖 3.3.13　執行結果，使用 apply 排除掉時分秒的資料

綜合剛剛整理的，我們把刻度位置跟每個刻度的值都傳入，並且跟剛剛一樣設置 title 及 x、y 軸的名稱，就可以 show 出來看了。對了，還有一個小細節，就是在 ax.set_xticklabels(convert_date ,rotation=90,fontsize=8) 設置了 x 軸顯示日期的字的大小，預設很有可能還是會超出整張圖，因此我們限定他是 6。

```
==============generate_picture_example.py==============
#將以30為間隔的df以apply+小函數lambda轉換日期
convert_date=pd.DataFrame(df.index[::30])['Date'].apply(lambda x:
x.strftime('%Y-%m-%d'))
#設置你要的刻度
ax.set_xticks(range(0,len(df.index),30))
#設置這幾個刻度的值
ax.set_xticklabels(convert_date ,rotation=90,fontsize=6)
#設置圖片標題
plt.title(f'2330 Stock Price')
#設置x軸名稱為Date
plt.xlabel('Date')
#設置y軸名稱為Price
plt.ylabel("Price")
plt.show()
```

你看下圖，日期就完整的顯示出來了，當然因為放在書中不能太大張，如果你自己看的話應該可以較清楚的看到日期。其實如果你自己對於這樣的顯示很不滿，你可以自行修改，包括將字放大，讓他不要呈現 90 度，而是 45 度傾斜等等即可，這樣的自行修改其實對於練習非常有幫助。

圖 3.3.14 執行結果，將日期完整的顯示

畫出布林通道 – 於 k 棒上

接著我們示範將布林通道畫在圖上吧！你還記得如何使用 ta 套件來單獨產生布林通道吧？我們一樣用一開始上方的台積電的歷史資料來產出，並且將資料放回 dataframe 中。

```
==============generate_picture_example.py==============
#yfinance產出台積電股價資料
stock = yf.Ticker('2330.TW')
#獲取20170101-20210202
df = stock.history(start="2017-01-01",end="2021-02-02")
#呼叫布林通道
indicator_bb = ta.volatility.BollingerBands(close=df["Close"], window=20,
window_dev=2)
#布林中線
df['bbm'] = indicator_bb.bollinger_mavg()
#布林上線
```

```
df['bbh'] = indicator_bb.bollinger_hband()
#布林下線
df['bbl'] = indicator_bb.bollinger_lband()
```

接下來的程式其實沒什麼變動，你還記得我們畫布上的區塊 ax 嗎？ ax 現在上面只有一個由 mdf 套件畫出來的 k 棒，我們只要再補上那三條布林通道即可，你只需要在原程式設置刻度的下方加入 ax.plot 我們的三條線即可。

```
==============generate_picture_example.py==============
#在ax區塊上畫上布林上中下
ax.plot(df['bbm'].values,  color='b', label = 'bbm')
ax.plot(df['bbh'].values,  color='g', label = 'bbh')
ax.plot(df['bbl'].values,  color='r', label = 'bbl')
#設置圖片標題
plt.title(f'2330 Stock Price')
#設置x軸名稱為Date
plt.xlabel('Date')
#設置y軸名稱為Price
plt.ylabel("Price")
#設置legend才會有label跑出來
plt.legend(loc='best')
plt.show()
```

稍微解說一下，plo() 就代表畫線的意思，傳入的參數是你要畫的值。.values 意味著將 dataframe 轉為 numpy.array 的格式，如果你有大概的概念，應該知道 numpy 是非常著名的運算用函式庫，特別常用來使用在矩陣運算，且以計算快速聞名。plot 能夠接受的不只有 numpy.array，如果你使用 tolist() 將他轉成 list 或者是 pandas 的 Series 格式也可以。但要特別注意的是如果你用 pandas 的 series，就要注意他的 index 要跟在同一個區塊上的值的 index 一致，所以我通常會建議你使用 array 或者是 list 來畫。

另外 color 代表顏色，各種顏色的代號就要請你 Google 了，因為他提供超級大量的顏色無法列舉，對色碼了解的話他甚至也能夠接受各種特殊色碼；而 label 則代表你常常會看到圖的左上方會告訴你這個顏色的線代表什麼，label 就是在幫線標文字，但要記得，如果你有標上 label 的畫，則 plt.legend() 這行一定要加，不然會看不到喔，loc 則是 label 顯示出來的位置。

```
==============generate_picture_example.py==============
#設置legend才會有label跑出來
plt.legend(loc='best')
```

我們來執行程式跑跑看圖，你看，我們成功將布林通道畫出，並且左上方還有顯示三條顏色的線分別代表什麼。如果你對圖有點不滿，你可以查看官方文件做各式微調，因為他微調的方法實在是太大量了，難以一一介紹，例如你對於下圖的線覺得太粗，可以設置參數 linewidth 來控制，例如 plt.plot(df['bbm'].values, 'r', linewidth=1.0)

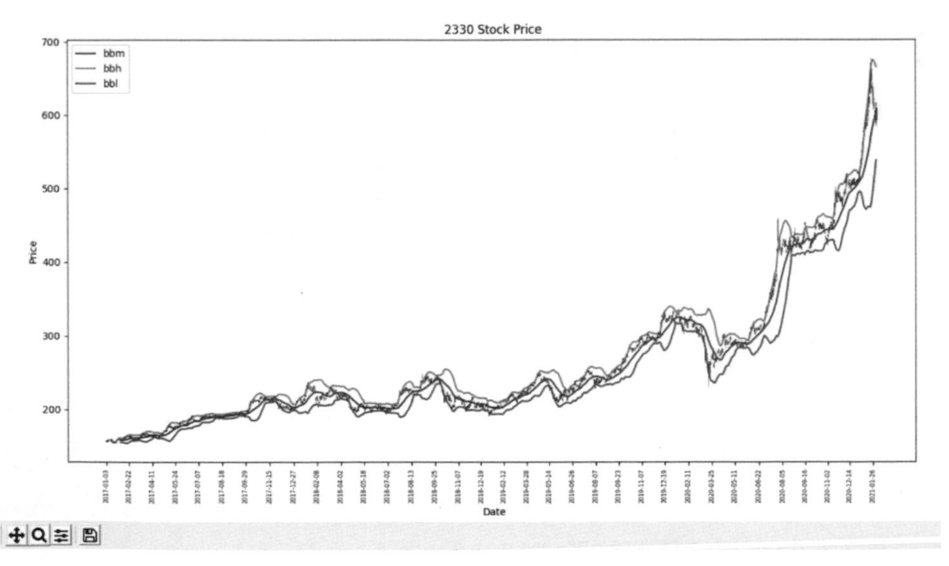

圖 3.3.15　執行結果，加入布林通道

畫出成交量 – 在下方子圖

我們這一次要用成交量畫在下方的子圖，而且我們要求子圖要比上方的 K 棒主圖來的小，應該怎麼做呢？我們來介紹 plt.GridSpec() 方法，他是可以自定義子圖，意味著他可以更靈活，搭配 add_subplot 就可以有很好的效果。

plt.GridSpec() 在做什麼呢？請看下圖，如果我們指定 3 跟 4 的話，他就會橫著切成三個區塊，直的切成四個區塊，形成 3*4 的區塊，你可以把他想像成一個模板，就像要送去打樣的衣服那樣。這時候有同學就問了，這不就跟 add_subplot 一模一樣嗎？幹嘛要介紹重複的東西？沒錯，他們定義區塊的方式是一樣的，但不一樣的在後頭。

```
grid = plt.GridSpec(3,4)
```

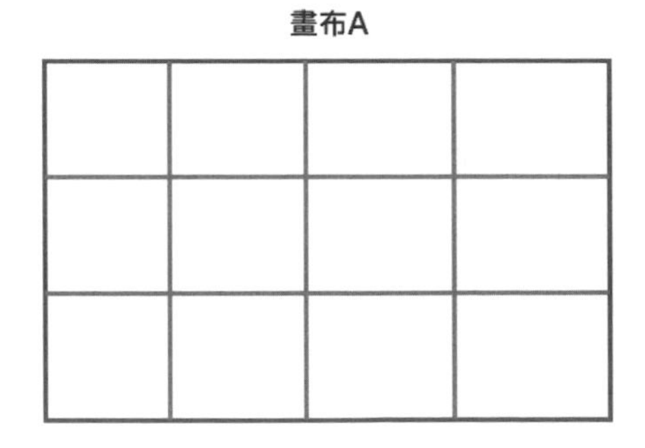

圖 3.3.16　GridSpec 方法定義區塊切割

我們可以藉由 add_subplot 增加區塊的方式，並使用剛剛創建的模板 grid 來決定應該要如何應用這些建立起來的區塊。你看下圖，我們不是說第一個參數是橫的嗎？所以我們怎麼切一個上面大下面小的圖？那就是先將橫的畫面分割成三塊，大的那一塊給他兩塊位置，小的給他一塊位置，是不是就可以達到目的了？

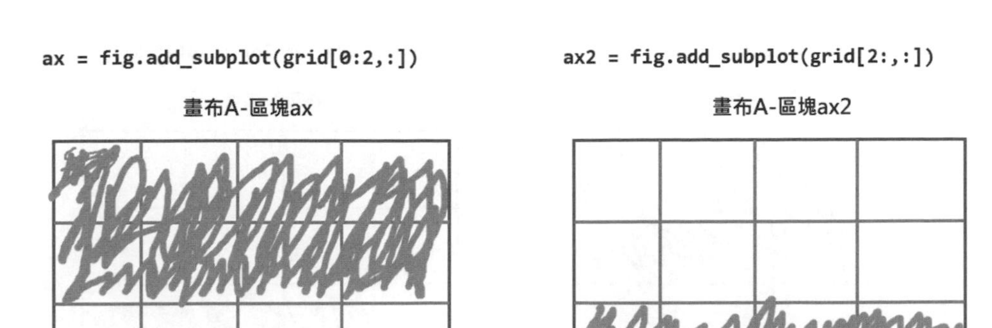

圖 3.3.17　利用 grid 方法切割出大小不一的區塊

那有同學好奇，我們的情境只有上下圖而已，模板不就切割橫的就好了嗎？直的為什麼要切？其實通常在實務上我直的也會切，為什麼？因為我希望保留左邊一點點的空間讓我們的 ylabel 的字可以出現，你還記得我們設了 xlabel 的名稱是 Date，ylabel 的名稱是 price 嗎？通常我直的會切並且保留一點左邊的空間，好讓 price 能夠露臉，像下圖這樣，我們將第二個參數設為從 1 開始，把 0 的部位留給了一些字的顯示，讓他整張圖稍微靠右一點。介紹到此，總之 add_subplot() 負責將畫布切割成一塊一塊的，而 GridSpec() 做的是比較精細地的，他可以將一塊一塊的畫布精準的合併成一塊你要的大小，通常 add_subplot() 切的越細，你用 GridSpec() 就能獲得更加精準大小的圖。

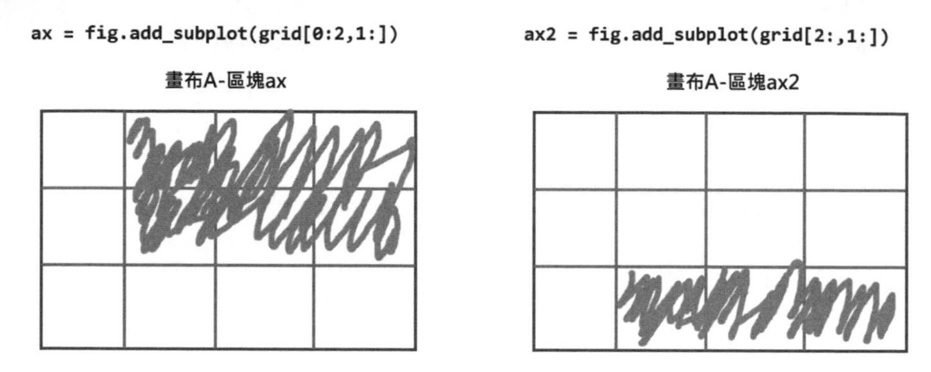

圖 3.3.18　保留住左方的空間

那程式怎麼呈現呢？很簡單，請看下方程式。有同學可能會問，為什麼模板要切到 3*20，像這個 20 切這麼細？因為我們留一格其實只是要給他一個小小的空間可以顯示 ylabel 的文字，這時候如果你只切 5 或 6 這麼少的話，你空的那一格理所當然會非常大一格，這時候整張圖就很不協調，左方空了超大一格，經過我自己的調整，我認為分割成 20 行，其中 1 行給它顯示就足夠了。圖上之所以介紹是 3*4 只是我不想製作 3*20 的窗格的示範圖，會有點麻煩。

```
==============generate_picture_example.py==============
#創建畫布視窗，其中figsize代表你要的畫布大小
fig = plt.figure(figsize=(24, 8))
#定義出模板大小，3*20
grid = plt.GridSpec(3,20)
#區塊一畫主圖，所以我們給他兩個空間，並且左方保留一格區塊
ax = fig.add_subplot(grid[0:2,1:])
#區塊二畫子圖，所以我們給他一個空間，並且左方保留一格區塊
ax2 = fig.add_subplot(grid[2:,1:])
```

我們上一步不是創建了大區塊 ax 跟小區塊 ax2 嗎？我們先前畫了 K 棒在 ax 區塊上，現在我們再次使用 mpl_finance 內建的幫我們畫成交量的函

數 volume_overlay()，跟畫 k 棒的模式很像，我們指定他畫在區塊 ax2 上面，並且傳入開盤、收盤及成交量，他就會幫你畫出來了，原則上他的參數跟畫 k 棒的類似。

```
==============generate_picture_example.py==============
#使用mpl_finance的candlestick2_ochl，傳入區塊ax加上OCHL值
mpf.candlestick2_ochl(ax, df['Open'], df['Close'], df['High'],
      df['Low'], width=0.6, colorup='r', colordown='g', alpha=0.75)
#使用mpl.volume_overlay畫出量，並將之畫在區塊ax2
mpf.volume_overlay(ax2, df['Open'], df['Close'], df['Volume'], colorup='r',
colordown='g')
```

其餘其他部分都沒什麼變，原則上整體的程式及註解如下，還新增了一點點東西，下面說明。

```
==============generate_picture_example.py==============
#先將可能會用到的套件import起來
import ta
import yfinance as yf
import pandas as pd
import mpl_finance as mpf
import matplotlib.pyplot as plt
#yfinance產出台積電股價資料
stock = yf.Ticker('2330.TW')
#獲取20170101-20210202
df = stock.history(start="2017-01-01",end="2021-02-02")
#呼叫布林通道
indicator_bb = ta.volatility.BollingerBands(close=df["Close"], window=20,
window_dev=2)
#布林中線
df['bbm'] = indicator_bb.bollinger_mavg()
#布林上線
df['bbh'] = indicator_bb.bollinger_hband()
#布林下線
df['bbl'] = indicator_bb.bollinger_lband()
```

```
#創建畫布視窗，其中figsize代表你要的畫布大小，你也可以不設，不設就基礎的小小一張
fig = plt.figure(figsize=(24, 8))
#定義出模板大小，3*20
grid = plt.GridSpec(3,20)
#區塊一畫主圖，所以我們給他兩個空間
ax = fig.add_subplot(grid[0:2,1:])
#區塊二畫子圖，所以我們給他一個空間
ax2 = fig.add_subplot(grid[2:,1:])
#使用mpl_finance的candlestick2_ochl函數，傳入剛剛的畫布加上OCHL值
mpf.candlestick2_ochl(ax, df['Open'], df['Close'], df['High'],
      df['Low'], width=0.6, colorup='r', colordown='g', alpha=0.75)
#使用mpl.volume_overlay畫出量
mpf.volume_overlay(ax2, df['Open'], df['Close'], df['Volume'], colorup='r',
colordown='g')

#將以30為間隔的df以apply+小函數lambda轉換日期
convert_date = pd.DataFrame(df.index[::30])['Date'].apply(lambda x:
x.strftime('%Y-%m-%d'))
#設置你要的刻度
ax.set_xticks(range(0,len(df.index),30))
#設置這幾個刻度的值
ax.set_xticklabels(convert_date ,rotation=90,fontsize=6)
#在ax區塊上新增畫上布林上中下線
ax.plot(df['bbm'].values,  color='b', label = 'bbm', linestyle="--")
ax.plot(df['bbh'].values,  color='g', label = 'bbh', linestyle="--")
ax.plot(df['bbl'].values,  color='r', label = 'bbl', linestyle="--")

#設置你要的刻度
ax2.set_xticks(range(0,len(df.index),30))
#設置這幾個刻度的值
ax2.set_xticklabels(convert_date ,rotation=90,fontsize=6)
#設置圖片標題
ax.set_title(f'2330 Stock Price')
#設置x軸名稱為Date
```

```
ax.set_xlabel('Date')
#設置y軸名稱為Price
ax.set_ylabel("Price")
#防止重疊
fig.tight_layout()
#設置legend才會有label跑出來
ax.legend()
#儲存圖片檔為png
plt.savefig('test.png')
plt.show()
```

新增的東西第一個是防止兩張圖重疊，你可以呼叫 tight_layout() 方法，他會自動微調位置好讓例如上面圖的字不會疊在下面那張圖上。

```
==============generate_picture_example.py==============
#防止重疊
fig.tight_layout()
```

再來就是儲存圖片，你可以藉由 savefig() 函數，傳入你想要存檔的位置及檔名，你就會看到他幫你存起來了。

```
==============generate_picture_example.py==============
#儲存圖片檔為png
plt.savefig('test.png')
```

還有原本我們是 plt.legend() 才會顯示出 label 的名稱，但現在我們有多個圖，所以 plt 認不出來你要顯示的是哪一個，這時候我們把它改成 ax.legend()。你發現了嗎？上面我們都只對 ax 的區塊做一些 x、y 軸或是 label 的設定，當然你也可以對 ax2 做一樣的設定，把 ax 有的都複製起來改成 ax2 就好了，不過你不能無腦複製，你要去思考他的圖是否具備這樣子的元素。

```
==============generate_picture_example.py==============
#設置legend才會有label跑出來
ax.legend()
```

最後，我們就會得到這張美麗的圖片了。辛苦啦！我們的畫圖教學就在此告一段落，後面做一點整理跟補充。

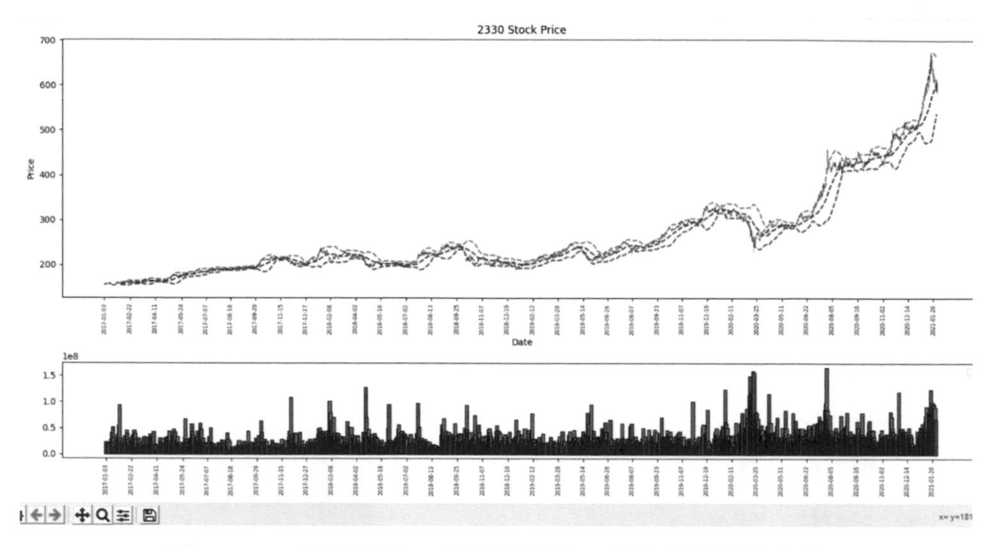

圖 3.3.19　執行結果，最終呈現的 K 棒加上副圖成交量

最後補充一點好用的資源。其實我們自己在用 python 做視覺化，也不是非常專業可以信手拈來各種專業又好看的圖，而且老實説我也不會像這個小節這樣從創建畫布、切割開始慢慢調，但我們最終卻有辦法生出專業的圖。為什麼？因為我們常常去官網取他的範例來修改。你可以 google 搜尋 matplotlib gallery，官方提供了超大量專業又好看的畫法，並且有附給你程式，你可以選一個你想呈現的樣子，傳入你專屬的資料，就會呈現出非常專業的樣子，再加上我們剛剛介紹了靈活運用版面的各種方式，相信多練習你一定能夠成為視覺化高手。

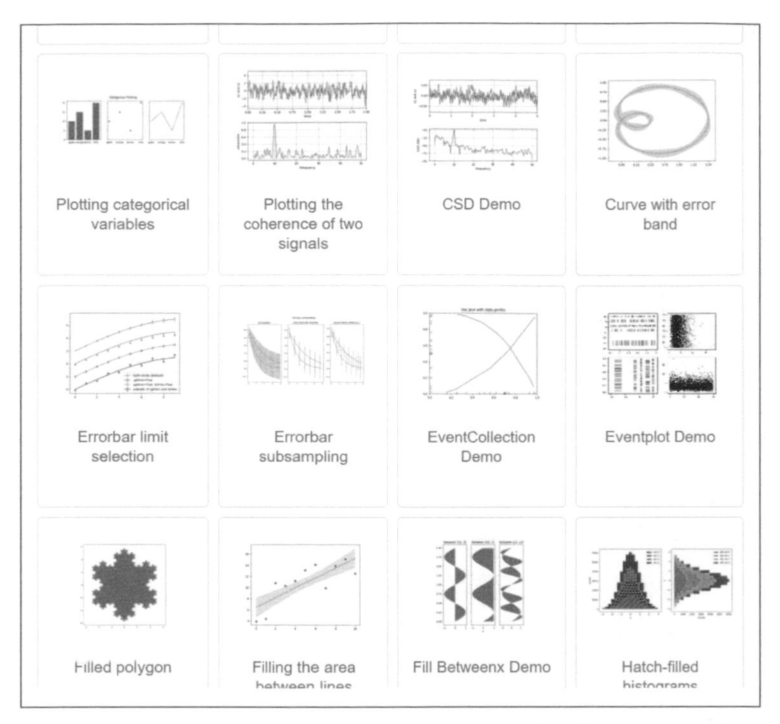

圖 3.3.20 節錄自 mabplotlib gallery 官網的，提供大量好用專業的圖與程式

最後在小節統整之前，我們再來理清一次如何設計你的圖片吧？

1. 定義畫布 (plt.figure)
2. 定義模板 (plt.GridSpec(3,20)) - 如果有需要多張大小不一的圖片，無需要可略
3. 依照模板定義具備不同大小的區塊 (fig.add_subplot(grid[0:2,1:])) or 定義大小均等的區塊 (fig.add_subplot(2,1,1))
4. 在定義出的區塊自由揮灑 (或者是直接忽略 123 步驟參考官方範例來用)。

❑ 本小節對應 Code

Trading Strategy_EX / Chapter3 / generate_picture_example.py

❑ 小節統整

這個小節雖然著重在畫圖技術，但是仍然有一些很重要的小細節你需要記得，整理如下。

1. 熟悉如何畫出 K 棒及能夠熟悉且自由的產生圖片
2. 請記得官方有畫圖範例，以後會有用
3. python 按照間隔篩選方式 e.g. [::30]
4. python 時間格式化方法 strftime()，並使用 dataframe.apply 方法對目標行格式化

那這個小節就到這邊囉，其實視覺化的路還很長遠，像是很多人其實很不滿意這種產生死圖的，很多人很希望那種滑鼠移到目標位置他會顯示值以及日期的這種。但是這種基本不太可能靠圖片來完成，你可以依靠 BI 工具如 Power BI 或者是利用 python 的函數庫 dash 去創建視覺化網頁，但這個就不在本書談論。

3.4 小幫手信件通知

聊聊寄信的流程與方法

這個小節其實是相對簡單的，因為並沒有太多花招，全部都如 3.1 小節參照官方的範例來做事。這個寄信是要寄什麼呢？如果你不是專職的程式交易員，當你的程式在為你工作時你可能正在上班而無法收錄結果，這時候如果你讓程式隨時隨地發送結果信件給你，那你就可以無後顧之憂了。因此我們以 gmail 為例來示範讓程式自動發信。

當然了，寄信件我自己認為是最快最簡易的一個方式，除此之外當然還有當紅的使用 Line 發送或是最近很夯的 Telegram 來發送結果。我們選擇

寄信是因為我覺得他在技術上是最容易實踐，且能夠很好的完成我們的需求，寄 email 在技術上只有四個環節：

1. 加入寄件人、收件人、標題
2. 加入信件內容
3. 加上附檔
4. 設定 SMTP 發信

加入寄件人、收件人及標題

首先先創建一個 smtp.py，然後我們會用到 smtp 套件來主導發送信件，並且用 email.mine 套件來管理暨送的內容，包括夾檔案以及標題等等。我記得在某些 python 版本中這兩個套件是內建的，我們直接 import 需要的套件，如果報錯的話很簡單，就是在請你 pip install 一次套件即可。

```
=====================smtp.py=====================
import smtplib
from email.mime.multipart import MIMEMultipart
from email.mime.text import MIMEText
from email.mime.application import MIMEApplication
```

接著很簡單，我們從套件 email.mime 創建一個 MIMEMultipart()，之後我們就可以對這個類傳入收件者 (From)、寄件者 (To) 跟標題 (Subject)。但是要特別注意收件者，當你有兩個收件者時，它不是兩個字串，請看仔細了，它是同一個字串並且用逗號分隔，這是要求的格式。

```
=====================smtp.py=====================
#創建一個MIMEMultipart()類
msg = MIMEMultipart()
#對它傳入三個基本資訊: 寄件者(From)、收件者(To)、標題(Subject)
msg['From'] = "ar*******02@gmail.com"
msg['To'] = 'ar*******68@gmail.com,ar*******42@gmail.com'
msg['Subject'] = "2330 K bar info"
```

但有時候在應用情景上這樣的資料格式很不好用。你想像一個情境，今天很多人對你的股市分析報告很有興趣，你有一個 Excel 的寄件名單，這時候你讀進來要準備發信時，常常都會把它轉成 array 或者是 list 對吧？這時候你還要經過特殊處理才能夠整理成對方要得格式，同一個字串中用逗號連接多個收件者，不如我們在寄信程式就把它處理好，讓其他程式可以安心傳入簡單的 list 就好，字串的處理交給寄信函數來處理。

我們先準備一個 list，裡面是兩個收件名單，接著我們用 join 方法，join 方法是什麼呢？如同它字面上的意思，它可以將 list 中的所有元素以你前面指定 (",") 的方式黏起來，所以它就會變成一個長長的字串並用逗號相連，就跟我們上面 'ar*******68@gmail.com , ar*******42@gmail.com' 這個一模一樣，不信你可以 print 出來看看。當然如果你有其他應用，你不想用逗號相黏，你可以寫 "////".join(arr_list)，那它就會以 //// 來相連兩個字串，就會變成 'ar*******68@gmail.com //// ar*******42@gmail.com'。

```
=====================smtp.py====================
#創建一個MIMEMultipart()類
msg = MIMEMultipart()
#對它傳入三個基本資訊：寄件者(From)、收件者(To)、標題(Subject)
msg['From'] = "ar*******02@gmail.com"
#將寄件名單轉成list
arr_list = ['ar*******68@gmail.com','ar*******42@gmail.com']
#使用join將list中的元素以逗號黏起來
msg['To'] = ",".join(arr_list)
msg['Subject'] = "2330 K bar info"
```

加入信件內容

第二個步驟我們加入信件內容，你可以打一大堆你想打的字在你的信件內容，我們可以在信件內容中加入公司行號書信往來很喜歡使用的 Best

Regards，其中 \n 表示換行符，\n 前後的字串將會換行顯示，為了美觀我們多加換行符，然後呼叫用官方的 MIMEText() 把文字包起來，再用 attach 傳入我們剛剛所創建的 MIMEMultipart() 類 msg 就完成了。

```
=====================smtp.py====================
#寫下信件的內容
body = "請參考附檔圖片\n Best Regards, \n Arleigh"
#呼叫Attach，並傳入content信件內容
msg.attach(MIMEText(body))
```

不過還有一個重點我需要補充，上述的寫法支援寄出純文字，但有時候我們不希望只寄出的單純的文字，例如我想寄出一個表格在信件內容中，那這時候純文字就不 work 了，我們得把它換成 html 如下，代表指定使用 html 格式寄送 body，這時候我們就能寄出一些漂亮的表格，至於如何使用 html 來寄信，我們在第三章節後面小節的實作會挑一個來使用 html 格式寄出表格。既然他有兩個模式，我們這邊先預設不使用，等一下我們將它函數化之後我們就讓使用者自行選擇要使用 html 模式還是 text 模式。

```
=====================smtp.py====================
#寫下信件的內容
body = "請參考附檔圖片\n Best Regards, \n Arleigh"
#呼叫Attach，並傳入content信件內容
msg.attach(MIMEText(body))
```

加上附檔

接著我們來加入附檔，我們以上一小節產生的 K 棒圖當作示範吧！首先我們先抓出想要的檔案的位置。你可能有注意到，字串前面加了一個小小的 r，我們來簡單科普一下這是什麼。

```
=====================smtp.py====================
#加入圖檔位置
pic = r"D:\Trading Strategy_EX\Chapter3\test.png"
```

你還記得我們剛剛才做過 \n 代表換行嗎？這是因為 python 對於這種符號它會自動轉譯成其他功能，例如 \n 代表換行或者是 \t 代表 Tab，字串前加入 r 就是在跟 python 說，這是完全的字串，你不要自動幫我解讀的意思，如果你不加的話，例如我的路徑就會遇到 bug，因為有個 \test.png 裡面包含 \t。

關於貼上路徑我不確定你知不知道，但是我還是打岔說一下，你可以打開檔案總管，然後按住 Shift 點滑鼠右鍵，你就可以看到複製檔案位置，就可以直接貼在程式上了。

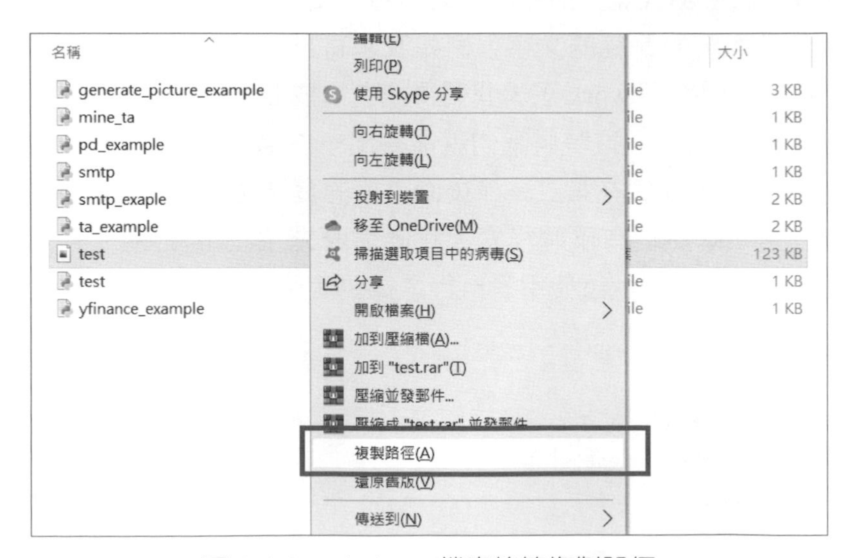

圖 3.4.1　windows 檔案總管複製路徑

接著我們需要用 MIMEApplication 將經過讀取過的變數傳入，因此我們需要先用 python 最經典的打開檔案方式 with open(xxx, 'method') as xx 如下格式，然後再傳入 MIMEApplication 裡面。此方法同時也適用文字檔、pdf 檔、pptx 檔、word 檔等等。

```
====================smtp.py====================
#讀取圖片檔為byte
with open(pic, 'rb') as opened:
```

```
    openedfile = opened.read()
#呼叫MIMEApplication並放入byte類型
attachedfile = MIMEApplication(openedfile)
```

有些初學的同學可能對於 with open 裡面的 rb 跟 r 有很大的困惑。rb 屬於二進制文件，你可以這樣分辨，r 大部分是拿來讀取文字檔 (記事本那種)，而 rb 則是讀取一些我們日常比較無法用文字來讀取的檔案，例如圖片、word、pdf 這一種。那你可能會問，不對阿，我打開 word 裡面不都是一大堆文字？那是因為你是用微軟專門提供給你的 word 軟體打開的，經過軟體的編譯所以看起來很正常，如果你用記事本打開 word 檔，你就會看到一大堆奇怪的符號，這就是二進制的一種。我聽過一個不一定絕對正確但是會讓你很好理解的方法，你用記事本打開，打不開或是打開是一大堆亂碼的，你就可以考慮用 rb 來讀取。

好的，繼續來寫，接著我們加入表頭 header 讓到時候伺服器知道你的協定以及類型是附檔，並且你可以在 filename 的位置自己定義檔名，這邊定義的是對方收到信時看到的檔名 (不一定要跟原本的檔名一樣，你可以在這裡自由變換檔名)。如果你不像本例子一樣傳送圖片，這裡除了 filename 你的副檔名要一致之外，其他都不用改。什麼意思？如果你今天傳送 png，你 filename 取名的副檔名就是要 png；如果今天是 word，那你的副檔名就是 .doc 或 .docx 等。到這裡我們的附加檔案就新增完畢了。

```
=====================smtp.py====================
#根據指示加入至附檔，並可以指定與原本檔名不一樣的獨立檔名
attachedfile.add_header('content-disposition', 'attachment', filename =
"2330kbar.png")
#跟上面attach信件內容一樣，我們把附檔資訊也attach進去
msg.attach(attachedfile)
```

有些同學對於上面的許多東西必定感到困惑，例如 content-disposition 是什麼？其實不論是 content-disposition 跟你看到的 MIME 都不是 python 這個語言獨有的或是特地變出來的，這些其實都是一種協定，就如同我

們網路連線的協定 HTTP 這一類的類似，是一種大家公定的協定。而 MIME 協定在搞定如何在郵件中顯示附檔的文件，content-disposition 只是他的一種延伸，他讓我們可以控制檔案名稱，就是你本地端雖然圖片名稱亂取，可能就 123.png 之類的，但是你寄給你的客戶時你可以寄出年終財務報告 .png。MIME 的作用其實不是寄信，他有點像是提供寄信以外的其他服務，幫你管理你的附檔，真正負責寄信的是 smtp 這個等一下才會用到的套件，MIME 是負責做事前準備，再交給 smtp 來統一發送。總之協定就是相關的網路工程師需要精熟的，我們就不做多討論了，我們走應用派的就依照著 SOP 走。

設定 SMTP 發信

這一系列的設定其實基本上就是標準流程了，以後要用直接 copy 去用就好了。首先是我們設定 SMTP Server 資訊，這裡基本上就是依照官方資訊，你得填入一模一樣的 server 資訊跟 port 587，才能發送 gmail。再來下一步驟 server.starttls() 如果我們用 gmail 來發就一定要加上，因為他是 TLS 安全協定，你不加 gmail 是不讓你發的。都完成後就是輸入你的 gmail 帳密。

```
=====================smtp.py====================
#設定smtp server，以gmail當例子
server = smtplib.SMTP('smtp.gmail.com', 587)
#TLS安全傳輸設定
server.starttls()
#登入你的gmail帳密
server.login("a*******@gmail.com", "password*****")
```

我們剛剛的 msg attach 了一大堆東西，如信件內容、附檔、標題等等的，我們需要先做將他轉為字串的動作，因為 email 套件的 sendmail() 函數他不接受 msg 的這個類，msg 是來自 MIME 套件的 MIMEMultipart 類型，而 sendmail() 他要的是字串類型，所以我們要使用他內建的 as_string() 函

數自動轉為字串類型，sendmail 才能夠理解你到底想寄什麼。轉完之後連同寄件者及收件者的 list 傳給 sendmail()，最後安全起見寄信完做 server 的斷線即可，一切就大功告成啦。

```
====================smtp.py====================
#msg是Mimemulipart類，我們將他轉為sendmail函數才接受的字串
text = msg.as_string()
#指定寄件者跟收件者，還有剛剛加的信件內容、標題、附檔等等資訊(text)
server.sendmail("ar*******02@gmail.com", arr_list , text)
#斷線
server.quit()
```

其實我很建議大家把 msg 這個變數還有 text print 出來看看，你可以了解到他到底寄了什麼東西出去，其實 text 跟 msg 這兩個變數 print 出來看是一樣的，只是他們類型不一樣，我們為他轉類型 `send_mail()` 才接受。所以我們直接 print 其中一個來看就好了，我們在寄信前將 msg print 出來，並且加入 exit() 為中斷點，避免真的發信出去。對了，這個 exit() 其實在寫程式的時候蠻好用的，因為你肯定常常寫程式希望只執行到某個部分，這時候你就可以用 exit() 強制程式執行的這一行為止就終止，在開發測試的階段時我很常使用。當然如果你是用 vscode 的輸出功能，那你就用它內建的功能就可以了。

```
====================smtp.py====================
#寄信前print出msg來看看
print(msg)
#中斷點，結束程式
exit()
#msg是Mimemulipart類，我們將他轉為sendmail函數才接受的字串
text = msg.as_string()
#指定寄件者跟收件者，還有剛剛加的信件內容、標題、附檔等等資訊(text)
server.sendmail("ar*******02@gmail.com", arr_list , text)
#斷線
server.quit()
```

因為 print 出來的東西太多了，vscode 無法顯示上方的部分，因此我用 cmd 來執行給你看。你看，他就是傳遞這麼多東西給 smtp server 並委託他依照我們給的資訊寄信，第一層包含我們剛剛添加的寄件者、收件者以及標題，第二層則是信件的內容，你看到一堆亂碼是因為他幫你加密過了，第三層則是跟我們添加的附檔有關係，他也是幫你把檔案加密過。很酷吧！其實如果你發送網路請求，也是長得這樣一堆標準化的格式，這個就是協定，大家講好要怎麼傳輸，你就依照講好的格式傳給我，我在幫你處理。當然網路協定的構成肯定跟這個不一樣，但他也是好幾層，並且每一層負責不同的事情，有的夾帶 ip 位址，有的夾帶 mac 位址等等。

```
Content-Type: multipart/mixed; boundary="===============2063454629470398028=="
MIME-Version: 1.0
From: a[illegible]@gmail.com
To: a[illegible]h668@gmail.com,[illegible].edu.tw
Subject: 2330 K bar info

--===============2063454629470398028==
Content-Type: text/plain; charset="utf-8"
MIME-Version: 1.0
Content-Transfer-Encoding: base64

6KuL5Y+D6ICD6ZmE5qqU5ZyW54mHCiBCZXN0IFJlZ2FyZHMsIAogQXJsZWlnaA==

--===============2063454629470398028==
Content-Type: application/octet-stream
MIME-Version: 1.0
Content-Transfer-Encoding: base64
content-disposition: attachment; filename="2330kbar.png"

iVBORw0KGgoAAAANSUhEUgAACWAAAAMgCAYAAACnZVlMAAAAOXRFWHRTb2Z0d2FyZQBNYXRwbG90
bGliIHZlcnNpb24zLjMuNCwgaHR0cHM6Ly9tYXRwbG90bGliLm9yZy8QVMy6AAAACXBIWXMAAA9h
AAAPYQGoP6dpAAEAAElEQVR4nOzdd3iV5f3H8ffJBBISwt6CDEFQUVFBUAiiIKg4cFLjiq1oCAO
sFULavWHC3BbtRZXVXBWXKjBysaBoqDiQEA2hISwss7vj0eCYWackADv13WdK8/z3Pdz399zanv9
rvbz+96hcDgcRpIkSZIkSZIkSZIkSZJUbFHlXYAkSZIkSZIkSZIk7asMYEmSJEmSJEmSJEmSJEmSJEmS
JElSCRnAkiRJkiRJkiRJkiRJkqQSZIkSZIkSZIkSSVkAEuSJEmSJEmSJEmSJEmSSsgA
liRJkiRJkiRJkiSVkAEsSZIkSZIkSZIkSZIkSSohA1iSJEmSJEmSJEmSJEmSVEIGsCRJkiRJ
```

圖 3.4.2　執行結果，MIME 套件幫你包好的信件傳送內容

接著我們把 print 跟 exit() 拿掉，讓他正常發信，整體的程式就長這樣。

不過先不要急著跑，還有東西要設定。

```
=====================smtp.py=====================
import smtplib
from email.mime.multipart import MIMEMultipart
from email.mime.text import MIMEText
from email.mime.application import MIMEApplication
#創建一個MIMEMultipart()類
msg = MIMEMultipart()
#對它傳入三個基本資訊: 寄件者(From)、收件者(To)、標題(Subject)
msg['From'] = "ar*****2@gmail.com"
#將寄件名單轉成list
arr_list = ['a*******@gmail.com','0*********.edu.tw']
#使用join將list中的元素以逗號黏起來
msg['To'] = ",".join(arr_list)
msg['Subject'] = "2330 K bar info"
#寫下信件的內容
body = "請參考附檔圖片\n Best Regards, \n Arleigh"
#呼叫Attach，並用套件專門用來包裝
msg.attach(MIMEText(body))
#加入圖檔位置
pic = r"D:\Trading Strategy_EX\Chapter3\test.png"
#讀取圖片檔為byte
with open(pic, 'rb') as opened:
    openedfile = opened.read()
#呼叫MIMEApplication並放入byte類型
attachedfile = MIMEApplication(openedfile)
#根據指示加入至附檔，並可以指定與原本檔名不一樣的獨立檔名
attachedfile.add_header('content-disposition', 'attachment', filename =
"2330kbar.png")
#跟上面attach信件內容一樣，我們把附檔資訊也attach進去
msg.attach(attachedfile)
#設定smtp server，以gmail當例子
server = smtplib.SMTP('smtp.gmail.com', 587)
#TLS安全傳輸設定
server.starttls()
```

```
#登入你的gmail帳密
server.login("a*******@gmail.com", "password*******")
#msg是Mimemulipart類，我們將他轉為sendmail函數才接受的字串
text = msg.as_string()
#指定寄件者跟收件者，還有剛剛加的信件內容、標題、附檔等等資訊(text)
server.sendmail("ar*******02@gmail.com", arr_list , text)
#斷線
server.quit()
```

但如果你直接跑會出錯，因為 Google 有一道安全程序要處理，你必須要開啟低安全性模式他才會允許你用這種方式寄信。首先我會打開 Chrome 瀏覽器，然後登入預計要拿來寄信的 Google 帳號，並且點擊框框處。

圖 3.4.3　設定低安全性模式－步驟 1

點開後請你點擊管理你的 Google 帳戶。

圖 3.4.4　設定低安全性模式－步驟 2

接著你應該會被帶入下圖的畫面，請你點擊安全性，然後往下滑找到低安全性應用程式存取權，把他打開就大功告成了，我們就可以來運行程式測試了！

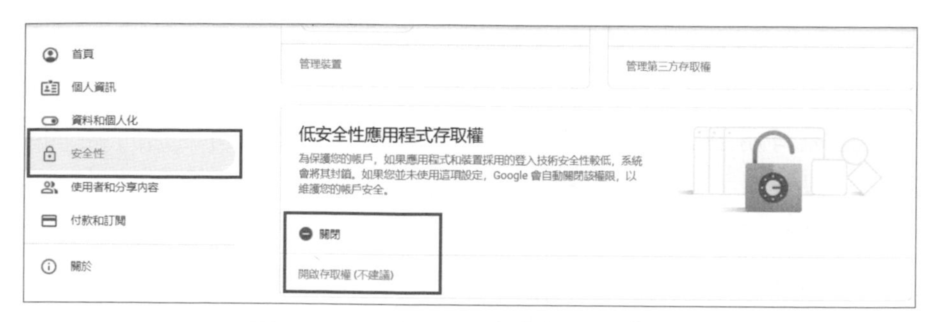

圖 3.4.5　設定低安全性模式－步驟 3

執行之後等個幾秒鐘，請你打開信箱，就能看到我們的程式寄出來的信囉。

圖 3.4.6　執行結果，程式寄信成功

寄信小幫手函數化

因為這個寄信程式可能會有多支程式會使用到，因此接著我們不免俗地來將寄信小幫手函數化。我們可以思考一下，有什麼東西是希望隨著情境不同而變化的，我們就要將它設為參數好讓他從外部傳遞。

對我來說寄件者跟寄件的帳號都是統一一個的，因此寄件者及帳密我會寫死在函數裡面。收件者、標題、寄件內容、模式 (寄出文字或是 html)、附檔位置還有期望檔名這幾個元素應該都是會隨著不同程式而有不同的參數，所以針對這幾項我會將它設置為外部傳遞進來的參數。另外在函數化的部分我想要修改一個東西，我們剛剛在示範寄信的時候，不是都寄出單一檔案嗎？但實務上可不是這樣，實務上我們有可能會寄出數份檔案，我們只要準備一個 list 裡面放入想要寄出的檔案位置及檔名，然後迴圈讀取加入附檔就行了，實際上怎麼做呢？其實很簡單，我們等一下在附檔的那一段修改一下就好。

首先如剛剛所說把架構弄出來，然後標上各個參數的類型，除了寄件者名單以及我們剛剛說的檔案位置及其對應的檔名是 list 之外，其他都是字串即可。

```
=====================smtp.py====================
import sys
sys.path.append('D:\Trading Strategy_EX\Chapter3')
import smtplib
from email.mime.multipart import MIMEMultipart
from email.mime.text import MIMEText
from email.mime.application import MIMEApplication
#從AES_Encrytion資料夾中import encrype_process.py裡面的所有函數*
from AES_Encryption.encrype_process import *
#節錄原先的寄信函數
def send_mail(mail_list:list, subject:str, body:str, mode :str ,
file_path:list, file_name:list):
```

接著很簡單，我們將原本的 smtp.py 裡的東西都按一個 Tab 縮排在函數內，並且將原本寫死的地方都刪掉，並且改成帶入參數，包括 To 收件人、Subject 標題以及傳入信件內容 body，然後判斷 mode，如果傳入的 mode 是 html 模式，則在 MIMEText() 加入 html 參數，反之則使用預設即可。

```
====================smtp.py====================
#節錄原先的寄信函數
def send_mail(mail_list:list, subject:str, body:str, mode :str ,
file_path:list, file_name:list):
    #輸入你的信箱帳密
    user_id = 'userid'
    password = 'password'
    #創建一個MIMEMultipart()類
    msg = MIMEMultipart()
    #對它傳入三個基本資訊: 寄件者(From)、收件者(To)、標題(Subject)
    msg['From'] = user_id
    #使用join將list中的元素以逗號黏起來
    msg['To'] = ",".join(mail_list)
    msg['Subject'] = subject
    #呼叫Attach，並傳入content信件內容
    if mode =='html':
        msg.attach(MIMEText(body, mode))
    else:
        msg.attach(MIMEText(body))
```

接下來這一步驟就是夾檔，我們就要花時間說一下了。首先是我們有時候寄信的時候不一定要夾檔對吧？因此我們寫一個如果檔案位置是 None 就代表使用者不希望夾入檔案，那程式就會直接 pass，也就是不做任何事情直接往下做；如果不是 None 就是走 else，就會進行夾檔流程，既然我們都提到 pass 了，那在講完這個寄信函術後我們來講講 pass / continue / break 這三個條件控制吧，如果你已經知道了那就略過，不知道的可以看一下。

```
====================smtp.py====================
#if else條件判斷使用者傳入的是否為None
    if file_path==None:
        pass
```

接著夾檔的還沒完，如果他確實有傳入兩個 list 也就是檔案位置跟名稱，那我們程式就要處理。其實夾檔的地方都完全一模一樣，唯獨就是我們使用迴圈夾檔。loop 的對象是 file_path 的長度，並且在下方用索引的方式取值。也就是如果第一次迴圈是 0，那就取 file_path 的第 0 位以及 file_name 第 0 位進行夾檔，以此類推。這是一個做法，算是我的小習慣，你也可以使用 zip 來做。

```
=====================smtp.py====================
    #如果有傳入
    else:
        for x in range(len(file_path)):
            #先透過內建的with open讀取檔案
            with open(file_path[x], 'rb') as opened:
                openedfile = opened.read()
            #呼叫MIMEApplication並放入byte類型
            attachedfile = MIMEApplication(openedfile)
            #根據指示加入至附檔，並可以指定與原本檔名不一樣的獨立檔
            attachedfile.add_header('content-disposition', 'attachment', 
filename = file_name[x])
            #跟上面attach信件內容一樣，我們把附檔資訊attach進去
            msg.attach(attachedfile)
```

剩餘的地方就都一樣了，所以整個函數就會如下。

```
=====================smtp.py====================
import sys
sys.path.append('D:\Trading Strategy_EX\Chapter3')
import smtplib
from email.mime.multipart import MIMEMultipart
from email.mime.text import MIMEText
from email.mime.application import MIMEApplication
#從AES_Encrytion資料夾中import encrype_process.py裡面的所有函數*
from AES_Encryption.encrype_process import *
```

```
def send_mail(mail_list:list, subject:str, body:str, mode :str ,
file_path:list, file_name:list):
    #創建一個MIMEMultipart()類
    msg = MIMEMultipart()
    user_id = 'userid'
    password = 'password'
    #對它傳入三個基本資訊：寄件者(From)、收件者(To)、標題(Subject)
    msg['From'] = user_id
    #使用join將list中的元素以逗號黏起來
    msg['To'] = ",".join(mail_list)
    msg['Subject'] = subject
    #呼叫Attach，並傳入content信件內容
    if mode =='html':
        msg.attach(MIMEText(body, mode))
    else:
        msg.attach(MIMEText(body))
    #if else條件判斷使用者傳入的是否為None
    if file_path==None:
        pass
    #如果有傳入
    else:
        for x in range(len(file_path)):
            #先透過內建的with open讀取檔案
            with open(file_path[x], 'rb') as opened:
                openedfile = opened.read()
            #呼叫MIMEApplication並放入byte類型
            attachedfile = MIMEApplication(openedfile)
            #根據指示加入至附檔，並可以指定與原本檔名不一樣的獨立檔名
            attachedfile.add_header('content-disposition', 'attachment',
filename = file_name[x])
            #跟上面attach信件內容一樣，我們把附檔資訊也attach進去
            msg.attach(attachedfile)
    #設定smtp server，以gmail當例子
```

```
    server = smtplib.SMTP('smtp.gmail.com', 587)
    #TLS安全傳輸設定
    server.starttls()
    #登入你的gmail帳密
    server.login(user_id, password)
    #msg是Mimemulipart類，我們將他轉為sendmail函數才接受的字串
    text = msg.as_string()
    #指定寄件者跟收件者，還有剛剛加的信件內容、標題、附檔等等資訊(text)
    server.sendmail(user_id, mail_list , text)
    #斷線
    server.quit()
```

最後，我們在函數下方來測試看看這個函數，為了測試，我們來一個寄送 word 檔的跟一個不夾檔的。另外其實 mode 除了 html 這個字串外，你傳入任何字串都是可以的，因為除了 html 外其他字串都被判定為單純寄出文字，我只是為了方便自己理解所以我一律都帶字串 text。

```
=====================smtp.py=====================
#定義收件者
mail_list = ['a********@gmail.com']
#標題
subject = '測試測試'
#內容
body = '借我測試'
#要夾檔的位置
file_path = [r"D:\test.docx"]
#希望傳送的檔名
file_name = ["借我測.docx"]
send_mail(mail_list, subject, body,'text',file_path, file_name)
```

測試成功！你看，無論是 word 檔或是 ppt 或者是 pdf 都可以以這種方式寄信。接著我們來試試看夾多份檔。

圖 3.4.7　執行結果，測試寄出 word 檔

寄多份檔的也很簡單，把 list 擴大就好了，其他地方不變。

```
====================smtp.py====================
#要夾檔的位置
file_path = [r"D:\test.docx",r"D:\test2.docx"]
#希望傳送的檔名
file_name = ["借我測.docx","借我測2.docx"]
```

寄出多份檔案也不成問題，接下來測試不夾檔的。

圖 3.4.8　執行結果，寄出多份檔案

我們將本來傳入檔案位置跟檔案名稱的地方改成 None，即代表不需要夾檔。

```
=====================smtp.py=====================
#定義收件者
mail_list = ['a*****8@gmail.com']
#標題
subject = '測試測試'
#內容
body = '借我測試'
send_mail(mail_list, subject, body,'text', None, None)
```

測試成功！並沒有發送任何檔案了。到此我們的寄信函數就寫好了！我們未來要把它當作套件包使用，所以你要記得將下面測試的東西都拔掉，留下完整的 def 就好了。

圖 3.4.9　執行結果，不寄出檔案

這個小節到這裡基本上就完成了，寄出 html 的部分我們後面實戰章節會再做寄出 html 的範例，我們等一下再補充一下 pass / continue / break 就好。我們在此小節可能會衍生出一個議題，就是在金融業界，無論是投信投顧銀行網銀不管是誰，都很忌諱將帳密寫在 code 裡面這件事情，如同我們的郵箱帳密。或許有些人覺得無所謂，但你知道嗎？有些例子是當在開發大型專案時，某個人可能疏忽掉其中一段程式中埋藏著公司的資料庫帳密，忘記改掉就上傳至公開的 Github 上面開源，於是乎他的資料庫帳密被大家看光光，當然結果就很慘，資料庫被盜用之後清空。就算不談到資料庫，當你做出好的程式你朋友想向你購買，你可能收了錢想都沒想整包壓縮就寄給你朋友了，但你忘記你的郵件帳密還在那裏了，他就可以任意存取你的 google 帳號。

雖然你可能是個心思縝密的人，但是難保有意外或是你團隊中所有人都是如此，因此最好還是無論如何都要求不允許將帳密直接寫在 code 裡面，這點因為牽涉到加密跟資安技術，但我們如果走應用派，其實可以不用太深入了解各種資安技術也能做出來，我們只要使用工具來套用即可，花少少的時間就能夠有一定的效果。至於怎麼做？我們下一小節來聊聊如何應用。

額外小補充 – continue / break / pass

如剛剛所說，我們來對這三個控制做一點補充，我隨便開一個 test.py 來示範一個例子給你看你就明白了。

```
=====================test.py=====================
for i in range(10):
    print(i)
```

眾所皆知這個的輸出是：

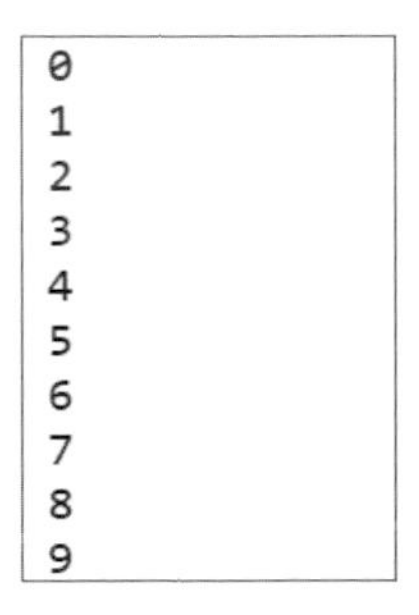

圖 3.4.10　執行結果，迴圈 range 10

接著我們加一個 if 條件式，如果 i 迴圈到 0 的話，那我們就 pass。

```
=====================test.py=====================
for i in range(10):
    if i==0:
        pass
    print(i)
```

結果跟剛剛一模一樣，因為 pass 的宗旨就是毫無作為，我就是放在這裡為了滿足格式用要求的，什麼意思？

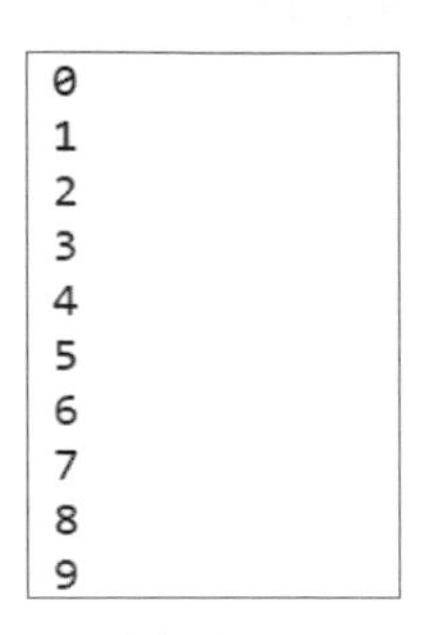

圖 3.4.11　執行結果，pass 測試

因為 if 條件式中你一定得加點什麼讓他符合條件要去執行，這是程式的規定，因此常常我們會塞一個 pass，就是沒做什麼，滿足一下規定而已。你可能會覺得為什麼要這樣？如果符合條件不做事的話，要條件幹嘛？你的疑問是對的，pass 的使用看個人習慣，pass 其實常常還拿來用做設計程式的架構時擺著用的，例如我要開發一個程式交易系統，我可能會先想好我需要哪些函數 (def) ，先取好函數名與註解紀錄，功能再慢慢加上，這時候我就會用 pass 先維持它的格式，如果沒有 pass 維持它的格式會報錯，因為 def 或 if 這種的不允許你空白。

```
=====================test.py=====================
#做多函數
def buy():
    pass
#做空函數
```

```
def short():
    pass
#平倉函數
def close():
    pass
#計算獲利函數
def profit():
    pass
```

説完 pass 後，我們來看看 continue。

```
=====================test.py=====================
for i in range(10):
    if i==0:
        continue
    print(i)
```

跟 pass 有差別的是，0 不見了，在 i==0 時他並沒有執行 print(i)，這意味著程式符合條件時，他不會往下執行接下來的程式，他會直接執行下一次的迴圈。

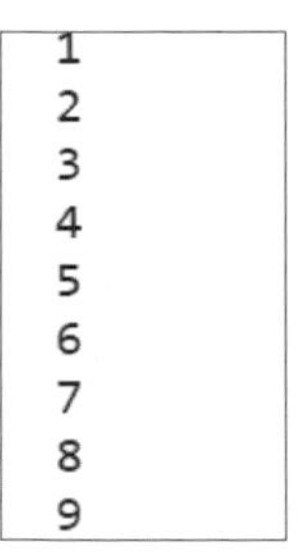

圖 3.4.12　執行結果，continue 測試

那 break 呢？

```
=====================test.py=====================
for i in range(10):
    if i==0:
        break
    print(i)
```

break 完全就是空的了，原因是符合條件時他會直接結束迴圈，才不管你迴圈預計要執行幾次，全部結束這個迴圈。

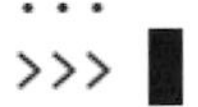

圖 3.4.13 執行結果，break 測試

通過上面的實驗，結論就如下表，你可以從他的字面上去記他的意思，pass 就是完全不做事；continue 就是繼續，但是是這一次迴圈不做了再繼續；break 就是直接打破，整個迴圈我都不幹了。

方法	機制
pass	什麼都不做
continue	中斷此次迴圈，執行下一次迴圈
break	直接跳出整個迴圈

❑ 本小節對應 Code

Trading Strategy_EX / Chapter3 / smtp.py

❑ 小節統整

這個小節如果完全照著做的話其實很簡單，只需要熟悉幾件事而已：

1. 完成寄信小幫手程式
2. 了解字串前面加一個 r 的用意
3. 學會善用 exit() 將程式於指定地方終止
4. 清楚 pass / continue / break

接著我們就進入下一小節囉！

3.5 密碼保護－拒絕將重要資訊寫在程式中

聊聊密碼保護

我們先來聊聊所謂的密碼保護吧。密碼保護一般來説是怎麼做的呢？我們以在公司行號連線 Microsoft SQL Server(以下簡稱 MSSQL)，許多人在開發時 MSSQL 是使用 windows 驗證登入的，這樣就可以做到無需寫帳號密碼在程式中，因為通常你的電腦都會登入 windows，此時你的 windows 角色有被設定在資料庫的讀取權限中，你就能無須打上任何密碼，這就像給你的電腦帶上一個識別證，SQL Server 一看識別證並且檢查你在安全名單中就允許你通行。

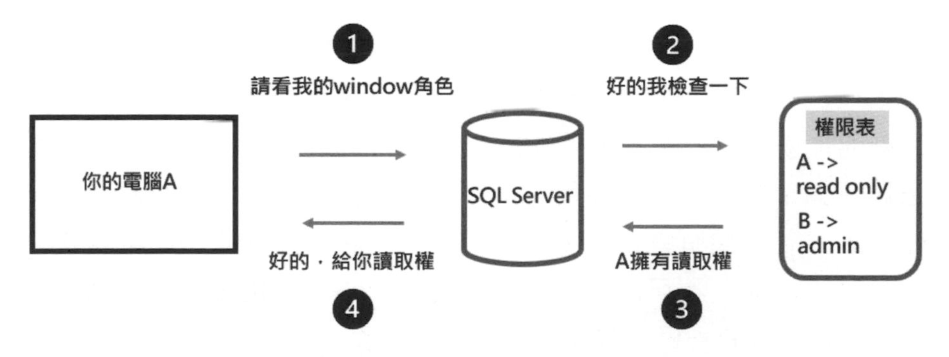

圖 3.5.1　MSSQL Windows 驗證存取簡單示意

但是在金融業界或是其他結構較為嚴謹的地方時，你寫好程式並經過層層測試之後要上線，infra 或者 IT team 基於資安與控管很有可能不會在正式區的 server 給你一個擁有正式區的資料庫存取權限的 windows 帳號，即便是只有讀取的權限，這時候你就沒有 windows 帳號了。怎麼解呢？解法有很多，例如有些軟體商會開發一些系統，他有中央系統專門在處理帳號管理，然後當你需要連線某資料庫時，你需要送請求並夾帶 ip 位址，你的 ip 在白名單中的他才會發送連線字串或者是帳密讓你連線資料庫。

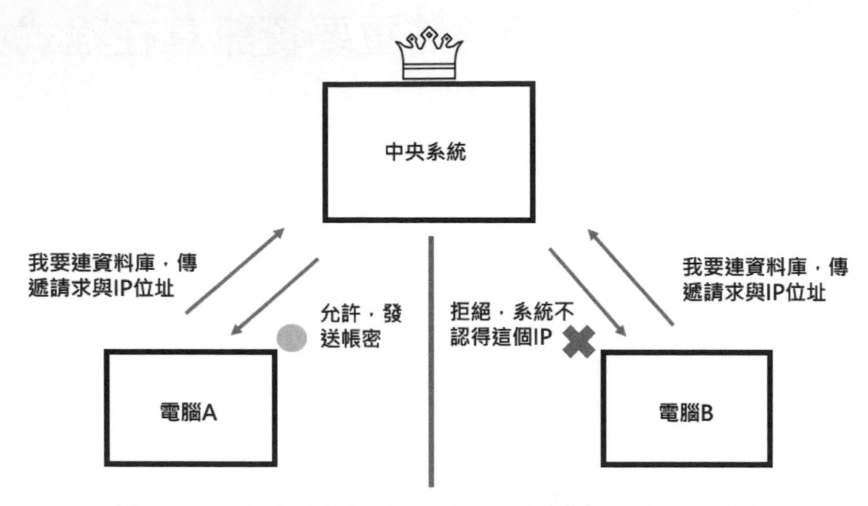

圖 3.5.2　中央系統根據 IP 位址決定是否發放存取帳密

以上都是針對 MSSQL 的情境來說，但現實中你可能有更多需要輸入帳密的地方，例如我們講的發信程式，除非你是使用公司內部的 smtp server，那你可能就無需使用帳密 (並非 gmail，如果你不是資訊部的，你就走過去跟資訊部的人說你想要用 smtp 用來發信)，但如果是我們自己的私人小程式，就得要有帳密了，這時候上面所說的那些閒聊都不現實，因為我們私人小開發不可能為了防止帳密不小心散落出去而特地開發一個系統，這時候就有一個比較簡單的替代方案了。

聊聊對帳密資訊進行加密

我們還有一種較簡單的加密方式，就是我們先定義一個名稱，例如 gmail acc 代表 gmail 的帳密，然後讓使用者或是開發者自行輸入帳密之後加密保存起來，以後程式啟動時如下比對是否有叫做 gmail acc 的加密資訊，如果有拿著鑰匙解開之後就可以取得帳密了，流程大致如下圖。

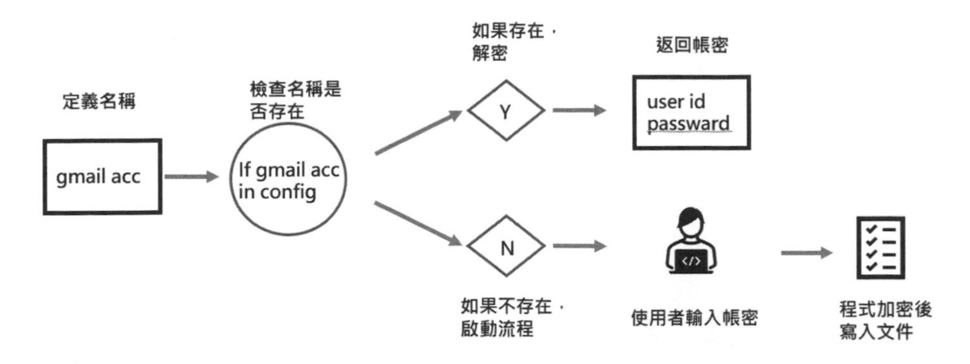

圖 3.5.3　加解密方法簡單流程定義

加密的方法有百百種，有需要一把鑰匙來進行對稱式加密的 AES、DES 等；還有需要公鑰跟私鑰兩把鑰匙來進行加解密的非對稱加密 RSA 等等，我們就不再這裡討論這些加密法了，一來因為這些加解密知識你可能需要去購買一本厚厚的相關書籍來看，二來我也並不是資安的專家，只是拿一些工具來使用，因此我也不敢解釋太多，所以我們就直接來使用看看吧。

加解密小工具 – 下載檔案包

我準備了一個工具包，請你 Google：arleigh418 github，找到我個人的 github 頁面，也就是 1.5 小節向你介紹的我的 Github，並且點擊下圖紅框處的 Repositories 儲存庫，找到 AES-Encryption 的專案並點擊進去。

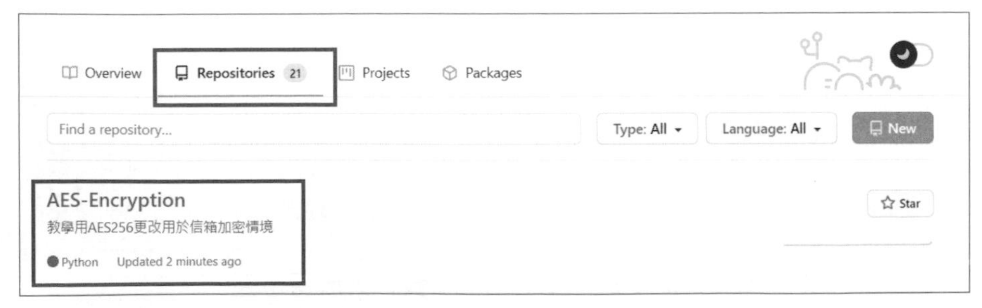

圖 3.5.4　AES 加密小工具

點擊進去後，請你按下 Download ZIP 將他載到電腦上，如果你會操作 git，那你可以用自己熟悉的方式把他 clone 下來。

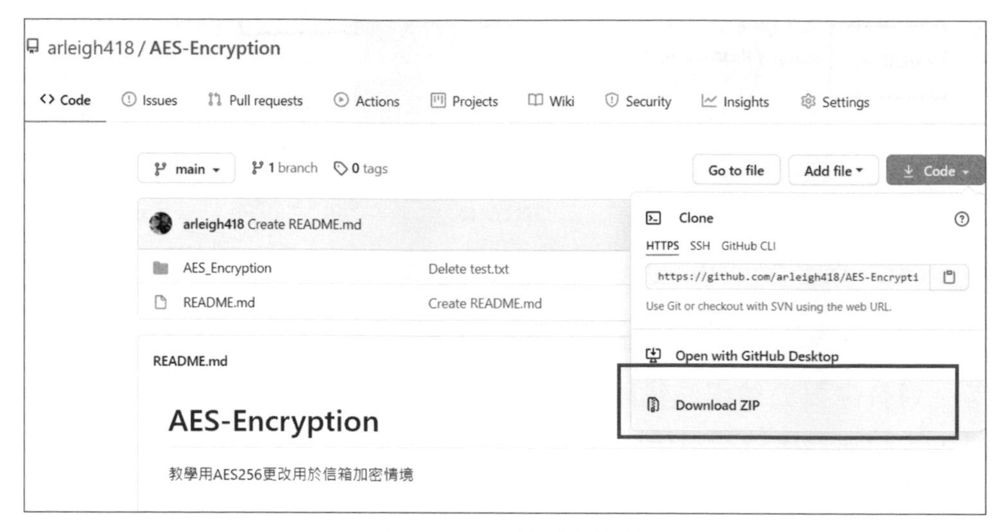

圖 3.5.5　下載到本機端

解壓縮後，請你把資料夾貼到你目前的專案資料夾內，像我下圖這樣。另外有些解壓縮軟體他解完後有兩層，例如 D:/AES_Encrption/AES_Encrption/XXX.py，這時候請你去裡面拿最裡面的那層就好，把他變成 D:/AES_Encrption/XXX.py 這樣只有一層，再貼到我們的專案資料夾裡。

名稱	修改日期	類型	大小
AES_Encryption	2021/3/27 上午 11:25	檔案資料夾	
generate_picture_example	2021/3/20 上午 10:06	Python File	3 KB
mine_ta	2021/3/11 下午 11:23	Python File	1 KB
pd_example	2021/3/11 下午 11:13	Python File	1 KB
smtp	2021/3/24 下午 10:46	Python File	2 KB
smtp_exaple	2021/3/23 下午 05:53	Python File	2 KB
ta_example	2021/3/16 下午 11:19	Python File	2 KB
yfinance_example	2021/3/14 下午 01:38	Python File	1 KB

圖 3.5.6　AES_Encryption 資料夾放置位置

如果你還沒安裝套件的話，請你先打開虛擬環境並安裝 pycryptodome== 3.9.7。接著我們就來操作看看吧！在這個加密包中，你只需要做兩件事，第一個是決定金鑰跟 config 檔的產生位置，第二個就是按照流程執行檔案並且輸入帳密。

加解密小工具 – 開始操作

我們就以剛剛的 gmail 寄信的函數還使用吧，為了方便示範，我會將剛剛的 smtp.py 完全複製出來一份 smtp2.py，並且在這上面做修改。 首先是要把剛剛的 AES_Encryption 裡面的主要程式 import 進來，如果你是使用 vscode 的終端機來執行的話，import sys 跟 sys.path.append() 就需要加，原則上就是你的 AES_Encryption 在哪裡你就 append 哪裡，例如我的位置是 D:\Trading Strategy_EX\Chapter3\AES_Encryption，所以我就 append 到 Chapter3 資料夾，這樣 vscode 就能找到你的程式了。

```
=====================smtp2.py=====================
import sys
sys.path.append('D:\Trading Strategy_EX\Chapter3')
import smtplib
from email.mime.multipart import MIMEMultipart
from email.mime.text import MIMEText
from email.mime.application import MIMEApplication
#從AES_Encrytion資料夾import encrype_process.py裡面的所有函數*
from AES_Encryption.encrype_process import *
```

import 進來之後，我們的原本的寄信函數只要多三行加上一些小修改即可，首先第一個你必須要自行定義你的 key 加解密的金鑰以及加密完成後的檔案要放在哪裡，決定放哪裡即可無須手動創立，程式會自動幫你建立資料夾。只是請記得路徑的最後要加上一個斜槓。

```
=====================smtp2.py=====================
#節錄原先的寄信函數
```

```
def send_mail(mail_list:list, subject:str, body:str, mode :str ,
file_path:list, file_name:list):
    #決定金鑰跟config檔位置
    key_path = 'D:/key/'
    config_path = 'D:/config/'
```

另外多補充一下，上面的這個金鑰跟加密完成檔的路徑我會高度的建議你像示範建立在其他地方，而不要儲存在你專案的資料夾裡面。為什麼呢？如果你有一天要將程式包給其他人使用，你將金鑰跟加密檔放在專案資料夾中忘記刪掉，人家閉著眼睛都能獲取你的 Gmail 帳密，所以保險起見把這兩個東西放在外面，你打包時就不需要刪除任何東西了，對方在執行你的程式時會在他的 D 槽相同位置創立一個一樣的資料夾並啟動輸入帳密流程，到時候他再輸入他自己的 Gmail 帳密就好。

接著我們來使用加解密的主要 function :，check_encrype() ，這個函數需要你自己定義一個字串名稱，你可以把他想像成你給每一組加解密一個名牌例如我建立一組加密叫做 A 同學，下次程式在啟動時只要看到你指定呼叫 A 同學，他就會去文件中尋找有沒有曾經叫做 A 的同學被加密過，如果有會直接解密出來交給你，如果沒有會請你輸入 A 同學的資訊，然後再加密保存。假設今天你有三組 gmail 分別要寄給 3 個不同的客戶，那你可以取三個不同的字串，例如 gmail1、gmail2、gmail3，然後為他各自打上不同的帳密，下次你要使用帳密 1 就傳入字串 gmail1，2 就傳入字串 gmail2，以此類推。

我在這裡將它命名為 gmail。並且我們引用 check_encrype() 時，它處理完後會將帳密返回給你，因此我們需要兩個變數去承接帳密。

```
====================smtp2.py====================
#節錄原先的寄信函數
def send_mail(mail_list:list, subject:str, body:str, mode :str ,
file_path:list, file_name:list):
    #決定金鑰跟config檔位置
```

```
    key_path = 'D:/key/'
    config_path = 'D:/config/'
    #引用加解密的主要程式check_encrype
    user_id,password= check_encrype('gmail',key_path,config_path)
```

我們全部一次改完再來測試吧！已知這個函數會返回帳號跟密碼給你，所以我們需要把寄信函數中原本是寫死的地方都換掉，其實也只有兩個地方而已，第一個是寄件者 From 需要改成 user_id，也就是帳號。

```
=====================smtp2.py====================
    #對它傳入三個基本資訊: 寄件者(From)、收件者(To)、標題(Subject)
    msg['From'] = user_id
```

再來就是下方的 server.loing() 的登入部分，也把它換成 user_id 跟 password。

```
=====================smtp2.py====================
    #登入你的gmail帳密
    server.login(user_id, password)
```

全部改動完之後如下，其實基本上長的一樣，只不過多了 key 跟 config 產生的位置，還有將原本寫死的帳號密碼改為 user_id 跟 password，你看，這下子我們的程式裡面半點帳密都沒有了，是不是看起來很安全。

```
=====================smtp2.py====================
import sys
sys.path.append('D:\Trading Strategy_EX\Chapter3')
import smtplib
from email.mime.multipart import MIMEMultipart
from email.mime.text import MIMEText
from email.mime.application import MIMEApplication
#從AES_Encrytion資料夾中import encrype_process.py裡面的所有函數*
from AES_Encryption.encrype_process import *
#節錄原先的寄信函數
def send_mail(mail_list:list, subject:str, body:str, mode :str ,
file_path:list, file_name:list):
```

```
    #決定金鑰跟config檔位置
    key_path = 'D:/key/'
    config_path = 'D:/config/'
    #引用加解密的主要程式check_encrype
    user_id,password= check_encrype('gmail',key_path,config_path)
    #創建一個MIMEMultipart()類
    msg = MIMEMultipart()
    #對它傳入三個基本資訊：寄件者(From)、收件者(To)、標題(Subject)
    msg['From'] = user_id
    #使用join將list中的元素以逗號黏起來
    msg['To'] = ",".join(mail_list)
    msg['Subject'] = subject
    #呼叫Attach，並傳入content信件內容
    if mode =='html':
        msg.attach(MIMEText(body, mode))
    else:
        msg.attach(MIMEText(body))
    #if else條件判斷使用者傳入的是否為None
    if file_path==None:
        pass
    #如果有傳入
    else:
        for x in range(len(file_path)):
            #先透過內建的with open讀取檔案
            with open(file_path[x], 'rb') as opened:
                openedfile = opened.read()
            #呼叫MIMEApplication並放入byte類型
            attachedfile = MIMEApplication(openedfile)
            #根據指示加入至附檔，並可以指定與原本檔名不一樣的獨立檔
            attachedfile.add_header('content-disposition', 'attachment',
filename = file_name[x])
            #跟上面attach信件內容一樣，我們把附檔資訊attach進去
            msg.attach(attachedfile)
    #設定smtp server，以gmail當例子
    server = smtplib.SMTP('smtp.gmail.com', 587)
```

```
#TLS安全傳輸設定
server.starttls()
#登入你的gmail帳密
server.login(user_id, password)
#msg是Mimemulipart類，我們將他轉為sendmail函數才接受的字串
text = msg.as_string()
#指定寄件者跟收件者，還有剛剛加的信件內容、標題、附檔等等資訊(text)
server.sendmail(user_id, mail_list , text)
#斷線
server.quit()
```

接著我們在下方測試一下加入了加解密流程的程式。

```
====================smtp2.py====================
#測試加入了加解密套件的程式
send_mail(['a****8@gmail.com'],'test','test','text',None,None)
```

程式比對發現無法在指定位置找到叫做 gmail 的字串，因此啟動程序請你 key 帳號。有些人可能會覺得好酷！要怎麼讓程式執行這種可以讓我 key 東西的？我們在本小節最後的題外話會做介紹。

```
Starting input ......gmail
Please input gmail address:a████████@gmail.com
```

圖 3.5.7　加解密程式，輸入帳號

接著會請你輸入密碼。

```
Please input password:█
```

圖 3.5.8　加解密程式，輸入密碼

加密完成後你會看到 Encrype Over！的字串，這時候程式其實還是會繼續運行，他會根據你輸入的帳密幫你發送郵件，所以你如果沒有 key 錯，應該就會收到測試信了。完成後你可以再次執行你的程式，這一次你應該就無須再 key 任何帳密，因為程式已經記錄起來了，你可以直接地發出你要的信件了。

```
Starting input ......gmail
Please input gmail address:a[redacted]@gmail.com
Please input password:a[redacted]
Encrype Over !
```

圖 3.5.9　加解密程式，輸入完成

這時候你應該可以在你指定的地方看到這兩個資料夾了。

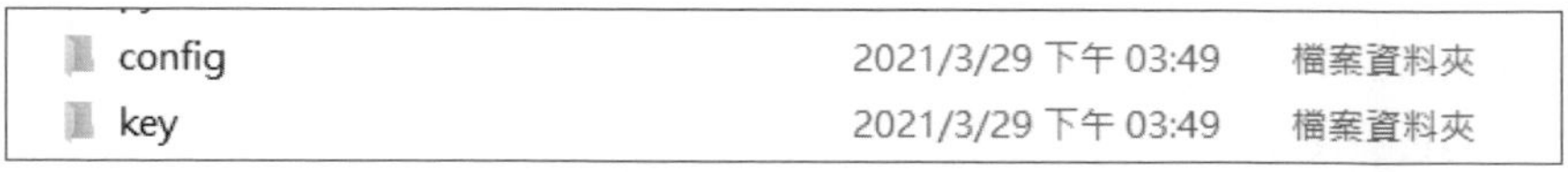

config	2021/3/29 下午 03:49	檔案資料夾
key	2021/3/29 下午 03:49	檔案資料夾

圖 3.5.10　加密完成後加密完成檔以及金鑰存放

加解密小工具 – key 跟 config

我們用 vscode 來看看保存的文件都長怎樣吧！你可以點擊 vscode 左上方 File 的 open file 打開那兩個檔案，或是直接點 New Window 開一個新視窗來看。我們先來看看 key，長得很奇怪吧，完全看不懂，他是利用 os 函數的 urandom() 方法來產生指定長度的隨機 bytes 對象，他產出來的其實就是有時候你會難以理解的亂碼，隨便舉例例如 \xe2\xaf\xbc:\xdd，這個就是 bytes 的範例。

圖 3.5.11　key 檔樣貌

加密完成的 config 檔就好理解的多了，因為圖片太長所以我只節錄。你看，程式會將你取名的字串以及加密過後的帳號及密碼以字典的格式保存起來。這樣子你也不怕別人偷看你的 config 檔，畢竟都是加密過後的產物。

```
D: > config > encrype.config
  1    {"name": "gmail", "user_id": "euOOj789hCDUP1Yyqw+iLCwOV1vD
  2
```

圖 3.5.12　config 檔樣貌

接著我們來試試如果新增第二個字串會如何，我們取一個叫做 gmail2 的。

```
====================smtp2.py====================
    #引用加解密的主要程式check_encrype
    user_id, password =  check_encrype('gmail2',key_path,config_path)
```

一樣因為程式只記錄過 gmail 沒有看過 gmail2，所以他又啟動一次請你 key 帳密。

```
Starting input ......gmail2
Please input gmail address:
```

圖 3.5.13　gmail2 啟動輸入帳密

完成後再打開 config 檔，你就會發現出現 gmail2 了。有些眼尖的人可能會問，兩個加密出來的東西一模一樣！因為我是 key 同一組 gmail 帳號，如果你 key 兩組不同的就會不一樣了。或者是假設你希望兩組一樣的帳密會有不同的加密結果，那你應該更改 key 的位置，等於是 gmail2 用另一把 key 來加密。

```
{"name": "gmail", "user_id": "yREOZhM+ztgWoXjgeY7sk/g3pkK
{"name": "gmail2", "user_id": "yREOZhM+ztgWoXjgeY7sk/g3pk
```

圖 3.5.14　gmail2 加入 config 檔中

如果你 key 錯帳密想要更改呢？你有兩種選擇，第一種是將 config 整個資料夾砍掉，他就會重新開始。

第二個是你可以打開 config 檔，並把你覺得打錯的那一行刪掉。例如我們將剛剛輸入的 gmail2 刪掉，但是務必記得，第二行的空白要留起來，請不要將第二行的空白刪除，如果你有三行，那下一行也就是第四行的空白請留著，如果沒有留的話下次再寫進 config 裡面會跟 gmail 黏在同一行。

```
D: > config2 > ⚙ encrype.config
  1    {"name": "gmail", "user_id": "yREOZhM+ztgWoXjgeY7sk/g3pkKNK+CUvO
  2
```

圖 3.5.15　刪除輸入錯誤的行，並請一律保留下一行的空白

我們的加解密套件使用大致上就介紹到這裡，等一下來進行一下小節統整 (雖然好像沒有太多新技術) 。其實我自己也不是非常專業於資安，也就是加解密的議題，都是以前做專案的時候老闆要求的，然後大家想想辦法達到需求，再上網尋求各種方法拼湊修改成我們想要的樣子。網路上不是有一個笑話嗎？大家都以為工程師像駭客任務一樣，手指快速地敲一堆綠油油的代碼，其實現實中大部分的工程師比較偏向網路上尋求類似的專案然後 copy 下來改成自己想要的樣子。

題外話 – input 函數

我們快速地來講講 input 這個酷東西。Input 這東西很簡單，我們拿加解密程式中的讓你看看就能明白了。這個是寫在 encrype_process.py 中的 input_new_encrype() 函數中。

```
============AES_Encryption/encrype_process.py===========
def input_new_encrype(fuc_name,key_path,result_path):
    print(f'Starting input ......{fuc_name}')
    user_id = input('Please input gmail address:')
    password = input('Please input password:')
```

如上，他的格式其實是 input(輸入你想要給 user 看的提示)，就可以了，就是這麼簡單，我們隨便拿一個檔案的空白處來試試，如下，你也可以什麼提示字都沒有，我們等一下輸入 123，並且觀察一下他的類型。

```
====================test.py=====================
x = input()
print(x)
print(type(x))
```

我們隨便輸入 123。

```
>>> x = input()
123
```

圖 3.5.16　input 輸入 123

然後我們 print 出他的值還有類型。你看，就會是 123 沒錯，但是有一個小重點要注意，input 傳回來的結果通常為字串，如果假設你希望對方輸入期望報酬率，那這時候你就必須把 input 傳回來的東西再改為 int 或是 float 才可以做運算，不然使用 str 做運算勢必會報錯。

```
>>> print(x)
123
>>> print(type(x))
<class 'str'>
```

圖 3.5.17　input 的結果跟其類型

如果你希望像加解密程式一樣帶提示資訊，那就在裡面加入字串就好，例如：

```
====================test.py=====================
x = input('請隨意輸入:')
```

這時候你執行就會有提示字了。Input 在開發應用的情景其實不少，例如如果你今天不嫌麻煩，不想用加解密模組又不希望程式裡出現帳密，那你其實可以單純每次讓程式啟動時就自己 key 帳密，只不過如果你需要上班或是出遠門，那你的程式可能就難以自動替你效勞，除非你要按時遠端進入電腦輸入帳密。本小節大致上就介紹到這裡，我們簡單再來做個小節統整吧！

```
>>> x = input('請隨意輸入:')
請隨意輸入:▯
```

圖 3.5.18 input 加入提示字元

❑ 本小節對應 Code

Trading Strategy_EX / Chapter3 / smtp2.py

❑ 小節統整

這個小節重點在於如何使用加解密小工具來進行簡易的帳密防護，因此須熟悉的技術較少，但你如果有興趣，你可以好好地看一下加解密的 code 是如何運行，只是因為涉及太多其他與本書較不相關的技術，因此我們就沒有費太多篇幅去講解。本小節的目標為：

1. 了解加解密工具的運作方式 (若有不瞭解的可自行研究修改，或是聯繫我)
2. 能夠運用 input 方法

下一小節我們要來處理困擾許多人的今天是否有開盤，因為如果你單純判斷六日的話是不可靠的，還有許多國定假日你也需要考量，我們下一小節就來實踐。

3.6 營業日判斷

聊聊營業日處理

判斷六日其實不難，因為有現成的套件可以使用，但是麻煩的就是我們需要處理國定假日的問題。我們採用半自動的方式來處理資料，為何說是半自動呢？因為國定假日約年底時會公布隔年的，而我們的程式需要你在例如 2022 年 1 月初的時候去指定的地方抓取檔案放置指定的位置，更新國定假日名單，這樣程式才會繼續運作下去。

像這種一年更新一次的東西我就不太會費工去進行自動化了，因為你寫檔案下載的自動化加上設計流程可能要花 30-60 分鐘，如果你不熟的話可能更久，但是你每年年初只要下載一次並放入指定位置就可以了，頂多花 5-10 分鐘，這樣你寫一個自動下載檔案 6-10 年才會回本，而且還有一個更大的重點，如果你有使用券商的 api 或是其他可信任來源，會有超級簡單的方式確認營業日，所以我認為不用大費周章來處理完全自動化，因為這應該只是個過渡期。如果怕忘記更新，你可以在函數裡偷偷埋一行，12 月 31 的時候自動發信提醒我更新名單。

有些人可能會想，為何不使用現成的套件？我必須很遺憾地說，就我所知目前國外大型的判斷營業日的套件似乎沒有納入台灣，台灣有些高手自行開發的套件很多後來也缺乏維護，因此我們還是自己處理吧！我們的步驟分為兩個，第一步每年要做一次，就是去證交所下載當年度最新的開休市 csv 檔，然後寫一支整理格式的程式，再來我們只要用第一步驟產出來的既有格式判斷是否為營業日即可。

營業日判斷 – 下載國定假日表

請你 Google 證交所 開休市，或是直接去證交所的網頁找，然後確認年份正確後點選下載 csv。

歷年開休市日期：民國 110 年 查詢

列印 / HTML　CSV 下載

中華民國110年有價證券集中交易市場開（休）市日期表			
名稱	日期	星期	說明
中華民國開國紀念日	1月1日	五	依規定放假1日。
國曆新年開始交易日	1月4日	一	國曆新年開始交易。
農曆春節前最後交易日	2月5日	五	2月8日及2月9日市場無交易，僅辦理結算交割作業。
農曆除夕前一日	2月10日	三	2月10日（星期三）調整放假，於2月20日（星期六）補行上班，但不交易亦不交割。
農曆除夕	2月11日	四	依規定放假1日。
農曆春節	2月12日 2月13日 2月14日 2月15日 2月16日	五 六 日 一 二	依規定於2月12日至2月14日放假3日。 2月13日及2月14日適逢星期六及日，2月15日（星期一）及2月16日（星期二）補假1日。
農曆春節後開始交易日	2月17日	三	農曆春節後開始交易。
和平紀念日	2月28日 3月1日	日 一	依規定放假1日。 2月28日適逢星期日，3月1日（星期一）補假1日。

圖 3.6.1　下載休市 csv

接著請你將他放至你目前的寫程式的資料夾，然後我會在同一個目錄開一個叫做 deal_holiday.py 的檔案，先來做第一步格式處理。

名稱	修改日期	類型	大小
deal_holiday	2021/4/4 下午 10:17	Python File	1 KB
holidaySchedule_110	2021/4/4 下午 08:39	Microsoft Excel C...	3 KB

圖 3.6.2　deal_holiday 與下載好的檔案放在一起

營業日判斷 – 格式處理

我們先打開剛剛下載的 EXCEL 來觀察一下，目測他有兩個問題要處理，第一個 pandas 讀取 excel 時會默認第一行為欄位，因此我們會遇到欄位只有一個的問題，實際上我們要的欄位應該在第二列，有五個的那個。第二個問題是他的日期都是 1 月 1 日這種的，也不包含年，因此我們也要做特別處理。

	A	B	C	D	E	F	G	H	I	J	K	L
1	中華民國110年有價證券集中交易市場開（休）市日期表											
2	名稱	日期	星期	說明	備註(*：市場無交易，僅辦理結算交割作業。o：交易日。)							
3	中華民國開國紀念日	1月1日	五	依規定放假1日。								
4	國曆新年開始交易日	1月4日	一	國曆新年	o							
5	農曆春節前最後交易日	2月5日	五	農曆春節	o							
6	農曆春節前最後交易日	2月8日	一	2月8日市	*							
7	農曆春節前最後交易日	2月9日	二	2月9日市	*							
8	農曆除夕前一日	2月10日	三	2月10日（星期三）調整放假，於2月20日（星期六）補行上班，但不交易亦不交割。								
9	農曆除夕	2月11日	四	依規定放假1日。								
10	農曆春節	2月12日	五	依規定放假1日。								
11	農曆春節	2月13日	六	依規定放假1日。								
12	農曆春節	2月14日	日	依規定放假1日。								
13	農曆春節	2月15日	一	2月13日及2月14日適逢星期六及日，2月15日（星期一）及2月16日（星期二）補假1日								
14	農曆春節	2月16日	二	2月13日及2月14日適逢星期六及日，2月15日（星期一）及2月16日（星期二）補假1日								

圖 3.6.3　下載下來的休市日

首先先 import 需要的套件。

```
===================deal_holiday.py==================
#import必要套件
import pandas as pd
import datetime
```

pandas 的 read_csv(.csv) 與 read_excel(.xlsx) 都支援 skiprows 這個功能，這個功能顧名思義就是讓你跳過你指定的列，他有兩種形式，一種是像下例用中括號括起來的，代表你要指定哪一行，如果 skiprows = [0,1,4]，代表著我想要指定跳過第 0、1、4 這三列，如果是不用中括號括起來，如 skiprows = 6，則代表我要刪除 0-6 列，也就是最開頭的那 7 列她就不會讀取。我順便補充一下，read_csv() 用來讀取 .csv，而 read_excel() 則是 .xls、.xlsx 這一類的 excel 檔，。接著我們把它 print 出來看看。其實還有一個小小議題，就是從他的檔名來判斷他應該是每一年檔名都會不一樣，因為後面帶了浮動的西元年，所以等到明年你要再產格式化後的檔案時，你要記得這裡的 read_csv 要記得把檔名更換。

```
===================deal_holiday.py==================
#讀取下載的csv檔案，skiprows可以讓你跳過第一列，或甚至多列
x = pd.read_csv("D:\Trading Strategy_EX\Chapter3\holidaySchedule_110.csv",
skiprows=[0])
print(x)
```

哇！執行結果是一大堆亂碼，這種要怎麼解決呢？我們可以透過 read_csv 的時候指定編碼方式。

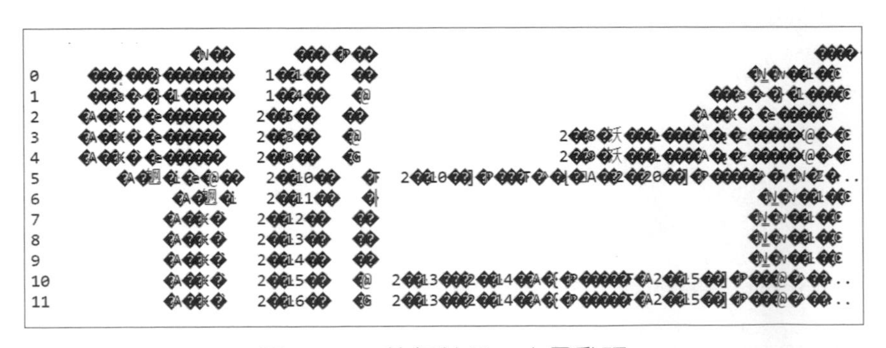

圖 3.6.4　執行結果，大量亂碼

我們在 read_csv() 裡面加一個 encoding='big5' 來指定讀檔時的編碼方式，聽起來很困難對吧？其實實務上很簡單，我們在操作時如果遇到亂碼，就是 utf-8 跟 big5 兩個輪流來試，特別是如果是中文字，大部分 utf-8 不管用的話 big5 都會管用，因為 big5 專門就是編碼中文字的。

```
===================deal_holiday.py==================
#讀取下載的csv檔案，skiprows可以讓你跳過第一列，或甚至多列
x = pd.read_csv("D:\Trading Strategy_EX\Chapter3\holidaySchedule_110.csv",
encoding='big5',skiprows=[0])
print(x)
```

這下好多了，看起來是正常的了，我們接下來要處理日期格式。

```
            名稱        日期  星期                                        說明  備註(* : 市
易日。)
0     中華民國開國紀念日     1月1日   五                                       依規定放假1日。
1     國曆新年開始交易日     1月4日   一                                      國曆新年開始交易
2    農曆春節前最後交易日     2月5日   五                                      農曆春節前最後交
3    農曆春節前最後交易日     2月8日   一                          2月8日市場無交易，僅辦理結
    *
4    農曆春節前最後交易日     2月9日   二                          2月9日市場無交易，僅辦理結
    *
5       農曆除夕前一日    2月10日   三           2月10日（星期三）調整放假，於2月20日（星期六）補行
                  NaN
6          農曆除夕    2月11日   四                                     依規定放假1日。
```

圖 3.6.5　加入 encoding 參數後

我們希望 1 月 1 日變成 2021/1/1，那第一步我們需要先在所有日期前面加上 2021 這個字串，第二步我們要將月跟日都替換掉，你有想到怎麼做了嗎？是不是就是一堆 apply() 而已。

因為我不希望將 2021 年寫死，這樣以後每年你可能需要記得改的東西又多一項，因此我們透過 datetime 套件提供的 datetime.date.today() 來獲取今日的日期，然後使用我們 3.3 小節教過的字串格式化保留年的部分，我們就成功獲取了今日日期的年。

```
===================deal_holiday.py==================
#today獲取今天的日期
today = datetime.date.today()
#透過strftime只留下年
convert_today = today.strftime('%Y')
```

接著我們用 apply() 方法將日期欄位每一個都加上剛剛獲取的年以及年的字串，加上年的字串雖然不必要但是這樣看起來比較舒服。然後我們 print 日期欄位出來看看。

```
===================deal_holiday.py==================
#針對日期apply，將2021加上年與原先的日期
x['日期'] = x['日期'].apply(lambda x:convert_today+'年'+x)
print(x['日期'])
```

這下子我們就完成日期格式化的第一步了，下一步驟其實也很簡單，就是用 replace 把年月都換成斜槓就好了，日就換成空白就好了，因為日期的尾部通常不會再有斜槓分隔了。

```
>>> print(x['日期'])
0       2021年1月1日
1       2021年1月4日
2       2021年2月5日
3       2021年2月8日
4       2021年2月9日
5      2021年2月10日
6      2021年2月11日
7      2021年2月12日
8      2021年2月13日
9      2021年2月14日
10     2021年2月15日
```

圖 3.6.6　執行結果，第一步驟格式化後的日期

我們剛剛有提到 replace，我們來介紹一下這個函數，很簡單，這個函數的作用如下圖，就是我一律想把一個字串或文本中的 a 字換成 b 字，例如你在看一個小說它可能都是寫老子，你覺得很不雅，你就可以用 replace 將老子全部都換成敝人，就是這樣的作用。

str.replace(a,b)

=想要把a一律替換成b

圖 3.6.7　str.replace 示意

如上面所說，我想把年一律換成斜槓 / ，那就是 replace(' 年 ' , '/') ，月跟日也同理，我們在搭配上 apply() 就如下，很簡單吧！

```
===================deal_holiday.py==================
#一樣對日期做apply，並且replace年月為/，日為空白
x['日期'] = x['日期'].apply(lambda x:x.replace('年','/'))
x['日期'] = x['日期'].apply(lambda x:x.replace('月','/'))
x['日期'] = x['日期'].apply(lambda x:x.replace('日',''))
print(x['日期'])
```

你看，所有的年月日都被我們變成想要的樣子了。

0	2021/1/1
1	2021/1/4
2	2021/2/5
3	2021/2/8
4	2021/2/9
5	2021/2/10
6	2021/2/11
7	2021/2/12
8	2021/2/13
9	2021/2/14
10	2021/2/15

圖 3.6.7　執行結果，日期格式化第二步

接著我們將它儲存成 excel 備用，這樣我們的日期格式化就處理完了，接著我們要來判斷是否為營業日了。

```
===================deal_holiday.py==================
#儲存成名為holiday.xlsx的檔案
x['日期'].to_excel('D:\Trading Strategy_EX\Chapter3\holiday.xlsx',
columns=['日期'])
```

營業日判斷 – 判斷是否為營業日

有了第一個步驟幫我們整理了檔案，接下來我會新增一個叫做 is_open.py 的檔案來判斷是否為營業日。我們先 import 需要的套件，然後規定格式為無任何符號的日期字串，讀取剛剛的休市檔後轉成 list 備用，我們可以先把他 print 出來看一下。

```
=====================is_open.py===================
import pandas as pd
import datetime
#規定格式，以20210404為例，中間不得有任何符號
target_date = '20210404'
#讀取剛剛的休市日期檔案
hd = pd.read_excel(r"D:\Trading Strategy_EX\Chapter3\holiday.xlsx")
```

```
#轉換為list備用
hd_date = pd.to_datetime(hd['日期']).tolist()
print(hd_date)
```

print 出來的結果就是 TimeStamp (時間戳記這種概念) 格式的日期，我們在程式的開頭要求目標比對日期要傳入字串，跟我們這個 list 裡面的時間戳記類型明顯不符，所以到時候還要再做修改。

```
[Timestamp('2021-01-01 00:00:00'), Timestamp('2021-01-04 00:00:00'), Timestamp('202
'), Timestamp('2021-02-09 00:00:00'), Timestamp('2021-02-10 00:00:00'), Timestamp('
:00'), Timestamp('2021-02-13 00:00:00'), Timestamp('2021-02-14 00:00:00'), Timestam
:00:00'), Timestamp('2021-02-17 00:00:00'), Timestamp('2021-02-28 00:00:00'), Times
 00:00:00'), Timestamp('2021-04-03 00:00:00'), Timestamp('2021-04-04 00:00:00'), Ti
-30 00:00:00'), Timestamp('2021-05-01 00:00:00'), Timestamp('2021-06-14 00:00:00'),
-09-21 00:00:00'), Timestamp('2021-10-10 00:00:00'), Timestamp('2021-10-11 00:00:00
```

圖 3.6.8　執行結果，print 出例假日

接著我們就要來比對我們的目標日期是不是有在 holiday，也就是休市裡。當然其實只比對特別休市的時間是不足夠的，因為他並未包含六日，我們還需要判斷是否為星期六或日，當然這就相對簡單了，因為有現成的套件可用，我們使用 datetime 套件的 weekday() 函數。

我們查看官方的說明，0 代表禮拜一，6 代表禮拜日，以此類推我們需要的就是 5 禮拜六跟 6 禮拜日。

date.**weekday**()

Return the day of the week as an integer, where Monday is 0 and Sunday is 6. For example, `date(2002, 12, 4).weekday() == 2`, a Wednesday. See also `isoweekday()`.

圖 3.6.9　擷取自 python 官方，weekday 說明

了解了官方設定後，我們使用 datetime.date.today() 函數獲得今天的日期，在自動交易的範疇中，datetime 的 today() 函數使用機率超級頻繁，我甚至建議你可以背起來，獲取後我們用前面就有說過的方法進行字串格式化備用，然後使用 weekday() 函數來獲取今日星期幾，我們可以把它 print 出來看看。

```
=====================is_open.py===================
#獲取今日日期
today = datetime.date.today()
#將日期進行格式化
str_date = today.strftime('%Y%m%d')
#使用weekday函數判斷星期幾
day = today.weekday()
print(f'今日日期 {today}，weekday返回{day}')
```

我們把結果 print 出來看，返回 5 為禮拜六，確實現在是周六。

```
>>> print(f'今日日期 {today}，weekday返回{day}')
今日日期 2021-07-22，weekday返回3
```

圖 3.6.10　執行結果，weekday 測試

接著我們需要做兩道確認，第一道要確認目標日期是否為周六日，第二道則要確認該日期是否有在國定假日中，我們才可以確保他是正常的營業日。首先第一道非常簡單，就是我們檢查 weekday() 來看看是不是為星期六日，如果是就 print N 並且結束程式，表示目標日期是六日。

```
=====================is_open.py===================
#判定是不是星期六或日，如果是的話就print N出來
if day == 5 or day==6:
    print('N')
    exit()
```

第一道檢核完成後，我們來進行目標日期與國定假日的比對。我們 For loop 剛剛的國定假日 list，並將他的類型由 Timestamp 轉為與目標日期相同的字串，接著就可以比對該字串是否跟目標日期一致，若一致代表今天未開盤，我們返回 N 並結束程式；反之若找不到一致的則返回 Y，程式繼續。

```
=====================is_open.py===================
#Loop國定假日的list
for i in hd_date:
```

```
    #將Timestamp類格式化為與目標日期同樣的字串
    i = i.strftime('%Y%m%d')
    #檢查是否有國定假日跟目標日期一樣，如果一樣print N，表示目標日期為國定
假日，結束程式
    if (i==str_date):
        print('N')
        exit()
    #Y代表不符合六日也非國定假日，有開盤返回Y
    else:
        print('Y')
    exit()
```

我們來直接運行整個程式，我執行日期是 2021/7/22，是營業日，所以程式返回 Y，代表開盤。接下來我們將它寫成函數，以後每一隻幫我們掃描市場的機器人幾乎都會需要判斷是否為營業日。

圖 3.6.11　執行結果，測試判斷營業日流程

營業日判斷 – 函數化

將上述的流程函數化其實很簡單，我們只需要幾個步驟：

1. 定義函數名及傳入參數
2. 函數的縮排等小細節
3. 替換掉由傳入參數定義的部分
4. Return 設計

第一步驟很簡單，我們取一個函數名 is_open，然後傳入 datetime.date 進來，有些人可能會很困惑，為何不傳入字串格式的日期呢？因為我是考量到我們裡面有使用到 weekday() 這個函數，他要求的值必須是 datetime.

date，也就是你使用 datetime 套件返回的類型，並未經過任何轉換的那種。當然如果你想自己修改成傳入字串那也很好，也沒錯，只是你就需要再自己客製化了。

```
=====================is_open.py===================
def is_open(target_date:datetime.date):
```

再來第二步驟對整個程式做縮排 (Tab) 我就不說明了，接著我們將本來是 today = datetime.date.today() 的部分刪除，並將原先 today 的部分換成函數傳入的參數 target_date。

```
=====================is_open.py====================
def is_open(target_date:datetime.date):
    #讀取剛剛的休市日期檔案
    hd = pd.read_excel(r"D:\Trading Strategy_EX\Chapter3\holiday.xlsx")
    #轉換為list備用
    hd_date = pd.to_datetime(hd['日期']).tolist()
    #將日期進行格式化
    str_date = target_date.strftime('%Y%m%d')
    #將要傳給weekday的日期改為傳入的參數
    day = target_date.weekday()
```

最後一步驟了，我們將部分原本 print Y 跟 print N 的地方換為 return Y 跟 N，我們讓函數返回 Y 或 N 的字串來顯示是否有開盤。有些剛入門的人可能會困惑，一個函數中可以有多個 return 嗎？他是怎麼運作的？答案是當然可以！當你的函數遇到第一個 return，他會返回值並且該函數就不會再運行下去了，與原先的 exit() 差別是在 exit() 會中斷所有一切程式，函式也不會返回任何東西；return 有點像告訴你的函式判斷到這裡已經完成任務了，接下來讓這個函式或程式交付任務然後終止該函式，使用到該函式的主程式則會拿到他的任務成果繼續執行。

從程式的例子上來說就是，我們的程式會先判斷是不是六日，如果是他會直接返回 N，也就不會再去往下檢查目標日期是否是國定假日，再來他會把目標日期跟我們的非營業日 list 逐一比對，當遇到為非營業日時則返回 N，此時這個函數就會結束，那如果比對發現是營業日，那在程式的最後面補上返回 Y，代表今日有開盤即可。。

```
=====================is_open.py===================
def is_open(target_date:datetime.date):
    #讀取剛剛的休市日期檔案
    hd = pd.read_excel(r"D:\Trading Strategy_EX\Chapter3\holiday.xlsx")
    #轉換為list備用
    hd_date = pd.to_datetime(hd['日期']).tolist()
    #將日期進行格式化
    str_date = target_date.strftime('%Y%m%d')
    #將原先是today的地方換掉
    day = target_date.weekday()
    #判定是不是星期六或日，如果是的話就print N出來
    if day == 5 or day==6:
        return 'N'
    #Loop國定假日的list
    for i in hd_date:
        #將Timestamp類格式化為與目標日期同樣的字串
        i = i.strftime('%Y%m%d')
        #檢查是否有國定假日跟目標日期一樣，如果一樣print N，表示目標日期為國
定假日，結束程式
        if (i==str_date):
            return 'N'
    return 'Y'
```

上面的 return 設計完成後，實際上整個函數化也就結束了，接著我們再下方做個簡單的測試吧！我們用上 datetime 的 today() 函數，然後 print 出類型檢查一下。

```
=====================is_open.py===================
#獲得今日日期，print出類型確認
today = datetime.date.today()
print(type(today))
```

沒錯，datetime 返回的就是我們要的 datetime.date 類型。接著我們直接將它傳入函數中。

```
>>> print(type(today))
<class 'datetime.date'>
```

圖 3.6.12　執行結果，datetime 的 today 返回類型

傳入後 print 出來目標日期跟結果來看看。

```
=====================is_open.py===================
test= is_open(today)
print(today)
print(test)
```

看看執行結果，4/12 號為星期一，也非國定假日，所以有開盤，返回 Y。至此我們的營業日判斷就完成了！你可以將測試的部分先砍掉，我們接著來做一下本小節的重點統整吧！

```
>>> print(today)
2021-07-22
>>> print(test)
Y
```

圖 3.6.13　執行結果，函數測試

❑ 本小節對應 Code

Trading Strategy_EX / Chapter3 / deal_holiday.py

Trading Strategy_EX / Chapter3 / is_open.py

❑ 小節統整

本小節我們設計了如何判斷是否為營業日，首先我們至證交所下載休市表，並透過 deal_holiday.py 程式整理出一份 holiday 檔案，然後再撰寫一支函數讀取此檔判斷目標日期是否為六日或是國定假日。請記得，每年

年初都要去證交所下載新的檔案，並且執行 deal_holiday.py 產生國定假日檔。接著我們做一點本小節有提到的重點：

1. 讀檔時遇到亂碼，試試用 utf-8 或是 big5（中文字的情況）做 encoding
2. 了解 datetime 的相關應用，包括獲取今日日期、判斷星期幾等
3. 了解函數的 return 的中斷機制
4. 字串的 replace 方法

到這裡其實基本上都算是我們的前置作業，下一小節開始我們要實戰一些小幫手系列，並且最後上線每天運行，替你掃描市場！

3.7 小幫手系列 1 - 跟著法人走

聊聊跟著法人進行交易

我們這個小節來實踐許多剛入門的人喜歡的策略，就是跟著三大法人買賣超情況來進行買賣。但其實這個絕對不是 100% 的賺錢方法，為什麼？因為外資跟投信買賣某些股票很有可能是為了避險或是其它我們不清楚的操作，未必是他看多這家公司，或者是像許多投信或是自營商，它的目的可能是造勢拉起價格，期望順勢獲利出場，你想要了解他的行為除了了解這家的投資習慣之外甚至還可能需要參考美國國債、匯率、美股、港股、日股、韓股等等，因為法人的資料流向有可能是全球布局的，當台灣市場有相對好的前景，而其他國家的市場相對不穩，資金可能就會挹注進來。

聽起來很難吧？但我們未必要賺到鉅額的錢，我們可以跟著風浪走吃一點對他們來說是小屑屑但對我們來說是一筆可觀的獲利，例如當你清楚某個政客或是資本家在炒作某檔商品，雖然該商品可能無那種價值，但

你未必不能進場，你可以搭上順風車賺一波，當然這就很考驗出場的本事了，俗話說的好，會進場的是徒弟，會出場的才是出師了。當然了，這個我就無法交給你了，畢竟我自己也做不好，我所能做的是告訴你方法，如何賺錢就得要靠各自的本事了，很現實吧。本小節設定的跟著法人走的邏輯為連續三天三大法人買超。

開新的專案資料夾，分割前面的練習

我們這就開始吧！我們先前的都是教學居多，現在我希望你為了第三章節的小幫手系列新開一個專案資料夾，無論你要在 D 槽新開一個，或是一樣綁在原本的資料夾下都可以，只希望他跟先前的教學用資料夾分開，因為我希望這些是真的能上線運行的。

首先我們對檔案稍微整理一下，你還記得我們先前練習的時候做了一大堆函數吧？我會希望開一個專門放各種函數的 py 檔來整合，例如我的例子，我會再 D 槽新開一個 Trading 的資料夾，並且開了一個 utility_f.py 希望來存放各個會用到的函數；而另外我開了一個 1_buy_follow_corp.py 來進行我們的主軸，也就是小幫手系列 - 跟著法人走，然後將 AES_Encryption 加密資料夾也放進來，最後把 holiday 判斷營業日檔案也放入就大功告成。當然你如果覺得我這樣的檔名或結構你不喜歡，你可以自行的發想結構，不過當然你自己得對應的上就是了。

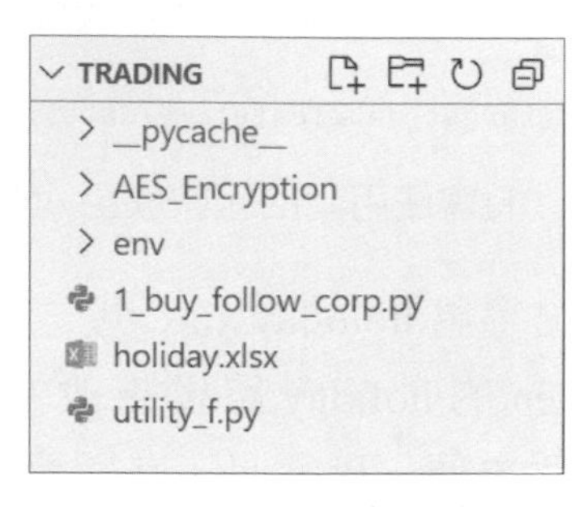

圖 3.7.1　檔案結構

接著我們要思考我們在本次的應用會使用到什麼。我們的主軸既然是跟著法人走，那我們目前需要以下幾樣函數，我會把它貼到 utility_f.py，以及他們所需要的套件，並且我會如下圖做註解註明這些函數的作用，然後請記得 sys.path.appen() 要更改為現在的路徑，才找得到 AES 那一包程式。

1. TWSE.py 裡面的 twse_data
2. is_open.py 裡面的 is_open
3. smtp.py 裡面的 send_mail

```
import requests
import json
import pandas as pd
import sys
sys.path.append('D:\Trading')
import smtplib
from email.mime.multipart import MIMEMultipart
from email.mime.text import MIMEText
from email.mime.application import MIMEApplication
from AES_Encryption.encrype_process import *
import pandas as pd
import datetime
from bs4 import BeautifulSoup

#是否開盤用函數，返回字串Y、N，Y代表有開盤，N反之
'''
target_date = 傳入datetime格式日期，為需要判定是否開盤的日期
'''
def is_open(target_date:datetime.date):
```

圖 3.7.2　將會使用到的函數放至 utility_f.py

另外用到了 is_open 請記得將 holoday.xlsx 也一起搬進來，並請記得將 utility_f.py 裡面的 is_open 的 holiday 路徑更改為新的路徑。其實你可能會覺得這樣改路徑很不方便，確實是，在開發大型專案的時候，路徑問題通常會使用 config 檔案來控制，你就把他想成一個文字檔記錄著專

案會需要用到的路徑，以後更改路徑就去改 config 就好，就不用去記程式到底哪裡用到了路徑，且不只是路徑，包括要寄信的名單也可以透過 config 設定，但我覺得那是比較進階的事情了。

```
#是否開盤用函數，返回字串Y、N，Y代表有開盤，N反之
'''
target_date = 傳入datetime格式日期，為需要判定是否開盤的日期
'''
def is_open(target_date:datetime.date):
    #讀取剛剛的休市日期檔案
    hd = pd.read_excel(r"holiday.xlsx")
```

圖 3.7.3　更改 holiday 路徑

其實我很建議你在專案的函數中的註解寫更清楚一下，像我們先前開發大型專案都會要求基本要有幾個註解：使用說明、使用範例、各個參數說明、作者日期這幾個元素、輸出項目等，當然我們自己做的話有些東西不太需要，但是我還是希望你能養成好習慣，寫個基本說明還有各個函數的意義，例如 is_open() 我用 # 字號當作函數說明，用字串 (三個點 + 三個點) 撰寫參數說明。

```
=====================utility_f.py===================
#是否開盤用函數，返回字串Y、N，Y代表有開盤，N反之
'''
target_date = 傳入datetime格式日期，為需要判定是否開盤的日期
'''
def is_open(target_date:datetime.date):
```

三大法人買賣超日報註解範例。

```
=====================utility_f.py===================
#三大法人買賣超日報，返回一份dataframe
'''
r_date = 字串格式日期，為需要查詢三大法人買賣超日報的目標日期
'''
def twse_data(r_date:str):
```

寄信函數的註解範例。

```
=====================utility_f.py===================
#寄信函數
'''
mail_list = 列表,需要寄信的清單
subject = 字串,標題
body = 字串,內容
mode = 字串,支援text跟html兩種寄信模式
file_path = 列表,想要寄出的檔案的位置
file_name = 列表,希望收件者看到的檔名
'''
def send_mail(mail_list:list, subject:str, body:str, mode :str ,
file_path:list, file_name:list):
```

雖然你可能會覺得有點龜毛,但是相信我,如果你未來的目標是就業成為一位工程師,好的註解跟範例會讓你贏得別人的尊重。對了,有些同學可能會有困惑,平常 python 的字串不是前後兩個點包起來嗎?為什麼上面那個像字串的註解是前後各三,共六個點包起來的?其實 python 中的字串表示法很多,原則上看個人喜好,下面三個都是字串,但是有一點很重要,最下面那個由前後六個點包起來的字串是可以換行的,像是我們上面的註解,第一跟第二個字串換行會報錯,差別在這裡,所以如果你的字串很大量,你就可以用前後六個點包起來的,如果短短幾個字而已用前後兩個點就好了。

```
=====================test.py===================
x = '字串A'
x = "字串A"
x = '''字串A'''
```

為新的環境安裝套件

我們在該開始時就像你介紹過如何從一個環境中輸出套件列表並且安裝到另一個環境中,現在我們剛好遇到需要這麼做的時候了,我快速操作

一次，就不再附帶太多說明了。首先進入舊環境中啟動虛擬環境，並且輸出套件列表，然後將套件列表放到新的專案資料夾中 (D:\Trading)，請你打開 cmd 並且依照下方操作進行。

```
=======================cmd=====================
(env) D:\Trading Strategy_EX>pip freeze > requirement.txt
```

進入新專案資料夾 Trading 中，並且也為他建立一個虛擬環境。然後把剛剛 Trading Strategy_EX 的 requirement.txt 複製過來。

```
=======================cmd=====================
D:\Trading>python -m venv env
```

建立完後啟動，啟動完後 pip install 剛剛放入的套件包，接下來就是等待即可。

```
=======================cmd=====================
(env) D:\Trading>pip install -r requirement.txt
```

跟著法人走 – 開始撰寫！

我們將會使用到的套件先 import 好，包括剛剛整理的 utility_f.py。

```
=================1_buy_follow_corp.py===============
import sys
sys.path.append('D:\Trading')
#import剛剛的函數包as uf
import utility_f as uf
import datetime
import os
import pandas as pd
```

其實我們前面鋪陳的這麼久，真的應用的時候就輕鬆一點了，其實就是把零件組一組，首先我們先獲取今天是否有開盤。

```
=================1_buy_follow_corp.py================
#獲取今日日期
today = datetime.date.today()
#傳入判斷今天是否為營業日
if_trade = uf.is_open(today)
```

如果返回的是 N，代表今日沒有開盤，我們就準備寄出今日未開盤的信件並且結束程式，當然如果你不堪信件騷擾，你可以選擇直接結束程式，不然你有 10 個專案的話你可能會被信件轟炸。

```
=================1_buy_follow_corp.py================
#如果是N，表示沒開盤，準備寄信
if if_trade=='N':
    #沒開盤應該收件者
    mail_list = ['a********@gmail.com']
    #標題為三大法人篩選，今日休市
    subject = f'{today} 小幫手三大法人篩選 - 今日休市'
    #郵件內容為空
    body = ''
    #寄信
    uf.send_mail(mail_list, subject, body, 'text' ,None, None)
    exit()
```

接著我們會遇到一個問題，就是我們希望三大法人連續三天買超，但如果是星期六日一呢？當你星期一傍晚執行程式的時候，你往前推兩天是禮拜六日且沒資料，這可不行，我們應該要讓他往前推，直到他找到除了今日之外最近的兩天的營業日，例如星期四跟星期五。

原則上我會這樣設計，我會有 for loop 往前推 10 天，甚至你要 99 天都可以，然後往前推每一天判斷是否有開盤，有開盤就執行判斷獲取買賣超日報，如果沒有就再往前推一天，直到我們收集到包含今天的三個營業日，程式就會停止搜索。

我們先把上述的結構寫出來，我們 for loop 10 次，如果 control 比 2 還小 (從 0 開始)，證明還沒蒐集到三次，當然這裡還沒有加上如果我搜尋到了開盤日 control 要 +1，待會在程式邏輯區要加上，不然他永遠都是 0。然後如果大於 2 的話代表我找到最近的三天有開盤的買超量則 break 結束迴圈。

```
================1_buy_follow_corp.py================
#創建空的result
result = []
#用control來控制獲得了幾個有開市的資料
control = 0
#迴圈搜索10次
for i in range(0,10):
    #如果control比2還小(0、1、2實際上是三次)，我們就展開搜索
    if control <=2:
        '''
        待會寫程式邏輯區
        '''
    #如果control比2大，代表已經蒐集到足夠的資料了，break結束迴圈
    else:
        break
```

我們一步一步慢慢來，剛剛先打好架構，現在我們來處理程式邏輯區，如果 control 比 2 小，我們用最一開始獲得的日期 today 來做日期運算，這邊有一個日期運算的超好用函數希望你記得 datetime.timedelta() ，其中 days =1 代表加一天，-1 代表減一天以此類推，但是他的運算支援的是 datetime 類型，這代表你不能事先先做日期格式化將他轉成字串，因為它會無法運算，你得要先做日期運算後再做日期格式化。你還記得我的 for loop 的 i 的值是從 0 到 9 嗎？這樣正好，我們只要每一次減去 i 就是我們的目標日期了，先從今日開始 (-0)、前一天 (-1)、前天 (-2) 這樣依次檢核。當然了這個 datetime.timedelta() 不只支援日的運算，其實時分秒甚至

是週的運算都支援，如果有興趣了解你可以把這個函數貼去 Google 看一下官方的說明。

```
=================1_buy_follow_corp.py================
#迴圈搜索10次
for i in range(0,10):
    #如果control比2還小(0、1、2實際上是三次)，我們就展開搜索
    if control <=2:
        #datetime.timedelta()可以對datetime類型作日期運算
        date_target = today + datetime.timedelta(days =-int(i))
    else:
        break
```

當我們獲取目標檢查日期時就好辦了，我們直接傳入自製的開盤日判斷 is_open() ，如果是 N，代表我們的目標日期並未開盤，直接使用 continue 略過這一次的迴圈，開始下一次檢核。接著不是 N 代表有開盤，我們等等來準備進行有開盤時的運算，請記得若是有開盤 control 要 +1，當累積到 >=2 時就代表抓到了三天的營業日。

```
=================1_buy_follow_corp.py================
for i in range(0,10):
    #如果control比2還小(0、1、2實際上是三次)，我們就展開搜索
    if control <=2:
        #datetime.timedelta()可以對datetime類型作日期運算
        date_target = today + datetime.timedelta(days =-int(i))
        #用我們的函數is_open判斷是否開盤
        if_trade = uf.is_open(date_target)
        #未開盤的話則continue直接進行下一批檢差
        if if_trade=='N':
            continue
        #有開盤則control要記得+1，並且進行三大法人買賣超處理
        else:
            '''
            準備處理三大法人買賣超數
            '''
```

```
            control+=1
    else:
        break
```

接著我們來處理 else 的部分，很簡單，我們使用之前貼到 utility_f.py 裡面的三大法人買賣超日報函數 twse_data()，但是要注意哦，我們這個函數當初要求的是字串格式，因此我們得先多一步驟使用 strftime() 將其格式化後再傳入，然後我們 print 出來看看並且加一個中斷點 exit() ，讓程式不要真的去搜尋太多次浪費時間。還有個小小的地方要先提醒一下，如果你在試作的時候是例假日，最好是把我們前面不是有判斷如果今日未開盤則寄信直接結束嗎？最好是把那一段先註解掉，你才有辦法進行我們這邊的測試，不然程式會在寄信後就先終止。

```
================1_buy_follow_corp.py===============
for i in range(0,10):
    #如果control比2還小(0、1、2實際上是三次)，我們就展開搜索
    if control <=2:
        #datetime.timedelta()可以對datetime類型作日期運算
        date_target = today + datetime.timedelta(days =-int(i))
        #用我們的函數is_open判斷是否開盤
        if_trade = uf.is_open(date_target)
        #未開盤的話則continue直接進行下一批檢差
        if if_trade=='N':
            continue
        #有開盤則control要記得+1，並且進行三大法人買賣超處理
        else:
            convert_today = date_target.strftime('%Y%m%d')
            data = uf.twse_data(convert_today)
            print(data)
            exit()
```

看來沒有問題，我們能夠確實的獲得資料，他格式有一點跑掉應該跟 vscode 的顯示有關係，基本上程式運算沒有影響，如果你想雙重確認你可以存成 excel 來看一下。

```
        證券代號            證券名稱  外陸資買進股數(不含外資自營商) 外陸資賣出股數(不含外資自營商)
營商賣出股數(避險) 自營商買賣超股數(避險)      三大法人買賣超股數
0     00632R      元大台灣50反1          5,721,000      1,159,000  ...  42,660,482  10,863,000
1       3481  群創                    96,322,909     51,909,800  ...   3,246,000   7,186,700   -3
2       2401  凌陽                    14,098,848      3,148,000  ...     766,000     390,717
3       2409  友達                    90,468,704     54,412,950  ...   5,092,000   4,142,015
4       2338  光罩                    12,687,010      3,936,000  ...   1,059,115     264,000
...      ...            ...                 ...            ...  ...         ...         ...
1077    2408   南亞科                    7,218,010     20,506,794  ...      68,000     219,230
1078    2002  中鋼                    26,777,479     50,588,201  ...     785,000   1,889,302   -1
1079    0056      元大高股息               775,106      1,404,000  ...      44,000  34,966,334
1080    2303  聯電                    32,587,341     71,046,620  ...   2,674,000     910,000    1
1081    2603  長榮                    52,140,097     92,047,609  ...   1,823,000  13,301,281  -11
```

圖 3.7.4　執行結果，獲取目標日期的三大法人買賣超日報

雖然我們用肉眼看結果覺得很和諧，但其實他這個格式暗藏玄機，還需要再做處理，什麼意思？不知道你有沒有注意到，他的數字是用逗號分隔的，程式接受的數字是例如 12000 這樣乾淨無瑕的數字，但是他的數字是 12,000，多了一個逗號嗎。就是我們常常作帳算錢的時候以千為單位給予的分隔符號 (我不太知道專業術語叫什麼)，對 python 來說那算是字串，而且最可怕的是你要轉成數字 int 或是浮點數 float 他還沒辦法轉，因為他被逗號卡住了。

我們可以做個測試，我們拿原本就要做的篩選三大法人買賣超欄位 >0 的，請看最後一行。

```
================1_buy_follow_corp.py================
#迴圈搜索10次
for i in range(0,10):
    #如果control比2還小(0、1、2實際上是三次)，我們就展開搜索
    if control <=2:
        #datetime.timedelta()可以對datetime類型作日期運算
        date_target = today + datetime.timedelta(days =-int(i))
        #用我們的函數is_open判斷是否開盤
        if_trade = uf.is_open(date_target)
        #未開盤的話則continue直接進行下一批檢查
        if if_trade=='N':
            continue
        #有開盤則control要記得+1，並且進行三大法人買賣超處理
```

```
        else:
            #將日期轉為字串以便傳入twse_data()函數
            convert_today = date_target.strftime('%Y%m%d')
            #獲取三大法人買賣超日報
            data = uf.twse_data(convert_today)
            d_s = data[(data[u'三大法人買賣超股數']>0)]
```

你看，他會告訴你你正在拿字串跟數字來比，意味著他把 12,000 這種包含逗號的數字辨別為字串。

```
Traceback (most recent call last):
  File "<stdin>", line 17, in <module>
  File "D:\Trading\env\lib\site-packages\pandas\core\ops\common.py
    return method(self, other)
  File "D:\Trading\env\lib\site-packages\pandas\core\arraylike.py'
    return self._cmp_method(other, operator.gt)
  File "D:\Trading\env\lib\site-packages\pandas\core\series.py", l
    res_values = ops.comparison_op(lvalues, rvalues, op)
  File "D:\Trading\env\lib\site-packages\pandas\core\ops\array_ops
    res_values = comp_method_OBJECT_ARRAY(op, lvalues, rvalues)
  File "D:\Trading\env\lib\site-packages\pandas\core\ops\array_ops
    result = libops.scalar_compare(x.ravel(), y, op)
  File "pandas\_libs\ops.pyx", line 103, in pandas._libs.ops.scala
TypeError: '>' not supported between instances of 'str' and 'int'
```

圖 3.7.5　執行結果，將目標欄位篩選大於 0 結果報錯

處理的方法有很多，例如先前提到過的 reply 方法並用 replace 將逗號去除掉後再轉 int 或 float，但那招雖然很好用但用過好多次了，我們來用個別招比較簡單的但執行效率應該是略差的方法，之所以效率略差的原因是因為我們會透過寫入檔案在讀檔的方式來操作，基本上寫檔跟讀檔其實是效率相較之下比較差的方式，尤其是操作 excel 檔。

我們將三大法人買賣超日報的資料先存成 excel，並且使用 pandas 的 read_excel 再次讀取，不一樣的是這一次我們使用一個參數叫做 thousands=' , '，根據官方說明，這意味著如果你的數字是以千為單位分隔，告訴它分隔符為何，它就會將原本是字串的改為可以運算的格式。

然後避免檔案堆積我會使用 os.remove() 方法，可以移除剛剛所創立的檔案，避免檔案一直無限堆積下去。處理完後，我會取大於 0 的數，因為我只想要得到法人買超的資料。我們跑跑看並把篩選完的結果存成 excel 檢查一下。

```
================1_buy_follow_corp.py================
if if_trade=='N':
    continue
#有開盤則control要記得+1，並且進行三大法人買賣超處理
else:
    #將日期轉為字串以便傳入twse_data()函數
    convert_today = date_target.strftime('%Y%m%d')
    #獲取三大法人買賣超日報
    data = uf.twse_data(convert_today)
    #儲存成excel
    data.to_excel(f'{convert_today}_twse.xlsx')
    #讀取時使用thousands參數讀取，處理數字問題
    data= pd.read_excel(f'{convert_today}_twse.xlsx',thousands=',')
    #刪除檔案避免檔案堆積
    os.remove(f'{convert_today}_twse.xlsx')
    #只保留三大法人買賣超股數大於0的
    d_s = data[(data[u'三大法人買賣超股數']>0)]
    d_s.to_excel('test.xlsx')
    control+=1
```

從篩選三大法人買賣超日報的結果來看，確實不存在逗號，而且也不存在為負的欄位了，並且看起來證交所回傳的資料中原先就有按照由大而小的順序來排列，我們也省一道功夫去 sort 這些值。

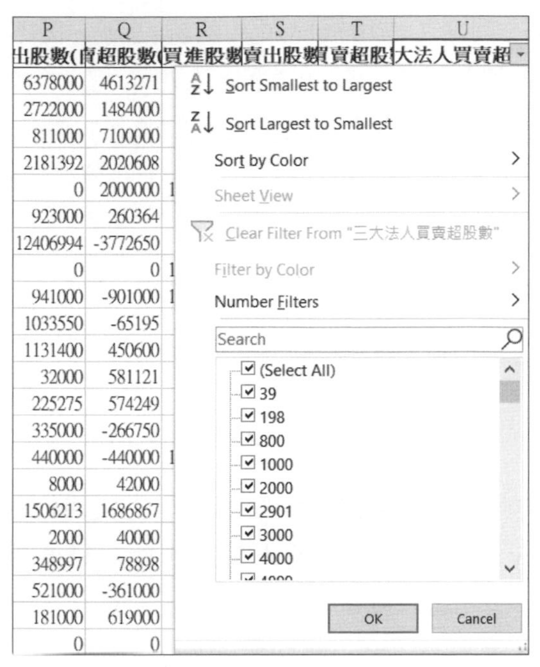

圖 3.7.6　執行結果　三大法人買賣超中已不存在負值

接下來就只剩下我們取法人買超最多的前 50 名，非常簡單，因為證交所傳來的資料已經幫我們排列好，我們只需要切片取得前 50 筆即可。接下來才是比較麻煩的地方，我們要取得每一日的前 50 名單，並且取他們的交集，代表連續三天這檔股票都被法人買超，並都排名在前 50。

```
=================1_buy_follow_corp.py================
#獲取前50名三大法人買超最大量的
d_s = d_s[:50]
```

做法有百百種，你可以用多個 dataframe 來做、或者是存在同一個 list 裡面抓出重複出現三次的元素都可以。我自己的做法是拿最近一天的去跟最近兩天的取交集後再跟最近第三天也就是最後一天再取一次交集。怎麼做呢？我們用到了 python 的好用交集函數 set.intersection(set1, set2 ... etc) ，意思是你需要有一個主要的 set 跟 intersection 傳入的多個 set，他會幫你比對主要的 set 與其它傳入的 set 的交集。至於 set 是什麼呢？ set

是 python 內建的一個類，作用很簡單，幫你回傳一個不重複的序列，我隨便開一個 test.py 測試給你看就知道了。

```
=======================test.py=====================
x = [1,2,3,4,4,4,4,4,5]
print(set(x))
```

他返回一個 set 類，並且裡面只有不重複的元素。

```
>>> print(set(x))
{1, 2, 3, 4, 5}
```

圖 3.7.7　執行結果，set 類用法

而且它好用的地方是，只要它是一組序列基本上就可以用。set 舉凡 str 類型、或者是 numpy.array 類都可以傳入使用，所以只要想到需要取不重複的值的情境，第一個就會想到 set。

```
=======================test.py=====================
#字串範例
x = 'aseaseaeasd'
print(set(x))

#numpy的array範例
import numpy as np
x = np.array([1,3,3,3,4,4])
print(set(x))
```

無論是字串，或是 array 都支持 set 的使用。

```
{'e', 'a', 'd', 's'}
>>> #numpy的array範例
>>>
>>> import numpy as np
>>> x = np.array([1,3,3,3,4,4])
>>> print(set(x))
{1, 3, 4}
>>>
```

圖 3.7.8　執行結果，字串 set 與 array set

接下來，我們需要一個當主軸的 set，這個主軸 set 需要跟其他日期的 set 取交集，得到我們的目標資料。因此我會用 control==0 時候的 set 當作主軸，因為 control==0 意味著還沒有任何日期被觸發，簡單說他就是離最近的一天營業日，因此我們拿他當主軸，至於其他營業日我們就簡單的使用剛剛介紹的 intersection() 方法取得交集即可。

```
=================1_buy_follow_corp.py================
#當control ==0的時候意味著是第一次搜尋到清單，因此當主軸
if control==0:
    result = set(d_s[u'證券代號'].tolist())
#如果不是的話我們用intersection函數來取交集
else:
    result = result.intersection(set(d_s[u'證券代號'].tolist()))
```

完成上述的步驟之後，我們整個處理營業日的程式應該會長這樣：

```
=================1_buy_follow_corp.py================
#用control來控制獲得了幾個有開市的資料
control = 0
#迴圈搜索10次
for i in range(0,10):
    #如果control比2還小(0、1、2實際上是三次)，我們就展開搜索
    if control <=2:
        #datetime.timedelta()可以對datetime類型作日期運算
        date_target = today + datetime.timedelta(days =-int(i))
        #用我們的函數is_open判斷是否開盤
        if_trade = uf.is_open(date_target)
        #未開盤的話則continue直接進行下一批檢查
        if if_trade=='N':
            continue
        #有開盤則control要記得+1，並且進行三大法人買賣超處理
        else:
            #將日期轉為字串以便傳入twse_data()函數
            convert_today = date_target.strftime('%Y%m%d')
            #獲取三大法人買賣超日報
```

```
            data = uf.twse_data(convert_today)
            #儲存成excel
            data.to_excel(f'{convert_today}_twse.xlsx')
            #讀取時使用thousands參數讀取，處理數字問題
            data= pd.read_excel(f'{convert_today}_twse.xlsx',thousands=',')
            #刪除檔案避免檔案堆積
            os.remove(f'{convert_today}_twse.xlsx')
            #只保留三大法人買賣超股數大於0的
            d_s = data[(data[u'三大法人買賣超股數']>0)]
            #獲取前50名三大法人買超最大量的
            d_s = d_s[:50]
            #當control ==0的時候意味著是第一次搜尋到清單，當主軸
            if control==0:
                result = set(d_s[u'證券代號'].tolist())
            #如果不是的話我們用intersection函數來取交集
            else:
                result = result.intersection(set(d_s[u'證券代號'].tolist()))
             #全部處理了control才+1，要注意位階，是在if else之外
            control+=1
    else:
        break
```

最後，我們只差一步簡單的，就是將剛剛的 result 寄出去，result 這裡我會用逗號把結果清單的 list 黏起來是因為如果你直接以 list 的字串形式寄出去，你收信的時候會看到類似 [2330, 2440, 1205] 這樣子的中括號，如果你不介意那就沒關係，但我覺得有點醜，所以我會再額外做一點處理。標題就是我們的三大法人篩選以及今日日期，內容則是篩選過後的股票，之後再寄出即可。

```
================1_buy_follow_corp.py================
#收件名單
mail_list = ['a******8@gmail.com','0******9@gm.scu.edu.tw']
#將結果用逗號黏成字串，非必要，但是我不喜歡list的中括號，看起來蠻醜的
result  = ",".join(result)
#標題我們加上日期，淺顯易懂
```

```
subject = f'{today} 小幫手三大法人篩選'
#內容就是剛剛篩選完成的股票
body = f'目標股票 {result} 連續三日法人買超'
#寄信
uf.send_mail(mail_list, subject, body, 'text' ,None, None)
```

異常處理 – try /except 介紹

其實到這裡程式也已經完成 9 成了，但通常我們還會做一個步驟，就是用 try 跟 except 將程式包裝起來，當遇到錯誤的時候可以寄信通知我們程式異常，不然如果未來你的程式上線了，有一天有意外的 bug 你完全不會知道，唯一的線索就是靠你自己的記憶，想起今天早上 9 點應該有一支程式要寄報告，我怎麼沒收到呢？

這時候我們就會需要用到 try / except 了 (其實還有 finally，但我覺得初期 try / except 其實很堪用了)，try / except 的邏輯很簡單，例如你跟程式說你先試試看這一段程式 (主程式)，執行過程中發現異常了你就立刻中止 try 的部分幫我執行 except 之後的那一段。以往你寫程式假設第 10 行有 bug，它是不是會立即中止並且告訴你第 10 行出問題了？但當你用 try / except 時他會在第 10 行停下，然後直接跳到 except 去執行你希望他遇到 bug 時做的事情，但小缺點就是如果你不特別設計，他通常會直接跳去執行 except 而不會告訴你你的程式哪裡出了問題，因此針對這個部分我們要來增加一下，另外小小的提醒，try/except 與 if / else 等一樣，都是具備縮排的。

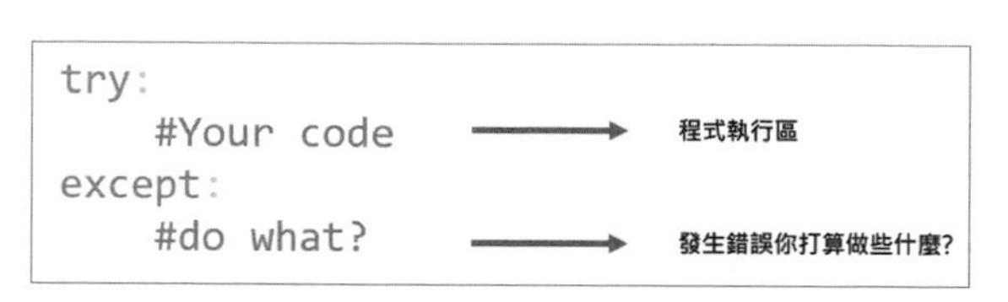

圖 3.7.9　try / except 簡單邏輯

除此之外，except 還可以疊加多層，因為有時候你一定會希望針對不同的錯誤去做不同的處理，我隨意舉例，例如如果是檔案找不到的異常 (FileNotFoundError)，你希望它就當作沒看到不要提醒自己，你就在下圖的第一個 except 做 pass 或隨意 print 一個資訊；你希望型態錯誤代表很嚴重需要提醒自己，你就在第二個 except 做寄信的動作，然後剩下所有未知的 except 走第三個動作，例如寫入記事本中等等。這個多層的 except 我們待會就會用到。

```
try:
    #Your code
except FileNotFoundError:
    #do what?
except TypeError:
    #do what?
except:
    #do what
```

圖 3.7.10　try / except 多個 except 介紹

我們直接用程式來示範吧，這樣你可能更好理解一點。我隨便開一個 test.py 隨便寫一段示範，我們隨便打一串亂碼。

```
======================test.py=====================
#隨便打
Asdasdsad
```

通常你會收到你並未定義這一段 asdasdsad 東西的錯誤。

```
Traceback (most recent call last):
  File "<stdin>", line 1, in <module>
NameError: name 'Asdasdsad' is not defined
```

圖 3.7.11　執行結果，未定義該變數

加入 try / except 的概念，並且發生錯誤時 print Error 出來。

```
======================test.py=====================
#隨便打，加入try / except
```

```
try:
    asdasdsad
except:
    print('Error')
```

我們看執行結果，你看，缺點就是即使發生錯誤你也不知道錯在哪，你最多只可以知道發生錯誤。

```
>>> try:
...     asdasdsad
... except:
...     print('Error')
...
Error
```

圖 3.7.12　執行結果，程式遇到錯誤會自動執行 except 的部分

我們剛剛有看到錯誤是發生在 NameError 對吧，所以我們可以指定當發生 NameError 時就 print 出指定的字元，這樣子的設計很常使用，例如我們有時候會對錯誤的類型進行分級，可預期且對專案影響不大的視為 LV1，影響範圍很大且無法預期的的視為 LV2 等等。

```
=====================test.py=====================
#隨便打，加入try / except
try:
    asdasdsad
except NameError:
    print('NameError')
except FileNotFoundError:
    print('FileNotFoundError')
except SystemExit:
    print('SysError')
```

發生 NameError，他就會依照我們指定的路走。

```
>>> try:
...     asdasdsad
... except NameError:
...     print('NameError')
... except FileNotFoundError:
...     print('FileNotFoundError')
... except SystemExit:
...     print('SysError')
...
NameError
```

圖 3.7.13　執行結果，多層 except 掌握錯誤類型

這時候你會不會有一個疑問？ Except 不好用阿，因為發生錯誤的時候他雖然會照著我們指定的路走，但問題是我不知道發生什麼錯誤，該如何進行 debug ？

沒錯！不過這個問題很簡單，我們運用 traceback 這個套件，只要多幾個字就解決了，答案就是 traceback.format_exc() ，這個函數會幫我們將詳細的錯誤資訊轉為字串供你使用，你就能完完全全的看到你在 debug 的時候看到的錯誤了，包括錯誤類型、發生在哪一行、錯誤詳細資訊等等。

```
=====================test.py====================
#import traceback
import traceback
try:
    asdasdsad
except NameError:
    print('NameError')
    #traceback.format_exc()返回追蹤到的錯誤詳細資訊
    print(traceback.format_exc())
except FileNotFoundError:
    print('FileNotFoundError')
    print(traceback.format_exc())
except SystemExit:
    print('SysError')
    print(traceback.format_exc())
```

我們 print 出 traceback 的結果，就跟你遇到 bug 時噴出來的討厭訊息一樣，清楚又明白。

```
NameError
Traceback (most recent call last):
  File "<stdin>", line 2, in <module>
NameError: name 'asdasdsad' is not defined
```

圖 3.7.14　執行結果，traceback 追蹤到的錯誤

異常處理 – 實作在我們的小幫手系列

我們剛剛示範了如何捕捉錯誤資訊，接下來我們只要把發生異常的 except 的部分寄信，就搞定了吧！如下面的程式，原則上就是這麼簡單，try 就是把小幫手系列全部貼上去，except 的部分其實也只是將標題改為異常，然後把 body 也就是內容的部分換成我們 traceback 紀錄的錯誤資訊，就寄出。

```
================1_buy_follow_corp.py===============
try:
    '''
    小幫手系列放在這
    '''
except:
    #發生異常時
    mail_list = ['a*****8@gmail.com','0*****9@gm.scu.edu.tw']
    #標題我們加上日期，淺顯易懂
    subject = f'{today}  小幫手三大法人篩選異常'
    #內容就是剛剛篩選完成的股票
    body = traceback.format_exc()
    #寄信
    uf.send_mail(mail_list, subject, body, 'text' ,None, None)
```

但是其實還有一個小問題，你還記得我們的小幫手系列在未開盤寄信的那部分有 exit() 嗎？其實 exit() 對 try / except 來說也是應該要被追蹤到的

錯誤，例如我們這樣舉例，正常來說你可能會認為下面這個程式會 print 出 OK 並且結束，不帶任何異常對吧？

```
==========================test.py===========================
Import traceback
try:
    print('OK')
    exit()
except:
    print('Error')
    print(traceback.format_exc())
```

我們觀察一下這個結果，他不只有跑 try 的部分，當他遇到 exit() 的時候他會執行 except 的 Error 字串以及錯誤資訊，代表對 python 的錯誤機制來說，exit() 算是錯誤的一種，這原則上是 python 本身的設計，不過我們可以避免掉的，他很清楚的寫了這個是 SystemExit Error，所以我們只要避開就好，還記得多層 Except 吧？

```
OK
Error
Traceback (most recent call last):
  File "<stdin>", line 3, in <module>
  File "C:\Users\ONE PIECE\AppData\Local\
    raise SystemExit(code)
SystemExit: None
```

圖 3.7.15　執行結果，exit 被判定為錯誤的一種

我們在專門為 SystemExit Error 設計一層 except，來看看他的執行結果。

```
==========================test.py===========================
import traceback
try:
    print('OK')
    exit()
except SystemExit:
    print('Its ok ')
```

```
except:
    print('Error')
    print(traceback.format_exc())
```

他就執行了 Its ok 字串，這時候設計就方便對了對吧？當我們遇到錯誤時要寄信，只需要寄最後一個 except 的錯誤訊息就好，SystemExit 這一類的錯誤就讓它帶過。

```
...
OK
Its ok
```

圖 3.7.16　執行結果，加入多層 except

最後，我們把小幫手的程式貼上去，並且加入遇到 except 的時候寄信，整個程式如下，如果你覺得看得很累你可以去我們前言有介紹到的我的 Github 上面直接找程式下來讀，不過我還是建議你自己打過想過一遍。我們來運行看看吧！

```
=================1_buy_follow_corp.py================
import sys
sys.path.append('D:\Trading')
#import剛剛的函數包as uf
import utility_f as uf
import datetime
import os
import pandas as pd
import traceback
try:
    #獲取今日日期
    today = datetime.date.today()
    #傳入判斷今天是否為營業日
    if_trade = uf.is_open(today)
    #如果是N，表示沒開盤，準備寄信
    if if_trade=='N':
        #沒開盤應該收件者
        mail_list = ['a*****8@gmail.com','0**9@gm.scu.edu.tw']
```

```
        #標題為三大法人篩選，今日休市
        subject = f'{today} 小幫手三大法人篩選 - 今日休市'
        #郵件內容為空
        body = ''
        #寄信
        uf.send_mail(mail_list,subject,body,'text',None, None)
        exit()
    #用control來控制獲得了幾個有開市的資料
    control = 0
    #迴圈搜索10次
    for i in range(0,10):
        #如果control比2還小(0、1、2實際上是三次)，我們就展開搜索
        if control <=2:
            #datetime.timedelta()可以對datetime類型作日期運算
            date_target = today + datetime.timedelta(days =-int(i))
            #用我們的函數is_open判斷是否開盤
            if_trade = uf.is_open(date_target)
            #未開盤的話則continue直接進行下一批檢查
            if if_trade=='N':
                continue
            #有開盤則control要記得+1，並且進行三大法人買賣超處理
            else:
                #將日期轉為字串以便傳入twse_data()函數
                convert_today = date_target.strftime('%Y%m%d')
                #獲取三大法人買賣超日報
                data = uf.twse_data(convert_today)
                #儲存成excel
                data.to_excel(f'{convert_today}_twse.xlsx')
                #讀取時使用thousands參數讀取，處理數字問題
                data= pd.read_excel(f'{convert_today}_twse.xlsx',
thousands=',')
                #刪除檔案避免檔案堆積
                os.remove(f'{convert_today}_twse.xlsx')
                #只保留三大法人買賣超股數大於0的
                d_s = data[(data[u'三大法人買賣超股數']>0)]
```

```
                #獲取前50名三大法人買超最大量的
                d_s = d_s[:50]
                print(len(d_s))
                #當control ==0的時候意味著是第一次搜尋到清單，因此當主軸
                if control==0:
                    result = set(d_s[u'證券代號'].tolist())
                #如果不是的話我們用intersection函數來取交集
                else:
                    result = result.intersection(set(d_s[u'證券代號
'].tolist()))
                #全部處理了control才+1，要注意位階，是在if else之外
                control+=1
        else:
            break
    #收件名單
    mail_list = ['a*****8@gmail.com','0*****9@gm.scu.edu.tw']
    #將結果用逗號黏成字串，非必要，但是我不喜歡list的中括號，看起來蠻醜的
    result  = ",".join(result)
    #標題我們加上日期，淺顯易懂
    subject = f'{today}  小幫手三大法人篩選'
    #內容就是剛剛篩選完成的股票
    body = f'目標股票 {result} 連續三日法人買超'
    #寄信
    uf.send_mail(mail_list, subject, body, 'text' ,None, None)
except SystemExit:
    print('Its OK')
except:
    #收件名單
    mail_list = ['a*****@gmail.com','0*****@gm.scu.edu.tw']
    #標題我們加上日期，淺顯易懂
    subject = f'{today}  小幫手三大法人篩選異常'
    #內容就是剛剛篩選完成的股票
    body = traceback.format_exc()
    #寄信
    uf.send_mail(mail_list, subject, body, 'text' ,None, None)
```

我們先執行一個正常的，執行完後打開信箱確實看到了三大法人連續三天買超，並且三天排名都在前 50 的名單，這時候你就可以多多對這幾檔股票作深入研究，決定是否要買進。本小節至此已結束，最後我們來個統整吧。

圖 3.7.17　執行結果，三大法人買賣篩選

接著我們在 try 裡面隨便打一堆亂碼故意引發錯誤，我只擷取片段。

```
=================1_buy_follow_corp.py================
try:
    #獲取今日日期
    today = datetime.date.today()
    dasdsadsad
    #傳入判斷今天是否為營業日
    if_trade = uf.is_open(today)
```

我們打開信箱來看結果，很棒吧！當我們的程式發生錯誤時我們不僅能收到通知，而且連錯誤的位置都記下來了。其實基本上在開發任何專案，尤其是需要佈署自動運行的，錯誤的發現與紀錄往往重點，錯誤追蹤做不好，專案絕對不要想上線，通常更大型一點的專案我們會分各種 Level 並以文字檔或是儲存至資料庫的方式來記錄錯誤，但現在我們的這個專案規模較小，當遇到錯誤時我們寄信出來讓開發者知道就好。

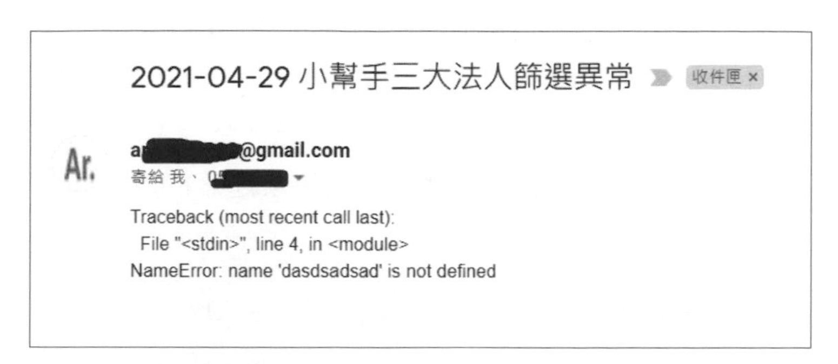

圖 3.7.18　執行結果，刻意引發錯誤

至此我們的第一個專案算是完成了，有些細心的同學如果有跟證交所比對，請記得驗證時不要選擇全部喔，你還記的我們在 2.5 小節做證交所三大買賣超日報表蟲時選擇的是不包含權證等等的，例如下圖的這種權證，所以你驗證時也得選不包含權證，結果才會正確。

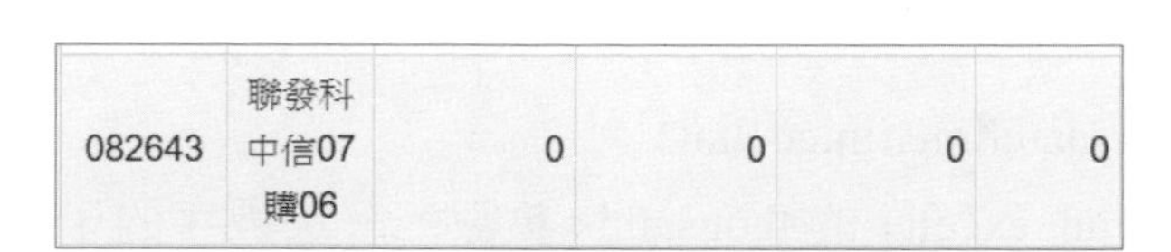

082643	聯發科中信07購06	0	0	0	0

圖 3.7.19　請記得排除權證商品

❑ 本小節對應 Code

Trading / 1_buy_follow_corp.py

❑ 小節統整

其實完成了這個小節，你可以給自己一點鼓勵。因為從這個小節開始，就逐漸有完成一個作品或是完成一個專案的感覺了，雖然可能個小小的作品。如果你想當一名工程師，我甚至很鼓勵你將程式放在 Github 上面當你的作品集，即便是練習的程式也可以，聲明參考哪些學習資源做練

習就好，對面試會有很大的幫助，當然無論你傳上什麼，如果你還記得的話要記得盡量補上來源，例如你是參考哪一份專案來進行修改的。不知道你有沒有感覺到，其實看到這小節許多東西就是基本的邏輯或是 if / elif /else、for 迴圈等等再處理，其他方法也是大部分我們先前就有經歷過的，如果你有那種好像是把先前會的東西拼湊起來的感覺，恭喜你！你正漸入佳境。

做到現在你可能還是需要每天自己去運行程式，但在本章節的最後部份我們會說說如何設置 windows 排程，只要你電腦有開機，程式就會自動幫你運行每一個你設定的程式，無須人工啟動運行，很方便吧？我現在就是這麼做的，我有幾隻程式在協助我們每天掃描台股市場，並且我們還會模擬真實交易並且觀察回報，當然這就是後話了，當然要更進階的話其實我們會用一些回測套件例如 backtest 或是 backtrader 等框架。

我們來統整一下本小節的重點技術吧：

1. 日期運算 datetime.timedelta()
2. pandas read_excel() 的 thousands 參數，解決數字的千位逗號分隔問題
3. set 取不重覆值與 set.intersection() 取交集
4. try / except 的基本概念及應用
5. traceback 追蹤錯誤訊息

緊接著我們就來進行下一個為我們工作的機器人吧！我們來看看配息高且股價位於低點的股票。

3.8 小幫手系列 2 - 配息高 (現金殖利率)、股價低

聊聊配息高與股價低

許多人喜歡以高殖利率，也就是發放現金股利的多寡來進行存股，因為若是放的長且股價也直直上升，那真的是兩邊賺，而且相較於短線操作者所承擔的風險較小、所花費的心力也較低。在這個存款利率低且通膨高的年代，國外有許多金融大佬甚至都認為將錢存入銀行已經是一件很愚蠢的事情，且借錢的利率相較以往較低，甚至有些願意承擔高風險玩家會去借貸大筆現金，並放在配息高且穩定的股價或是基金上，甚至是去玩高槓桿的產品，我隨意舉例，假設借貸年利息是 2.5%，你隨意買入一個基金或者是穩定的股票，我想至少也會有 3-5% 的年報酬，這中間的差額就會是你的利潤。

不過你是不是這樣子想那就見仁見智了，或許等到你看到這裡的時候時代也不一樣了？利率早已水漲船高也說不定，且隨著每個人對風險的接受度不同，所能進行的投資也應該不同，像我自己也不會全部將資金丟入高風險高回報的產品，例如期貨或是選擇權之類的上面，我也蠻支持分配部分資金去撿一些配息高的股票，並且在他相對低價的時候進行買入，如此就有更大的機會賺進價差。聊了這麼多，我們馬上來實戰吧。

決定心目中的高配息

我不確定你心中是否已經有所謂的可以接受的現金殖利率的值，但我們可以透過一些簡單的統計方法來協助決定以多少現金殖利率才是自己滿意的標準。

你還記得我們在 2.2 小節所作的台股列表蟲嗎？我們將它產生的檔案 stock_list 放入 Trading 這個專案資料夾中，並且我會創立一個 2_buy_with_devidend.py。然後我們讀取檔案並取其中的代號欄位獲取所有的台股股票代號。

```
================2_buy_with_devidend.py ===============
#import需要的套件
import yfinance as yf
import pandas as pd
import numpy as np
import time
#讀取台股列表
stock_list = pd.read_excel('D:\Trading\stock_list.xlsx')
#獲取所有的股票代號並儲存成array或list都可以
all_stock = stock_list['代號'].values
```

因為沒有什麼特別新的觀念，所以我們一次講多一點。首先我們一樣 loop 所有的股票，在這邊我們介紹一個基礎簡單好用的計算運行時間的方式，就是你在開頭使用 time.time() 記錄一個時間，然後在迴圈的結尾在一個 time.time() 紀錄另一個時間並相減，你就可以知道程式運行的時間了。會做這個是因為有時候如果遇到迴圈次數比較大的，我們通常會 print 出一些基本的資訊來記錄程式處理的進度到哪裡了，例如我們用 count 來累計處理了幾筆，然後用 time.time() 紀錄每一次迴圈的處理時間，你就能對程式執行的時間做一個掌握。

```
================2_buy_with_devidend.py ===============
#儲存每支股票的殖利率
dividend_store = []
#計數用
count = 0
#迴圈loop每一支股票
for i in all_stock:
    #我們來計算一下每一筆處理的時間，在開頭記錄一個start時間點
```

```
    start = time.time()
    #計數用參數+
    count+=1
    #記錄每一筆結束時間
    end = time.time()
    #將進度print出來
    print(f'Dealing: {count} | All: {len(all_stock)} | Cost Time: {end-start}s')
```

如果在 3.1 小節中我們介紹 yfinance 用法時，你有特別注意的話就會發現 yfinance 的返回公司基本資訊 info() 方法中裡面就有自帶公司現金股利的資訊，在 key = dividendYield 對應的 value 中，因此我們只要呼叫 Ticker 類並使用 info() 方法取得公司基本資訊後再取 dividendYield 即可獲得現金股利資訊。值得注意的是要防範 yfinance 有時候傳回的資料是 None，因此特別檢核如果不是 None 才做儲存，除此之外加入 try/except，當錯誤發生時顯示出來。最後我們將進度 print 出來追蹤即可。

```
================2_buy_with_devidend.py ===============
#儲存每支股票的殖利率
for i in all_stock:
    try:
        #我們來計算一下每一筆處理的時間，在開頭記錄一個start時間點
        start = time.time()
        #計數用參數+
        count+=1
        #yfinance呼叫該股Ticker類
        stock = yf.Ticker(f'{i}.TW')
        #info中具備殖利率資訊，拿來使用
        d_y = stock.info['dividendYield']
        #有時候yfinance回傳的資料有異常需做排除，如果值不是0的才儲存
        if d_y!=None:
            dividend_store.append(d_y)
        #記錄每一筆結束時間
        end = time.time()
        #將進度print出來
```

```
        print(f'Dealing: {count} | All: {len(all_stock)} | Stock: {i} | DY: 
{d_y} | Cost Time: {end-start}s')
    except:
        print(f'Error Stock ! Dealing: {count} | All: {len(all_stock)} | 
Stock: {i}')
```

最後我們對迴圈儲存的所有股票來做一些很基本的統計，新手朋友要特別注意縮排問題喔，下面這些 print 要在 for 迴圈之外。基本上想到要做基本的統計一定會先想到 numpy 跟 pandas，這兩個套件專業於資料科學的，因此分析之類的通常都會使用這兩個套件，我自己覺得在統計方面 pandas 是套裝包得比較好，易用難改；numpy 則是相反，很多統計都要自己串，但是靈活，且 numpy 以快速著稱。這裡有一個 numpy 很重要的函數 np.percentile() ，是用來計算百分位數的，就是所謂的數組從小排到大，我們要取排在中間的那個 (50)。完成後我們開始執行吧！

```
================2_buy_with_devidend.py ===============
dividend_info  = np.array(dividend_store)
#平均數
print(f'Mean:{np.mean(dividend_info)}')
#最大
print(f'Max:{np.max(dividend_info)}')
#最小
print(f'Min:{np.min(dividend_info)}')
#標準差
print(f'Std:{np.std(dividend_info)}')
#平均數
print(f'Mean:{np.mean(dividend_info)}')
#最大
print(f'Max:{np.max(dividend_info)}')
#最小
print(f'Min:{np.min(dividend_info)}')
#標準差
print(f'Std:{np.std(dividend_info)}')
```

```
#第50分位數
print(f'50%:{np.percentile(dividend_store,50)}')
#第70分位數
print(f'70%:{np.percentile(dividend_store,70)}')
#第90分位數
print(f'90%:{np.percentile(dividend_store,90)}')
```

首先你應該會看到這個，也就是我們逐筆的進度，從每次迴圈大約 2 秒來估算，全部跑完估計要 30 分鐘，而且我是建議最好加上 2-3 倍來估算他的時間，根據經驗畢竟 yfinance 他說到底也是爬蟲套件，因此有時候會吃到網路、對方伺服器回應、yahoo 官方伺服器回應等多種因素，因此我們大概估計平均跑完約要一個鐘頭。

```
Dealing: 114 | All: 951 | Stock: 1522 | DY: 0.0631 | Cost Time: 5.905749559402466s
Dealing: 115 | All: 951 | Stock: 1524 | DY: 0.0202 | Cost Time: 6.083806991577148s
Dealing: 116 | All: 951 | Stock: 1525 | DY: 0.0275 | Cost Time: 5.828543663024902s
Dealing: 117 | All: 951 | Stock: 1526 | DY: 0.014199999 | Cost Time: 7.112440347671509s
Dealing: 118 | All: 951 | Stock: 1527 | DY: 0.0252 | Cost Time: 11.119198560714722s
Dealing: 119 | All: 951 | Stock: 1528 | DY: 0.0091 | Cost Time: 5.6380579471588135s
```

圖 3.8.1　執行結果，迴圈處理進度

這時候我們就要思考一下設計了，因為其實現金股利久久才發放一次，因此你每 3-4 個月或者是拉更長再執行可能都沒關係，但是我們除了這個之外還希望能夠捕捉到目標股票價格在低點的位置，這時候勢必得要分開設計了，我們需要兩支程式，一支可能每三個月執行一次，在六日這種沒開盤的時候執行掃描高殖利率股，然後另一支每日比對高殖利率股是否來到滿意的價格，如此才能有效率的解決需求。

迴圈差不多跑好了，我們來看統計資訊。平均約 3% 左右，且我們觀察中位數與平均值差異不大可以推測殖利率的分布蠻均勻的，並沒有過度右偏或左偏的信號。但是有一點很奇怪，我們看到最大值竟然有超過 52% 的現金殖利率，為何呢？

```
Mean:0.036477279063099576
>>> #最大
>>>
>>> print(f'Max:{np.max(dividend_info)}')
Max:0.5698
>>> #最小
>>>
>>> print(f'Min:{np.min(dividend_info)}')
Min:0.00029999999
>>> #標準差
>>>
>>> print(f'Std:{np.std(dividend_info)}')
Std:0.03584665067703209
>>> #平均數
>>>
>>> print(f'Mean:{np.mean(dividend_info)}')
Mean:0.036477279063099576
>>> #最大
>>>
>>> print(f'Max:{np.max(dividend_info)}')
Max:0.5698
>>> #最小
>>>
>>> print(f'Min:{np.min(dividend_info)}')
Min:0.00029999999
>>> #標準差
>>>
>>> print(f'Std:{np.std(dividend_info)}')
Std:0.03584665067703209
>>> #第50分位數
>>>
>>> print(f'50%:{np.percentile(dividend_store,50)}')
50%:0.0315
```

圖 3.8.2 執行結果，現金殖利率

其實是因為 yfinance 的殖利率的 info 中紀錄的殖利率是 Forward dividend yield ，他的意涵就是以第一季的配息去預估整年度的可能配息，例如假設 A 股票每季都配息，第一季每股配息為 $0.01，此時股價 $10 ，正常你會看到的殖利率為 0.01/10 = 0.001 (0.1%) ，但你在 yfinance 看到的會是 (0.01 * 4)/10 = 0.004 (0.4%)，其實概念蠻容易懂的，但就是要注意它是預估的算法。但對我來說我還可以接受，因為所有的股票都採取一致的算法，因此我還是能從中取得預估配息較高的股票。

如果你真的對於他的算法有疑慮，你還記得 yfinance 的 history() 方法會返回 Dividend 欄位嗎？你可以篩選 Dividend>0 的即是每一次的配息，然後再根據公式去做運算，但這你就得小心了，因為股票可能有分季配跟半年配等等，如果你拿半年配的單純去跟季配比，因為他們的單位不同，你很有可能會有高估或低估的現象，這下子你可以比較體會 yfinance 為何要提供年的預估殖利率嗎？

以這樣的分布來看，看你想要怎麼定義，但對我來說我可能會將目標放在 90 百分位以上的殖利率，在我現在運行的時候殖利率 90% 以上為約 5% 年殖利率，因為我主觀覺得以中位數來說 3% 的殖利率對我來說太少了一點。有了目標之後，我們就對這一支程式進行改寫，改為儲存殖利率在 5% 以上的才是我們的目標，並且儲存起來，然後等後面介紹到設定排程時我們就以每個月執行一次為標準。

獲取殖利率大於 5% 的股票清單

其實跟剛剛大同小異，只是我們在中間加入兩個 if 條件，第一個 if 是要檢核 yfinane 傳回來的資訊基本是正確的，我們要確定他傳回的資料有這個欄位，其實像我們短時間內對它請求將近 1000 次，它有時候會壞掉返回一個空值回來，其實也未必是它的問題，無論你在寫什麼類型的程式，通常這種大量迴圈尤其是又涉及到爬蟲的東西你多少都需要做一點檢核，避免拿到有誤的資料。第二個 if 就只是我們篩選殖利率大於 5% 的，並且用一開始建立的兩個空 list 儲存股票代號跟殖利率起來，最後儲存成檔案即可。

當然還有一點也很重要，我們希望這個殖利率的一個月執行一次，那也算是掛排程執行，因此我們把上一小節的發生錯誤寄出錯誤資訊也加上去。總的來說程式如下。

```
================2_buy_with_devidend.py ================
#import需要的套件
import yfinance as yf
import pandas as pd
import numpy as np
import time
import datetime
import traceback
import utility_f as uf
try:
    #讀取台股列表
    stock_list = pd.read_excel('D:\Trading\stock_list.xlsx')
    #獲取所有的股票代號
    all_stock = stock_list['代號'].values

    #儲存每支股票的殖利率
    dividend_store = []
    stock_store = []
    #計數用
    count = 0
    #迴圈loop每一支股票
    for i in all_stock:
        #我們來計算一下每一筆處理的時間，在開頭記錄一個start時間點
        start = time.time()
        #計數用參數
        count+=1
        #yfinance呼叫該股Ticker類
        stock = yf.Ticker(f'{i}.TW')
        #info中具備殖利率資訊，拿來使用，並排除None
        try:
            if stock.info['dividendYield'] !=None:
                #有的話取殖利率
                d_y = stock.info['dividendYield']
                #有時候yfinance回傳的資料有異常需做排除，如果值不是0且大於
0.05的才儲存
```

```
                if d_y!=None and d_y>=0.05:
                    stock_store.append(i)
                    dividend_store.append(d_y)
            else:
                d_y=None
            #記錄每一筆結束時間
            end = time.time()
            #將進度print出來
            print(f'Dealing: {count} | All: {len(all_stock)} | Stock: {i} |
DY: {d_y} | Cost Time: {end-start}s')
        except:
            print(f'Error Stock ! Dealing: {count} | All: {len(all_stock)} |
Stock: {i}')
    data = pd.DataFrame()
    data['代號'] = stock_store
    data['殖利率'] = dividend_store
    data.to_excel('D:\Trading\dividend_list.xlsx')
except SystemExit:
    print('Its OK')
except:
    today = datetime.date.today()
    #收件名單
    mail_list = ['a****@gmail.com','0***9@gm.scu.edu.tw']
    #標題我們加上日期，淺顯易懂
    subject = f'{today}  小幫手高配息名單篩選異常'
    #內容就是剛剛篩選完成的股票
    body = traceback.format_exc()
    #寄信
    uf.send_mail(mail_list, subject, body,'text', None, None)
```

獲取目標股票股價

因為我們希望領配息的同時，股價價差也有機會賺到，因此除了配息高之外，我也希望股價能夠在相對低點，接著我們要來每日掃描剛剛產生的清單的股票，只要有低於目標股價我們就發出提醒，那怎麼定義目標股價？我覺得這個可能是看你個人能接受的範圍在那裡 (如果是玩短線我們可能會透過一些演算法去決定目標股價，例如透過統計決定目標股價的範圍)，我個人是覺得現在的價格小於過去一年內的最高價的 70% 我就可以接受，朝著這個方向我們就來實做看看，我新開一個 py 檔 2_2_buy_with_dividend_price.py，用跟剛剛一樣的 2 開頭的代號幫助我辨識他們是屬於綁在一起的程式。

其實起手式都差不多，以前努力過造了一些工具，其實後面大部分的框架都差不多，貼上去中間改一改細節就好，我們讀取配息檔然後將其中的代號轉為 list 備用，其他就都一樣，判斷營業日，頂多就是標題改一改，改成你能一眼就明白是哪支程式在運作就可以。

```
==============2_2_buy_with_dividend_price.py ============
import utility_f as uf
import pandas as pd
import yfinance as yf
import numpy as np
import datetime
import traceback
#讀取高配息清單
data = pd.read_excel('D:/Trading/dividend_list.xlsx')
#獲取代號
target_stock = data['代號'].tolist()
#獲取今日日期
today = datetime.date.today()
#傳入判斷今天是否為營業日
if_trade = uf.is_open(today)
#如果是N，表示沒開盤，準備寄信
if if_trade=='N':
    #沒開盤應該收件者
    mail_list = ['a*****8@gmail.com']
    #標題為三大法人篩選，今日休市
```

```
    subject = f'{today} 小幫手高配息低股價，每日價格比對 - 今日休市'
    #郵件內容為空
    body = ''
    #寄信
    uf.send_mail(mail_list, subject, body, 'text',None, None)
    exit()
```

接著做一些日期的處理，我們用先前用過的 timedelta() 來操作日期，有一個小訣竅是 yfinance 的 end 日期最好是設置 T+1，才會獲得 T 的日期，也就是如果你要 4/28 的資料，那你傳入的 end 最好是 4/29 的，因此我們將 today+1 日當作 yfinance 的歷史資料的 end。

```
==============2_2_buy_with_dividend_price.py ============
#獲取過去一年的日期，我們以365天估算
date_start = today + datetime.timedelta(days =-365)
#轉為str格式等一下準備傳入yfinance的history獲取歷史股價
date_start = date_start.strftime('%Y-%m-%d')
#獲取T+1日，因為yfinance的end日期是到T-1
date_end = today + datetime.timedelta(days =1)
#轉為str格式等一下準備傳入yfinance的history獲取歷史股價
date_end = date_end.strftime('%Y-%m-%d')
```

接著我們迴圈每一檔股票，其實下面做的事情也都是以前有是犯過的操作，我們用 yfinance 獲取歷史股價，並且取 high 最高價欄位存成 array 後用 max 取最大值，然後取最近一天的 close 後就可以開始比對了，當比對到最近的收盤價比最高價的 70% 還要小，我們就 print 出來並且儲存相關資訊備用，等一下組合起來寄信。

```
==============2_2_buy_with_dividend_price.py ============
#創建空list備用
target_store = []
highest_store = []
now_price_store = []
#迴圈處理每一支目標股票
```

```
for target in target_stock:
    #獲取目標股票的Ticker類
    stock = yf.Ticker(f'{target}.TW')
    #傳入start跟end獲取歷史股價
    df = stock.history(start=date_start,end=date_end)
    #轉為array並使用np.max獲取最大值
    highest = np.max(df['High'].values)
    #取最後一筆的Close價格作為目標
    now_price =df['Close'].values[-1]
    #如果目標小於一年內最高價的70%則執行以下操作
    if  now_price< highest*0.7:
        #儲存股票代號
        target_store.append(target)
        #儲存一年內最高價
        highest_store.append(highest)
        #儲存最近的收盤價
        now_price_store.append(now_price)
        #print出來觀賞
        print(f'Stock: {target} | high 70%: {highest*0.7} | now: {now_price}
| Status : Get!')
```

這邊我想要稍微婆婆媽媽的補充一下，有些時候我們可能會將完全一致的工作放進迴圈裡，例如前面的日期操作，我們在大專案中 tune 效能的時候，最基本的就會去檢查有沒有做這種多餘的操作，也就是迴圈裡重複的工作盡量少。這麼解釋吧，無論你迴圈是哪一支股票，是不是我們的 start 跟 end 日期全部都是一樣的？那你就沒有必要把日期操作放進迴圈裡，因為他每一次迴圈都在做著重複的動作，有時候我自己也會犯這樣的錯，尤其是在自己寫來自用的專案中更懶的檢查，但我很建議初學者平常養成這種習慣，例如你可以幫我檢查看看我以前示範的程式是不是有犯過這種錯誤。

我們來執行一下剛剛上面那一段吧，我們總共會獲得七支符合目標的股票。接下來我們來組合一下做寄信通知吧。

```
Stock: 1432 | high 70%: 14.65079001963632 | now: 14.300000190734863 | Status : Get!
Stock: 1439 | high 70%: 26.200902944726387 | now: 23.25 | Status : Get!
Stock: 1611 | high 70%: 11.584999465942381 | now: 11.449999809265137 | Status : Get!
Stock: 2439 | high 70%: 114.77775236050759 | now: 107.5 | Status : Get!
Stock: 2505 | high 70%: 36.49502713619 | now: 30.5 | Status : Get!
Stock: 2923 | high 70%: 30.694998931884765 | now: 28.549999237060547 | Status : Get!
Stock: 4119 | high 70%: 94.85 | now: 90.5 | Status : Get!
Stock: 6666 | high 70%: 84.69999999999999 | now: 81.30000305175781 | Status : Get!
Stock: 6754 | high 70%: 48.28541292371493 | now: 46.150001525878906 | Status : Get!
Stock: 8482 | high 70%: 76.29118552468039 | now: 75.0 | Status : Get!
Stock: 9802 | high 70%: 97.64999999999999 | now: 95.5999984741211 | Status : Get!
Stock: 9929 | high 70%: 14.874999999999998 | now: 10.949999809265137 | Status : Get!
```

圖 3.8.3　執行結果，符合最近收盤小於一年內的最高價的 70%

準備寄出掃描結果

我們上一次做小幫手系列時是單純把股票代號弄成文字寄出，這一次我們來點不一樣的吧，我們在寄信那個小節說過後面要來寄寄看用 html 來寄信的，我們就挑這個章節吧！我們寄出一個表格，我希望裡面的內容是掃描日期、股票代號、股票名稱、最近價格、一年內最高價、這幾個欄位。掃描日期、股票代號、最近價格跟一年內最高價這幾個元素我們早就有了，現在要獲得股票名稱，你還記得我們曾經有一份所有股票的清單 stock_list.xlsx 嗎？我們就用這個來操作吧。

這就來組合，我們讀取所有股票列表，並且 loop 剛剛獲得的符合條件的那 7 檔股票，利用 dataframe 的篩選方法篩出股票列表中的目標股票代號後，我們存成 array 後取裡面的第一個元素 append 至 list，如果你不取第一個元素的話，你可能會將一個 array 包進 list 裡面，到時候裡面就不是好看的數字了而是一個 array。

```
==============2_2_buy_with_dividend_price.py ============
#讀取所有股票清單
all_stock_list = pd.read_excel('D:/Trading/stock_list.xlsx')
#創建空list備用
stock_name_store = []
#loop符合我們目標的股票
```

```
for st in target_store:
    #dataframe的篩選，篩選出目標股票
    select_data = all_stock_list[(all_stock_list[u'代號']==st)]
    #取得後取股票平稱後轉values再取裡面的元素
    target = select_data['股票名稱'].values[0]
    #append進list
    stock_name_store.append(target)
```

其實作法有百百種，我們剛剛是 loop 目標股票後去股票清單中篩選，你可以從所有股票清單中一次篩選出符合那 7 檔股票的，然後再利用 pandas 的 merge，以股票代號為 keys 合併兩個欄位，但這個方法我們目前還沒説到，後面的章節若有機會使用到再來説明。

話扯遠了，我們再扯回來，接下來我們創建一個空的 dataframe 並且將剛剛獲得的各種元素拼湊在一起即可。

```
==============2_2_buy_with_dividend_price.py ============
#創建空的dataframe準備寄信
empty_df = pd.DataFrame()
empty_df['日期'] = len(target_store)*[today]
empty_df['股票代號'] = target_store
empty_df['股票名稱'] = stock_name_store
empty_df['最近收盤'] =  now_price_store
empty_df['一年內最高'] = highest_store
```

我們剛剛提到過我們想要寄出表格對吧？想要寄出這種有美觀有格式的東西，常常就需要倚靠 html 的格式，而且很簡單，因為 pandas 內建函數可以幫你將 dataframe 轉為 html 的格式，那就是 to_html() ，index=False 是我不想要看到索引，索引沒指定通常就會是 0 到你的 dataframe 的大小，這個對我們來説目前沒有意義，我們把它 print 出來看看吧。

```
==============2_2_buy_with_dividend_price.py ============
#將dataframe轉為html格式
empty_df = empty_df.to_html(index=False)
print(empty_df)
```

我們來看看執行結果。<tr></tr>、<td></td> 跟 <th></th> 就是很標準很基本的 html 表格的組成，有了這個其實我們直接將這個 html 格式指定為 body 然後寄出即可，但我通常還會想要加一點東西，例如我想要在表格的下方加入投資理財有賺有賠這樣的警語。

```
<table border="1" class="dataframe">
  <thead>
    <tr style="text-align: right;">
      <th>日期</th>
      <th>股票代號</th>
      <th>股票名稱</th>
      <th>最近收盤</th>
      <th>一年內最高</th>
    </tr>
  </thead>
  <tbody>
    <tr>
      <td>2021-07-23</td>
      <td>1432</td>
      <td>大魯閣</td>
      <td>14.300000</td>
      <td>20.929700</td>
    </tr>
    <tr>
```

圖 3.8.4　執行結果，將 dataframe 轉為 html 格式

接著我們來補一個 html 格式，html 最基本的就是 <html></html> 作為一切 html 的開頭，然後 <body></body> 裡面則塞各式各樣的內容。<h4></h4> 這種的你可以把他想成段落，總之就是獨立的一行字，隨著數字越大字體就會越小，所以 <h1></h1> 會是最大的，剩下的我們就不再補充了，因為那些就比較偏寫網頁的技術了。我們使用 h4 來寫下一些說明，h5 來寫下一些提醒，然後在他們的中間埋入剛剛轉換完畢的 dataframe。最後下面寄信的部分則一樣，唯獨我們將本來是 text 字串的部分換成 html 字串，我們就可以來看看成果了。

```
==============2_2_buy_with_dividend_price.py ============
body = f'''<html>
            <font face="微軟正黑體"></font>
            <body>
            <h4>
```

```
            小幫手系列偵測下表股票配息高且股價相對低
            </h4>
            {empty_df}
            <h5>投資理財有賺有賠，請謹慎評估風險</h5>
            </body>
            </html>'''
mail_list = ['a*****@gmail.com','0*****9@gm.scu.edu.tw']
#標題我們加上日期，淺顯易懂
subject = f'{today}  小幫手高配息低股價-每日價格比對'
#寄信
uf.send_mail(mail_list, subject, body,'html', None, None)
```

我們來看看執行結果，太棒了！我們獲取了目標欄位，並且兩個段落加上整齊的表格都在！我們的本小節的練習就告一段落囉。

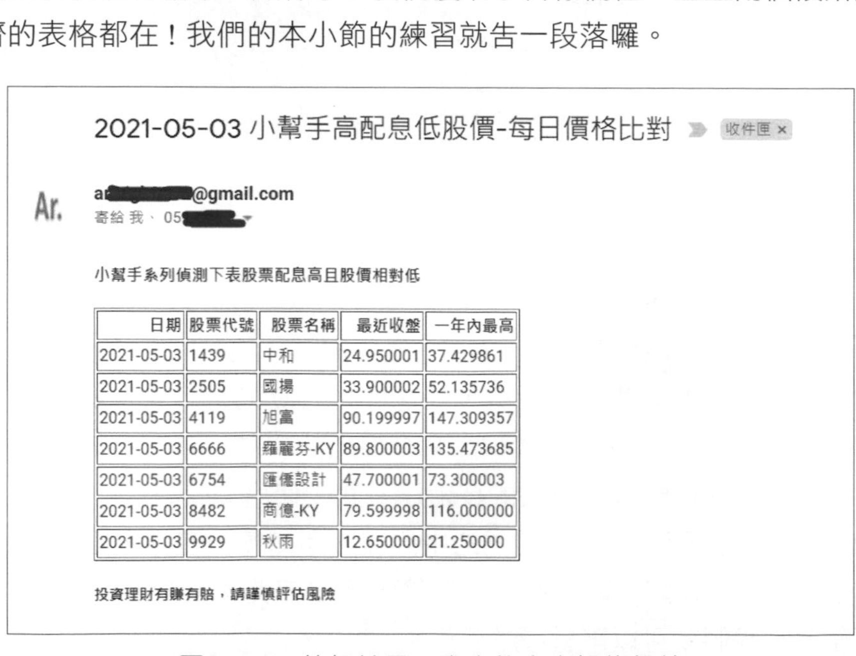

日期	股票代號	股票名稱	最近收盤	一年內最高
2021-05-03	1439	中和	24.950001	37.429861
2021-05-03	2505	國揚	33.900002	52.135736
2021-05-03	4119	旭富	90.199997	147.309357
2021-05-03	6666	羅麗芬-KY	89.800003	135.473685
2021-05-03	6754	匯僑設計	47.700001	73.300003
2021-05-03	8482	商億-KY	79.599998	116.000000
2021-05-03	9929	秋雨	12.650000	21.250000

圖 3.8.5　執行結果，寄出整齊表格的信件

最後我把程式加上跟上一小節一樣的 try / except 機制，並且改一改標題，整個程式就完成囉。不過 2_2 這支程式比較長，我們就不浪費篇幅了，請你上 Github 上面抓囉。

❑ 本小節對應 Code

Trading / 2_buy_with_devidend.py
Trading / 2_2_buy_with_dividend_price.py

❑ 小節統整

本小節一樣是實作一個小幫手系列，當然對學習最有幫助的是你有自己質疑且自行修改的能力，我隨便舉例，例如你認為收盤突破過去一年的 70% 還不夠，你還想要參考最高與最低的起伏，並且現在的價格往回拉幾 % 你才要寄信等等，如果你有自己的想法，基於上面的教學進行更改，那我認為你已經漸漸內化成自己的功力了。

其實俗話說的好，免錢的最貴，我們自己當初拿 yfinance 來開發時，常常遇到一次掃描 900 多檔有時候他回傳的資料會有缺漏的狀況，通常這種時候真的蠻困擾的，因為有些缺漏看起來很正常，你很難去發掘，他回傳空的我們還開心，因為很好檢查出來，回傳是有資料的但中間少了一點，或者是有資料但資料是錯的，例如台積電股價他傳回 999 這種才是最困擾的，所以我們會針對掃描出來的名單再去做人工檢查。例如其他的資料都是 100 筆，但是中間可能會有 2-3 檔很奇怪，回傳只有 96 筆之類的 (並不是股票停止交易這種的哦)，有時候我們會透過比對與其他股票的筆數來做基本檢核，例如大家都是 100 筆，怎麼就這 2-3 檔是 80 筆來作錯誤檢測。

不過我們那時候認為發生的比例勉強可以接受，所以也沒有太多糾結在上面，畢竟我們本來就計畫開發完後可行，準備上線之時應該要去使用相對穩定性較好的券商 api 報價，不過壞處就是支援的商品沒有像 yfinance 這麼廣泛，且用起來的設定比較繁複一點點。其實 yfinance 也沒有這麼不好，它對於美股等更大的市場支援相對穩定，台股可能市場偏小，支援有限，而且他不需要你註冊、付錢或是有下單可以讓他抽手續費，什麼都不需要的情況下我認為他已經提供 cp 值超級超級高的資料了，非常適合廣大入門者研究使用。

說了這麼多，我們來統整一下本小節的重點技術吧，然後趕緊進入下一主題吧：

1. 紀錄運行時間的簡單方式，開頭紀錄一個 `time.time()` 結尾記錄一個後相減。
2. numpy 的各種基礎統計方法，包括 max、min、std、mean、percentile 等。
3. pandas 自動轉為 html 的 `df.to_html()` 方法。
4. 學會以 html 方式寄信。

3.9 小幫手系列 3 – 暴跌中的股票 + 消息面

聊聊暴跌中的股票與消息面

會想以這個主題當範例是因為我有個對股票研究很熱愛的朋友，有一次吃飯時我向他討教討教他是怎麼研究股票的，他說他很喜歡撿一些在暴跌中的雞蛋水餃股，並且觀察看看消息面與研究基本面之後決定要不要持有，我覺得這個也是蠻適合做成小幫手系列的題材，雖然這並不是我會採納的方法。這個策略的重點應該不在於暴跌中的股票以及雞蛋水餃股，而是在於如何解讀基本面及消息面決定應該如何進場，我覺得這才是獲利的關鍵，當然這就很考驗你的本事啦。

那我們本小節的重點就是在捕捉我自行定義的暴跌，並且將該個股的新聞傳送至我的信箱中供我研究，我們這就開始吧！

取得暴跌中的股票

其實這個主題應該不算太難，我們怎麼定義暴跌呢？我這邊的範例以連續兩天的跌幅超過 5% 就列入觀察名單中。首先我先開一個 3_buy_with_price_fall.py 的檔案，並且我們將先前 2.4 小節的新聞取得蟲做的函數放進 utility_f.py，寫上註解。

```
=====================utility_f.py ===================
#取得目表股票新聞函數
'''
stock = 字串，目標股票
target_page = 整數，要抓取的頁數
'''
def get_yahoo_news(stock:str,target_page:int):
```

接著我們就開始吧，其實許多步驟跟前面一樣。但為了有利於學習，我會盡量讓中間的環節至少有一點不一樣的應用出現，前面請就容許我不多做解釋了，我們 import 完套件之後一樣讀取所有股票清單並獲取日期後判斷今天是否有開盤，幾乎每一支程式都會需要了。

```
=================3_buy_with_price_fall.py==============
import sys
sys.path.append('D:\Trading')
import utility_f as uf
import pandas as pd
import yfinance as yf
import numpy as np
import datetime
import time
data = pd.read_excel('D:/Trading/stock_list.xlsx')
#讀取股票清單
target_stock = data['代號'].tolist()
#獲取今日日期
today = datetime.date.today()
```

```
#傳入判斷今天是否為營業日
if_trade = uf.is_open(today)
# #如果是N，表示沒開盤，準備寄信
if if_trade=='N':
    #沒開盤應該收件者
    mail_list = ['ar******@gmail.com']
    #標題為三大法人篩選，今日休市
    subject = f'{today} 小幫手暴跌中的股票偵測 - 今日休市'
    #郵件內容為空
    body = ''
    #寄信
    uf.send_mail(mail_list, subject, body, 'text',None, None)
    exit()
```

接著也是老套路，為了傳給 yfinance 獲取歷史資料我們將起始跟結束日定義。因為我們的目標是連續兩天跌 5% 就算是暴跌中的股票，因此我們最多往前取 20 天就好了，老實說其實取個 10 天或 5 天也可以，但以防有一些超長連假，反正理論上請求資料的速度不會因為多取 10 條就造成大量的時間花費，因此我們保守一點就抓個 20 天，保證不會不夠。

```
=================3_buy_with_price_fall.py==============
#獲取過去10天的收盤價
date_start = today + datetime.timedelta(days =-20)
#轉為str格式等一下準備傳入yfinance的history獲取歷史股價
date_start = date_start.strftime('%Y-%m-%d')
#獲取T+1日，因為yfinance的end日期是到T+1
date_end = today + datetime.timedelta(days =1)
#轉為str格式等一下準備傳入yfinance的history獲取歷史股價
date_end = date_end.strftime('%Y-%m-%d')
```

接著我們創建空 list 後迴圈每一筆股票，然後通常這種 requests (使用 yfinance 請求資料也是 requests 的一種) 次數過高的我都會讓程式 sleep 個 0.5 秒以提升資料回傳的品質，然後我們使用獲取歷史資料的函數。

```
=================3_buy_with_price_fall.py==============
#創建空list備用
stock_store = []
today_store = []
today_fall = []
count = 0
#迴圈處理每一支目標股票
for target in target_stock:
    count+=1
    time.sleep(1)
    #獲取目標股票的Ticker類
    stock = yf.Ticker(f'{target}.TW')
    #傳入start跟end獲取歷史股價
    df = stock.history(start=date_start,end=date_end)
```

接著我們做一點基本的檢核，當資料至少大於五筆時我們才採用，根據我以前開發的經驗，yfinance 有部分股票 (可能兩三支吧，其實我沒統計過，但是有遇過) 常常會回傳只有一筆，或者是完全是空的資料，為了防止這種事我們做基本的檢核，確定沒問題後轉換成 array 取今天、昨天、前天的資料，就可以準備開始比對了。

```
=================3_buy_with_price_fall.py==============
    #做一點基本的檢核，防止資料回傳0筆或1筆
    if len(df) >=5:
        #將收盤轉為array並且取最後一筆，今天的收盤
        today_price = df['Close'].values[-1]
        #將收盤轉為array並且取倒數第二筆，昨天的收盤
        yes_price = df['Close'].values[-2]
        #將收盤轉為array並且取倒數第三筆，前天的收盤
        be_yes_price = df['Close'].values[-3]
```

漲跌幅的公式如下，我們就按照這個公式來寫，並且當漲跌幅小於 -5 時，代表符合我們的期待。

漲跌幅 =(現價 - 上一交易日的收盤價)/ 上一交易日的收盤價 X100%

根據公式，我們拿剛剛存的 (今日收盤 - 昨日收盤)/ 昨日收盤 *100 獲取今日的漲跌幅，昨日漲跌幅則比照辦理，(昨日收盤 – 前天收盤) / 前天收盤 *100。

```
=================3_buy_with_price_fall.py==============
        #根據公式取得今日的漲跌幅
        fall_today = ((today_price - yes_price)/yes_price)*100
        #根據公式取得昨日的漲跌幅
        fall_yes = ((yes_price-be_yes_price)/be_yes_price)*100
```

接著就是 if 條件判斷了，當這兩個跌幅都大於 5，也就是都小於 -5，我們就儲存資訊備用。我們處理篩選跌幅大於預期的 for 迴圈就完成了。

```
=================3_buy_with_price_fall.py==============
        #兩個漲跌幅皆小於-5則是我們的目標，儲存起來。
        if fall_today<=-5 and fall_yes<=-5:
            today_store.append(today_price)
            today_fall.append(fall_today)
            stock_store.append(target)
        #print出處理進度
        print(f'Dealing Stock: {target} | All Stock: {len(target_stock)} |
Now: {count}')
```

接著也很容易，邏輯上我們只要將剛剛篩選出來的暴跌中的股票 loop 取新聞名單就好了，我會這樣做，如果是迴圈的第一步的話，會先創建一個主要的新聞 dataframe，然後把接下來其他的新聞直接接在後面。Pandas 的 dataframe 串接的方法有很多，包括直向拼接的 concat 以及橫向合併的的 merge (其實也有人拿 concat 方法去做橫向拼接，不過詳細的就是後話了)，concat 跟 append 基本達到的效果是差不多的，就是將資料直的拼接起來，我自己認為用法差異是在於 concat 是用在稍微比較複雜一點的拼接任務，例如合併方法有分 inner、left、right 與 outer 等等，以後有機會我們再來介紹拼接方法。

我們按照剛剛所計畫的來寫，我用我常常使用的方法，先用一個控制用參數 control，如果是 0 代表是第一次運行，並且傳入目標股票代號並獲取一頁，然後使用變數 main_df 作為主要的 dataframe，之後為了方便辨識是哪一支股票的新聞我們創建 stock 欄位，我們要創造跟新聞列表同樣大小的代號名稱，例如我有 10 篇新聞，那我就要創建大小為 10 的股票代號 list (無限複製一個的 list 方法就是例如 5 * [1]，你就會獲得 [1,1,1,1,1])，這樣 dataframe 才組合的起來，然後 control+1 代表第一步已經結束。之後就簡單了，我們只要做一樣的動作，然後將新產生的新聞 dataframe 直接 append 到原先的主要 dataframe 即可。

```
=================3_buy_with_price_fall.py==============
#控制用
control = 0
#Loop剛剛篩選的結果
for t in stock_store:
    #使用到跟requests有關的東西，習慣先sleep一下
    time.sleep(1)
    #我們要將目標股票的新聞連接再一起，contorl=0代表第一次loop
    if control==0:
        #使用新聞函數獲取新聞，並且先獲取主要的dataframe，其他股票的就連接在
        後面
        main_df = uf.get_yahoo_news(t,1)
        #多一個欄位叫做stock儲存這篇新聞是屬於那一支股票
        main_df['stock'] = len(main_df)*[t]
        #control+1，避免不斷輪迴這一段
        control+=1
    else:
        #新的變數merge_df，獲取新聞
        merge_df = uf.get_yahoo_news(t,1)
        #取得該篇新聞屬於哪一支股票
        merge_df['stock'] = len(merge_df)*[t]
        #接在最一開始的dataframe後面
        main_df = main_df.append(merge_df)
```

但是我在運行的時候，有時候會遇到下圖這個錯誤，回傳的資料是空的，而且是有時會發生有時不會，這意味著我們的爬蟲雖然正常得到回應了，可是對方傳回的資料是空的，當然也不排除可能是網路瞬斷，無論如何我們得對原本的 get_yahoo_news() 函數做一點這種意外狀況排除。

```
Traceback (most recent call last):
  File "<stdin>", line 6, in <module>
  File "D:\Trading\utility_f.py", line 132, in get_yahoo_news
    for i in page.text:
AttributeError: 'NoneType' object has no attribute 'text'
```

圖 3.9.1　執行結果，取得目標股票新聞遇到錯誤

我們找到取得新聞的函數，我們可以善用 try / except 來處理，無論發生何種錯誤，我們就返回 Title、url、date 全部都是 error 的字串，這樣你打開 excel 看到 error 你就能清楚是新聞出了問題，try 底下就是剛剛寫的所有 code，只是多了 except，當有任何錯誤發生時傳回一個充滿字樣的 dataframe。

```
======================utility_f.py==================
'''
stock = 字串，目標股票
target_page = 整數，要抓取的頁數
'''
def get_yahoo_news(stock:str,target_page:int):
    try:
        '''
         省略原先的取得新聞的部分
         '''
    except:
        result = pd.DataFrame()
        result['title'] = ['Error']
        result['url'] = ['Error']
        result['date'] = ['Error']
    return result
```

改完之後，我們把剩下的部分都寫好再一次運行吧，我們剛剛寫到了獲取暴跌中的股票，然後也獲取了相關新聞，原則上我會這樣設計，我會將暴跌中的股票名單放在信件的 body 中，並且把新聞檔案放在夾檔，這樣我下班後打開信件就可以知道暴跌中的股票有哪幾檔，並且打開他們位於第一頁的新聞來看看這些股票的消息面如何，可以的話再去自行研究一些基本面或籌碼面決定是否進場。

接下來的事情就沒什麼技術難度了，我們將剛剛的目標新聞存成 excel 檔，然後將你想在信件內容中看到的表格整理出來，例如我放進了股票代號、今天收盤價以及今日跌幅做為參考，並且我們使用 to_html 變成 html 格式後就可以準備發信了。

```
================3_buy_with_price_fall.py==============
main_df.to_excel(f'D:/Trading/fall_stock_news.xlsx',index=False)
#處理要寄信的部分，這裡處理我希望放在信件body的暴跌中的股票清單
empty_dataframe = pd.DataFrame()
empty_dataframe['股票代號'] = stock_store
empty_dataframe['今價'] = today_store
empty_dataframe['今日跌幅%'] = today_fall
#希望寄出的是表格，因此我們將他轉為html備用
empty_dataframe = empty_dataframe.to_html(index=False)
```

包括發信以及我們的 try / except 異常寄信，整個程式請參閱 Github，接著我們來執行看看吧。

因為我寫到這裡的時候是假日，因此我運行時先把判斷營業日的部分先註解掉，跑完後我們就可以收到結果信件了。

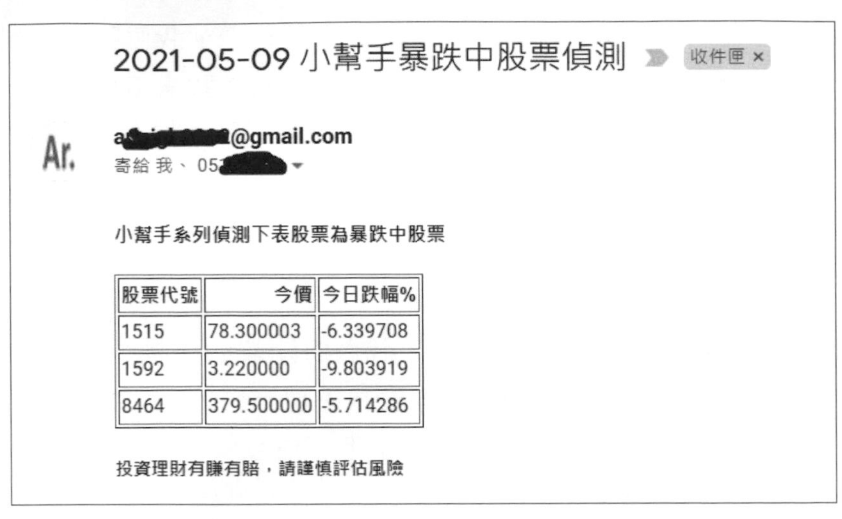

2021-05-09 小幫手暴跌中股票偵測 收件匣 ×

@gmail.com
寄給 我、05

小幫手系列偵測下表股票為暴跌中股票

股票代號	今價	今日跌幅%
1515	78.300003	-6.339708
1592	3.220000	-9.803919
8464	379.500000	-5.714286

投資理財有賺有賠，請謹慎評估風險

圖 3.9.2　執行結果，暴跌中的股票信件

然後我們查看附檔，找到新聞列表的 excel。這就代表我們成功了。

	A	B	C	D	E	F
1	title	url	date	stock		
2	【公告】力山	https://tw.s	2021/05/07	1515		
3	《熱門族群》	https://tw.s	2021/04/11	1515		
4	【公告】力山	https://tw.s	2021/04/09	1515		
5	《熱門族群》	https://tw.s	2021/04/06	1515		
6	《電機股》力	https://tw.s	2021/04/04	1515		
7	【公告】力山	https://tw.s	2021/03/15	1515		
8	【公告】力山	https://tw.s	2021/03/15	1515		
9	【公告】力山	https://tw.s	2021/03/15	1515		
10	《台北股市》	https://tw.s	2021/03/10	1515		
11	【公告】力山	https://tw.s	2021/03/09	1515		
12	【公告】英瑞-	https://tw.s	2021/05/08	1592		
13	【公告】英瑞-	https://tw.s	2021/05/08	1592		
14	【公告】有關	https://tw.s	2021/05/06	1592		
15	【公告】英瑞-	https://tw.s	2021/05/06	1592		

圖 3.9.3　執行結果，新聞列表

❑ 本小節對應 Code

Trading / 3_buy_with_price_fall.py

❑ 小節統整

你有沒有發現，到了這個小節其實技術面真的都沒什麼特殊的了，並不是我在敷衍你，事實上真的是這樣，通常在開發這種小幫手系列的選股程式時，其實最費工的不過是資料來源還有一些例如寄信這種應用的程式，而這部份我們在前面章節已經全數完成，後面真的只是把以前開發的各種工具集合起來用而已，主流程其實也不過就是一些簡單的資料運算，例如 pandas 的合併、篩選；numpy 的運算與數值比大小等等。當然你自己還可以再做一些優化跟整理，能夠有自己的想法並做程式的更改才是進步飛速的開始，例如你可以從最簡單的整理檔案開始，像是因為這是入門的所以我並沒有做太多的規定與規劃，否則按照平時開發的習慣，我會將主程式、自己寫的套件、結果檔、config 設定檔與 log 檔分開放置各個資料夾做一個簡單的環境整理，當然這部分看你覺得怎樣比較順眼。

我們小幫手系列示範到這邊我想就做結束，接下來我們會教如何掛上排程讓程式自動為你工作。我們這個章節其實沒用到什麼技術指標，大部分都是籌碼面與基本面等等的選股方式，接下來我們下一章節要來介紹如何回測你的交易策略，基於技術指標，然後我們一樣會掛上排程持續運行一個月來模擬我們的簡單策略在未來一個月的績效如何。

本小節就到這裡了，你看我也列不出有什麼新的技術總結，其實有時候我們還會參考總經的資料，例如 FRED API，我們因為篇幅有限沒有辦法所有東西都嘗試組合一遍，但其實概念還是一樣，你去參考他們官網的用法，如同 yfinance 那樣，然後從中找尋你要的資料。做成小幫手時其實概念也是一樣，reqeusts 回來的 dataframe 經過篩選、合併，然後簡單的運算判斷又是一個新的小幫手，小幫手真的不難，麻煩的是前面的各種資料準備等等。

3.10 讓程式自動為你工作 – 善用 windows 排程

聊聊排程器

説到排程器，你可能本來就有使用經驗了，例如網上抓一支清理檔案的 bat 檔然後掛排程一周清掃一次等，或是有些喜歡用外掛的小玩家對於排程器更是熟稔，排程器確實很容易，但當你興高采烈的要使用時，你一定會遇到一個大問題，虛擬環境怎麼辦？

如果你直接排程運行我們的 Trading 裡面的小幫手檔，那你一定會遇到套件問題，因為我們都把套件裝在虛擬環境裡了，本機環境不要説什麼特殊套件了，連 pandas 都沒有。有些朋友可能會説，那就把虛擬環境的套件倒出來在本機的環境 install 阿。如果你的專案規模還很小，那這或許是個暫時的解，我不會反對，但總有一天你仍然需要知道如何使用不同的環境掛不同的程式，原因很簡單，就像我們之前在虛擬環境章節所説的，未來你使用到一些比較進階的套件時，例如深度學習 / 機器學習的重點框架 tensorflow / pytorch 或是 keras 這類的時候，你就會體會他們的版本不同的差異，你在網路上下載一個模型要來運行，他指定的版本若是稍微舊一點，你載的比較新的話，有些東西甚至可能會沒法運行，或是你要花功夫去修改。

怎麼做呢？我們現在立刻來試試，這個小節不寫 code 的，稍微輕鬆一下。

打開工作排程器，基本了解

我們首先打開工作排程器。

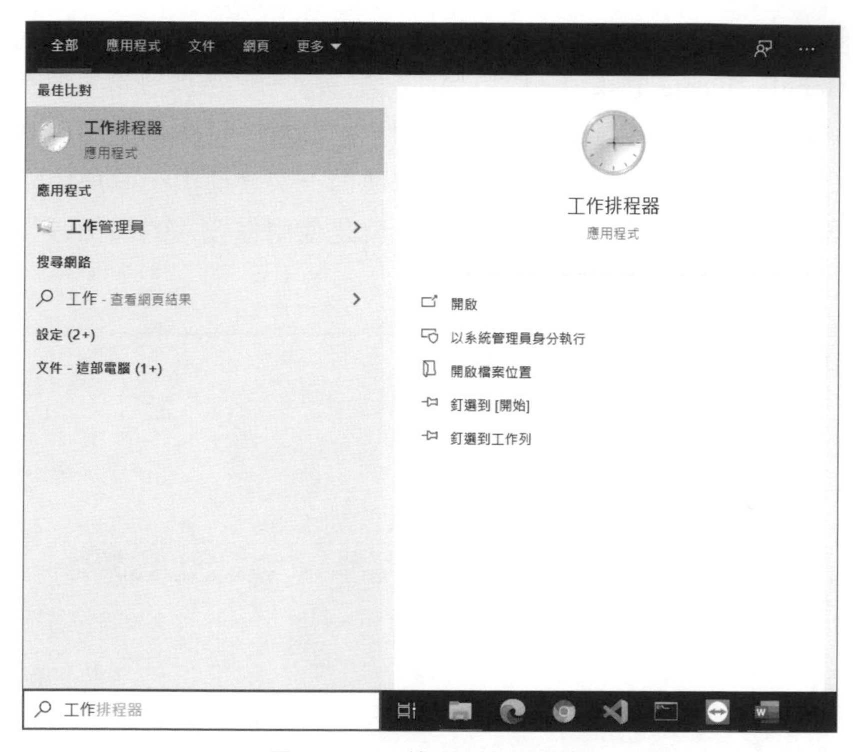

圖 3.10.1　找到工作排程器

點擊紅框處，你就能看到現在有哪些排程都在運行，

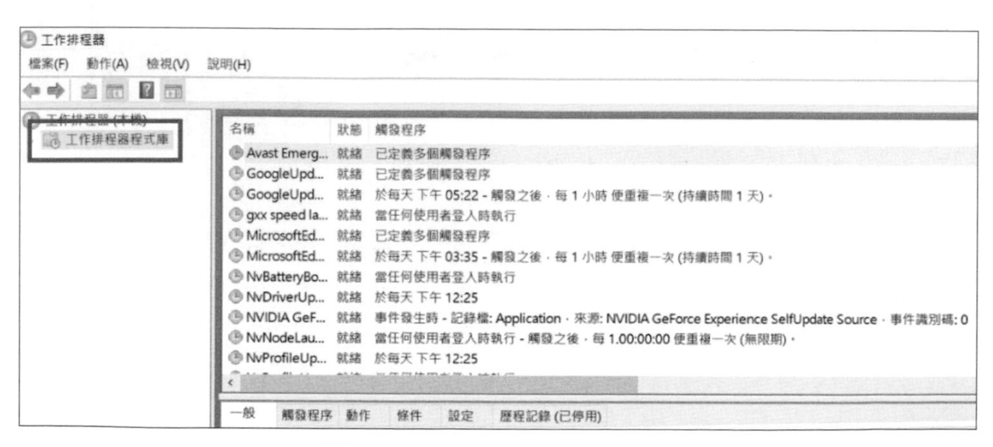

圖 3.10.2　工作排程器程式庫

你隨便雙擊點開一個就能看到這支排程在做些什麼事情了，例如我點了一個 Google Update Task，一般這個部分記錄了一些基本設定，但其實對我們來說這個部分會用到的應該名稱跟描述而已，畢竟像是使用者帳戶這些設定可能是大企業的 Infra Team 當他們一次管理數十個角色時或者是特殊需求才有機會用到，我們基本上就是使用你登入的那個帳號就可以了。

圖 3.10.3 Windows 排程，一般

再來是觸發程序，這個很好理解，這邊主要就是設定你的程式要何時執行、多久執行一次等關於執行時間上的設定。等一下我們會來示範。

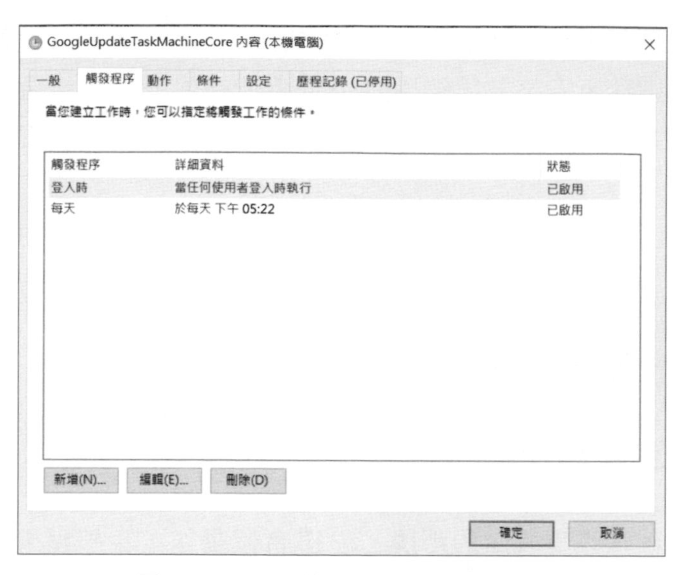

圖 3.10.4　工作排程器，觸發程序

這裡則是設定你要執行哪一支程式，我自己覺得你可以把他想成在 cmd 中執行指令的感覺，他的詳細資料那一部分不是 Google Update.exe 的執行檔加上一個 /c 的引數嗎？你把這一段直接貼到 cmd 也是可以執行的。

圖 3.10.5　工作排程器，動作

我不確定你是否也有這個排程，我將它貼入 cmd 就能執行這個指令，如果你輸入的指令有空格要記得用雙引號將他包住喔，不能直接貼上。 \c 應該是這支更新程式要吃的一個參數之類的，這我就不太清楚了。

```
=====================cmd=====================
C:\Users\ONE PIECE>"C:\Program Files (x86)\Google\Update\GoogleUpdate.exe" \c
```

原則上我們會需要設定的就是上面所貼的三個部分，你可能還毫無感覺，我們來實際設定一次就知道了。

設置小幫手系列 1

首先我們回到剛剛程式庫的那邊，右邊有個動作，我們點選建立工作這個選項。

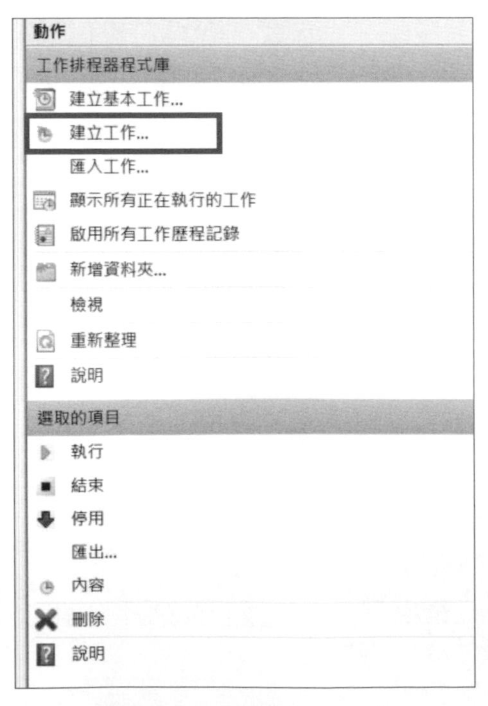

圖 3.10.6　選取建立工作

設置小幫手系列 1 – 設置一般

第一步就是設定一般的部分，這部份很容易，我替他取一個名稱叫做 Stock – Helper 1，並且在描述增加一些東西方便自己辨識，然後我通常會把下方的用最高權限執行勾起來，一般的部分就結束了。

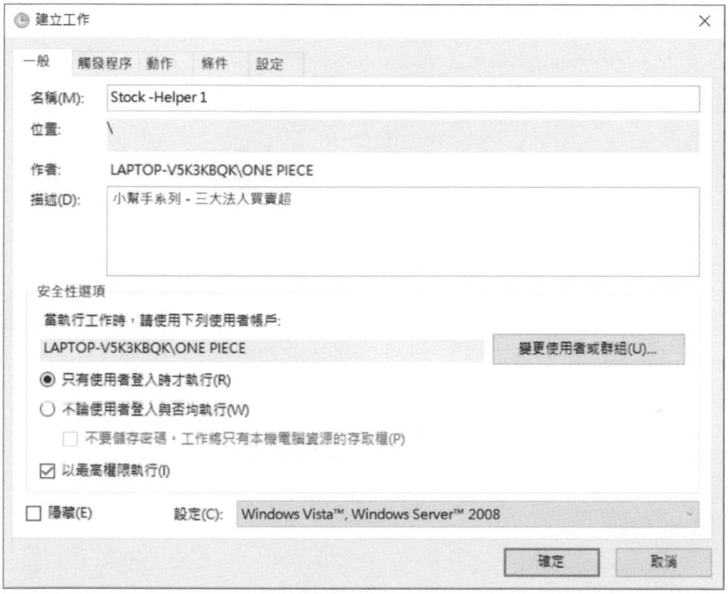

圖 3.10.7　一般

設置小幫手系列 1 – 設置觸發程序

接著我們處理觸發程序，一開始是全部空空，我們點新增 (如圖 3.10.8)。

以我們三大法人的 case 來說設定算是簡單的，我們選取每天，然後修改開始部份的時間即可。但這部分有一個小問題要注意，我們要根據程式的性質來設定排程時間，例如三大法人我們的資料來自證交所，但是問題是根據我目前的觀察證交所的三大法人資料更新並非是收盤就會更新，雖然我不太清楚他的資料是何時更新，對我來說我會排在晚上七點，畢竟晚上八九點我才會回家也才有時間研究這些標的，且晚上七點沒有意外證交所是必定會更新了，因此我設定晚上七點，符合我自身的情況。

圖 3.10.8　新增觸發程序

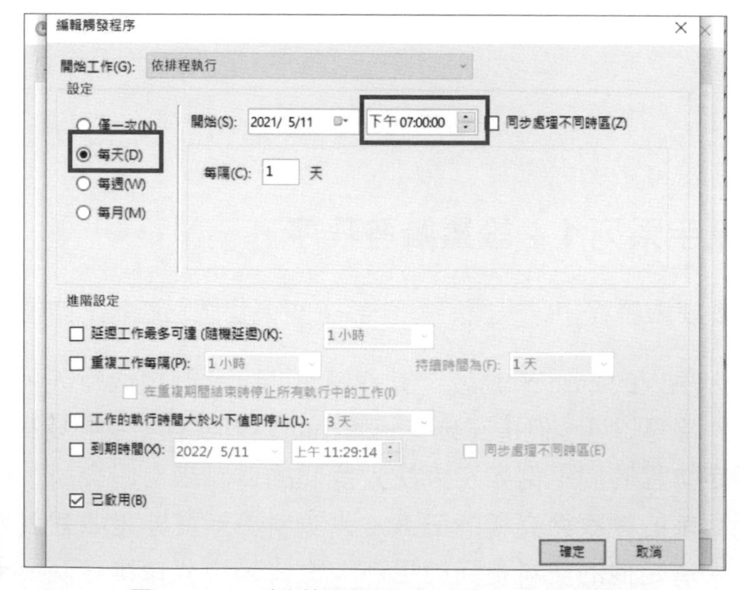

圖 3.10.9　新增觸發程序－建立觸發程序

很快吧，觸發程序也設定好了，最後就是最重要的動作了，我們一樣選取動作後點擊新增。

設置小幫手系列 1 – 設置動作

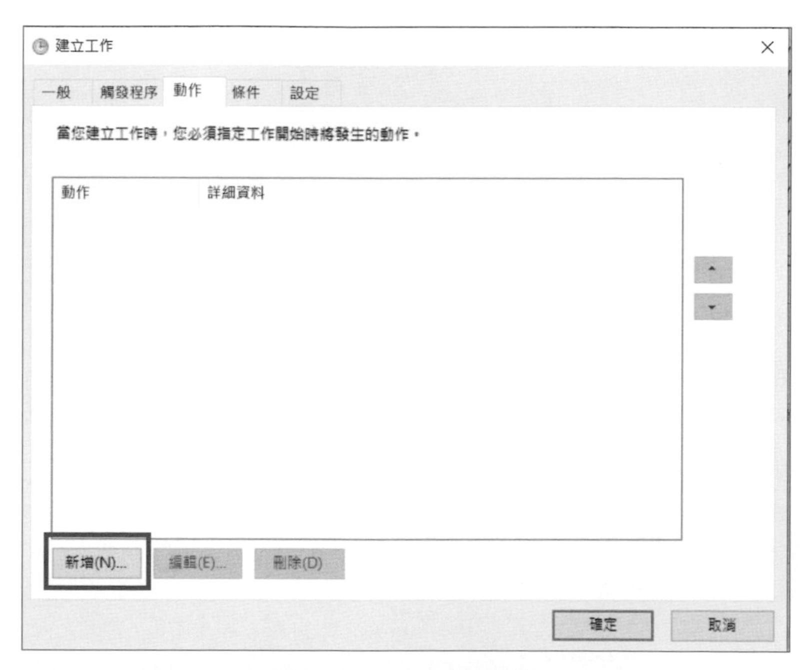

圖 3.10.10　新增動作

你知道為什麼你在 cmd 中輸入 python 你就能直接執行程式嗎？你會不會覺得怪怪的？我又沒告訴 windows 作業系統是哪一個路徑的 python ？你還記得你在 1.1 小節安裝 python 時勾選了 add python to Path 嗎，那個選項就會新增在環境變數裡，如下圖。這個東西怎麼找呢？我簡單快速的說下，請你在搜尋列打環境變數，然後點選進階，之後在下方會找到環境變數，點開後你就會看到如下圖了。雖然 python 能夠找到 python.exe 及其安裝包的路徑的寫法跟邏輯沒有這麼簡單，但是我們在某些地方聲明了我們使用的是哪一個位置的 python。

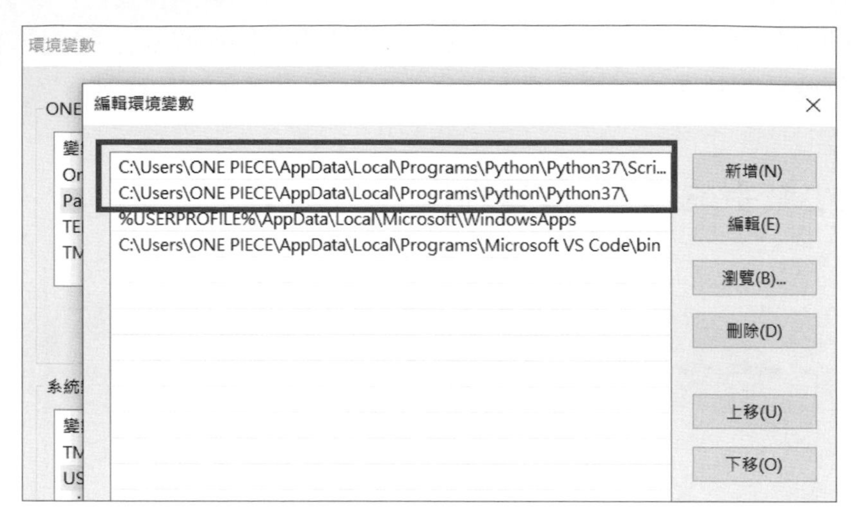

圖 3.10.11　環境變數中聲明的 python 位址

但問題是我們都是使用虛擬環境的，意味著我們原先預設的 python 位置並沒有我們需要的套件，那我們是不是只需要向排程器聲明我們要的 python 路徑在哪裡？就在我們的虛擬環境裡，請你點選新增動作中的瀏覽。

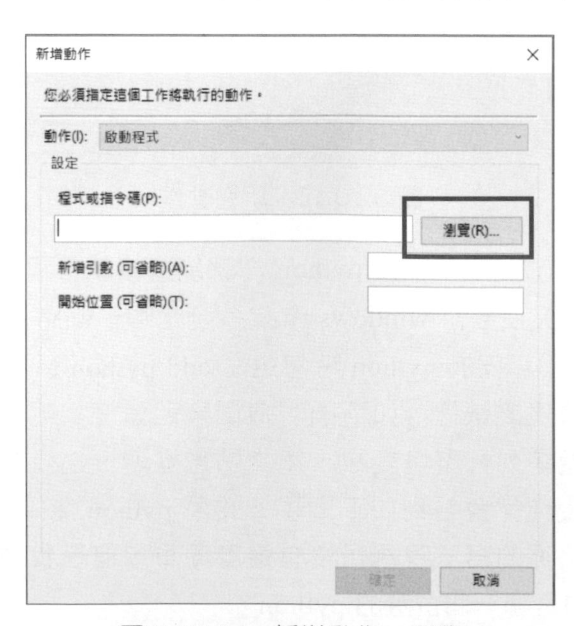

圖 3.10.12　新增動作－瀏覽

在哪裡呢？就在虛擬環境中的 Scripts，我們常常進來 activate 虛擬環境的地方，我們點選 python.exe，指定此次排程以此 python 作為執行者。

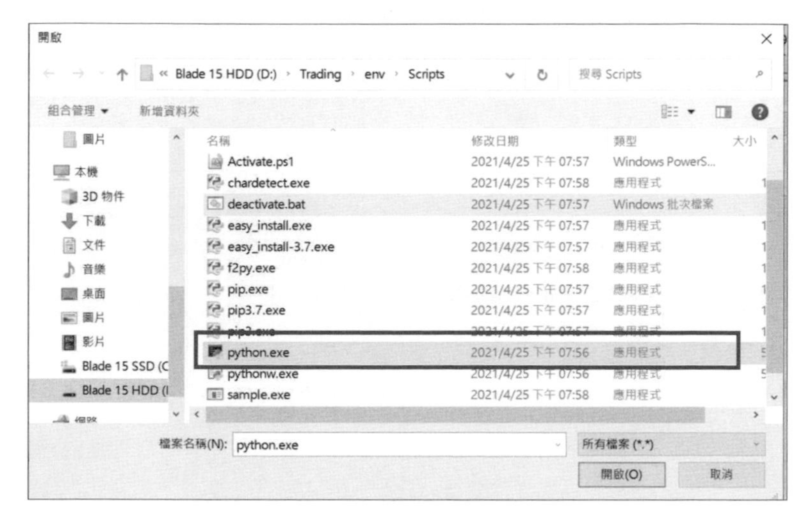

圖 3.10.13 選擇要執行的 python.exe

接著要怎麼填呢？引數的部分就是填入我們要執行的 py 檔，開始位置則填入我們 py 檔所在的路徑，這樣就可以點選確定了。

圖 3.10.14 新增動作 填入引數及開始位置

點選確定後，你有沒有覺得他的邏輯就跟剛剛的 google update task 很像？就是挑一個執行檔填在程式，然後看這個執行檔是需要傳入參數的類型或是執行檔案的類型，則填在引數，如果是執行檔案開始位置就填入檔案的位置即可，這樣我們就能以虛擬環境的 python 來運行我們的目標程式了。

圖 3.10.15　新增動作－完成

都設定完成後，我們回到程式庫的部分，找到我們剛剛設的目標並且手動執行看看結果如何。執行完後請確認他的狀態顯示的是就緒哦。

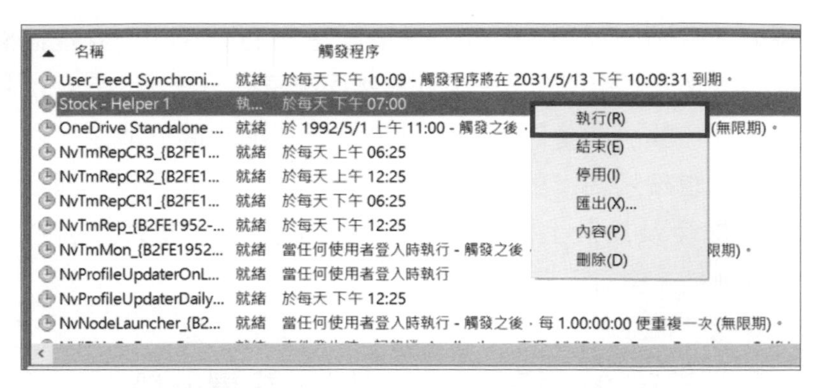

圖 3.10.16 嘗試手動執行排程測試

執行完後你應該會看到他的狀態還是執行中，如果是的話你需要點選結束讓他回到就緒的狀態。

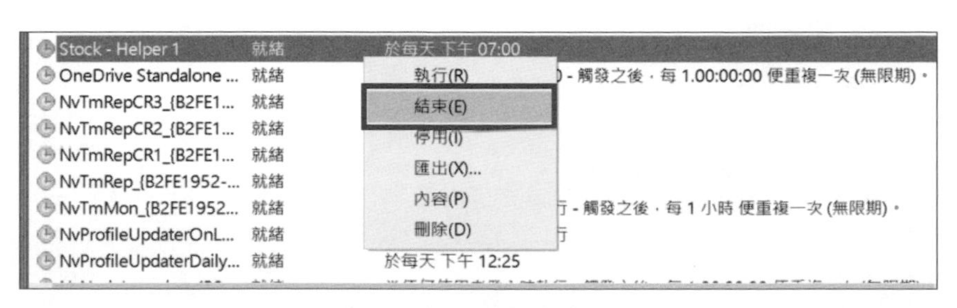

圖 3.10.17 結束手動執行

到這裡就已經完成了排程的設置，其實這三支程式的排程基本上都一樣，原則上小幫手 1 我示範的稍微比較詳細，小幫手 2 會稍微簡略一點，小幫手 3 若無特殊之處考量到篇幅我就直接貼上三個畫面的設置了，不再做多餘的說明。

設置小幫手系列 2

其實排程的邏輯都差不多，你唯一要思考的就是執行的時間點跟執行的頻率符合你自己的需求而已，所以接下來兩個小幫手的設置我不會花太多篇幅講解了，我只放上來實際上我是怎麼設置的，並快速帶過。

小幫手系列 2 有兩支程式，一支是獲取配息高的股票；一支是掃描配息高的股票的股價，並希望在低價買入。然而配息有分季配 / 年配 / 月配，以我自己來説，我可能會設置一個月更新一次配息高的股票，假設完全沒有變動對我也沒壞處，就只是更新一份一模一樣的名單，而且可以省去很大量的開發及設計上的麻煩，因此第一支程式我會每個月執行一次，第二支則是一樣每天掃描股票。

設置小幫手系列 2 – 掃描高配息股，設置一般

一般一樣很容易，記錄能讓你記住排程在幹嘛的訊息就好。

圖 3.10.18　建立一般

設置小幫手系列 2 – 掃描高配息股，設置觸發程序

再來觸發程序，這個是月的，比較酷一點，請你先點選月。

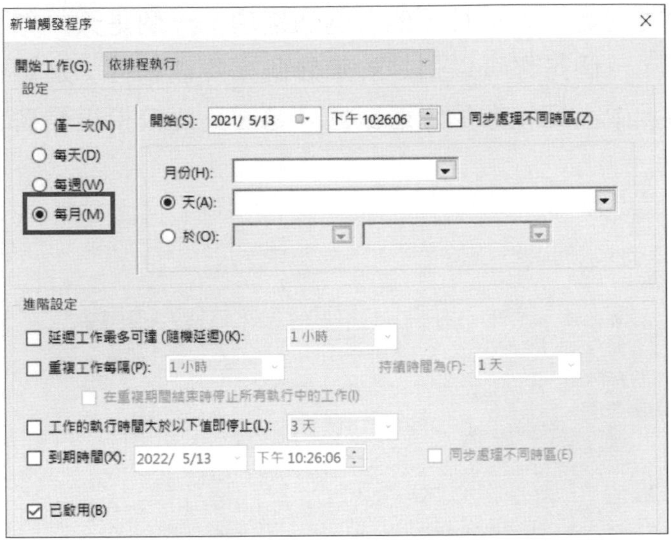

圖 3.10.19　建立觸發程序

接著點選月份，他還可以讓你選要指定在哪　個月份跑，如果你有心統整出每一檔股票都在哪些月份做配息，那你可以選部分月就好，不需要像我一樣全部勾選。

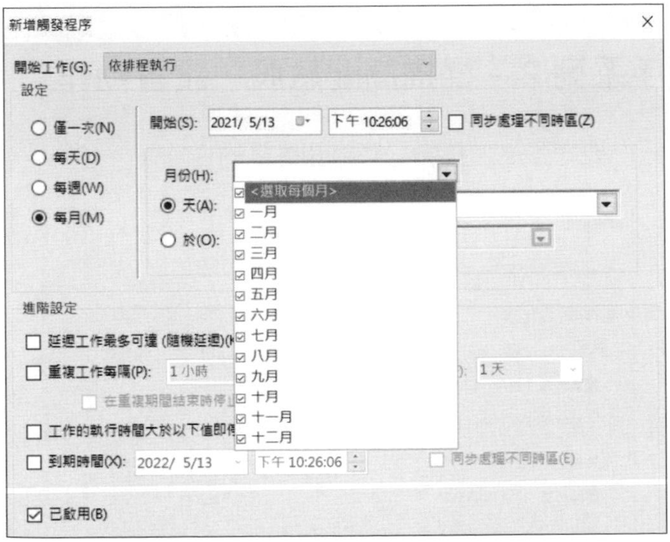

圖 3.10.20　建立觸發程序－選執行月份

再來是在每月的哪一天執行，他有兩個選項，一個是天，你可以指定在哪一天執行，一個是你可以指定於第幾個禮拜幾執行，這個你可以考量你自己的情況做設定，像我會這樣選只是因為比較接近發薪日與獲利結算日罷了。

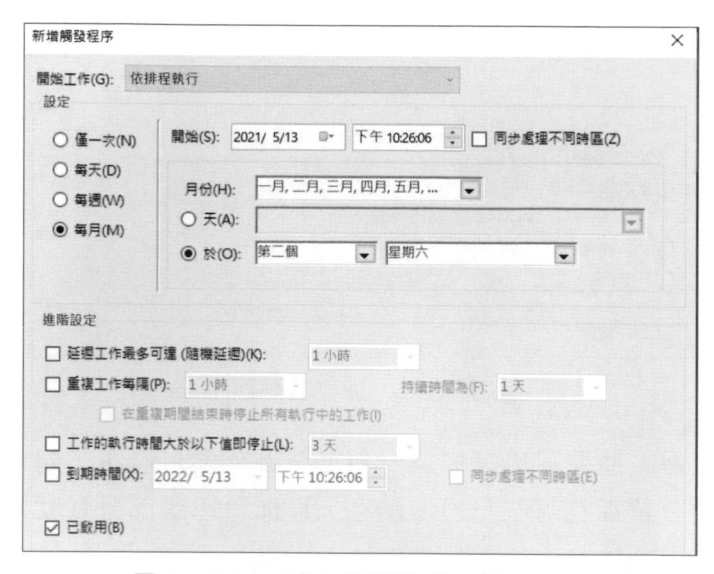

圖 3.10.21　建立觸發程序－選執行日

設置小幫手系列 2 – 掃描高配息股，設置動作

動作如果你記得要怎麼設的話，其實超簡單的。

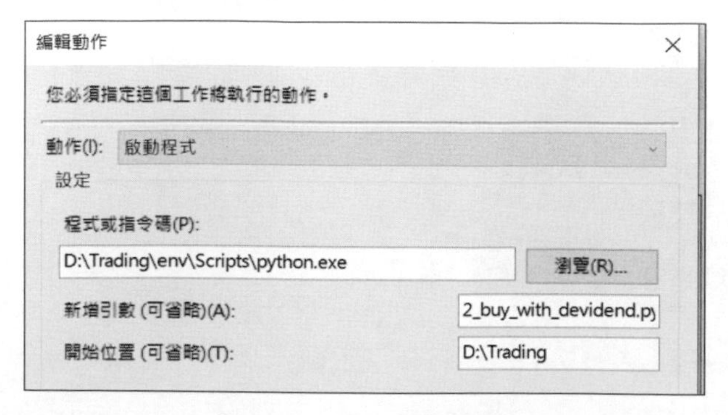

圖 3.10.22　設置動作

設置小幫手系列 2 – 掃描高配息名單價格，設置一般

接著我們來設置小幫手系列 2 的第二支程式，也就是掃描配息高的股票，但你要記得要先執行過第一支程式在排程這支哦，因為他需要配息高的名單。我們這就開始吧，從一般開始。

建立工作

一般 觸發程序 動作 條件 設定

名稱(M): Stock - Helper 2_2

位置: \

作者: LAPTOP-V5K3KBQK\ONE PIECE

描述(D): 小幫手系列2_2 · 掃描高配息股票，並期望在價格較低時買入

安全性選項

當執行工作時，請使用下列使用者帳戶:

LAPTOP-V5K3KBQK\ONE PIECE 變更使用者或群組(U)...

只有使用者登入時才執行(R)

不論使用者登入與否均執行(W)

不要儲存密碼。工作將只有本機電腦資源的存取權(P)

以最高權限執行(I)

圖 3.10.23　建立一般

設置小幫手系列 2 – 掃描高配息名單價格，設置觸發程序

觸發程序我這邊設置 14:00 在執行，原因是股市在 13:25-13:30 會進行收盤，但我們的價格獲取來源是免費開源的 yfinance，根據我目前的經驗 (或許他未來會更好) ，他並不會即時的更新報價，因此保險起見我會晚個 30 分鐘再運行，甚至是晚個一小時我覺得都可以。

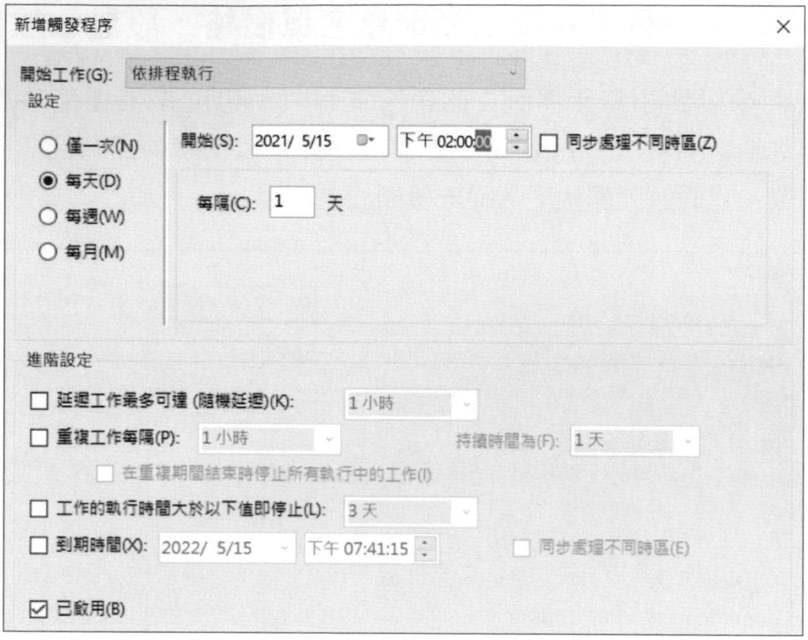

圖 3.10.24　建立觸發程序

設置小幫手系列 2 – 掃描高配息名單價格，設置動作

動作則一樣。設置完之後我們快速的帶過小幫手系列 3。

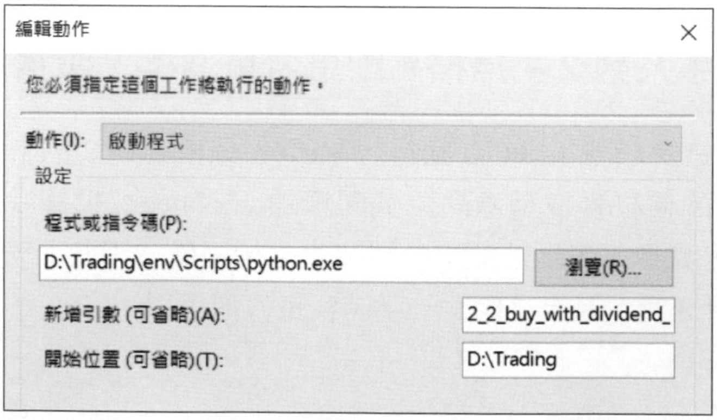

圖 3.10.25　建立動作

設置小幫手系列 3 – 暴跌中的股票，設置一般

設置一般一樣非常簡單。

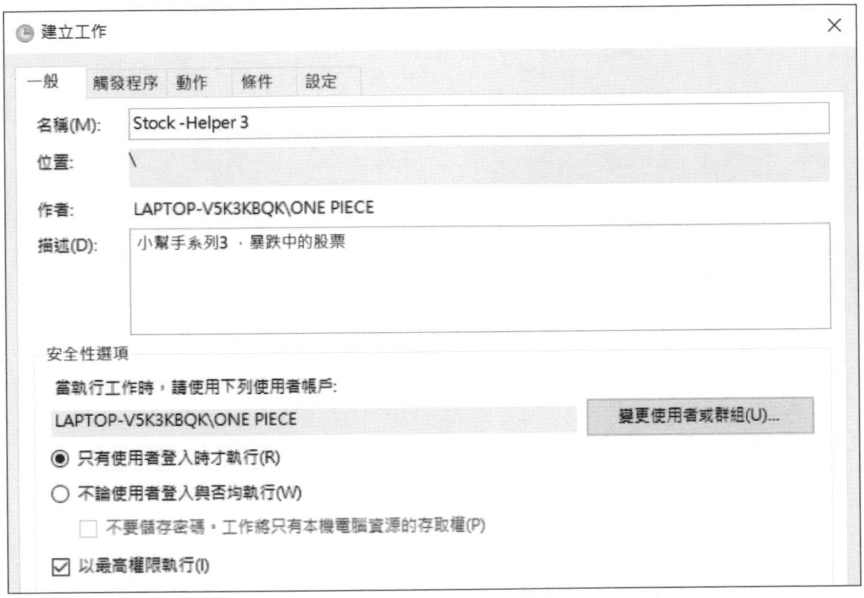

建立工作

一般　觸發程序　動作　條件　設定

名稱(M): Stock -Helper 3

位置: \

作者: LAPTOP-V5K3KBQK\ONE PIECE

描述(D): 小幫手系列3 ，暴跌中的股票

安全性選項

當執行工作時，請使用下列使用者帳戶:

LAPTOP-V5K3KBQK\ONE PIECE　變更使用者或群組(U)...

只有使用者登入時才執行(R)

不論使用者登入與否均執行(W)

不要儲存密碼。工作將只有本機電腦資源的存取權(P)

以最高權限執行(I)

圖 3.10.26　建立一般

設置小幫手系列 3 – 暴跌中的股票，設置觸發程序

原則上觸發程序跟小幫手系列 2 的第二支程式一樣，因為一樣是要掃描價格，因此我會在收盤隔一段時間再執行，還有一點是我會盡量跟小幫手 2 的第二支程式的時間稍微錯開，因為 yfinance 的資料同一時間請求太大量我怕資料品質會受影響，所以我排在下午 3 點。

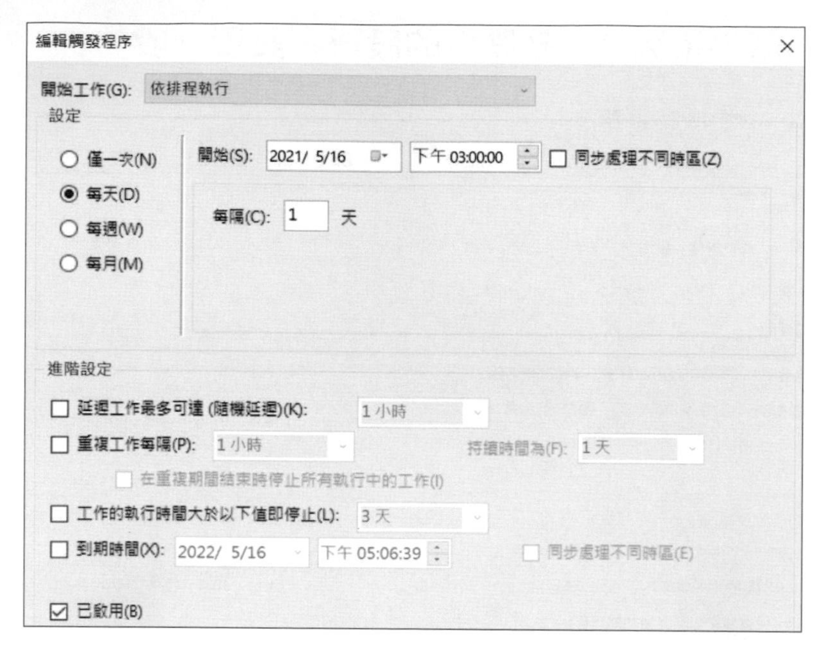

圖 3.10.27　建立觸發程序

設置小幫手系列 3 – 暴跌中的股票，設置動作

動作也是一模一樣的動作，至此我們將三個小幫手都設定完畢了。

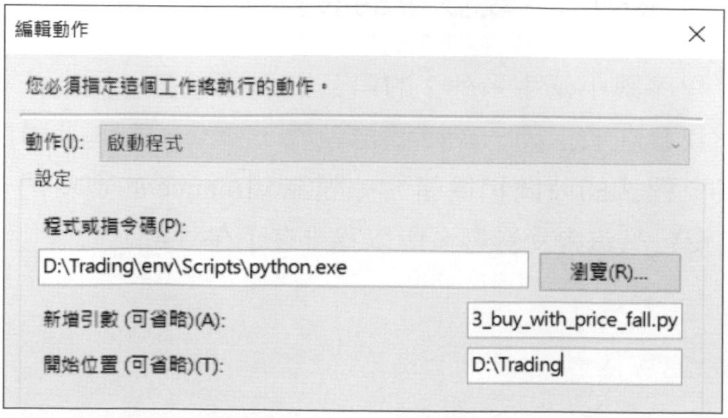

編輯動作
您必須指定這個工作將執行的動作。
動作(I): 啟動程式
設定
程式或指令碼(P):
D:\Trading\env\Scripts\python.exe
瀏覽(R)...
新增引數 (可省略)(A): 3_buy_with_price_fall.py
開始位置 (可省略)(T): D:\Trading

圖 3.10.28　建立動作

最後，設定完畢後你可以每一個都先執行看看，確定沒問題後再啟用，記得關掉前要確認他在就緒的狀態。

Stock -Helper 3	就緒
Stock - Helper 2_2	就緒
Stock - Helper 2_1	就緒
Stock - Helper 1	就緒

圖 3.10.29　確認排程都在就緒的狀態

❑ 本小節對應 Code

無。

❑ 小節統整

這個小節其實重點只有一個，就是學會如何設置排程，並且在排程中指定虛擬環境的 python 來執行程式。有些同學看到後面可能有些膩，因為基本上都差不多的設置，我在此表達歉意，因為我覺得還是詳細貼出來我是怎麼設置的比較好，我也盡量在後面重複的部分盡量長話短說了。

其實上面這些設定算是簡單，因為都是一天一次而已，我們上面這些大部分都是著重於程式篩選，再由人去判斷是否進場的系列，接下來我們會來使用一些指標型的策略，這些策略更適合程式自動交易，這時我們就會設置例如每 30 分鐘就執行掃描一次，其。有同學可能會問，短線不是應該要實時偵測價格嗎？其實要看短線的性質是什麼，有人是操作超短線的 ticks，也就是每筆成交，有人操作 5 分、15 分、30 分 K 等等，理論上我們在上線運行與測試的交易程式都希望是持續的偵測沒錯，但有時候我們的策略若是運用在 30 分 K 或 60 分 K 時就未必會這麼頻繁了。

不過問題是我們是使用券商的報價，每次成交都會有資料傳入供我們處理，但是如同我們常說的，就我所知 yahoo 的報價並沒有這麼迅速更新，因此我們大約 15 分鐘或 30 分鐘再掃描一次即可。等到未來你真的覺得你的策略可以賺錢了，再去研讀券商的 api 使用文件，轉成券商的 api 就可以了。

Chapter

04

指標型策略撰寫與效益評估

4.1 策略分析工具 - pyfolio

聊聊策略分析工具 pyfolio

pyfolio 是一個業界非常著名的投資風險與報酬的分析工具，他其實是依賴 jupyter notebook 的，藉由 jupyter notebook 來達到他的超棒視覺化效果，如果你本來就是使用 jupyter notebook 的話，那你就簡單多了，直接運行就好了。我在前面有説過我執行程式的習慣大部分都是打開 cmd，並且運用 python xxx.py 的指令來運行程式，但很遺憾的，cmd 執行的程式無法達到 pyfolio 使用的美觀介面，因此我們無法使用 cmd 來運行 pyfolio 的程式。

不過 pyfolio 的好用程度讓我樂意放下我的習慣，跟尋他的規定。因此唯獨在分析策略的收益時我會使用 vscode 來執行跟 pyfolio 有關的程式，那有同學可能就困惑了，剛剛不是一直説他是基於 jupyter notebook 嗎？為什麼又忽然説什麼使用 vscode 執行？原因是 vscode 可以超簡單的像 jupyter 那樣運行，只要多一行就好了。

vscode 中使用 jupyter

我們先不寫策略，先隨意測試一下讓你感受一下這個套件的美好之處。首先一樣請你啟動 Trading 的虛擬環境後 install pyfolio 套件。

```
=======================cmd=======================
(env) D:\Trading>pip install pyfolio
```

我開一個 strategy_research.py，然後 import 基本套件。

```
===================strategy_research.py==============
#import需要的套件
import pyfolio as pf
import yfinance as yf
import ta
import pandas as pd
import matplotlib.pyplot as plt
```

我們剛剛提到了要在 vscode 中達到跟 jupyter notebook 差不多的效果，怎麼做？請你在最上頭加上 #%% ，這個指令很簡單請盡量記一下，他會達到什麼效果呢？如果你加了，你就會看到跟下圖一樣，上方跑出一些指令，這時你點選 Run Cell 就是執行這個區塊的意思 (區塊意味著你可以用多個 #%% 來把程式分成多個區塊分開執行)，其實他也是啟動一個 jupyter 的 server。

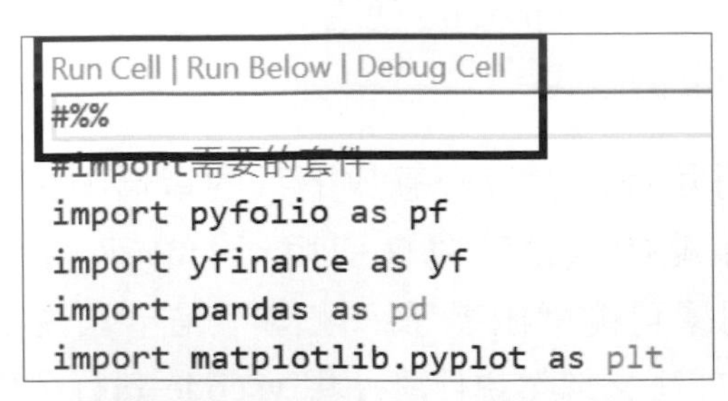

圖 4.1.1　使用 #%% 後的介面

你點了 Run Cell 之後 (請不要使用 shift+enter 執行哦，用點擊 Run cell)，

應該就會看到下圖，他會請你安裝一個依賴套件，請你就點 install 就好了。

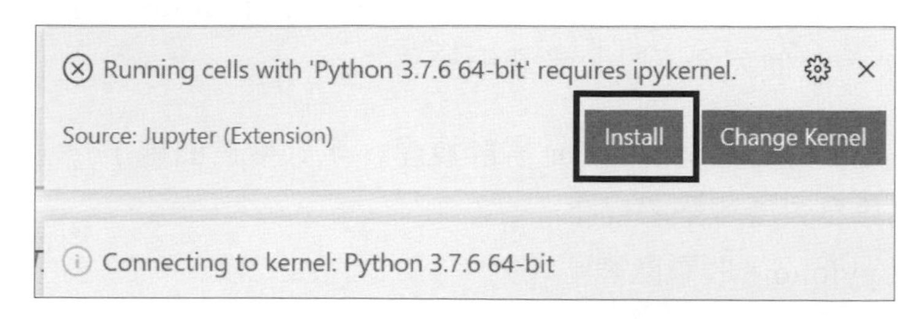

圖 4.1.2 vscode 要求安裝拓展

完成後你就會看到下圖的視窗出現在右邊，這就是使用 #%% 模式執行時的模樣，他會把結果以及一些視覺化的圖畫在右邊的視窗。至於那一串字則是來自 pyfolio 的警告，你看到他寫了 User Warning 嗎？這通常就都是警告，例如有些會告訴你這個語法在未來的版本可能不支援等等。通常來說，超過八成的情況警告若是沒有影響套件的使用，那基本都是可以忽略的。

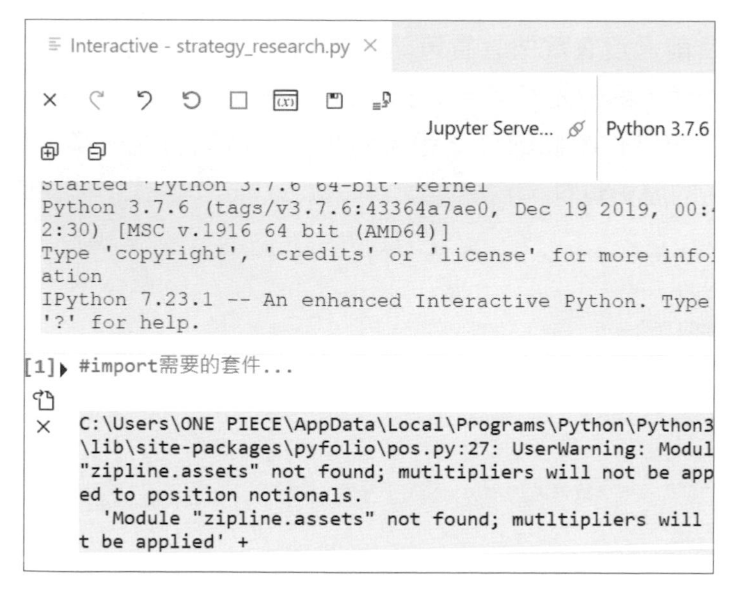

圖 4.1.3 vscode 執行結果 jupyter 模式

開始體驗 pyfolio

原則上我使用 pyfolio 的方法非常標準化，基本上 pyfolio 除了要吃的檔案要變化之外，其他完全不動，步驟很簡單：

1. 策略每日的總資產變化 (or 累計資產、累計權益曲線)
2. 轉化每日資產報酬率變化
3. 使用 pyfolio，收看圖表

第一步驟 - 每日的總資產變化

這是什麼意思呢？例如我本金是 30 萬進行交易，第一天我記錄 30 萬，第二天我買了兩張股票並且漲了，我這兩張股票的目前市值以及我剩下來的現金是 32 萬，那我第二天就是紀錄 32 萬元，若第三天我的股票跌了，一樣這兩張股票的價值加上我手上剩下的現金變成 29 萬，那我第三天就紀錄 29 萬，以此類推。

不過我們目前還沒有實做看看策略，所以沒辦法這樣做，我用一個很簡單的方法替代，讓你先感受一下 pyfolio 的迷人之處，我們用台積電的每日價格變化來當作我們的資產報酬變化吧，所以首先一樣，用 yfinance 獲取台積電的歷史資料。

```
===================strategy_research.py==============
#%%
#import需要的套件
import pyfolio as pf
import yfinance as yf
import ta
import pandas as pd
import matplotlib.pyplot as plt
stock = yf.Ticker(f'2330.TW')
return_ser = stock.history(start='2012-01-01',end='2021-05-16')
```

第二步驟 - 轉化每日資產報酬率變化

我們要將這些數字轉換一下，例如我頭一天是 30 萬，第二天是 29 萬，那我獲得的總資產增長變化就是 -0.0333，意味著我的資產較前一天減少了 3.3%，公式為 (290,000-300,000) / 300,000，以此類推。

其實程式做起來很簡單，因為 pandas 的 pct_change() 這個函數完美的支援了這種算法，說這麼多不如我們直接示範給你看看，我先在 test.py 創建一個比較簡單的 Dataframe。

```
========================test.py==================
import pandas as pd
x = pd.DataFrame()
x['test'] = [100,110,210]
```

我們可以得到下面這個 dataframe。

	test
0	100
1	110
2	210

圖 4.1.4　執行結果，創建 dataframe 備用

接著我們套入 pct_change()，其實他還有許多參數如 period 指定計算的間隔，例如我們默認是 1，他就是跟前一項作運算，如果你設成 2 就是拿第前兩項來做運算等，因為我們不太會用到 period=1 以外的情況，因此我們就先快速帶過即可。

```
========================test.py==================
x['test'].pct_change()
```

我們看結果，他的確就是 (index (n+1) -index (n)) / index(n) ，以此類推，這個報酬率的變化，就是我們的 pyfolio 想要的。

```
0          NaN
1     0.100000
2     0.909091
```

圖 4.1.5　執行結果，pct_change 結果

第三步驟 - 使用 pyfolio，收看圖表

接著我們回到原本的程式，很簡單。我們只要將我們要計算的那個欄位，通常是資產累計表之類的，計算 `pct_change()` 後傳入 pyfolio 的函數 `create_returns_tear_sheet()` 即可，總體程式只要下面這樣，除了最後一行外其他都沒什麼好解釋的了，只是叫資料而已。

```
===================strategy_research.py==============
#%%
#import需要的套件
import pyfolio as pf
import yfinance as yf
import ta
import pandas as pd
import matplotlib.pyplot as plt
stock = yf.Ticker(f'2330.TW')
return_ser = stock.history(start='2012-01-01',end='2021-05-16')
pf.create_returns_tear_sheet(return_ser['Close'].pct_change())
```

然後我們點選 Run Cell 來看看結果。這時候你有很大的可能沒有看到圖表，只看到了錯誤資訊 (不過或許你看到這裡時已經修復了，那請忽略)。

```
~\AppData\Local\Programs\Python\Python37\lib\site-packages\pyfolio\plotti
drawdown_periods(returns, top)
   1662        """
   1663
-> 1664        drawdown_df = timeseries.gen_drawdown_table(returns, top=top)
   1665        utils.print_table(
   1666            drawdown_df.sort_values('Net drawdown in %', ascending=Fa

~\AppData\Local\Programs\Python\Python37\lib\site-packages\pyfolio\timese
own_table(returns, top)
   1006            df_drawdowns.loc[i, 'Peak date'] = (peak.to_pydatetime()
   1007                                                .strftime('%Y-%m-%d')
-> 1008            df_drawdowns.loc[i, 'Valley date'] = (valley.to_pydatetim
   1009                                                  .strftime('%Y-%m-%d
   1010            if isinstance(recovery, float):

AttributeError: 'numpy.int64' object has no attribute 'to_pydatetime'
```

圖 4.1.6　執行結果，pyfolio 遇到錯誤

這可就頭痛了，我們把 pyfolio + 最後那一傳錯誤訊息丟去 Google 看看有沒有官方的解法。通常 Google 問題看到 Github 以及 Stackoverflow 都是我會優先打開來看的，我覺得品質比較高一點點，尤其我們下面找到的這個又是剛好來自於 pyfolio 套件的 issues，那就是更值得參考的了。

圖 4.1.7　Google 遇到的問題

通常我看了標題後會先往下滑，看看最新的解是什麼，我很幸運嘗試了下方這位大神提供的解答第一次就解決了問題。他說在套件裡面的 timeseries.py 這個檔案中的 893 行替換成他給的那一行即可。

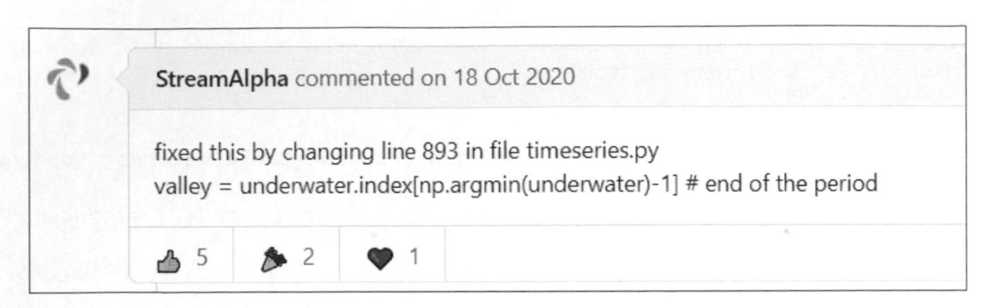

圖 4.1.8　節錄自 Github pyfolio issues

剛剛的錯誤訊息的最下方錯誤不是有跟我們說錯誤發生在哪一個檔案且哪一行嗎？我們就可以藉由他給的位址找到那一份 timeseries.py 檔案。找到 893 行之後我通常不會太暴力的把舊的直接蓋過，我會把舊的註解再貼新的上去，這樣如果我們查到的解法不 work 的話還有找回原版的機會。

```
======================timeseries.py================
#valley = np.argmin(underwater)  # previous
valley = underwater.index[np.argmin(underwater)-1]
```

改完之後，我建議你在執行前點一下右方執行視窗上方的重新整理鍵

圖 4.1.9　重新啟動 jupyter server

點了後右下角應該會跳提醒視窗，記得點 Yes。或者你可以一勞永逸的點不再詢問。這邊我就沒圖可以示範了，因為我已經點過不再詢問。

pyfolio 產生的報表非常詳細，但其實有時候我們自己在評估策略或是模型的表現的時候，我不確定其他具備金融專業的法人更在乎什麼，但原則上我們會重點參考幾個指標：收益 (包括年報酬與累計報酬)、Sharpe ratio、Max Drawdown(下簡稱 MDD) 跟累計收益曲線。

我快速簡單的說一下所謂的 MDD，因為它對我們來說是超級重點的指標。他的意思就是你曾經的資產最高峰以及資產最低的差距，且當你的資產回去到最高時會重新計算。簡單來說就是你的初始資產 100 萬，在最高時來到 120 萬，然後經過幾天的連賠來到 105 萬才開始慢慢回穩不再下跌，而此時你的 Drawdown 就會是 15 萬，下圖就是一個很簡單的圖例，假設下圖是你的總資產的變化曲線，這兩個圈圈處的差距就是 Drawdown，而 MDD 就是這一大堆波峰波谷差距中最大的那一段。

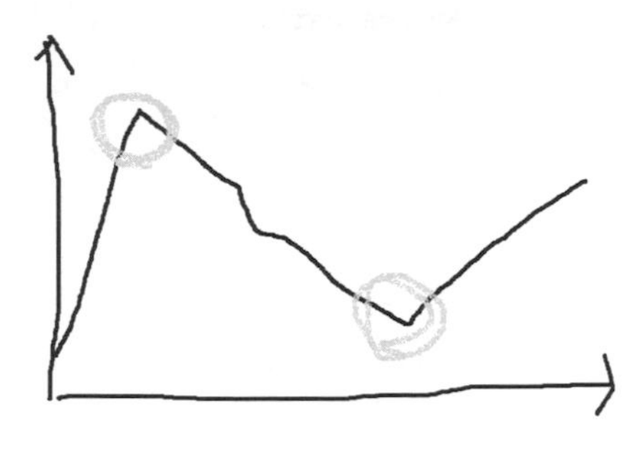

圖 4.1.10 MDD 示意圖

至於 sharpe ratio 則是用來描述投資者額外承受的每一單位風險所獲得的額外收益，其實你看維基百科大概就可以知道它的定義，但是這個指標要怎麼評估應該才是大家比較在意的點，我們在本小節的末尾會來講一下我們是如何粗略地看待這些指標的。

是時候了，我們來看看他產生出來的報表吧。在這裡我就不一一對圖表做解釋了，其一是我們現在的這個模式沒有什麼可以解釋的；其二是我並非專攻財務金融的，講坦白點有些指標我們也不太會參考，我在接下來的教學中會說說我們比較在乎那些指標，並且以我們自己運行的交易策略來說，怎麼個標準對我們來說是可以接受的。

Start date	2012-01-02
End date	2021-05-14
Total months	108
	Backtest
Annual return	30.0%
Cumulative returns	981.6%
Annual volatility	24.3%
Sharpe ratio	1.2
Calmar ratio	1.09
Stability	0.96
Max drawdown	-27.6%
Omega ratio	1.23
Sortino ratio	1.84
Skew	NaN
Kurtosis	NaN
Tail ratio	1.11
Daily value at risk	-2.9%

圖 4.1.11　pyfolio 報表 1

Worst drawdown periods	Net drawdown in %	Peak date	Valley date	Recovery date	Duration
0	24.86	2020-01-14	2020-03-18	2020-07-08	127
1	19.19	2015-02-25	2015-08-21	2016-02-18	257
2	18.68	2018-09-27	2019-01-03	2019-04-22	148
4	17.01	2018-01-23	2018-06-27	2018-08-29	157
3	16.45	2021-01-21	2021-05-12	NaT	NaN

圖 4.1.12　pyfolio 報表 2

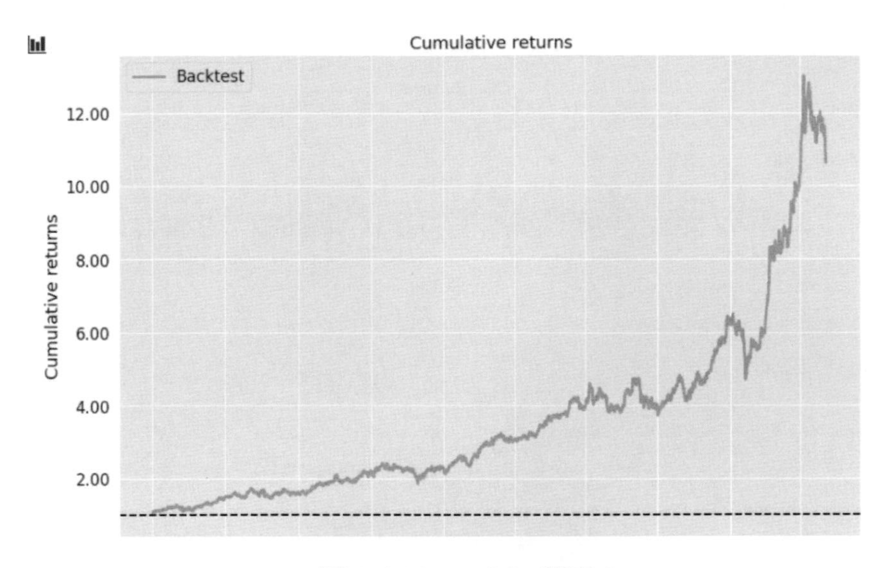

圖 4.1.13　pyfolio 報表 3

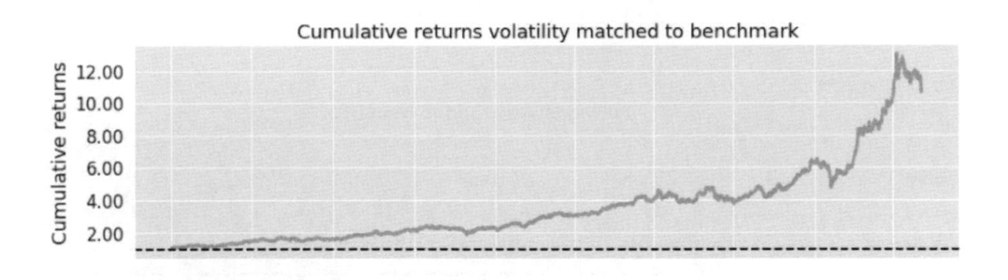

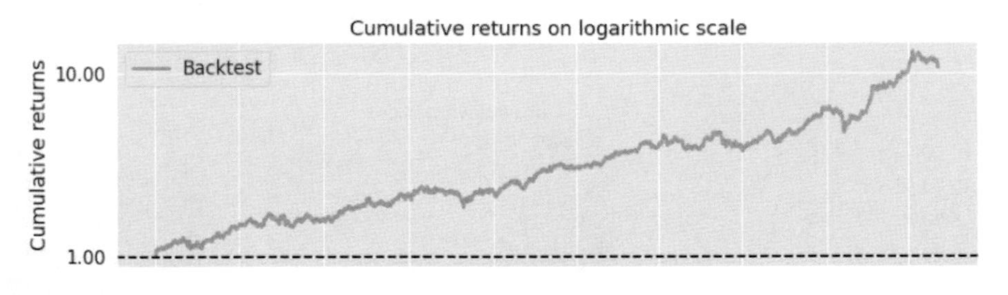

圖 4.1.14　pyfolio 報表 4、5

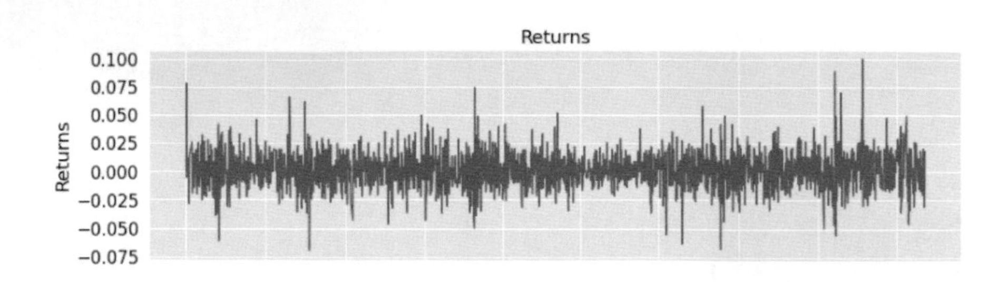

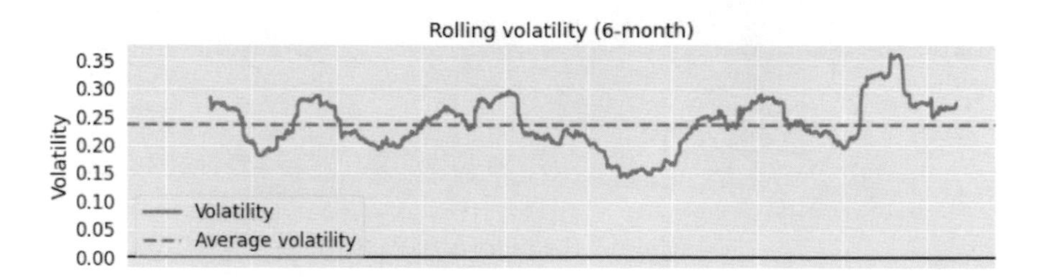

圖 4.1.15　pyfolio 報表 5、6

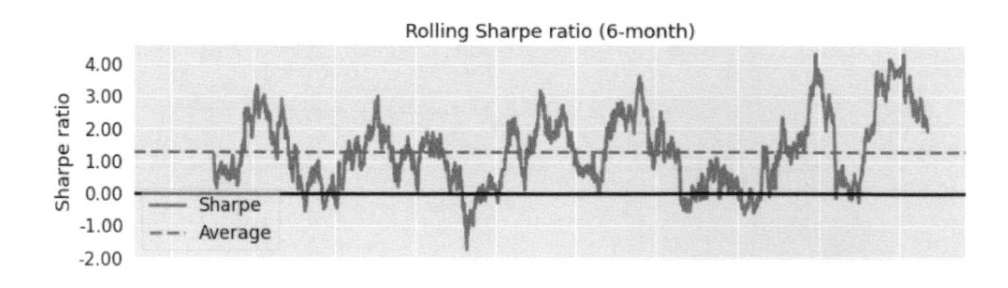

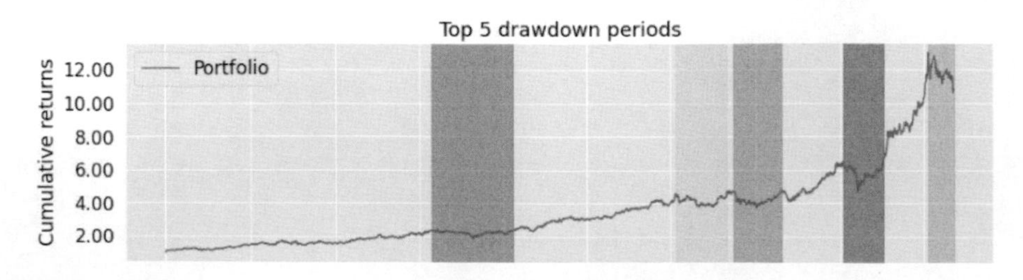

圖 4.1.16　pyfolio 報表 7、8

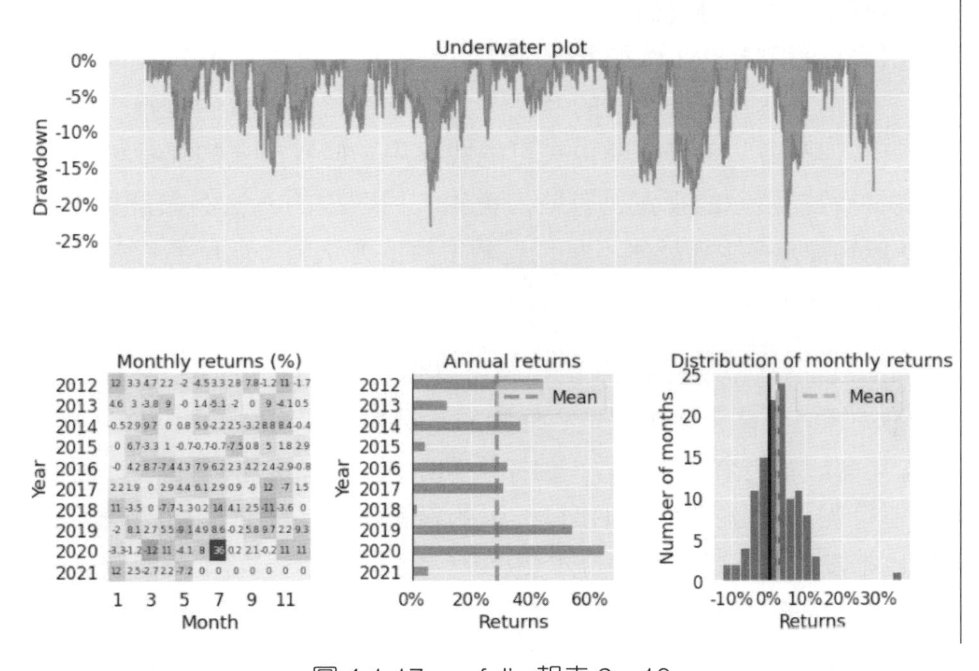

圖 4.1.17 pyfolio 報表 9、10

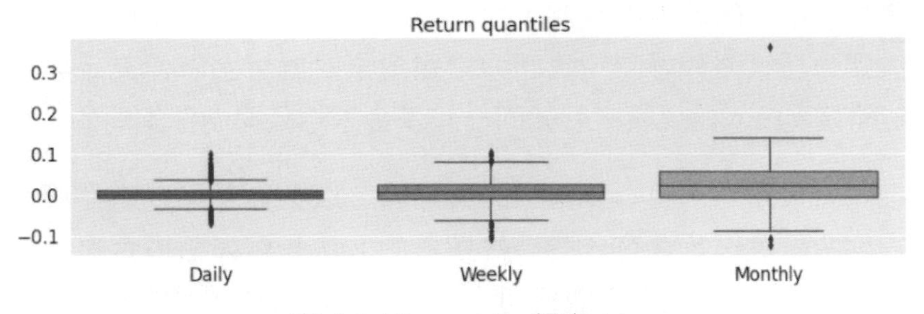

圖 4.1.18 pyfolio 報表 11

到末尾了，我們來聊聊我們怎麼看待這些指標。有些人常常會問，什麼樣的值來說是可以接受的？我說說我的看法吧，不代表是正確的。通常收益跟 Max Drawdown 兩個是相輔相成的，對 max drawdown 的接受度取決於收益有多少。例如我兩個策略，一個年報酬 10%，MDD 3%，但另一個策略 MDD 30%，可是卻有 700% 的年報酬，你一定會想，那勢必是後者好了，我覺得這個答案有可能會因人而異，畢竟假設第一個策略勝率很高但獲利較少 (例如 98% 勝率)，那我就會認為第一個策略未必不好，因為其高勝率低虧損的特性，我會願意放更大量的金錢去，比較不會有心理壓力；第二個我也有可能會採用，但我放入的錢相對較少，會被視為較為積極的投資。有些人會說，用客觀的方法例如計算 1% 的 MDD 能夠換來多少年報酬不是也是個很棒的方法嗎？怎麼看都是後者更棒吧？

確實如此，不過你現在用測試的可能可以心平氣穩的評估，但在真實投錢的交易中還有一個未知數就是心理壓力，例如上面的例子，MDD 30%，500% 年報酬看起來好像很香，但如果你的最大策略虧損發生在你程式剛開始運行呢？你會不會賠到連買一張的錢都不夠了？這樣你連賺回去的機會也都沒有了，或者是你資本 20 萬，看到程式天天賠 1 萬連賠 5 天你就產生懷疑不再採用程式，而剛好錯過接下來要賺錢了的大行情？就我們聽說的例子中，有許多人很喜歡在程式上線時干預程式，真的心臟很大顆的讓程式自由自在地跑的老實說偏少，當然我們討論的是剛進入程式交易世界不久的新人如我們，而非是做了數十年的大佬們，因此當與人討論哪一種策略較好時，我們通常還要再討論資金準備充足與否？出資者能夠接受多大的風險？就如同一般基金證券公司向你詢問的。

當然啦，如果你是一個心智堅強的交易者，以上你都可以當作廢話，如果你去翻金融書一定會有一些評估指標的方法，例如虧損金額超過操作商品的 n% 時，就是該進入觀察期、重新檢視與調整該策略的時候。若連續虧損金額超過 2*n% 時，即應該立即停止使用該策略，諸如此類。

至於我們無論是 sharpe ratio 或者是收益跟 MDD，我們都是以我們目前最佳的策略來做比較，原則上年報酬在 300-500% 左右，可以接受大約 20-30% 的 MDD，sharpe ratio 則至少至少要在 1 以上，當然如我上面所強調，通常會考量的東西很多，例如高勝率低報酬低虧損的策略也很有可用之處，或者是跟我們的大部分策略具有高度相異性，簡單來說就是假設我的 3 個線上運行的期貨策略都是多單比較賺錢，但如果今天有一個相對來說沒有這麼賺錢的空單策略，他可以很有效地彌補我們多單策略虧錢的部分，且多單賺錢他也不會賠太慘或是小賺，對我們來說也是很棒的一個策略。

Sharpe ratio 其實在評估單一策略時不太會參考，因為在面對槓桿較高的產品時似乎會有一點點失準的情況，通常 sharpe ratio 的評估與使用場景對我們來說都是在資產配置或資產選擇上面，也就是盡量去選擇 sharpe ratio 結果較高的產品來操作。大致上我們如何評估就介紹到這邊，接著來做統整吧！

❑ 本小節對應 Code

Trading / strategy_research.py

❑ 小節統整

這一小節示範了 pyfolio 的用法，其實他還有一個 create_full_tear_sheet() 函數，他會返回稍微比較詳細的東西，但他多出來的東西我自認為都不是很了解，所以我沒有採用，而且還有其他許多不同的分析，說真的有些我甚至也不太明白用途，你有興趣的話可以去 pyfolio 的官網查看，他有許多基本的教學。另外他其實有一些參數可以加上，例如 benchmark(例如報酬率是否超越大盤)、交易動作 (何時買、何時賣) 等等，但那些就是比較進階的用法了。總的來說小節重點如以下：

1. 熟悉 pyfolio 用法，並排除其產生的錯誤
2. 了解 pct_change() 的用法以及功用
3. 熟練在 vscode 中啟動並使用 jupyter，並熟記語法 #%%

以上就是本小節比較重點的內容了。接著我們來示範如何撰寫一些比較

簡易的策略，並且套入 pyfolio 使用來評估成效。

4.2 回測框架 - backtrader

聊聊回測

有些初學者會覺得回測框架跟 pyfolio 很像，不就是跑出一個獲利嗎？但回測框架與上一小節的 pyfolio 是全然不同的東西，pyfolio 並無支援讓你撰寫策略並幫你計算獲利等，他是一個風險分析的工具，也就是你將你的資產變化、每日交易部位等等資訊傳給他，他會幫你分析。那現在這個小節，我們就需要一個方便我們能夠測試策略並且計算獲利的框架，我們再將獲利 (或是資產變化) 傳給分析工具分析，兩者可說是天作之合。

市面上有許多方便的回測框架，例如 backtrader、zipline、Backtesting 等等，回測框架的作用是什麼呢？方便在哪裡？首先在大部分的回測框架中你僅需要定義什麼情況下做買入或賣出的動作，接著框架會代替你計算這中間的花費及獲利等等，並且有一些邏輯你可以不用自己寫，例如 backtrader 支援向上穿越 (cross over) 這個函數，他就有內建幫你寫好的函數，你就不需要自己定義 cross over。

上面提到的三個框架基本上我都使用過，我主觀認為是 Backtesing 最適合新手且最容易理解，而且 Backtesting 的買賣分析是網頁，不是圖片，意味著你可以移動滑鼠去觀看某一個點的價格等資訊；backtrader 相對來說會比較複雜但是使用起來更專業全面，而 zipline 我就覺得沒有兩者好用了。而在這本書中我選擇以 backtrader 作為回測框架範例，原因是因為 zipline 跟 backtrader 都可以很好的跟 pyfolio 配合，而相較之下我認為 backtrader 比較好用一些，官方教學文檔也很全面，因此我以 backtrader

來示範，Backtesting 雖然她的網頁呈現方式有優勢，但我覺得他的支援範圍不夠廣大，說明文件也寫的不是這麼清楚。這個小節畢竟是我們第一次使用回測框架，我會盡量挑比較常用的功能來講，但可能仍會有點冗長，喝杯咖啡再準備開始吧。

Backtrader 官方文檔

我先把幾個官方文件比較重要的地方提出來向你展示一下，如果你對於他的詳細功能有興趣，你可以參考官方文檔，我認為他們的文檔以回測框架來說算是寫得蠻詳細的了，Google 搜尋一下 backtrader 就有了。

圖 4.2.1　Backtrader 官方文檔（圖源自 Backtrader 官方）

使用上記住一個重要的點，這個套件以 [0] 索引當前值，[-1] 索引上一個值，[-2] 則是上上一個，以此類推，因此如果你的進場條件假設是當前的最高價大於上一根最高價，那就是 High [0] > High[-1]。如何，很簡單吧！

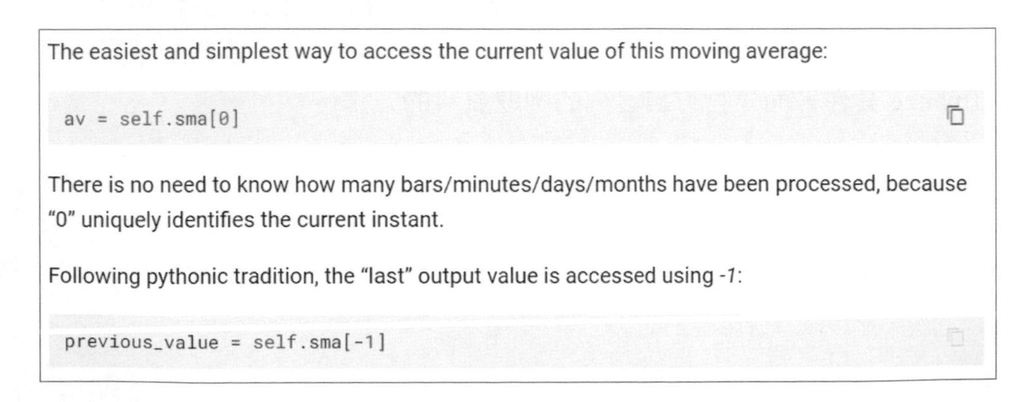
The easiest and simplest way to access the current value of this moving average:

```
av = self.sma[0]
```

There is no need to know how many bars/minutes/days/months have been processed, because "0" uniquely identifies the current instant.

Following pythonic tradition, the "last" output value is accessed using *-1*:

```
previous_value = self.sma[-1]
```

圖 4.2.2　框架中的資料索引說明（圖源自 Backtrader 官方）

在 Quickstart 中，官方向我們展示了如何開始，我們到時候就把官方的範例直接複製起來再做修改，這樣最保險，畢竟範例由官方提供，基本不會出錯。下圖僅是節錄，因為有一點長。你如果看了快速開始可能會不太明白他在寫什麼，其實我一開始也不太明白，這就仰賴去翻找他的文件看他的定義了，當然等一下實作的時候我會說明，也會說說我是以哪一個範例來修改。

```
from __future__ import (absolute_import, division, print_function,
                        unicode_literals)

import datetime  # For datetime objects
import os.path  # To manage paths
import sys  # To find out the script name (in argv[0])

# Import the backtrader platform
import backtrader as bt


# Create a Stratey
class TestStrategy(bt.Strategy):
```

圖 4.2.3　Quickstart 中的官方示範節錄（圖源自 Backtrader 官方）

還有一點很棒的是官方直接支援 Yahoo Finance 的資料，也就是說你可以直接使用他們的函數呼叫資料，而且他們會直接很貼心的直接將資料打包餵進他們的框架中，屆時直接使用即可，當然了他也支援使用自己準備的資料，不過我們現在暫時無此需求。不過據我所知這個並不是使用 yfinance 套件，而是官方自己寫的爬取資料的方法。

Using the legacy API/format

To use the old API/format

1. Instantiate the online Yahoo data feed as:

```
data = bt.feeds.YahooFinanceData(
    ...
    version='',
    ...
)
```

圖 4.2.4 支援 Yahoo 資料（圖源自 Backtrader 官方）

官方也內建了各種技術指標，我們本章節既然要用到技術指標來做交易策略，那這個部分就必不可少。

Using *ta-lib*

As easy as using any of the indicators already built-in in *backtrader*. Example of a *Simple Moving Average*. First the *backtrader* one:

```
import backtrader as bt

class MyStrategy(bt.Strategy):
    params = (('period', 20),)

    def __init__(self):
        self.sma = bt.indicators.SMA(self.data, period=self.p.period)
        ...

...
```

圖 4.2.5 支援 ta-lib 技術指標（圖源自 Backtrader 官方）

官方還有一些重要的設置，就是關於手續費的問題，我們現在玩的是股票，所以我們管 commission 也就是傭金就好了，根據官方的說明傭金是買入會算一次，賣出也會，符合我們的券商手續費的收取。另外下面有兩個 margin（保證金）跟 mult，這兩個是玩期貨這類型商品的重要參數，

margin 是保證金這個很明白，就是入場門票；mult 就是例如你可能聽過什麼小台動一點 50，大台動一點 200 這種的，mult 就是在設置這個，我就不講太多了，有興趣的可以去了解期貨的交易機制，我們暫時不會用到就是了。

- `commission` (default: `0.0`)

  Monetary units in absolute or percentage terms each **action** costs.

  In the above example it is 2.0 euros per contract for a `buy` and again 2.0 euros per contract for a `sell`.

  The important issue here is when to use absolute or percentage values.

  - If `margin` evaluates to `False` (it is False, 0 or None for example) then it will be considered that `commission` expresses a percentage of the `price` times `size` operatin value
  - If `margin` is something else, it is considered the operations are happenning on a `futures` like intstrument and `commission` is a fixed price per `size` contracts

- `margin` (default: `None`)

  Margin money needed when operating with `futures` like instruments. As expressed above

  - If a **no** `margin` is set, the `commission` will be understood to be indicated in percentage and applied to `price * size` components of a `buy` or `sell` operation
  - If a `margin` is set, the `commission` will be understood to be a fixed value which is multiplied by the `size` component of `buy` or `sell` operation

- `mult` (default: 1.0)

  For `future` like instruments this determines the multiplicator to apply to profit and loss calculations.

圖 4.2.6　支援傭金、保證金跟 mult(圖源自 Backtrader 官方)

下面是對於 pyfolio 的範例 code，一樣很方便到時候跟著官方作肯定沒事。另外官方有強調，如果你希望 pyfolio 正常的工作，那必須使用 jupyter notebook，這點我們上一小節有説過，不過我們是利用 vscode 的擴展來達成目的，就不用特別再去裝 jupyter notebook 了。

The conclusion is easy if working with `pyfolio` is wished: **work inside a Jupyter Notebook**

Sample Code

The code would look like this:

```
...
cerebro.addanalyzer(bt.analyzers.PyFolio, _name='pyfolio')
...
results = cerebro.run()
strat = results[0]
pyfoliozer = strat.analyzers.getbyname('pyfolio')
returns, positions, transactions, gross_lev = pyfoliozer.get_pf_items()
...
...
# pyfolio showtime
import pyfolio as pf
pf.create_full_tear_sheet(
    returns,
    positions=positions,
    transactions=transactions,
    gross_lev=gross_lev,
    live_start_date='2005-05-01',  # This date is sample specific
    round_trips=True)

# At this point tables and chart will show up
```

圖 4.2.7　pyfolio 使用示意 (圖源自 Backtrader 官方)

除了官方文檔之外，他們還有官方的討論區，如果真的遇到什麼問題，去上面與別人交流一下也是一件很不錯的事情。通常黑框處是我比較常看的，因為我自己通常是遇到一些 bug 才會上去看看有沒有人提問，藉此來簡單判斷這個 bug 是框架出的問題還是我們的問題。

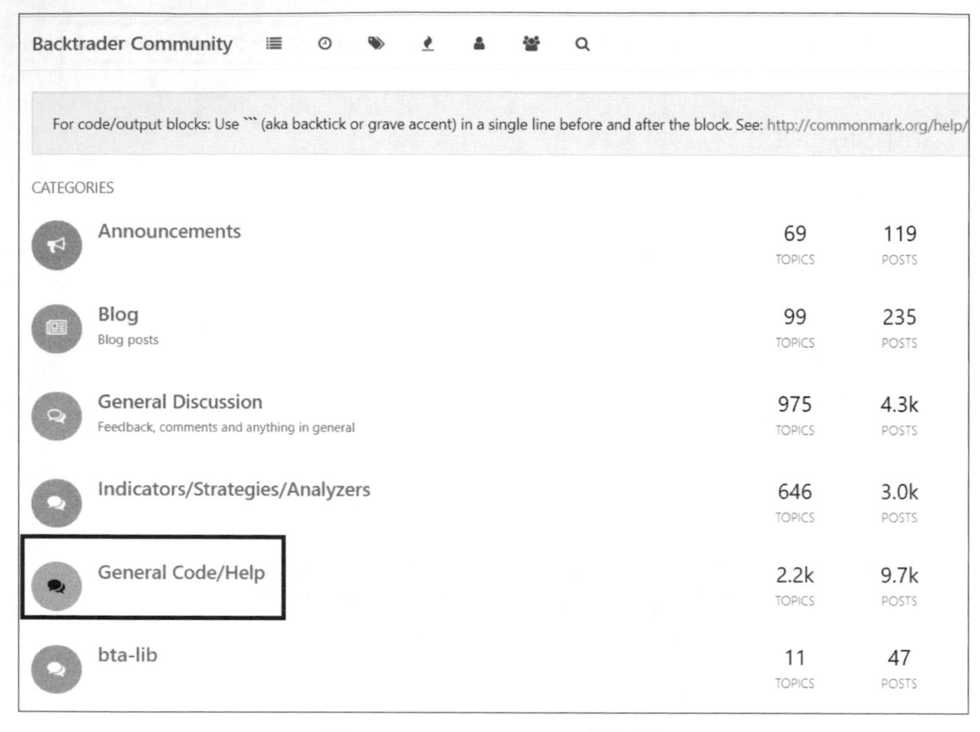

圖 4.2.8 backtrader 討論區

官方文檔的簡介就差不多到這邊，我們接下來直接實作你可能更好理解。

backtrader – 使用官方範例

首先我們先拿官方的範例過來做修改，最方便也最不容易出錯，我這邊參考的是官方文檔中 QuickStart Guide 章節中 Adding an indicator 這個小節。在你進入 QuickStart Guide 教學頁面的時候，你可以藉由下圖右邊這個導覽快速到達目的。

Adding an indicator

Having heard of *indicators*, the next thing anyone would add to the strategy is one of them. For sure they must be much better than a simple *"3 lower closes"* strategy.

Inspired in one of the examples from PyAlgoTrade a strategy using a Simple Moving Average.

- Buy "AtMarket" if the close is greater than the Average
- If in the market, sell if the close is smaller than the Average
- Only 1 active operation is allowed in the market

Most of the existing code can be kept in place. Let's add the average during **init** and keep a reference to it:

```
self.sma = bt.indicators.MovingAverageSimple(self.datas[0], period=self.params.mape
```

And of course the logic to enter and exit the market will rely on the Average values. Look in the code for the logic.

Table of contents

圖 4.2.9　參考的官方程式來源（圖源自 Backtrader 官方）

找到後往下面滑會有一個很長的官方程式範例，我會在 Trading 資料夾中開一個檔案 backtest_research.py 並將官方的示範程式先貼上備用，等一下會來說說怎麼使用這個框架，我會用這支程式來做講解。

```
from __future__ import (absolute_import, division, print_function,
                        unicode_literals)

import datetime  # For datetime objects
import os.path  # To manage paths
import sys  # To find out the script name (in argv[0])

# Import the backtrader platform
import backtrader as bt


# Create a Stratey
class TestStrategy(bt.Strategy):
    params = (
        ('maperiod', 15),
    )
```

圖 4.2.10　參考的官方程式來源 2（圖源自 Backtrader 官方）

首先，我們來講講他的框架部分，原則上分為六大部分，我先把每一個重要的部份裡面的程式先拿掉好方便看清架構，精簡後總共有以下 6 個重要部分，下面我們在做條列式說明，並且告訴你根據官方的範例這 6 個重點主要在進行什麼工作。

```
====================backtest_research.py=============
class TestStrategy(bt.Strategy):
    #1
    params = ()
    #2
    def log(self, txt, dt=None):
        pass
    #3
    def __init__(self):
        pass
    #4
    def notify_order(self, order):
        pass
    #5
    def notify_trade(self, trade):
        pass
    #6
    def next(self):
        pass
```

backtrader 介紹 – 定義 params

首先第一個部分 params，params 可用可不用，它是用來定義參數，例如下面官方示範的例子，params 中有一個叫做 maperiod，對應的值為 15，這個要怎麼使用再等一下其他部分會說到。總之我們一開始會先將這種參數類的東西在 params 中定義，何謂參數類的東西？例如你常聽到的 5ma、15ma、60ma 等等這些 5、15、60 就是參數類的東西，或者是 30

點停損、60 點停損諸如此類。所以說我們會先思考好這個策略會用到什麼類型的參數，並在這邊對其參數作定義。

```
====================backtest_research.py=============
class TestStrategy(bt.Strategy):
    params = (
        ('maperiod', 15),
    )
```

至於我們剛開始有說，params 可用可不用，為何這麼說？因為設置這個 params 的主要目的是跑最優參數，當然你不需要做參數優化就無需設置，如果有程式交易經驗的人肯定明白我在說什麼，例如有一個情境，我希望 30 點停損，但是 30 點其實毫無根據，只是我們隨便假設的，所以這時候我就會希望程式幫我演算一下究竟是 30 點、60 點、90 點哪一種停損標準會為我帶來最佳的獲利，下圖是官方示範回測 ma 的參數究竟是何種值效果最佳，這部份我們後面會練習到。

```
cerebro = bt.Cerebro()

# Add a strategy
strats = cerebro.optstrategy(
    TestStrategy,
    maperiod=range(10, 31))
```

圖 4.2.11　節錄自 Backtrader 官方－ Optimizer 範例

官方展示結果，他就會告訴你每一個參數跑出來的最終結果如何。這個我們到時候也會來使用使用，所以我只先帶過。

```
2000-12-29, (MA Period 10) Ending Value 880.30
2000-12-29, (MA Period 11) Ending Value 880.00
2000-12-29, (MA Period 12) Ending Value 830.30
2000-12-29, (MA Period 13) Ending Value 893.90
2000-12-29, (MA Period 14) Ending Value 896.90
2000-12-29, (MA Period 15) Ending Value 973.90
2000-12-29, (MA Period 16) Ending Value 959.40
2000-12-29, (MA Period 17) Ending Value 949.80
2000-12-29, (MA Period 18) Ending Value 1011.90
2000-12-29, (MA Period 19) Ending Value 1041.90
2000-12-29, (MA Period 20) Ending Value 1078.00
2000-12-29, (MA Period 21) Ending Value 1058.80
2000-12-29, (MA Period 22) Ending Value 1061.50
2000-12-29, (MA Period 23) Ending Value 1023.00
2000-12-29, (MA Period 24) Ending Value 1020.10
2000-12-29, (MA Period 25) Ending Value 1013.30
2000-12-29, (MA Period 26) Ending Value 998.30
2000-12-29, (MA Period 27) Ending Value 982.20
2000-12-29, (MA Period 28) Ending Value 975.70
2000-12-29, (MA Period 29) Ending Value 983.30
2000-12-29, (MA Period 30) Ending Value 979.80
```

圖 4.2.12 節錄自 Backtrader 官方 – Optimizer 結果

總結一下，params 可用可不用，大部分會設置是希望這個參數可以進行參數最優調整才會用，不然其實你可以直些寫在框架的其他部分，不需要特別拉出來定義，視你的需求調整。

backtrader 介紹 – log

介紹完 params 之後，就是 log 了。其實 log 單純又簡單，你看他的函數設計，傳入字串就好，然後他就會根據你傳入的東西加上日期 print 出來給你看，就是這樣而已。所以你在後面的程式會常常看到他使用這個函數，例如訂單成立、交易成立的時候，他就會傳入字串進 log，然後 log 會負責加上日期後 print 出來。

```
==================backtest_research.py==============
def log(self, txt, dt=None):
```

```
        ''' Logging function fot this strategy'''
        dt = dt or self.datas[0].datetime.date(0)
        print('%s, %s' % (dt.isoformat(), txt))
```

當然啦，log 也是選用，老實說如果你只在乎回測結果，也不想看到他一直 print 出一堆東西，你可以直接把他砍掉，但我通常都會保留。

backtrader 介紹 – __init__

在說說 backtrader 的 __init__ 裡面寫什麼之前，我得先說說 __init__ 這個東西其實不是 backtrader 框架特有的東西。因為我們沒有太過深入的講 class 這一類物件導向的知識 (物件導向的知識我建議你去找專門的書籍補充)，所以你可能不太清楚 __init__ 這個東西的作用。__init__ 是 class 裡面的一個建構式 (Constructor)，並非是必要的，但基本上都會使用，它的作用是每當你呼叫一次這個物件 (class) 時，無論如何都會執行 __init__ 並且將裡面你定義的變數做初始化並賦值，賦值就看你在 __init__ 中如何定義變數，說的術語一點就是他在初始化物件 (Object) 中的屬性值 (Attribute)。

__init__ 用來做一些物件內的屬性宣告，我們隨便寫一個例子，我創建一個 Test 類，然後在 __init__ 中定義變數 dog=1，然後我又寫了一個函式 print_dog 來專門 print 出 dog 這個類別。最後當我呼叫 print_dog() 函數時，我就可以獲得 1 這個結果。

```
=====================test.py====================
class Test():
    def __init__(self):
        self.dog = 1
    def print_dog(self):
        print(self.dog)
```

```
x = Test().print_dog()
```

我們會獲得結果 1。

```
>>> x = Test().print_dog()
1
```

圖 4.2.13　執行結果，self.dog 範例

那變數前面的 self 是什麼？ self 是必要的嗎？要怎麼理解這個 self 呢？我認為初學者可以這樣想，class 是一個工廠，裡面的 def 是各個部門，而 __init__ 是人資部門，專門雇人才並發放員工證，self 就像是工廠的員工證或是識別證，部門屬於工廠，基本上不太會有私自創建部門的情況，所以我們部門 (def) 裡面都必須放一個識別證 (self) 。人資部門給新來的員工 (變數 dog) 戴上了員工證，代表他就是公司裡的人了，那他到各個部門 (def) 去都會有人認可他，也可以使用他；但相反的，你如果不給變數戴上一個員工證，那就有點像是各個部門自己顧的約聘工讀生，只有部門內自己認可他，你到工廠其他部門沒有人知道他是誰。

我們寫一個例子，這一次我在人資部門中不給 dog 員工證 (self)，把它當作是人資部門自己聘的工讀生，然後我在 print_dog 部門呼叫這個 dog。

```
======================test.py=====================
class Test():
    def __init__(self):
        dog = 1

    def print_dog(self):
        print(dog)

x = Test().print_dog()
```

他就會問你，請問 dog 是誰啊？我認不出來，因為沒有識別證，dog 也不是我們部門找的工讀生。

```
Traceback (most recent call last):
  File "<stdin>", line 1, in <module>
  File "<stdin>", line 5, in print_dog
NameError: name 'dog' is not defined
```

圖 4.2.14　執行結果，dog 範例

那我們換下面這個情境，人資部門 (__init__) 來了新員工 dog 並給他戴上員工證，但是 print_dog 部門也來了一個自己雇傭的同名同姓的工讀生 dog，這時候我們一起呼喚人資部門的新人 dog 跟部門自己找的工讀生 dog。

```
======================test.py====================
class Test():
    def __init__(self):
        self.dog = 1

    def print_dog(self):
        dog=3
        print(dog)
        print(self.dog)

x = Test().print_dog()
```

我們看結果，完全沒有衝突。人資部門的是人資部門的，print_dog 自己找的是自己找的。但是如果有第三個部門 print_cat，他一樣就只認的出 self.dog 這位有戴上員工證的員工，而他不認得 dog 這個在 print_dog 部門自己雇用的工讀生，這就是 class 裡面的繼承 (self)，由 __init__ 創建出來，並且獲得繼承認可 (self)，後面的函式就可以呼叫他來使用。

```
>>> x = Test().print_dog()
3
1
```

圖 4.2.15　執行結果，self.dog 與 dog 範例

由上面的例子可見，在物件 (Class) 中 __init__ 確實是非必要，你也可以公司不具備人資部門，各個部門自己雇用自己想要的工讀生，所以你也可以需要什麼變數在各個函式中創建即可，我認為這需要看你的情境而論，這也是 python 的好處之一，自由度很高。

回過頭來我們來看看 backtrader 的 __init__。我們可以看到其實跟大部分的 class 的 __init__ 使用方式一樣，如我們所介紹，他也是在這裡做許多後面策略會使用到的變數宣告，加入 self 的用意就是讓後面的函式可以使用 __init__ 初始完後的變數。所以如果我在下方的買賣函數需要用到收盤價，那我就是使用 self.dataclose 就能獲得 __init__ 幫我創建好的收盤價資訊，我們等一下使用看看就知道了。

```
===================backtest_research.py==============
def __init__(self):
        # 創造收盤價序列備用
        self.dataclose = self.datas[0].close
        # 官方範例，用於追蹤是否有卡住的訂單以及傭金等
        self.order = None
        self.buyprice = None
        self.buycomm = None
        # 官方範例，新增一個15ma的資料序列備用
        self.sma = bt.indicators.SimpleMovingAverage(
            self.datas[0], period=self.params.maperiod)
```

另外不知道你有沒有注意到，在這裡獲得 15ma 的變數，他就示範了如何使用我們剛剛創建的 params 中的 maperiod，我們只要照著他這個呼叫方法，就可以做出 5ma、60ma 的範本了，下一小節實作就來修改。

```
===================backtest_research.py==============
       # 官方範例，新增一個15ma的資料序列備用
        self.sma = bt.indicators.SimpleMovingAverage(
            self.datas[0], period=self.params.maperiod)
```

細心且有學習熱情的朋友看完了 __init__ 的說明後，一定會覺得有地方不

清楚，例如 self.datas，這個東西是什麼？官方範例從未對於 self.datas 在 __init__ 做過宣告，那這個是怎麼來的？

```
===================backtest_research.py==============
def __init__(self):
        self.dataclose = self.datas[0].close
```

我們剛剛所舉例的情況是未使用任何框架的情況下 Class 最原始的樣子，不知道你有沒有注意到我們示範的 Class Test 括號中間是沒有東西的，但是官方範例中有一個 bt.Strategy，如果你在 Class 物件的括號中看到有東西，代表這個 Class 源自於我們使用的框架，而這個框架他本身已經幫你寫好各種方便你使用的功能，在你看不見的地方幫你執行，例如我們剛剛提出的 self.datas，當你使用該套件的 datafeed 的功能的時候，這個框架就會自動將你的資料序列化供你使用，更明顯的例子還有例如我們使用框架提供的指令 buy，你的程式明明沒有特別處理 order(訂單) 與 trade(交易) 以及獲利計算，但當你 buy 或 sell 他就能自動幫你處理訂單與交易，甚至是獲利等計算，這就是框架在幫你做事情。

```
===================backtest_research.py==============
class TestStrategy(bt.Strategy):
```

這種框架的例子非常多，例如我常用的深度學習框架 pytorch 也是一樣，使用框架我們就會呼叫 nn.Module。不過當你使用時，你得遵照官方的規範，所以我常說使用框架最好的方法就是去官網拿範例下來改，因為比較不容易有誤。

```
=======================test.py===================
class NeuralNetwork(nn.Module):
    def __init__(self):
```

如果你對於 backtrader 的框架很有興趣，你還記得 vscode Ctrl(按著)+ 滑鼠左鍵可以找到原始程式嗎？你可以對著 Class 裡面的 bt.Strategy 的 Strategy 使用，你就可以去研究研究，雖然裡面的程式有點複雜就是了。

```
class Strategy(with_metaclass(MetaStrategy, StrategyBase)):
    '''
    Base class to be subclassed for user defined strategies.
    '''

    _ltype = LineIterator.StratType

    csv = True
    _oldsync = False  # update clock using old methodology : data

    # keep the latest delivered data date in the line
    lines = ('datetime',)

    def qbuffer(self, savemem=0, replaying=False):
```

圖 4.2.15　bt.Strategy 程式部分截圖

__init__ 部分的說明就到這裡，在應用上就記得 __init__ 在這個框架中是用來宣告各種策略上會使用到的元素，例如 5ma、布林通道、rsi 等等，都會在 __init__ 裡面做宣告。

backtrader 介紹 – notify_order

notify_order 也是可用可不用，他是用來追蹤訂單 (order) 的狀態，有點類似通知的感覺，當然作者有示範一些巧思應用在 notify_order 中，我們等一下可以來看看。order 具有提交，接受，買入 / 賣出執行和價格，已取消 / 拒絕等狀態。

我們來看看他的程式，簡單來說就是訂單在提交或接受時什麼都不做，唯有當訂單完成買入時使用 log print 出買單執行與買價、手續費等；賣單也一樣；狀態是取消 (Cancel)、追加保證金 (Margin，不過我們用不到) 以及拒絕則透過 log print 出來訊息，最後都完成訂單通知後他會將訂單回歸設為 None，從他的設計中你應該就能感受到他是通知功能，即使你砍掉 notify_order 的功能，框架仍會為你正確的工作，因為他只在訂單確認買入以及訂單確認賣出時做出動作，其他時候這個函數是不做動作的，他會直接 return，意味著當作這個函式略過，不返回任何東西。

```
===================backtest_research.py==============
def notify_order(self, order):
        if order.status in [order.Submitted, order.Accepted]:
            # Buy/Sell order submitted/accepted to/by broker - Nothing to do
            return
        if order.status in [order.Completed]:
            if order.isbuy():
                self.log(
                    'BUY EXECUTED, Price: %.2f, Cost: %.2f, Comm %.2f' %
                    (order.executed.price,
                     order.executed.value,
                     order.executed.comm))

                self.buyprice = order.executed.price
                self.buycomm = order.executed.comm
            else:  # Sell
                self.log('SELL EXECUTED, Price: %.2f, Cost: %.2f, Comm %.2f' %
                         (order.executed.price,
                          order.executed.value,
                          order.executed.comm))

            self.bar_executed = len(self)

        elif order.status in [order.Canceled, order.Margin, order.Rejected]:
            self.log('Order Canceled/Margin/Rejected')

        self.order = None
```

我們剛剛不是說作者有一點點巧思在這個 notify_order 嗎？不知道你有沒有注意到這一段，這個是什麼？這個是作者示範其他策略時使用的東西，在我們拿的這個範例他沒有使用。你可能有聽過有人的策略是進場後如果經過 n 根沒有出場的話就一律賣掉，而作者在訂單完成的時候記錄下了現在的位置，你可以把他想成假設你有 300 天的交易序列，在第 200 天的時候觸發訂單，他就記錄下 200 這個位置，下一次策略執行時假設位置是 201 天，那我們就可以得知經過了 1 根 K 棒 (我們假設交易都是經由開高低收跟量的 K 棒交易，而非 ticks)。

```
===================backtest_research.py==============
self.bar_executed = len(self)
```

原則上其實 notify_order 這個部份我基本上是不會動的其實，除非你對於訂單成立時你想要有額外的動作，不過我其實也想不太到有什麼動作可以新增，簡單來說我覺得正常的情況下可以把它當作一個訂單通知，讓你可以知道 Buy Sell 執行的價格以及是否有因為金額不足而被 reject 的情況發生。

backtrader 介紹 – notify_trade

看到 notify 了，這時候你一定想說他跟 notify_order 是很像的吧？是的，剛剛是訂單的通知，而這個是交易通知。有些同學會很困惑，order 跟 Trade 要怎麼劃分？我用比喻的方式來說，order 有點像是你下單給經紀商的那個單子，上面記錄了你要買什麼、怎麼買 (限價、市價、停止單)、價格，這個應該比較好理解，我覺得他像券商軟體中的訂單查詢 / 委託查詢；而 Trade 可以把他想成你買賣完之後經紀商給你一張回函 (有點像發票、明細、證明)，我覺得他有點像券商軟體中的未實現損益 / 已實現損益那種感覺。

而官方示範的 trade 通知也非常簡單，他只對以平倉 (= 股票中的賣出) 的交易做處理。當交易為平倉的話，那官方的範例就會傳入 log print 出此次交易的獲利等等。而當 trade 的 isclosed 是 False 的話，則代表現在有倉在手，則官方設定是不做任何事情。

```
===================backtest_research.py==============
def notify_trade(self, trade):
        if not trade.isclosed:
            return
```

```
self.log('OPERATION PROFIT, GROSS %.2f, NET %.2f' %
         (trade.pnl, trade.pnlcomm))
```

其實上面介紹的這些通知都是可以客製化的，例如官方示範是平倉時才會顯示獲利，你可以自己客製例如有倉位的時候我仍然希望他每天 print 出我現在擁有的庫存價格與持有量等等。下圖是源自官方文檔 trade 擁有的屬性，如果要知道庫存價與持有成本，那你就 print 出 trade.size（持有量）與 trade.price（持有價格）即可，裡面也有官方範例用來判斷是否當下的動作為關閉交易（就是賣出）的 isclosed。

- `ref` : unique trade identifier
- `status` (`int`): one of Created, Open, Closed
- `tradeid` : grouping tradeid passed to orders during creation The default in orders is 0
- `size` (`int`): current size of the trade
- `price` (`float`): current price of the trade
- `value` (`float`): current value of the trade
- `commission` (`float`): current accumulated commission
- `pnl` (`float`): current profit and loss of the trade (gross pnl)
- `pnlcomm` (`float`): current profit and loss of the trade minus commission (net pnl)
- `isclosed` (`bool`): records if the last update closed (set size to null the trade
- `isopen` (`bool`): records if any update has opened the trade
- `justopened` (`bool`): if the trade was just opened
- `baropen` (`int`): bar in which this trade was opened
- `dtopen` (`float`): float coded datetime in which the trade was opened
  - Use method `open_datetime` to get a Python datetime.datetime or use the platform provided `num2date` method
- `barclose` (`int`): bar in which this trade was closed
- `dtclose` (`float`): float coded datetime in which the trade was closed
  - Use method `close_datetime` to get a Python datetime.datetime or use the platform provided `num2date` method
- `barlen` (`int`): number of bars this trade was open
- `historyon` (`bool`): whether history has to be recorded
- `history` (`list`): holds a list updated with each "update" event containing the resulting status and parameters used in the update

圖 4.2.16　trade 的屬性（圖源自 backtrader 官方）

backtrader 介紹 – next

next 是 backtrader 中最核心的部分，所有的策略邏輯都在這裡撰寫。其實 next 反而是最不需要講解的，因為他就是框架的核心，所有的策略撰寫在此，next 在功能面可以把他想像成一個 for 迴圈，根據你的策略與資料依序幫你比對，並在買進跟賣出時仿造真實交易替你處理訂單及計算獲利等等。

我們來看看官方範例怎麼寫，下一小節仿造就好。這個部分稍微比較重要一點，所以我分開講，首先在 next 中官方每天會透過 log 函數 print 出收盤價，然後他有一個小小的防呆機制，雖然基本上模擬交易比較不容易出現，就是如果準備交易的情況下，還有 order 訂單卡在手上未處理，那他就不會往下做了。其實這個防呆在上線交易的情況比較會出現，模擬交易基本上比較不會用到。

```
===================backtest_research.py==============
def next(self):
        # Simply log the closing price of the series from the reference
        self.log('Close, %.2f' % self.dataclose[0])
        # Check if an order is pending ... if yes, we cannot send a 2nd one
        if self.order:
            return
```

再來是很重要的策略的部分，官方示範的策略很簡單，你還記的 sma 是 __init__ 那裡設置的 15ma 嗎？官方的寫法就是只要收盤價在 15ma 之上就買進，反之則賣出，整體來說應該非常好懂，然後再買進跟賣出的時候加入了 log 提醒而已。接下來裡面有幾個重要元素我想特別提出來講，這邊只講了粗略。

```
===================backtest_research.py==============
# Check if we are in the market
        if not self.position:
            # Not yet ... we MIGHT BUY if ...
```

```
            if self.dataclose[0] > self.sma[0]:
                # BUY, BUY, BUY!!! (with all possible default parameters)
                self.log('BUY CREATE, %.2f' % self.dataclose[0])
                # Keep track of the created order to avoid a 2nd order
                self.order = self.buy()
        else:
            if self.dataclose[0] < self.sma[0]:
                # SELL, SELL, SELL!!! (with all possible default parameters)
                self.log('SELL CREATE, %.2f' % self.dataclose[0])
                # Keep track of the created order to avoid a 2nd order
                self.order = self.sell()
```

首先是 self.position，官方示範的語法是判斷 if not self.position 意味著空手，反之則是有單在手，另外還有 getposition() 函數可以查看擁有多少部位，老實說我比較常用 getposition() 。總之框架中 position 的用法重點就是這兩個，用 if not position 來判斷是否有庫存，然後使用 getposition() 來判斷擁有多少庫存，或者是直接根據 getposition 的庫存數判斷，為 0 就代表空手，我們在比較後面的例子會應用 getposition() 來查看擁有多少庫存並做出相應的處置。

```
===================backtest_research.py==============
        # Check if we are in the market
         if not self.position:
```

再來是買入的指令，當我們寫好條件之後，我們需要做的只是如官方示範利用 buy 函數做出一個買入的 order，剩下的框架就會幫我們處理了。

```
===================backtest_research.py==============
self.order = self.buy()
```

賣出亦然，我們其實只需要了解 position、buy、sell 這樣簡單的指令，搭配一些內建的技術指標就能夠達到近乎八成的事情。

```
===================backtest_research.py==============
self.order = self.sell()
```

我們目前都是講 Class 裡面的內容，接下來我們來講講程式要如何呼叫這個框架運行，並且如何設置手續費、初始資金等等，我把它暫時稱作運行框架的設置。

backtrader 介紹 – 運行框架設置前的小插曲

糟糕了，在官方示範開始之前，就有個大頭目要講，很多初學者甚至入門一段時間了看到下面這一段有些會不知道他在做什麼，因為 python 語法簡潔優雅的特點，我們以前示範的範例是不是你感覺用看英文的角度看一下大概也明白在做什麼運算？但下面這個是不是就感覺到毫無邏輯了？這個是什麼？

```
===================backtest_research.py==============
if __name__ == '__main__':
```

你還記得我曾經在將程式函式化的時候，我會在函式下方簡單做測試，並且提醒你記得將測試的程式刪除嗎？為什麼？因為如果你不刪除，你其他引用到這一支函式的程式也會把你下方測試的程式再執行一遍，但其實這是可以避免的，我們來示範一下，我開一個 test.py 跟 test2.py 來給你看看。

我們在 test.py 寫了一個函式 print 出 test.py 的測試，然後在下方測試這一個函式。

```
======================test.py====================
def print_test():
    print('test.py的測試')


print_test()
```

理所當然結果會如下。這時候我將 test.py 下方的測試的部分保留，我們用 test2.py 引用這支函式來執行。

```
>>> print_test()
test.py的測試
```

圖 4.2.17　執行結果，print_test 測試

在 test2.py 中我們 import test 並且使用剛剛那個函數。

```
======================test2.py==================
import test
test.print_test()
```

我們就會發現那個函數被執行了兩次。其實很好理解對吧？一次是執行 test.py 下方那個還沒被刪除的測試，一次是執行 test2.py 裡面的測試。

```
>>> import test
test.py的測試
>>> test.print_test()
test.py的測試
```

圖 4.2.18　執行結果，test2.py 引用 test 函式

在講其他的之前，我先來說說 __name__ 代表什麼以及字串 __main__ 代表什麼。原則上是這樣，__name__ 是你使用的 module 的名字 (module，有時候稱模組，白話講就是你 import 的檔案，也就是我們的 test.py，通常裡面是由 Class 物件或純 def 函式組成)，當 test.py 是被直接執行的時候，python 會讓 __name__ 賦值為字串 __main__，而當 test.py 是被 test2.py 引用 (import) 時，__name__ 就會變成 test，也就是變成模塊名，其實這就是一種開發者規定的規則，不過當然有他的用意，結尾會說。而字串 __main__ 則就真的是字串而已，是 python 的規則，他會在程式直接被執行而非被 import 時讓 __name__ 冠上字串 __main__，這個我就無法解釋為什麼是字串 __main__ 而不是什麼字串 abc，可能開發者有其他考量，或者是承襲或參考其他語言的設計。我們來看例子可能比較好懂。

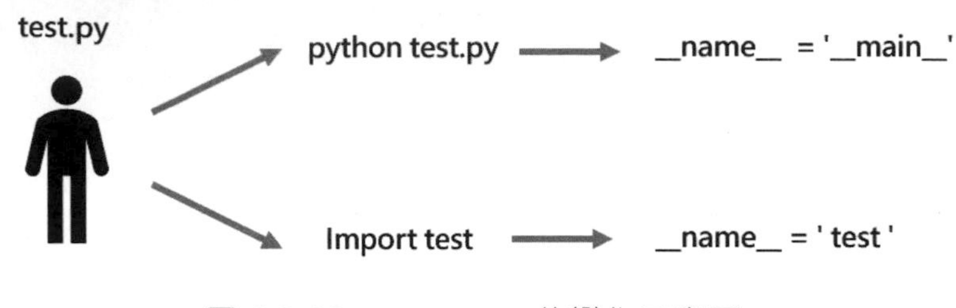

圖 4.2.19　__name__ 的變化示意圖

這一次我在 test.py 中 print 出 __name__。

```
========================test.py==================
def print_test():
    print('test.py的測試')
print(__name__)
```

如我們剛剛所說，當程式直接被運行時 __name__ 就會被 python 賦值為字串 __main__。

```
...
>>> print(__name__)
__main__
```

圖 4.2.20　執行結果，直接執行檔案時的 __name__

接著不一樣的地方來囉，我們在 test.py 中保留剛剛那個 print 出 __name__，然後我們在 test2.py 中 import test 這個檔案然後執行。

```
=======================test2.py==================
import test
```

你發現了嗎？剛剛在 test.py 中的 print 出 __name__ 的地方變成了 test，也就是 module name。

```
>>> import test
test
```

圖 4.2.21　執行結果，test2.py import 後的 test.py 的 __name__ 變化

那我們回到正題。從上面的例子中你能明白 __name__== 字串 main 可以區分這個 module 是被引用的，還是直接被執行的對吧。

```
===================backtest_research.py==============
if __name__ == '__main__':
```

為什麼要做這樣子的區分？實際上會應用在哪裡？其實一般的開發者 (非參與大型開發專案) 並不會明顯地體會到 __name__== 字串 main 的用處，只是想說很多人這樣做，就跟著做吧！其實這個主要是在大型的開發案會很有感覺，因為可能一個模組 (py 檔) 裡面就有上千行的物件跟函式，有了這個方法可以在下方任意測試並且不影響其他主程式來引用。據我所知有些公司的 Coding Guide Line 甚至會要求在每一個 Module 的下方都要提供使用方法或是測試案例，他們通常就必須要仰賴 __name__== 字串 main，因為這樣既可以留下測試案例，又不會讓其他程式多餘的執行一遍。

再回憶一次，我們是不是寫完函式之後，會在下方測試，然後請你測試完刪掉對吧？那可以不刪掉嗎？當然可以，你就使用 __name__== 字串 main 來進行測試，就可以不用刪除，因為你別的程式要來 import 這個模組時，並不會被引用到。

我們拿剛剛的 test.py 跟 test2.py 來試試。首先我在 test.py 下方用 __name__== 字串 main 來進行函式測試。

```
=======================test.py===================
def print_test():
    print('test.py的測試')

if __name__ == '__main__':
    print_test()
```

我們執行看看，不用說一定沒什麼變化，變化在 test2.py。

```
>>> if __name__ == '__main__':
...     print_test()
...
test.py的測試
```

圖 4.2.22 執行結果，test.py 加上 __name__=main 測試

我們保留剛剛 test.py 測試的內容，然後用 test2.py 來執行一次 test.py。

```
======================test2.py==================
import test
test.print_test()
```

看結果，函式只被正確的呼叫一次，而沒有將 test.py 的測試部分也執行了一遍，代表了 __name__== 字串 main 起到了作用。

```
>>> import test
>>> test.print_test()
test.py的測試
```

圖 4.2.23 執行結果，test2.py 引用 test.py 的函式執行，在有 __name__=main 的情況下

最後來聊一聊，有些人可能會問，這個方法很棒耶，為什麼不一開始就教使用這個方法來測試，而要請我們刪掉？其實除非是主管或業主特別要求在模組下方留下使用案例或是測試案例，不然我基本上不太會使用這個方法。我也覺得這個方法很棒，不過這應該算是我個人的小習慣的問題，因為我可能有受到程式第一個啟蒙老師的習慣以及當時公司的規範的影響。他們希望模組檔乾乾淨淨，裡面就是完全的物件跟函式，不要寫一些測試的東西在裡面，測試的東西應該歸類在另外的測試資料夾中，在那邊長時間的練習程式也就造就了當我有自由開發的機會時我並不會使用這個的習慣。

當然，這個東西算是 python 中的重點，你必須要知道，每一家有制度規模的公司一定都有屬於他們的 Coding Guideline，而我們身為一個稱職

的工程師，就要有能力或者學習能力可以應變各種不同的控管及其他要求。當你了解了這個的用途，別人希望你遵守什麼規範，你都能輕鬆達到要求。

backtrader 介紹 – 正式介紹運行框架設置

回到正題。我們分段來介紹，除了 __name__ == 字串 main 之外，基本上第一二行是必要的 SOP，等於呼叫框架並且將之前介紹的官方範例策略傳入。

```
====================backtest_research.py=============
if __name__ == '__main__':
    # Create a cerebro entity
    cerebro = bt.Cerebro()
    # Add a strategy
    cerebro.addstrategy(TestStrategy)
```

再來後面的部分看起來像是他使用了準備好的資料文字檔，這邊我們改一下，因為我希望我們能夠在本小節簡單的運行一下，下面是官方範例，等一下來看看怎麼改。

```
====================backtest_research.py=============
    # because it could have been called from anywhere
    modpath = os.path.dirname(os.path.abspath(sys.argv[0]))
    datapath = os.path.join(modpath, '../../datas/orcl-1995-2014.txt')
    # Create a Data Feed
    data = bt.feeds.YahooFinanceCSVData(
        dataname=datapath,
        # Do not pass values before this date
        fromdate=datetime.datetime(2000, 1, 1),
        # Do not pass values before this date
        todate=datetime.datetime(2000, 12, 31),
        # Do not pass values after this date
        reverse=False)
```

首先因為我們沒有他準備好的資料，所以 modpath 跟 datapath 這一段可以直接拿掉了，我們如下面的程式改用 bt.feeds.YahooFinanceData( ) 方法取得資料。基本上使用這個框架我用至目前最常用的資料輸入方法就是 bt.feeds.YahooFinanceData( ) 跟 bt.feeds.PandasData( )，前者用法簡單，直接如下輸入目標股票以及按照格式填入起始年月日即可，缺點是基本上只支援到日 K，如果你要自己透過其他 api 取得分 K 的資料就會使用到後者 bt.feeds.PandasData()，不過那就是後話了。

```
====================backtest_research.py=============
# Create a Data Feed with YahooFinanceData function
    data = bt.feeds.YahooFinanceData(
        dataname='2330.TW',
        # Do not pass values before this date
        fromdate=datetime.datetime(2014, 1, 1),
        # Do not pass values before this date
        todate=datetime.datetime(2020, 12, 31),
        # Do not pass values after this date
        reverse=False)
```

原則上下面這三個也是重要的設置，而且我們也需要改一下，首先 adddata() 傳入剛剛的 data feed 不用說了，就是必須要做也不會改的，而下面兩個就很重要了，setcash() 用來設置初始資金，我們因為要買台積電這種比較貴的，當然不可能只設置 1000；另外 addsizer() 更是重要，代表著每一次下單的股數，而我們都知道目前台灣的股市下單仍以一張 (1000 股) 為主流，因此這邊的設置也要更改。下面是官方範例，我們這就來修改。

```
====================backtest_research.py=============
# Add the Data Feed to Cerebro
    cerebro.adddata(data)
    # Set our desired cash start
    cerebro.broker.setcash(1000.0)
    # Add a FixedSize sizer according to the stake
    cerebro.addsizer(bt.sizers.FixedSize, stake=10)
```

如上所述，我們將初始資金設置為 100 萬，然後將每次下單的數量改為 1000 股，也就是一張。

```
====================backtest_research.py=============
    # Add the Data Feed to Cerebro
    cerebro.adddata(data)
    # Set our desired cash start
    cerebro.broker.setcash(1000000.0)
    # Add a FixedSize sizer according to the stake
    cerebro.addsizer(bt.sizers.FixedSize, stake=1000)
```

再來這個部分最重要需要更改的就是 setcommission() ，也就是設置手續費，官方的範例目前設置為 0，我們等一下將他修改成台灣公定的手續費，再來官方在 run() 也就是運行前後都各 print 出資產，就可以看出資產前後的變化，當然我們之後還需要仰賴 pyfolio 分析，這個之後再介紹。下為官方範例，我們先來改一下讓他可以正常運行。

```
====================backtest_research.py=============
# Set the commission
    cerebro.broker.setcommission(commission=0.0)
    # Print out the starting conditions
    print('Starting Portfolio Value: %.2f' % cerebro.broker.getvalue())
    # Run over everything
    cerebro.run()
    # Print out the final result
    print('Final Portfolio Value: %.2f' % cerebro.broker.getvalue())
```

值得一提的是，台灣的手續費公定價是千分之 1.425，但我下面示範的是我設置為千分之 1.5。因為我們其實還有證交稅以及一些滑價 (滑價就是因為網路延遲或快市等原因造成賣出時的價格與期望有差)，雖然有人說滑價有時候滑向好的，有時候滑向壞的，所以長時間來說可以攤平，但我們可能比較不幸，我們的程式交易做到現在滑價其實是很大的成本付出 (都是滑向不好的居多)，尤其交易次數越多越明顯，因此我會將手續費稍微調高作為滑價預期支付。

另外最後我加了一個 cerebro.plot() 這個東西可以向我們展示我們的交易狀況圖。完成設置後，請你先運行看看，我不確定目前 backtrader 上一些忽然出現的 bug 是否有修復，如果你運行很順暢那就是修復了沒問題，如果你遇到問題，那些跳過這些，在後面一點的段落有一個 backtrader 可能的問題的部分，我會說明我在使用的過程中遇到的一些 backtrader 發生的 bug，修正了再回來看這部分的結果。

```
====================backtest_research.py=============
# Set the commission
    cerebro.broker.setcommission(commission=0.0015)
    # Print out the starting conditions
    print('Starting Portfolio Value: %.2f' % cerebro.broker.getvalue())
    # Run over everything
    cerebro.run()
    # Print out the final result
    print('Final Portfolio Value: %.2f' % cerebro.broker.getvalue())
    cerebro.plot()
```

框架會顯示出每天的收盤價、買賣的訂單成立及執行資訊，還有賣出的獲利等等，這些都是源自於我們傳入 log 的東西，如果你覺得例如每天的收盤價很礙眼，你可以去相應的地方把它拿掉，下一小節的示範中我就會將它拿掉。

```
2020-07-29, Close, 422.00
2020-07-30, Close, 434.00
2020-07-31, Close, 425.50
2020-08-03, Close, 416.00
2020-08-04, Close, 425.50
2020-08-05, Close, 429.00
2020-08-06, Close, 435.00
2020-08-07, Close, 433.00
2020-08-10, Close, 435.50
2020-08-11, Close, 429.00
2020-08-12, Close, 419.00
2020-08-12, SELL CREATE, 419.00
2020-08-13, SELL EXECUTED, Price: 428.00, Cost: 319000.00, Comm 642.00
2020-08-13, OPERATION PROFIT, GROSS 109000.00, NET 107879.50
2020-08-13, Close, 429.00
```

圖 4.2.24 執行結果 1，每日的收盤價以及交易提醒

在 2014 到 2020 期間，沒想到這麼簡單的策略都能有 16% 左右的累計報酬率。不過不要高興得太早，不排除是因為台積電在這一兩年的狀態是屬於只要你有買就會賺錢，通常真要驗證一個策略是否準確，我們通常都會拿最少市值前 10 大來測試。

```
Final Portfolio Value: 1117071.00
```

圖 4.2.25　執行結果 2，最終的總資產

這張圖就是框架畫出來的，首先最上方是資產的變化，紅色的代表 Cash 現金，你看他上上下下其實就是往下跌代表有買進，所以現金減少，往上則是賣出，現金又回到原本的水平，所以你才會看到他震盪震盪，藍色線才是我們常常會看的，就是你的資產總值，現金加上現在手上股票的價值就是藍色線；再來中間那個區塊就是交易的盈虧，藍色賺錢紅色賠錢，你可以看到果然藍色點比較高的都是在近幾年；最後下方是每一個買賣進場點的位置、收盤價、15MA 以及量的圖，有些同學可能會想，這麼擠要怎麼看？我們下面來說明一下怎麼看。

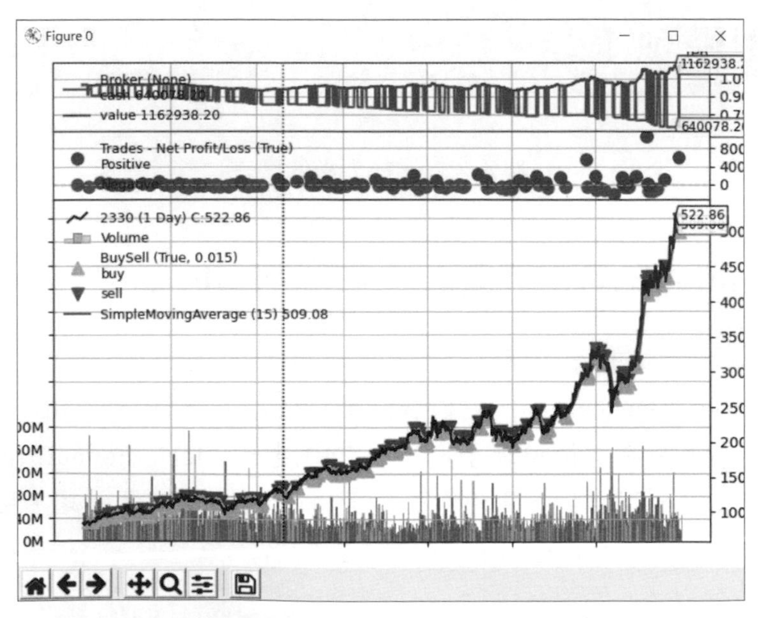

圖 4.2.27　執行結果 3，backtrader 提供的買賣資訊圖

首先點左下角的放大鏡，點了之後在原圖上的最下面那一區塊以方形框出你想看的部分。

圖 4.2.28　放大鏡可放大圖片指定位置

他就會放大了，這時候我們就能看出他的進出場買賣點。

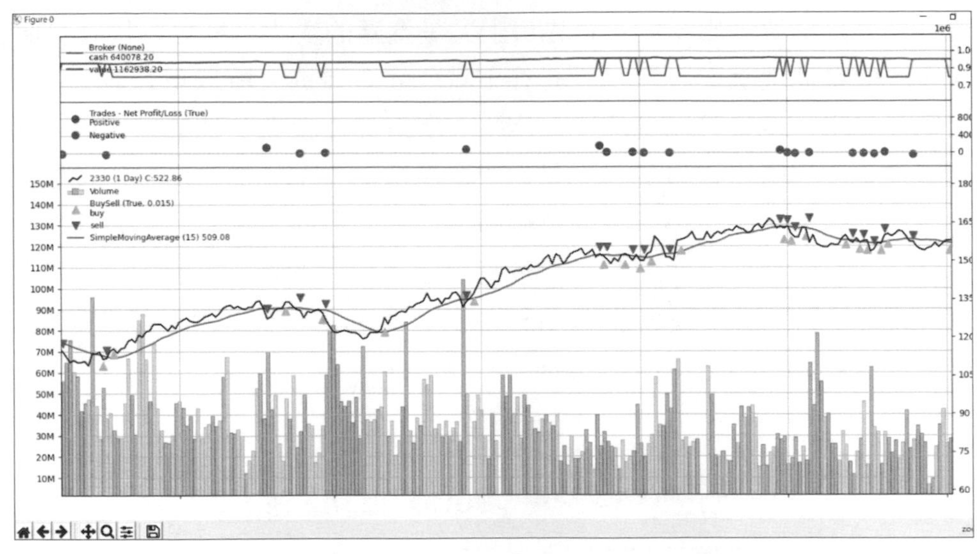

圖 4.2.29　放大後的圖表

Backtrader 的可能問題之一 - FileNotFoundError

其實這個部份是我在本書快要完成時再加入的。在 2021 / 7 /2 之前 bt.feeds.YahooFinanceData() 這個我們最常使用的獲取資料的函數都好好的，不過最近在那之後出現了災情，它會跳出 FileNotFoundError，因此我去官網查了一下結果，果然在一兩天前有人提出這個問題，目前尚未看到官方的解答，不過看到了一個很不錯的解。

```
  File "D:\Trading\env\lib\site-packages\backtrader\feeds\yahoo.py",
    super(YahooFinanceCSVData, self).start()
  File "D:\Trading\env\lib\site-packages\backtrader\feed.py", line 67
    self.f = io.open(self.p.dataname, 'r')
FileNotFoundError: [Errno 2] No such file or directory: '2330.TW'
```

圖 4.2.33 backtrader 框架獲取資料錯誤

我目前還沒有看到官方的人出來説明，不過下面有一位提出相應解，就是利用 yfinance 叫資料之後以外部資料的方式匯入框架中。其中 PandasData() 方法就是用來當你有外部資料源時匯入的方法，你只需要將欄位整理得跟 yfinance 的獲取的資料格式一致就行，例如你可能未來有 30 分 K 的資料，你就比照 yfinance 的資料格式整理，然後傳入 PandasData() 即可使用。

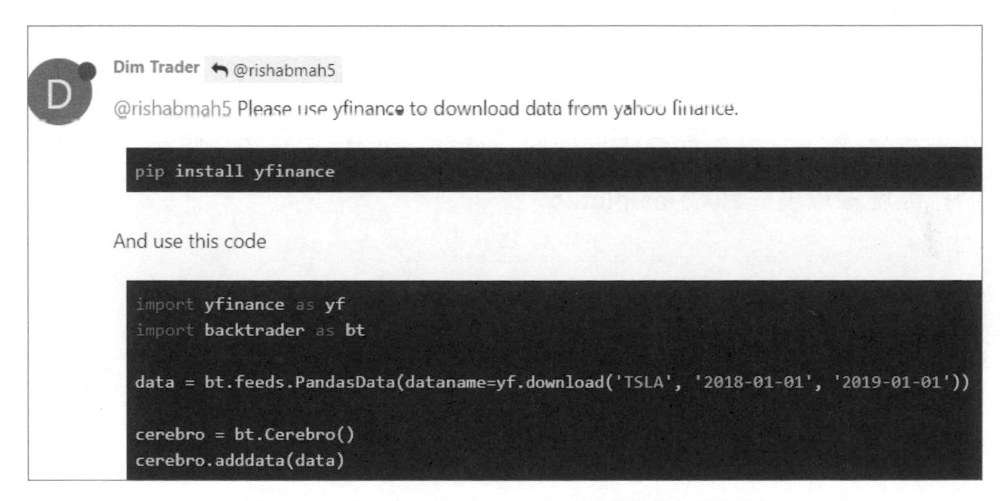

圖 4.2.34 backtrader 官方討論區提供的解

我不確定當你看到這裡的時候這個 Bug 是否還會繼續存在，如果你試著運行官方範例沒有出錯的話那代表問題已被解決，你可以忽略這個部分，不過如果你遇到跟我一樣的問題，可以把傳入資料的部分換成上圖的範例的方式，經過我的測試確實可以良好的解決問題。在下面其他小節中原則上我示範還是以 YahooFinanceData() 函數，所以如果你運行接下來小節的程式遇到我上面貼的那個錯誤的話，代表官方可能尚未修正此錯誤，就請你自行將 YahooFinanceData() 更換為 PandasData() 囉。

Backtrader 的可能問題之二 - ImportError

當你運行到畫圖的時候，你可能會遇到一些套件 matplotlib 傳出的錯誤 (如果沒遇到就略過)。

```
    from .plot import Plot, Plot_OldSync
  File "C:\Users\ONE PIECE\AppData\Local\Programs\Python\Python37\l
    from . import locator as loc
  File "C:\Users\ONE PIECE\AppData\Local\Programs\Python\Python37\l
    from matplotlib.dates import (HOURS_PER_DAY, MIN_PER_HOUR, SEC_
ImportError: cannot import name 'warnings' from 'matplotlib.dates'
e-packages\matplotlib\dates.py)
```

圖 4.2.26　matplotlib 套件報錯，因版本不符

我稍微查了一下，原來是版本問題，框架尚不支援太新的版本，所以我們打開虛擬環境先卸載 matplotlib。

```
=====================cmd=====================
(env) D:\Trading>pip uninstall matplotlib
```

然後安裝 3.2.2 的版本，再重新運行一次程式，理論上圖就會跑出來了。

```
=====================cmd=====================
(env) D:\Trading>pip install matplotlib==3.2.2
```

backtrader 介紹 – pyfolio 串接

關於 pyfolio 如何串接，官方給了示範，我們直接把他加入原先的程式裡面。

```
...
cerebro.addanalyzer(bt.analyzers.PyFolio, _name='pyfolio')
...
results = cerebro.run()
strat = results[0]
pyfoliozer = strat.analyzers.getbyname('pyfolio')
returns, positions, transactions, gross_lev = pyfoliozer.get_pf_items()
...
...
# pyfolio showtime
import pyfolio as pf
pf.create_full_tear_sheet(
    returns,
    positions=positions,
    transactions=transactions,
    gross_lev=gross_lev,
    live_start_date='2005-05-01',  # This date is sample specific
    round_trips=True)

# At this point tables and chart will show up
```

圖 4.2.30　pyfolio 串接範例，圖源自 backtrader 官方

如官方範例，我們將 cerebro.run() 傳入 results 變數備用，然後按照官方作法將其他元素加在 run() 函數的前後。官方的分析做得更全面，幫我們準備了報酬、倉位變化、交易以及 gross leverage。

```
====================backtest_research.py=============
    cerebro.addanalyzer(bt.analyzers.PyFolio, _name='pyfolio')
    # Run over everything
    results = cerebro.run()
    # Print out the final result
    print('Final Portfolio Value: %.2f' % cerebro.broker.getvalue())
    strat = results[0]
    pyfoliozer = strat.analyzers.getbyname('pyfolio')
    returns, positions, transactions, gross_lev = pyfoliozer.get_pf_items()
```

再來是 pyfolio 的設置加進去，不過這裡有需要修改的部分。

```
====================backtest_research.py=============
# # pyfolio showtime
    import pyfolio as pf
```

```
    pf.create_full_tear_sheet(
    returns,
    positions=positions,
    transactions=transactions,
    gross_lev=gross_lev,
    live_start_date='2005-05-01',  # This date is sample specific
    round_trips=True)
```

因為 pyfolio 後來有經過比較大規模的翻新，但是顯然 backtrader 並沒有跟上，許多功能已經不復存在或是以另一種形式被計算，其中 gross_lev 跟 round_trips 這兩個參數最明顯，pyfolio 較新版的的函數已經不支援這些參數了，所以不拿掉會有錯誤，我們直接拿掉。再來是 live_start_date 我們改由 2018 年 1 月 1 號開始，那這個參數是什麼呢？我們下面來說一下。

```
====================backtest_research.py=============
# # pyfolio showtime
    import pyfolio as pf
    pf.create_full_tear_sheet(
    returns,
    positions=positions,
    transactions=transactions,
    live_start_date='2018-01-01'  # This date is sample specific)
```

根據官方定義，live_start_date 能區分出模擬交易與實盤交易。你可能會問，這不都是回測嗎？哪來的實盤交易？你的疑問是對的，所以我通常會說你就把他想成他能區分出兩個時段，例如我們的資料是 2014 年到 2020 年，然後我們將 2018 年 1 月以後跟 2018 以前區分開來，有人會問這個區分有用嗎？當然有，而且很重要。

你還記得我們說過 backtrader 可以暴力演算參數對吧？假設我今天用暴力演算得知整體最優的停利點是 50 點，但是有可能我們用 50 點停利來測試 2018-2020 卻是大賠，因為那幾年波動特別大，往常可能 50 點都算波動大的了，2018-2020 漲個 100 點可能還不算大，這時候你的交易就會因為太容易停利而賺不到應該賺的錢。那我們會稱這個暴力演算有一點過擬合了，就是你不斷的去追求過去最佳參數，但是在未來這個最佳參數卻會讓你賠錢 (上述純屬舉例，並不代表真實狀況)。

有人可能會眉頭一皺，那照這樣說暴力演算根本不好啊，因為感覺依照過去的參數來去未來交易一定很容易賠錢，但事實未必如此，其實有一些參數還是很有用的，我的建議是不要一竿子打翻一條船認定暴力演算參數一定很差，我還是建議演算看看，並用區分區間的方式來評估你的參數是否有過擬合的狀況，再做考慮要不要使用，我們現行上線運行的程式交易，真的有因為演算出來的參數而替我們賺錢的例子，不要輕言拋棄他。

說了這麼多，我們趕緊來執行看看。你還記得 pyfolio 要用 jupyter 運行嗎？所以不要忘記在程式的最上方加上 #%% 然後點擊 Run Cell 運行。整體程式如下，不過我就不貼上回測框架的內容了，因為基本跟官方一模一樣，沒有改什麼，我只貼上下方變動較大的那些交易設置，所以其他部分一樣請你去 Github 上面獲取。

```
====================backtest_research.py=============
#%%
if __name__ == '__main__':
    # Create a cerebro entity
    cerebro = bt.Cerebro()
    # Add a strategy
    cerebro.addstrategy(TestStrategy)
    # Create a Data Feed with YahooFinanceData function
    data = bt.feeds.YahooFinanceData(
        dataname='2330.TW',
        # Do not pass values before this date
        fromdate=datetime.datetime(2014, 1, 1),
        # Do not pass values before this date
```

```
        todate=datetime.datetime(2020, 12, 31),
        # Do not pass values after this date
        reverse=False)
    # Add the Data Feed to Cerebro
    cerebro.adddata(data)
    # Set our desired cash start
    cerebro.broker.setcash(1000000.0)
    # Add a FixedSize sizer according to the stake
    cerebro.addsizer(bt.sizers.FixedSize, stake=1000)
    # Set the commission0.001425
    cerebro.broker.setcommission(commission=0.0015)
    # Print out the starting conditions
    print('Starting Portfolio Value: %.2f' % cerebro.broker.getvalue())
    cerebro.addanalyzer(bt.analyzers.PyFolio, _name='pyfolio')
    # Run over everything
    results = cerebro.run()
    # Print out the final result
    print('Final Portfolio Value: %.2f' % cerebro.broker.getvalue())
    strat = results[0]
    pyfoliozer = strat.analyzers.getbyname('pyfolio')
    returns, positions, transactions, gross_lev = pyfoliozer.get_pf_items()
    # # pyfolio showtime
    import pyfolio as pf
    pf.create_full_tear_sheet(
    returns,
    positions=positions,
    transactions=transactions,
    live_start_date='2018-01-01')  # This date is sample specific)
```

切分了區間之後它的結果就有分 in Sample (2018 以前) 跟 Out of Sample (2018 以後)，你就可以看到官方的策略確實是在 2018 以後才賺錢的。

再來是他的圖也會有變化，用紅色根綠色區分開兩個區間。至於其他圖較多我就不一一貼上了，就留給你自行探索囉。

Start date			2014-01-02
End date			2020-12-30
In-sample months			46
Out-of-sample months			34
	In-sample	Out-of-sample	All
Annual return	-1.0%	5.3%	1.6%
Cumulative returns	-3.8%	16.2%	11.7%
Annual volatility	2.5%	6.3%	4.6%
Sharpe ratio	-0.39	0.85	0.38
Calmar ratio	-0.13	0.7	0.18
Stability	0.53	0.38	0.0
Max drawdown	-7.5%	-7.6%	-9.2%
Omega ratio	0.92	1.19	1.09
Sortino ratio	-0.53	1.42	0.61

圖 4.2.31　執行結果 1，backtrader+pyfolio 報表

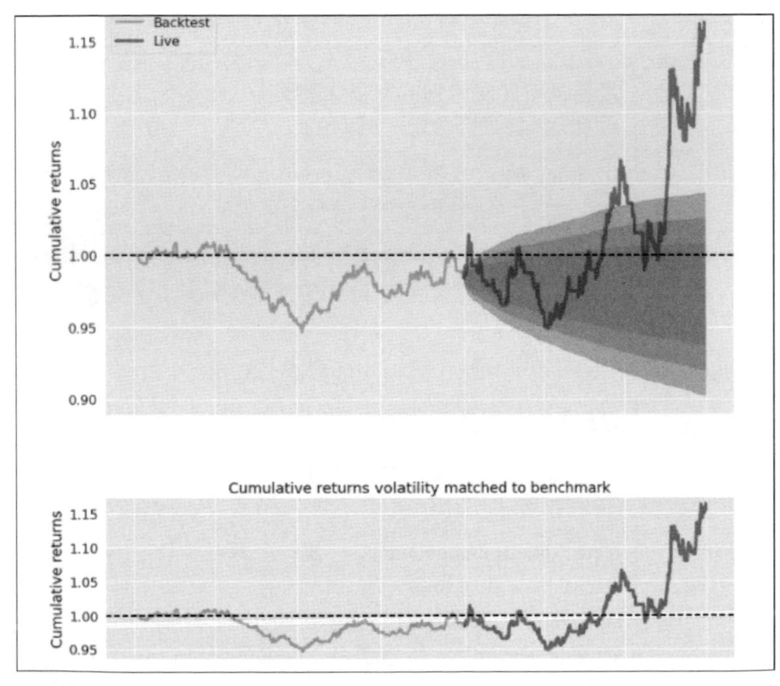

圖 4.2.32　執行結果 2，backtrader+pyfolio 圖表其中之一

❑ 本小節對應 Code

Trading / backtest_research.py

❑ 小節統整

本小節我們使用了 backtrader 官方提供的範例來試玩玩看回測框架，下一小節我們將來實作一些比較基本常見的操作讓你上手。本小節的觀念重點雖然不是很多，但我覺得很重要，我覺得你可以閉著眼睛思考一下當被別人問起這是什麼的時候，你能夠回答得出來。

1. backtrader 框架基礎理解以及串接 pyfolio
2. Class(物件) 中的 __init__ 與 self 基本概念
3. python 中 __name__ 方法

除此之外，我整理了一張表格，大致上統整使用 backtrader 常常會修改並且用到的部分：

名稱	重點
params	定義策略會使用到的參數，例如 n 根均線、停損點 n 等，n 可使用暴力演算最優參數。(可選)
def log()	定義 log 格式，當有想要 print 出結果在執行視窗上時可傳入 log，原則上沒有更改的必要。(可選)
def __init__()	定義框架會使用到的變數，例如收盤價、開盤價、均線、布林通道等等。定義完後可在 next 中使用，框架會將之變成可用資料序列。(必須)
def notify_order()	定義當有訂單發生時做出的提醒與動作。 (可選)
def notify_trade()	定義當有交易發生時做出的提醒與動作。 (可選)
def next	定義策略，也就是交易的動作的主要部分，是整個框架的重點部位。(必須)
其他重要框架設置	feeds.YahooFinanceData() -> 資料來源 setcash() -> 設置現金 addsizer() -> 設置一次交易多少股 setcommission() -> 設置傭金 (手續費) addanalyzer() -> 設置分析工具

4.3 指標型策略 1 – 5ma 穿越 60ma 進場，跌破 60ma 出場

聊聊指標型策略 - ma 的應用

均線 (MA) 算是技術指標中非常重要也最多人使用的一種指標，為什麼許多人喜愛利用指標來進行交易？我自己做程式交易的淺見是因為技術指標容易量化，所以更容易交由程式執行，且更重要的是進出有據，才容易做檢討以及精進。

雖說有另一學派認為指標都是落後指標，只有價量才是一切的價量派；也有所謂的型態學，研究例如綠綠紅棒屬於進場點，比較新潮的研究者甚至研究以圖片辨識的相關技術來預測股票未來的線形。雖說方法很多，但市場上大部份的交易者目前應仍以技術指標為交易依據，因此我們這個小節來做做看，先不做太難的，我們用初學者最常聽到的一種：當 5 日均線向上穿越 60 日均線時我們做買進，而當 5ma 向下跌破 60ma 時我們做賣出，來測試看看成效如何，為了方便起見，等一下我一律稱他為 ma 策略。

ma 策略 – params

我們的 Trading 資料夾中先前就有小幫手系列的許多程式，為了區分小幫手系列以及指標系列我會創建一個叫做 tech1_ma_strategy.py 的檔案，以 tech+ 編號 + 策略名稱當作指標型策略的檔案命名原則。接著我們將剛剛的 4.2 小節的 backtest_research.py 貼上去，我們就可以開始了。

我們按照順序一步一步來改吧，首先是 params 的部分。我們可以先思考一下有沒有參數需不需要跑暴力演算，決定要不要設置在 params。因

為我等一下想示範一下用用看暴力演算，所以我將 5ma 跟 60ma 設置在 params 如下，我們定義一個 fast_period 為 5；slow_period 為 60。

```
===================tech1_ma_strategy.py==============
#設置sma的參數，根據官方照此設置可進行暴力演算，得知何種參數最佳
    params = (
        ('fast_period', 5),
        ('slow_period', 60),
    )
```

ma 策略 – log

log 的部分目前沒有需要改動的，我們先跳過。

```
===================tech1_ma_strategy.py==============
    #這裡是log，當交易發生時呼叫log函數可以將交易print出來
    def log(self, txt, dt=None):
        ''' Logging function fot this strategy'''
        dt = dt or self.datas[0].datetime.date(0)
        print('%s, %s' % (dt.isoformat(), txt))
```

ma 策略 – __init__

__init__ 的部分我們上半段都保留，唯獨定義策略的部份我們修改一下。

```
===================tech1_ma_strategy.py==============
    #init定義你會用到的數據
    def __init__(self):
        #呼叫close序列備用
        self.dataclose = self.datas[0].close
        #追蹤order、buyprice跟buycomm使用，可用可不用
        self.order = None
        self.buyprice = None
        self.buycomm = None
```

官方只定義了一個 ma，我們就複製第二個，然後將 period 改為我們剛剛在 params 中新增的 fastperiod (5) 與 slow_period (60) 即可。另外官方沒有指定資料，根據官方說明使用 bt.ind 呼叫的技術指標會自行默認傳入框架內的資料，因此不需要特別指定，但我習慣還是指定一下，因為這樣比較清楚知道是計算哪一個資料的 ma，我們普遍認知都是收盤價沒錯，但在變幻莫測的程式交易領域裡，使用諸如最高價的 ma、最低價的 ma 或是其他變形的大有人在，因此為了清楚表示我還是習慣會指定計算哪一個的 ma。至於用法如下，聰明如你一定想的到如果是最高價的 ma 呢？那就是 self.datas[0].high。

```
===================tech1_ma_strategy.py==============
        #定義5ma跟60ma
        self.sma1 = bt.ind.SimpleMovingAverage(self.datas[0].close,period=
self.params.fast_period)
        self.sma2 = bt.ind.SimpleMovingAverage(self.datas[0].close,period=
self.params.slow_period)
```

接著就是重點了，我們在要 __init__ 的部分來新增所謂的向上穿越與向下突破。許多人可能會想，官方示範的不就是了嗎？他不是示範當收盤價在 15ma 之上時買進；15ma 之下的賣出，我們不就把收盤價換成 5ma，然後把 15ma 換成 60ma 就是了？

有一個初學者很容易搞混的重要觀念你必須要知道，向上穿越 (cross over) 在策略中並不單純就是大於等於這麼簡單，我們用畫圖來舉例，假設下圖實線代表 5ma，虛線代表 60ma，下圖框框處就是 5ma > 60ma，你可以看到當你的策略是 5ma 大於 60ma 買進，而你又沒有限制買進的次數或數量的話，在框框處你的策略就會拼命的買、用力地買，因為他們都符合狀態。

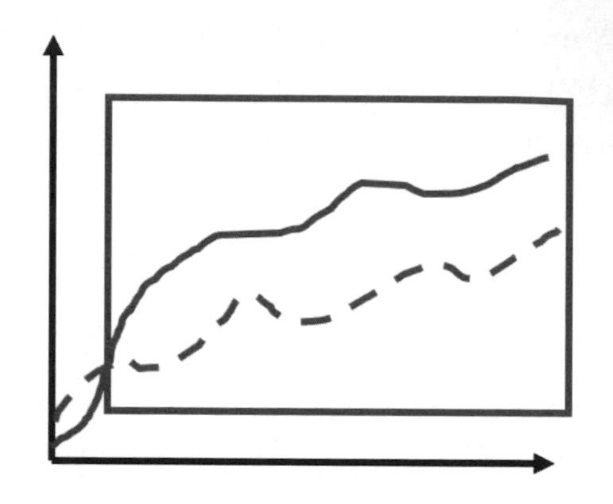

圖 4.3.1 5ma 大於 60ma 示意圖

而向上穿越 (cross over)，或稱交叉就不一樣了，同樣一張圖只有框框的那一刻才有 cross over，而非是上圖那樣整個區間都符合條件。你看出差異了嗎？Cross over 意味著 5ma 大於 60ma 沒錯，但是有個重點是前一刻 5ma 必須在 60ma 下方才會符合條件，較無程式交易經驗的新手，要特別注意這個差異，當你在替人家撰寫策略時，得要理解你老闆指的是哪一種。

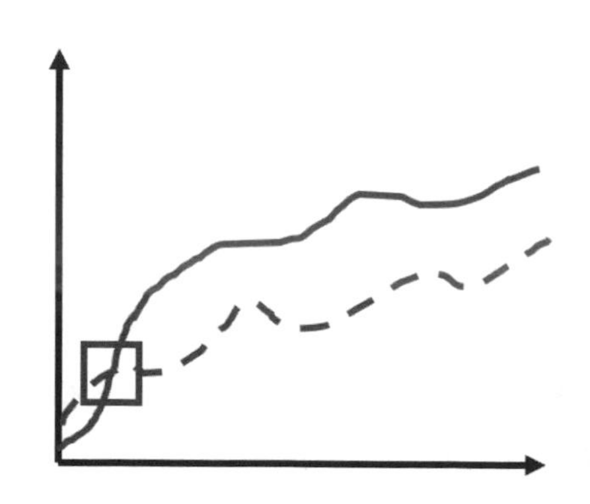

圖 4.3.2 5ma cross over 60ma 示意圖

說完 cross over 之後，向下穿越 (cross below) 也是同理，我們很幸運的是 backtrader 框架將 cross over 包成類似指標的方式給我們使用，我們只要傳入要比較的兩條線，然後他就會將結果以 1、-1、0 的方式返還給我們，1 代表 cross over；-1 代表 cross below；0 則代表什麼都沒發生。

而用法也超簡單，就是呼叫 CrossOver() ，然後將兩條線傳入，第一個位置向上穿越第二個位置時會是 1，反之則 -1，要注意順序。

```
===================tech1_ma_strategy.py==============
        #使用bt.ind.CrossOver方法判斷兩條線的穿越關係
        self.crossover = bt.ind.CrossOver(self.sma1, self.sma2)
```

至此整個 __init__ 的部分如下就設置完了。

```
===================tech1_ma_strategy.py==============
    #init定義你會用到的數據
    def __init__(self):
        #呼叫close序列備用
        self.dataclose = self.datas[0].close
        #追蹤order、buyprice跟buycomm使用，可用可不用
        self.order = None
        self.buyprice = None
        self.buycomm = None
        #定義5ma跟60ma
        self.sma1= bt.ind.SimpleMovingAverage(self.datas[0].close,period=
self.params.fast_period)
        self.sma2= bt.ind.SimpleMovingAverage(self.datas[0].close,period=
self.params.slow_period)
        #使用bt.ind.CrossOver方法判斷兩條線的穿越關係
        self.crossover = bt.ind.CrossOver(self.sma1, self.sma2)
```

ma 策略 – notify_order

如先前所說，notify_order 最重要的就是在追蹤訂單發出通知，即使沒有，框架也會正確的處理訂單，所以原則上 notify_order 我會保持原樣，只是將官方原先示範的 self.bar_executed = len(self) 這個紀錄訂單成立後經過幾根的東西拔掉，完全用不到。

```
===================tech1_ma_strategy.py==============
def notify_order(self, order):
        if order.status in [order.Submitted, order.Accepted]:
            #當訂單為提交狀態時則不做任何事
            return

        # 當訂單完成時，若為Buy則print出買入狀況；反之亦然
        if order.status in [order.Completed]:
            if order.isbuy():
                self.log(
                    'BUY EXECUTED, Price: %.2f, Cost: %.2f, Comm %.2f' %
                    (order.executed.price,
                     order.executed.value,
                     order.executed.comm))
                self.buyprice = order.executed.price
                self.buycomm = order.executed.comm
            else:
                self.log('SELL EXECUTED, Price: %.2f, Cost: %.2f, Comm %.2f' %
                         (order.executed.price,
                          order.executed.value,
                          order.executed.comm))

        # 當因策略取消或是現今不足訂單被拒絕等狀況則print出訂單取消
        elif order.status in [order.Canceled, order.Margin, order.Rejected]:
            self.log('Order Canceled/Margin/Rejected')

        #完成該有的提醒之後則將order設置回None
        self.order = None
```

ma 策略 – notify_trade

notify_trade 跟 notify_order 基本上差不多，我也不做任何更改。

```
===================tech1_ma_strategy.py==============
    #notify_trade交易通知，預設有倉在手就不做事，如果執行賣出則print獲利
    def notify_trade(self, trade):
```

```
        if not trade.isclosed:
            return
        self.log('OPERATION PROFIT, GROSS %.2f, NET %.2f' %
                 (trade.pnl, trade.pnlcomm))
```

ma 策略 – next

next 是一切的核心，也就是撰寫策略的部分，首先官方一開始有一個 self.log('Close, %.2f' % self.dataclose[0]) ，這個我有時候會把他砍掉，因為我自己實在是不想看到每日的收盤價在那邊刷，這邊看你想不想留著。

```
===================tech1_ma_strategy.py==============
    #next可以把它想像成一個內建的for loop，把數據打包好供我們使用
    def next(self):
        # 檢查有無pending的訂單
        if self.order:
            return
```

然後接著就是核心，當 5ma 向上穿越時我們就做買進，還記得我們在 __init__ 使用的 Crossover 嗎？根據官方的規範，大於 0 就是向上穿越，反之向下突破。我們只需要 if not self.position 判斷是否有倉在手，然後再判斷 crossover 是否大於 0 就可以進行買入的動作。下面的這些程式其實沒什麼好解釋的，因為這些都是框架的規範，都來自官方的說明，就有點像我們買了複雜電器，邊使用要邊去翻閱他的說明書看看如何使用而已。

```
===================tech1_ma_strategy.py===============
if not self.position:
    # cross over>0意味著向上穿越
    if self.crossover>0:
        # 紀錄買單提交
        self.log('BUY CREATE, %.2f' % self.dataclose[0])
        # 買進
        self.order = self.buy()
```

賣出也很簡單，就是當 self.crossover<0 時紀錄賣單然後再賣出而已。

```
===================tech1_ma_strategy.py==============
else:
    if self.crossover<0:
        # 紀錄賣單提交
        self.log('SELL CREATE, %.2f' % self.dataclose[0])
        # 賣出
        self.order = self.sell()
```

整個策略的核心，也就是 next() 就這樣就完成了，其實非常簡單吧！

```
===================tech1_ma_strategy.py==============
    #next可以把它想像成一個內建的for loop，把數據打包好供我們使用
    def next(self):
        # print出每日收盤價
        # self.log('Close, %.2f' % self.dataclose[0])
        # 檢查有無pending的訂單
        if self.order:
            return
        #有無倉位在手，如果無代表
        if not self.position:
             # cross over>0意味著向上穿越
            if self.crossover>0:
                print()
                # 紀錄買單提交
                self.log('BUY CREATE, %.2f' % self.dataclose[0])
                # 買進
                self.order = self.buy()
        else:
            if self.crossover<0:
                # 紀錄賣單提交
                self.log('SELL CREATE, %.2f' % self.dataclose[0])
                # 賣出
                self.order = self.sell()
```

ma 策略 – 一般設置

一般設置與上一小節基本上一致，我就不再做更動了，唯獨我們等一下將圖表做一點點小小的變化，我們等一下特別拉出來稍微說一下。

```
===================tech1_ma_strategy.py==============
if __name__ == '__main__':
    # 創建框架
    cerebro = bt.Cerebro()
    # 放入策略
    cerebro.addstrategy(TestStrategy)
    # 使用框架的資料取得函數
    data = bt.feeds.YahooFinanceData(
        dataname='2330.TW',
        # 開始日期
        fromdate=datetime.datetime(2014, 1, 1),
        # 結束日期
        todate=datetime.datetime(2020, 12, 31),
        reverse=False)
    # 將datafeed餵入框架
    cerebro.adddata(data)
    # 設置起始金額
    cerebro.broker.setcash(1000000.0)
    #設置一次購買的股數，台股以1000股為主
    cerebro.addsizer(bt.sizers.SizerFix, stake=1000)
    # 設置傭金，稍微設置高一點作為滑價付出成本
    cerebro.broker.setcommission(commission=0.0015)
    # print出起始金額
    print('Starting Portfolio Value: %.2f' % cerebro.broker.getvalue())
    # 執行策略
    cerebro.run()
    # print出結束金額
    print('Final Portfolio Value: %.2f' % cerebro.broker.getvalue())
畫Kbars
    cerebro.plot(style='candlestick',barup='red', bardown='green')
```

變化就是呢，我們將框架提供的買賣圖換成 k bars，根據官方只要將 style 改成 candlestick 即可，另外有兩個參數是收盤高低的顏色，在台灣是收盤高於開盤紅棒，反之綠棒，而在美國則恰恰相反，要特別注意一下你比較習慣哪一種模式。

```
==================tech1_ma_strategy.py==============
    #畫Kbars
    cerebro.plot(style='candlestick', barup='red', bardown='green')
```

設置完後我們來運行一下。即使是這麼簡單的策略，買在我們的護國神山台積電身上仍然有 30 多萬的報酬呢，其實還挺不錯的。至於獲利分析我們最後會拿 pyfolio 框架來看看如何。

```
2020-11-03, SELL CREATE, 441.00
2020-11-04, SELL EXECUTED, Price: 444.50, Cost: 297500.00, Comm 666.75
2020-11-04, OPERATION PROFIT, GROSS 147000.00, NET 145887.00
2020-11-04, BUY CREATE, 450.00
2020-11-05, BUY EXECUTED, Price: 451.50, Cost: 451500.00, Comm 677.25
Final Portfolio Value: 1339036.25
```

圖 4.3.3　執行結果，ma 策略結果

再來是 K 棒圖，我已經事先將他放大，好讓你能清楚看到它變成我們最喜歡看的 K 棒圖了。

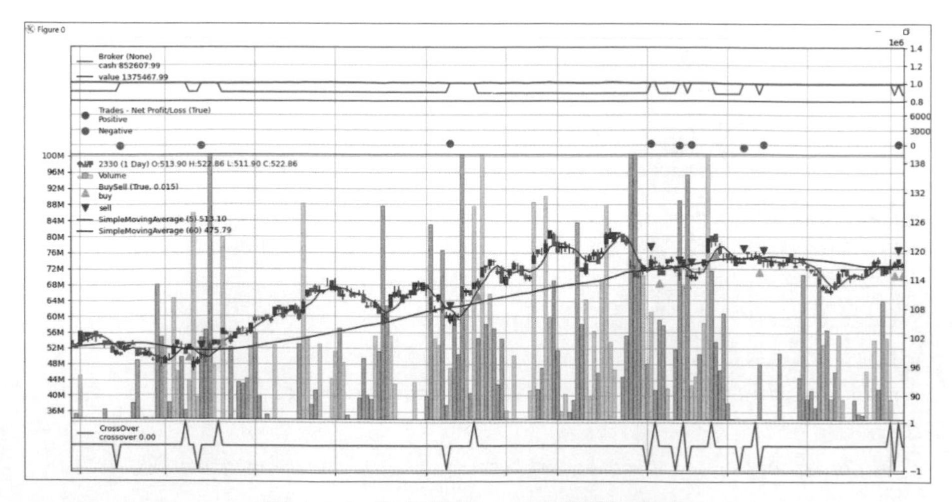

圖 4.3.4- 執行結果，ma 策略 K 棒圖

有些眼尖的朋友，在剛入門程式交易的時候常常會覺得圖怪怪的，我們放大其中一個點來看。例如下圖，編號 3 是他標註的買點，編號 1 是交叉，2 代表正式向下跌破，之前我有一個朋友就覺得怪怪的跑來問我，正常來說不是應該交易在 2 嗎？ 2 才是向下穿越的地方，為什麼他交易在 3 ？

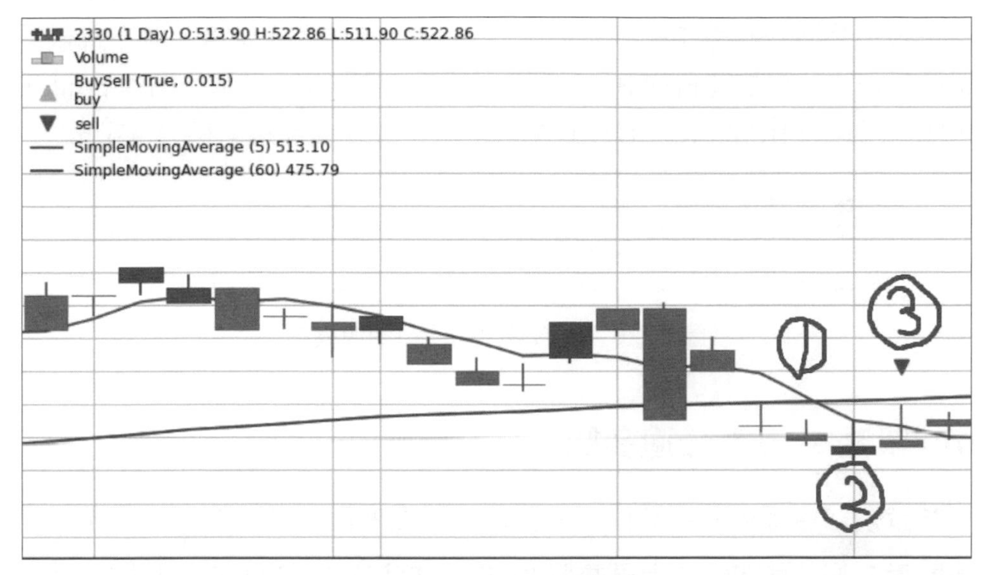

圖 4.3.5　交易點位說明

這就涉及程式實盤交易中很重要的邏輯了，為什麼交易在 3 ？原因很簡單，因為我們如果是以 kbars 來進行交易，或者我們的 ma 是以收盤價來計算，有一個很大的問題是，當你在上圖編號 2 那個交易時間點時，根本還沒收盤要如何知道收盤價？也就更不可能計算出收盤價的 ma 了，所以只能買在編號 3，因為你必須要到編號 3 的時間點，你才會知道編號 2 那個時間點的收盤價不是嗎？如果你有用過 multicharts 這一類的交易軟體，你就會發現類似的邏輯，他們偵測到訊號後都會交易在 next bar，除非你預掛限價單或停止單，不過那就是另一件事了。

目前交易軟體中最普遍的做法是偵測到訊號，例如我們的 5ma 跌破 60ma 時，買在下一根的開盤價，或者有些不是用軟體交易而是自己寫交易邏輯的人可能會設計成在 13:25-13:30 分，也就是收盤前開始判斷並買入，如此一來理論上不會跟收盤價差太多，除非你是交易波動非常大的產品。

那 backtrader 是如何買賣的呢？我們來看一下。從他這個模式中我們可以清楚地知道他是偵測到符合買入條件時，會在當日創建買單，並在隔日執行買。且根據程式 BUY CREATE 他只是 print 出收盤價，並不代表買單這個價格，但是隔日的 BUY EXECUTED 卻是根據訂單的屬性 print 出來的，所以以 BUY EXECUTED 的最為準確，賣出也是同樣的邏輯。

```
2015-10-05, BUY CREATE, 132.50
2015-10-06, BUY EXECUTED, Price: 135.00, Cost: 135000.00, Comm 202.50
2016-01-06, SELL CREATE, 135.50
2016-01-07, SELL EXECUTED, Price: 134.50, Cost: 135000.00, Comm 201.75
```

圖 4.3.6　買入賣出執行日期與價格

ma 策略 – 演算最適參數

在嘗試演算最適參數的時候有些許地方會需要改，並且我們會使用到框架的另一個功能 stop。他就是跟 next() 、notify_order() 這一類的一樣是屬於框架提供的一種功能，下面這張圖來源自官網的 stop 說明，很簡單就是當回測完成停止時會來到 stop() 這個函數，你就可以自定義當結束時你想做什麼事情。聰明的你可能已經想到了，沒錯！stop 就是讓我們在每一個測試案例結束時 print 出本次測試的參數以及結果的地方。

stop()

Called right before the backtesting is about to be stopped

圖 4.3.7　stop 功能說明 (源自 backtrader 官網)

首先我們從一般設置開始，我們原先放入策略的程式是 addstrategy() ，這個部份我們先註解掉，因為用暴力演算需要使用別的。

```
==================tech1_ma_strategy.py==============
# 放入策略
    # cerebro.addstrategy(TestStrategy)
```

註解掉之後我們改成 optstrategy() ，一樣傳入我們上面的策略框架，然後你還記得我們 params 中的 fast_period 跟 slow_period 嗎？根據官方的範例說明我們用 range 來傳入參數測試範圍，fast_period 也就是原先的 5ma，我們由 3 測試到 7；而 slow_period 60ma 我們則由 40-70，並且以 10 作為區間，也就是 40、50、60 做測試。

```
==================tech1_ma_strategy.py==============
    # 放入策略
    strats = cerebro.optstrategy(
        TestStrategy,
        fast_period = range(3, 7),
        slow_period = range(40, 70, 10))
```

設置完之後下方有一個 cerebro.run() 運行策略。這邊有一個問題，就是他在跑暴力演算時預設是會使用你所有的 cpu 資源來進行多進程運算，這是什麼意思？簡單來說你可以想像成大部分我們的程式都是單一個跑道有 10 個選手要跑，因為只有一個選手，所以每次跑都要排隊，跑完一個才能換一個。

多進程的用意就是我們覺得這 10 個選手只跑一個跑道也太慢了，每個跑 10 秒就要 100 秒了，如果我擴增成 10 個跑道，一個選手跑一個，不就 10 秒就跑完了嗎？這就是多進程的好處，大幅的增加程式運行的效率，但也非常吃資源就是了。

那我們剛剛怎麼會說有問題呢？因為就我自己的狀況，使用 vscode 來執行多進程的程式常常會有 BUG，除非使用 cmd 命令來運行，考量到有些人可能比較習慣用 vscode 等編輯器來執行，因此介紹一個參數 maxcpus=1，這樣就等於限縮成原先的狀況，只使用一個來運行，當你執行會遇到報錯時你可以加上，只不過會跑比較慢罷了。

```
==================tech1_ma_strategy.py==============
cerebro.run(maxcpus=1)
```

接著我們將畫圖的部分先註解掉，一般的部分詳細如下，這部分就改好了。

```
==================tech1_ma_strategy.py==============
if __name__ == '__main__':
    # 創建框架
    cerebro = bt.Cerebro()
    # 放入策略
    # cerebro.addstrategy(TestStrategy)
    # 放入策略，暴力演算
    strats = cerebro.optstrategy(
        TestStrategy,
        fast_period = range(3, 7),
        slow_period = range(40, 70, 10))
    # 使用框架的資料取得函數
    data = bt.feeds.YahooFinanceData(
        dataname='2330.TW',
        # 開始日期
        fromdate=datetime.datetime(2014, 1, 1),
        # 結束日期
        todate=datetime.datetime(2020, 12, 31),
        reverse=False)
    # 將datafeed餵入框架
    cerebro.adddata(data)
    # 設置起始金額
    cerebro.broker.setcash(1000000.0)
    #設置一次購買的股數，台股以1000股為主
    cerebro.addsizer(bt.sizers.SizerFix, stake=1000)
    # 設置傭金，稍微設置高一點作為滑價付出成本
    cerebro.broker.setcommission(commission=0.0015)
    # print出起始金額
```

```
    print('Starting Portfolio Value: %.2f' % cerebro.broker.getvalue())
    # 執行策略
    cerebro.run(maxcpus=1)
    # print出結束金額
    print('Final Portfolio Value: %.2f' % cerebro.broker.getvalue())
    #畫Kbars
    # cerebro.plot(style='candlestick', barup='red', bardown='green')
```

接著我們要修改策略框架，其實也不是修改，我們在框架下方加入一個新功能 stop() ，我們在 stop() 中其實也不用做太複雜的事情，就只是負責將每一個參數組合的回測結果 print 出來讓我們評估即可。例如下面例子中我們 print 出了短 ma 參數、長 ma 參數以及最後我們擁有的總金額，就能評估出哪一個參數最佳。

```
===================tech1_ma_strategy.py==============
    #回測終止時print出結果
    def stop(self):
        print(f'Fast MA: {self.params.fast_period} | Slow MA: {self.params.
slow_period} | End Value: {self.broker.getvalue()}')
```

另外在做演算時我會習慣將 log() 裡面的 print 先註解掉，這樣雖然訊息有傳入 log 但是不會 print 出在 cmd 上，這樣做的原因是因為在演算期間我只想看到最終每一個參數的獲利，如果不註解掉到時候看起來會很不舒服，因為都會被一堆交易提醒洗掉。

```
===================tech1_ma_strategy.py==============
    #這裡是log，當交易發生時呼叫log函數可以將交易print出來
    def log(self, txt, dt=None):
        ''' Logging function fot this strategy'''
        dt = dt or self.datas[0].datetime.date(0)
        # print('%s, %s' % (dt.isoformat(), txt))
```

當然你還可以再做更多變化，例如你可以以 pandas 存成 excel 來處理等等，這就交給你自由發揮了。我們從演算結果可以看出這些範例中基本

上以 3ma+60ma 回測出來的結果最好，我們接著將回測的東西註解掉改成原先的框架，然後改成 3ma+60ma 候用 pyfolio 來分析看看。

```
Fast MA: 3 | Slow MA: 40 | End Value: 1216904.0
Fast MA: 3 | Slow MA: 50 | End Value: 1297681.0
Fast MA: 3 | Slow MA: 60 | End Value: 1350681.5
Fast MA: 4 | Slow MA: 40 | End Value: 1251615.5
Fast MA: 4 | Slow MA: 50 | End Value: 1331354.0
Fast MA: 4 | Slow MA: 60 | End Value: 1335699.0
Fast MA: 5 | Slow MA: 40 | End Value: 1265875.75
Fast MA: 5 | Slow MA: 50 | End Value: 1317844.25
Fast MA: 5 | Slow MA: 60 | End Value: 1339036.25
Fast MA: 6 | Slow MA: 40 | End Value: 1336891.75
Fast MA: 6 | Slow MA: 50 | End Value: 1328902.75
Fast MA: 6 | Slow MA: 60 | End Value: 1349860.5
```

圖 4.3.8 執行結果，回測各個參數結果

將 params 改掉，並且再將 stop 的部分註解掉 (不註解其實也沒關係，多一行而已)。

```
===================tech1_ma_strategy.py==============
#設置sma的參數，根據官方照此設置可進行暴力演算，得知何種參數最佳
    params = (
        ('fast_period', 3),
        ('slow_period', 60),
    )
```

如果想恢復通知就將 log 中的 print 部分的註解打開，不想就一樣維持，不影響功能。

```
===================tech1_ma_strategy.py==============
    #這裡是log，當交易發生時呼叫log函數可以將交易print出來
    def log(self, txt, dt=None):
        ''' Logging function fot this strategy'''
        dt = dt or self.datas[0].datetime.date(0)
        print('%s, %s' % (dt.isoformat(), txt))
```

再來恢復 addstrategy() ，然後將 optstrategy() 註解。

```
===================tech1_ma_strategy.py==============
    # # 放入策略
    cerebro.addstrategy(TestStrategy)
    # # 放入策略。暴力演算
    # strats = cerebro.optstrategy(
    #     TestStrategy,
    #     fast_period = range(3, 7),
    #     slow_period = range(40, 70, 10))
```

接下來我們將回測的結果傳入變數 results (maxcpus 可留可不留)，其實通過 cerebro.run() 返回出來的回測結果，除了可以獲取 addanalyzer( ) 的分析結果外 (當然前提是你有設置 addanalyzer)，還可以獲取 __init__ 裡面的參數組合，這個我們下一小節會取用。然後我們在 pyfolio 的 live_start_date 從 2020/06/01 開始當作評量區間，改完之後不要忘記在開頭加上 %## 就可以按下 Run Cell 運行了。

```
===================tech1_ma_strategy.py==============
   # 執行策略
    cerebro.addanalyzer(bt.analyzers.PyFolio, _name='pyfolio')
    # Run over everything
    results = cerebro.run()
    print('Final Portfolio Value: %.2f' % cerebro.broker.getvalue())
    strat = results[0]
    pyfoliozer = strat.analyzers.getbyname('pyfolio')
    returns, positions, transactions, gross_lev = pyfoliozer.get_pf_items()
    # # pyfolio showtime
    import pyfolio as pf
    pf.create_full_tear_sheet(
    returns,
    positions=positions,
    transactions=transactions,
    live_start_date='2018-01-01')
```

我們來做一點基本的評估吧，如之前介紹，基本上我們會比較關注年報酬、累計報酬、Max drawdown 跟 sharpe ratio 這幾個指標。通常一個策略生出來時我們會更謹慎一點會去研究月報酬與大事件及最大的幾筆虧損以及獲利，去研究是否有改善的空間。總之交易最大的目的就是最大化獲利的同時盡量最小化 max drawdown。

首先我們看年報酬跟累計報酬，通常這種 in-sample 跟 out-of-sample 差距過大的我們就會認為他不太健康，這意味這個策略似乎只會在某一種行情下賺了大錢，其他時候可能是非常小賺甚至是小賠的，對我們來説在樣本內只有 1.2% 的年報酬率的資本運用率有點過低，

另外 in-sample 中在 4.0% 的累計報酬中 max drawdown 就有 -2.9% 實在是太高了，我們之前有提到過評估 mdd 其實是與報酬有關，像這樣子的比例就是完全不能夠接受。

Start date			2014-01-02
End date			2020-12-30
In-sample months			46
Out-of-sample months			34
	In-sample	Out-of-sample	All
Annual return	1.0%	9.4%	4.5%
Cumulative returns	4.0%	29.8%	35.1%
Annual volatility	2.7%	5.5%	4.1%
Sharpe ratio	0.4	1.66	1.09
Calmar ratio	0.35	3.0	1.44
Stability	0.41	0.79	0.67
Max drawdown	-2.9%	-3.1%	-3.1%
Omega ratio	1.09	1.42	1.28
Sortino ratio	0.59	2.79	1.78
Skew	0.24	1.26	1.44
Kurtosis	4.06	10.84	16.85
Tail ratio	1.19	1.24	1.23

圖 4.3.9　執行結果 1，使用最佳參數後的報酬表

再來我們最在意的就是下面這張累計權益取線 (或稱累計獲利)，真正穩定又優秀的策略應該是呈現 45 度角穩定向上提升，而下面這個很明顯

就是某一個時期才開始飆升，前面震盪了非常久的時間，我們就得要好好思考他是不是只是剛好遇到多頭趨勢，也就是所謂的只要你有買就是賺，管你出在什麼點位。

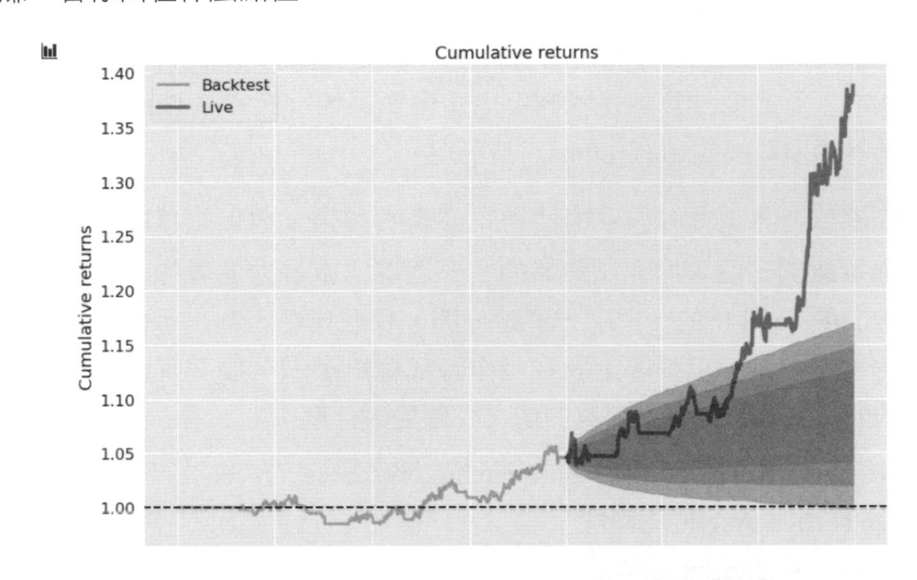

圖 4.3.10　執行結果 2，使用最佳參數後的累計回報

基本上上面兩關我們稱做最基本的檢核，這些最基本的檢核通過之後，我們才會再更深入去調查、測試與修正這個策略。例如我先前有提到的，我們通常會找出最賺錢的那個區間以及賠最大的那個區間，設法去找出是否有可以新增的濾網可以讓策略更完美，一步一步的修正策略。我們現行在線上運行的策略就是這樣來的，修改了數十次直至現今仍然在嘗試是否有讓他精進的地方。

本小節基本上就到這裡，同樣因為程式真的太長了，就請你去 Github 上面抓囉，接著我們就來做一小節統整吧。

❑ 本小節對應 Code

Trading / tech1_ma_strategy.py

❑ 小節統整

本小節我們用 backtrader 基於官方的範例做了一點小修改，實踐了許多入門新手最常接觸的 ma 策略，其實 ma 是一切價格的根本，是很重要的東西，即使是有一些比較複雜的策略也常常會用 ma 當作是一個濾網或是出場的指標。不過要注意的是我們經過這麼多操作，最終在 Github 上面的是經過暴力演算後的 3ma+60ma，請記得。

有些同學對於暴力演算跟一般設置可能會有混淆，如果想長期寫下去我建議你可以開一個專門測試策略的，一個專門做暴力演算的分開，一個專門做 pyfolio 分析的，把它分清楚分開，我們現在因為是示範，所以沒有做得這麼複雜，但實際上我在操作時我會這麼做。接著我統整一下將一般的測試的要改成暴力演算的情況我會更改什麼：

1. 將 cerebro.addstrategy() 換成 cerebro.optstrategy()
2. 將畫圖與 pyfolio 先註解
3. 將 log 中的 print 註解掉
4. 新增 stop 關注每一個參數的獲利

上面的這麼步驟其實是以本小節做整理的，我們後面會示範更進階的暴力演算的獲利統整方式，因為我們現在這個只是 print 出每一個參數組合的最終獲利，但真實情境是我們可能還需要每一個參數組合的 MDD、Sharpe Ratio 等等資訊，我後面會再講到進階的暴力演算，流程就與上面不太一樣，這邊先提供一個比較初階的方法。

基本上學習重點都與框架有關：

1. 能夠使用 backtrader 框架中的向上穿越以及向下穿越指標
2. 畫出具備 K 棒的回測圖
3. 了解框架中 stop 功能
4. 了解框架中暴力演算功能

接著我們再來拿其他經典的例子來練習。

4.4 指標型策略 2 – 追高進場與加碼，固定停損停利

聊聊追高進場

本小節我們要做當最高價突破一定範圍內的最高價時 (也就是創新高) 我們做買進，並且以固定停利停損控管風險。所謂的追高進場聽起來很愚蠢，畢竟許多專家可能都會跟你說散戶不要追高進場、散戶也不要逢低去撿。確實追高跟撿低都有一定的風險存在，但追的好的話卻是有驚人的報酬可圖的。真的要說哪一個比較好的話我個人建議追高比逢低還要來的穩定且安全，畢竟追高是一種順勢行為，當遇到體質好又穩定上升的股票，如台積電，你就會有超額的報酬可圖，相反的逢低撿很考驗你對產業及個股的研究，而且除非是遇到巨大事件，不然長期來看體質好的公司基本上都是呈現穩穩上升的走勢再走，相較逢低逆勢操作，追高的順勢操作相較之下會稍微比較安全一點。

也因此逢低操作我放在第三章節小幫手系列，用提醒的方式告訴你什麼股票在暴跌，適合你去做研究之後再去持有；相反的追高的順勢操作我放在自動回測的小節裡，因為相比之下如果是自動交易的程式，追高配上停損停利會讓我比較放心。當然以上都是個人經驗及觀感，如果你心中有不一樣的想法那也很好，通過這些練習你應該具備了基本的改動能力，或是你可以上 Github 來討論，我會盡可能的協助。

Highest_high 策略 – params

我們這就開始吧，我會開一個新檔案，tech2_highest.py，然後將上一小節的程式先貼過去，大框架都差不多，我們修改一下重點部位就能使用了。然後本小節完全沒有變更的部分我將不會再貼上程式，我會註明無更改。

首先我們先來定義會用到的參數吧，這邊我定義了四個，首先 highest 代表我們要跟多少根的 high 比，設置為 6 就代表以日 K 來説只要我當根的最高價大於過去 6 根的最高價我就做買進；in_amount 代表連續追高幾次，我這邊先設置四次，代表可以最多進場 (如同進場一次，加碼三次) 四次；stoploss 為停損設置，takeprofit 則為停利設置，我以停利 20%、停損 10% 為標準。

```
=====================tech2_highest.py==============
# 建立一個backtrader回測框架
class Highest_high(bt.Strategy):
    #設置sma的參數，根據官方照此設置可進行暴力演算，得知何種參數最佳
    params = (
        ('highest', 6),
        ('in_amount',4),
        ('stoploss', 0.1),
        ('takeprofit', 0.2),
    )
```

Highest_high 策略 – log

無更動。

Highest_high 策略 – __init__

__init__ 的部份我們要先來處理 next 會使用到的元素。首先除了原本的收盤價的資料序列之外，我們還需要最高價的資料序列，因為我們等一下主要是比較最高價是否有突破先前的高點。再來其他元素則是原先官方範例所使用，沒影響就沿用保留。

```
=====================tech2_highest.py==============
    #init定義你會用到的數據
    def __init__(self):
```

```
        #呼叫high序列備用
        self.datahigh = self.datas[0].high
        #呼叫close序列備用
        self.dataclose = self.datas[0].close
        #追蹤order、buyprice跟buycomm使用，可用可不用
        self.order = None
        self.buyprice = None
        self.buycomm = None
```

至於幾根的最高價這個也非常簡單，因為框架內有現成的函數幫我們計算一定區間內的最高價，因此我們只要傳入例如 3 根，他就會以窗格的方式幫我們計算這 3 根的最高價，例如假設今日是 2021/6/18，他就會幫我們計算 6/18、6/17、6/16 的最高價，以此類推。

```
=====================tech2_highest.py==============
        #使用指標套件給的最高價判斷函數Highest
        self.the_highest_high = bt.ind.Highest(self.datahigh,
period=self.params.highest)
```

到這裡 __init__ 的部分就設置完了，還算簡單對吧。

```
=====================tech2_highest.py==============
    #init定義你會用到的數據
    def __init__(self):
        #呼叫high序列備用
        self.datahigh = self.datas[0].high
        #追蹤order、buyprice跟buycomm使用，可用可不用
        self.order = None
        self.buyprice = None
        self.buycomm = None
        #使用指標套件給的最高價判斷函數Highest
        self.the_highest_high = bt.ind.Highest(self.datahigh,
period=self.params.highest)
```

Highest_high 策略 – notify_order

無更動。

Highest_high 策略 – notify_trade

無更動。

Highest_high 策略 – next

我們在 params 中曾經有定義過同時進場的次數 in_amount，這代表我們需要知道目前策略已經進場了幾次對吧？方法有很多，例如你可以在每次 buy 的時候透過參數去控制 +1，然後在 sell 時將之重置，不過我們有更簡單的方式，使用 self.position 的查看庫存與持有價格的功能。

根據官方定義，self.position 具有兩個元素，其一是 size 代表最近的股數，再來是 price 代表持有成本，且是平均成本。

Member Attributes:

```
* size (int): current size of the position

* price (float): current price of the position
```

圖 4.4.1　self.position 屬性，圖源自 backtrader 官方

next 一開始一樣，保留官方原本的樣子。

```
=====================tech2_highest.py==============
   #next可以把它想像成一個內建的for loop，他把數據打包好供我們使用
    def next(self):
        self.log('Close, %.2f' % self.dataclose[0])
        # 檢查有無pending的訂單
        if self.order:
            return
```

接下來我們利用剛剛所說的 self.position.size 來獲得目前庫存股數，因為我們是設定一次買入都是 1000 股 (1 張)，所以勢必我們的庫存都是以 1000 為單位，當我們設定希望只進四次時，我們只需要判斷現在庫存股數是否小於 4000，如果小於 4000 才判斷是否符合買入條件。

```
=====================tech2_highest.py==============
        #self.position.size獲得倉位資訊，size<進場次數時則允許買入
        if self.position.size < self.params.in_amount*1000:
```

這裡判斷是否有破高並進行買入。這邊有一個要注意的是當前的 high 必須要大於 highest_high 的前一個值，而不是現在的，為什麼？因為他的機制是 highest_high 的計算也包含現在這一根，意味著最多就是等於，不可能大於，例如我們的值是 100、101、102、103，其中 103 是今日的最高價，那 highest_high[0] 所記錄的就會是 103，包含今日的最高價，所以必須是前一根開始算的最高價，不然永遠都不可能大於。

```
=====================tech2_highest.py==============
             #當現在的高大於前面n根的最高價時準備執行買入
            if self.datahigh > self.the_highest_high[-1]:
                # 紀錄買單提交
                self.log('BUY CREATE, %.2f' % self.dataclose[0])
                # 買進
                self.order = self.buy()
```

買進的部分很簡單，就這樣處理完了，接著我們處理賣出的部分。首先我們先判斷庫存部位是否為 0，不為 0 才代表我們有庫存在手，然後使用 self.position 的 price 屬性獲取現有成本均價。

```
=====================tech2_highest.py==============
        #當庫存部位不為0但表有庫存
        if self.position.size !=0:
            #獲取庫存成本
            costs = self.position.price
```

之後就是比對收盤價是否大於成本的 20%，若是大於則我們賣出，並且我將停利傳入 log 中。這裡用一個新東西就是 close()，close() 跟 sell() 有何不同呢？ close() 在術語上叫做關閉倉位 (平倉)，意味著無論你有幾張股票，或是幾口期貨，他會全部出清，而 sell 則是以單位賣出，例如我們設置一次交易是 1000 股，那每一次觸發 sell 就是只賣出 1000 股，而 close 則是每一次觸發就是全部庫存清掉。我這邊因為想要介紹一下 close 所以我使用 close，你可以依照你心目中的策略去決定當符合賣出條件時應該要一張一張慢慢出，亦或是全出。(sell 當然也可以全出，sell 有參數 size 可以特別指定此次 sell 要售出幾張，如果你傳入現有庫存，那它的作用就與 close 類似)

```
=====================tech2_highest.py==============
           #當收盤價大於平均成本的10%停利賣出
          if self.dataclose[0]>costs+ (costs*self.params.takeprofit):
              self.close()
              self.log('Take Profit, %.2f' % self.dataclose[0])
```

停損則一樣，只不過我們改為當收盤價小於成本的 90% 則觸發出場，並傳入 Stop Loss 進 Log。

```
=====================tech2_highest.py==============
           #當收盤價小於平均成本
          elif self.dataclose[0] < costs-(costs*self.params.stoploss):
              self.close()
              self.log('Stop Loss, %.2f' % self.dataclose[0])
```

當然了，其實停損停利還有另一種作法，就是 stop 單跟 Limit 單，不過台股就我所知目前不支援 Stop 單，所以使用上要多多注意，雖然有些券商應該有提供類似 Stop 單的掛單功能。不過原則上我自己是這樣，通常高槓桿高波動的產品例如台指期等期貨我們會比較喜歡用掛 stop、limit 單方式停損停利；而相較之下漲跌幅較小的股票產品通常都是觸發後 next bar 賣出，當然這是我的個人小習慣，你可以依你的策略去做變動。

我們整個 next 的核心就完成了，我們等一下設置完一般設置後就來測試一下結果如何。

```
====================tech2_highest.py==============
    #next可以把它想像成一個內建的for loop，把數據打包好供我們使用
    def next(self):
        # 檢查有無pending的訂單
        if self.order:
            return
        #self.position.size獲得目前倉位資訊，當size<指定進場次數時則允許買入
        if self.position.size < self.params.in_amount*1000:
            #當現在的高大於前面n根的最高價時準備執行買入
            if self.datahigh > self.the_highest_high[-1]:
                # 紀錄買單提交
                self.log('BUY CREATE, %.2f' % self.dataclose[0])
                # 買進
                self.order = self.buy()
        #當庫存部位不為0但表有庫存
        if self.position.size !=0:
            #獲取庫存成本
            costs = self.position.price
            #當收盤價大於平均成本的10%停利賣出
            if self.dataclose[0] > costs + (costs*self.params.takeprofit):
                self.close()
                self.log('Take Profit, %.2f' % self.dataclose[0])
            #當收盤價小於平均成本
            elif self.dataclose[0] < costs-(costs*self.params.stoploss):
                self.close()
                self.log('Stop Loss, %.2f' % self.dataclose[0])
```

Highest_high 策略 – 一般設置

這一次我們改一下商品，如果一直都用台積電績效肯定會很不錯，因為台積電在近一兩年呈現出一種只要你有買，隨便出場都會賺的情勢，因

此我們換一個鴻海來試試，所以商品我改成 2317.tw。為了方便看所以我把暴力演算以及 pyfolio 的部分直接刪掉，留下本次運行需要的東西。你在練習時不需要這樣，你可以把那些部分都先註解掉就可以了，避免等一下要用還要去找以前的程式再複製一次。接著我們就來運行看看吧。

```
=====================tech2_highest.py==============
if __name__ == '__main__':
    # 創建框架
    cerebro = bt.Cerebro()
    # # 放入策略
    cerebro.addstrategy(Highest_high)
    # 使用框架的資料取得函數
    data = bt.feeds.YahooFinanceData(
        dataname='2317.TW',
        # 開始日期
        fromdate=datetime.datetime(2014, 1, 1),
        # 結束日期
        todate=datetime.datetime(2020, 12, 31),
        reverse=False)
    # 將datafeed餵入框架
    cerebro.adddata(data)
    # 設置起始金額
    cerebro.broker.setcash(1000000.0)
    #設置一次購買的股數，台股以1000股為主
    cerebro.addsizer(bt.sizers.SizerFix, stake=1000)
    # 設置傭金，稍微設置高一點作為滑價付出成本
    cerebro.broker.setcommission(commission=0.0015)
    # print出起始金額
    print('Starting Portfolio Value: %.2f' % cerebro.broker.getvalue())
    results = cerebro.run()
    # Print out the final result
    print('Final Portfolio Value: %.2f' % cerebro.broker.getvalue())
    #畫Kbars
    cerebro.plot(style='candlestick', barup='red', bardown='green')
```

運行完後最終的報酬其實不怎麼樣，在 6 年的期間內賺了 9 萬多元，以鴻海當前的股價來看，這樣的獲利可以說是非常不滿意。但如果你是跑像台積電那種近幾年長期來看可謂是完美多頭的股票的話，你會發現近幾年資產幾乎翻倍，非常賺，可見得追高行為在多頭股上能夠獲得相當大的利潤。

```
Final Portfolio Value: 1090057.78
```

圖 4.4.2　執行結果 1，最終獲利

從交易圖上可以看到鴻海近年的走勢，可以看到在中間時候呈現一個大多頭走勢，而且可惜的是我們的策略沒有在那個高點停利，最後反而被停損。你可以第一格跟第二格，第一格顯示出在那段時間資產成穩定上升，但是後面就漸漸賠回去；而第二格藍色點點 (賺錢的) 也都以那段時間為多。

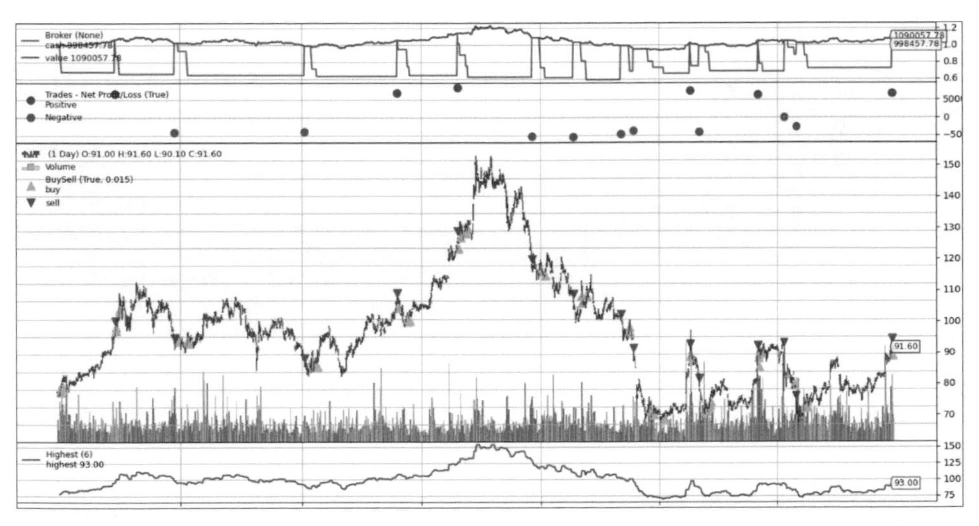

圖 4.4.3　執行結果 2，backtrader 產生圖

Highest_high 策略 – 進階方法演算評估最適參數

我們先前做過暴力演算，但是做得非常基本，就只是 print 出最終獲利罷了，而我們在這個部分要來說怎麼做更進階的暴力演算評估，我們要獲取每一組參數的各項獲利資訊。

第一步我們先將 addstrategy() 註解掉，然後換成演算模式，highest 從 5 測到 9；進場次數從 1 測到 5；停損停利從 0.1 測到 0.5，並以 0.1 為基準增加 (e.g. 0.1 -> 0.2 ->0.3)，但這裡有一個問題就是 python 的 range 目前還沒有辦法以 1 以下的單位例如 0.1 做遞增或遞減，因此我們要仰賴 np.arange 函數來替我們達到目的。當然了要請你記得在最上面 import 一下 numpy 套件，我就不特別貼上來了。

```
=====================tech2_highest.py==============
if __name__ == '__main__':
    # 創建框架
    cerebro = bt.Cerebro()
    # # 放入策略
    # cerebro.addstrategy(Highest_high)
    # # 放入策略，range無法以0.1為單位，需用np.arange()
    cerebro.optstrategy(
        Highest_high,
        highest = range(5, 9),
        in_amount = range(1, 5),
        stoploss = np.arange(0.1, 0.5, 0.1),
        takeprofit = np.arange(0.1, 0.5 ,0.1)
        )
```

你還記得在上一小節的時候，我們回測是使用框架內部的功能 stop() 來 print 出每一次回測的最終資產嗎？你可能也感覺到了，其實這個方法並不是很好用，因為你可能會遇到你老闆請你將所有的回測結果製作成報告交給他看，這時候你肯定得輸出成 excel 或者是用 python 來繪製圖表或分析吧，你總不能把執行結果就單調的交給老闆看，而且這其實並不是官方推薦的方式，官方推薦的方式是以 addanalyzer() 的方式對每個產出的結果進行分析。addanalyzer() 方法在 backtrader 中使用 Pyfolio 這種分析方法來分析的部分你一定有印象，現在我們改採用其他內建的分析方法來分析每一種參數組合的獲利。

我特地貼上了原先的 Pyfolio 讓你可以比較一下，被註解掉的那一段。我們改成用內建的三個重要的分析：sharpe ratio、returns 跟 drawdown，這些之前都介紹過，都是我們會著重在乎的分析。

```
=====================tech2_highest.py==============
   # 在設置完傭金、起始金額以及買入股數之後，我們加入三種分析
    #cerebro.addanalyzer(bt.analyzers.PyFolio, _name='pyfolio')
    cerebro.addanalyzer(bt.analyzers.SharpeRatio)
    cerebro.addanalyzer(bt.analyzers.Returns)
    cerebro.addanalyzer(bt.analyzers.DrawDown)
    results = cerebro.run()
```

至於他究竟支援多少種分析呢？我在官方找不到詳細的說明，不過從他的程式庫可以看出來。除了 pyfolio 之外大部分都是金融相關的術語，跟程式較無關係，如果你有興趣可以去鑽研每一個的作用及定義公式。

```
from .annualreturn import *
from .drawdown import *
from .timereturn import *
from .sharpe import *
from .tradeanalyzer import *
from .sqn import *
from .leverage import *
from .positions import *
from .transactions import *
from .pyfolio import *
from .returns import *
from .vwr import *

from .logreturnsrolling import *

from .calmar import *
from .periodstats import *
```

圖 4.4.4　backtrader 分析功能列表

我們創造一些空 list 來準備儲存結果，然後我們 loop results 裡的每一個元素，原則上如果是暴力演算的話每一個參數組合的結果他都會以 list 包 list 的方式返回，例如 [[test_case1] , [test case2]]，所以我們要取得元素就必須要 loop 之後在往下挖一層層能挖到我們要的 test_case。他返回的是一個物件，如果你有看懂我們前面章節所講，你應該馬上就能想到那他一定有相應的功能要 call 才會有結果。沒錯！取用方法如下，透過 get_analysis() 我們就可以取得我們要的內容物。

```
====================tech2_highest.py=============
    #準備list存放每一個參數及結果
    par1,par2,par3,par4,ret,down,sharpe_r = [],[],[],[],[],[],[]
    #迴圈每一個結果
    for strat in results:
        #因為結果是用list包起來(範例在下註解)，所以我們要[0]取值
        #[<backtrader.cerebro.OptReturn object at 0x0000024FF9717CC8>]
        strat = strat[0]
        #get_analysis()獲得值
        a_return = strat.analyzers.returns.get_analysis()
        drawDown = strat.analyzers.drawdown.get_analysis()
        sharpe = strat.analyzers.sharperatio.get_analysis()
```

接著我們透過 strat 可以取得我們在 __init__ 中定義的 params，如同我們上一節所說，cerebro.run() 可以獲得 __init__ 裡面的參數以及 addanalyzer() 分析完後的結果，他是大 list 包 list 的形式，只不過如果是暴力演算就是一個大 list 包一堆小 list，而單獨跑就是一個大 list 包一個小 list 而已，你可以自己 print 出來了解一下。

就可以得知此回測結果的參數組合，並將之存入 list 中，接著我們獲取總報酬、最大 drawdown 以及 sharperatio。有些同學可能會問：要如何知道要怎麼取值？你是怎麼知道 rtot 可以取值的？

```
====================tech2_highest.py=============
        #依序裝入資料，可用strat.params.xx獲取參數
        par1.append(strat.params.highest)
```

```
par2.append(strat.params.in_amount)
par3.append(strat.params.stoploss)
par4.append(strat.params.takeprofit)
#rtot代表總回報，獲取總回報
ret.append(a_return['rtot'])
#我們關注最大的drawdown，因此如下取值
down.append(drawDown['max']['drawdown'])
#獲取sharpe ratio
sharpe_r.append(sharpe['sharperatio'])
```

很簡單，有兩個方法，第一個是找官方文件，我有稍微找過，可能找的不夠仔細但我沒有發現官方有說明如何取得元素；第二個方法就是先前有講的我們可以用 Ctrl+ 滑鼠左鍵取得那一個 class 或 def 是如何撰寫的，於是我點了下面這三行的 SharpeRatio、Returns 跟 DrawDown，找到官方的註解寫得非常完整，很好的說明了有哪些元素。

```
====================tech2_highest.py==============
    cerebro.addanalyzer(bt.analyzers.SharpeRatio)
    cerebro.addanalyzer(bt.analyzers.Returns)
    cerebro.addanalyzer(bt.analyzers.DrawDown)
```

DrawDown 的程式，在 Methods 的部分說明了有 drawdown、moneydown、len、max.drawn 等元素，並且附註說明。

```
Methods:

  - ``get_analysis``

    Returns a dictionary (with . notation support and subdctionaries) with
    drawdown stats as values, the following keys/attributes are available:

    - ``drawdown`` - drawdown value in 0.xx %
    - ``moneydown`` - drawdown value in monetary units
    - ``len`` - drawdown length

    - ``max.drawdown`` - max drawdown value in 0.xx %
    - ``max.moneydown`` - max drawdown value in monetary units
    - ``max.len`` - max drawdown length
'''
```

圖 4.4.5　Drawdown 程式註解

Returns 的程式，有 rtot、ravg、rnorm 等元素，說明也寫得很清楚。

```
Methods:

  - get_analysis

    Returns a dictionary with returns as values and the datetime points for
    each return as keys

    The returned dict the following keys:

      - ``rtot``: Total compound return
      - ``ravg``: Average return for the entire period (timeframe specific)
      - ``rnorm``: Annualized/Normalized return
      - ``rnorm100``: Annualized/Normalized return expressed in 100%
```

圖 4.4.6 Returns 程式註解

Sharpe ratio 就只有一個 key sharpe ratio 而已，所以 call 起來也較簡單。

```
Methods:

  - get_analysis

    Returns a dictionary with key "sharperatio" holding the ratio
```

圖 4.4.7 Sharpe ratio 程式註解

最後整個對於參數演算的一般設置如下。因為我示範是用 vscode 執行，所以我設置以一個 cpu 運行。然後我在最後讓他以 total profit 欄位進行排列，使用 pandas 的 sort_values() 方法，其中 ascending 參數為 True (默認 True) 則為升序排列，反之為降序，我們的情境我希望由大到小排列，因此我設定 False。接著我們來運行看看。

```
====================tech2_highest.py=============
if __name__ == '__main__':
    # 創建框架
    cerebro = bt.Cerebro()
```

```
# # 放入策略
# cerebro.addstrategy(Highest_high)
# # 放入策略
cerebro.optstrategy(
    Highest_high,
    highest = range(5, 9),
    in_amount = range(1, 5),
    stoploss = np.arange(0.1, 0.5, 0.1),
    takeprofit = np.arange(0.1, 0.5 ,0.1)
    )

# 使用框架的資料取得函數
data = bt.feeds.YahooFinanceData(
    dataname='2317.TW',
    # 開始日期
    fromdate=datetime.datetime(2014, 1, 1),
    # 結束日期
    todate=datetime.datetime(2020, 12, 31),
    reverse=False)
# 將datafeed餵入框架
cerebro.adddata(data)
# 設置起始金額
cerebro.broker.setcash(1000000.0)
#設置一次購買的股數，台股以1000股為主
cerebro.addsizer(bt.sizers.SizerFix, stake=1000)
# 設置傭金，稍微設置高一點作為滑價付出成本
cerebro.broker.setcommission(commission=0.0015)

# 在設置完傭金、起始金額以及買入股數之後，我們加入三種分析
#cerebro.addanalyzer(bt.analyzers.PyFolio, _name='pyfolio')
cerebro.addanalyzer(bt.analyzers.SharpeRatio)
cerebro.addanalyzer(bt.analyzers.Returns)
cerebro.addanalyzer(bt.analyzers.DrawDown)
results = cerebro.run(maxcpus=1)
#準備list存放每一個參數及結果
```

```
par1,par2,par3,par4,ret,down,sharpe_r = [],[],[],[],[],[],[]
#迴圈每一個結果
for strat in results:
    #因為結果是用list包起來(範例在下註解)，所以我們要[0]取值
    #[<backtrader.cerebro.OptReturn object at 0x0000024FF9717CC8>]
    strat = strat[0]
    #get_analysis()獲得值
    a_return = strat.analyzers.returns.get_analysis()
    drawDown = strat.analyzers.drawdown.get_analysis()
    sharpe = strat.analyzers.sharperatio.get_analysis()
    #依序裝入資料，可用strat.params.xx獲取參數
    par1.append(strat.params.highest)
    par2.append(strat.params.in_amount)
    par3.append(strat.params.stoploss)
    par4.append(strat.params.takeprofit)
    #rtot代表總回報，獲取總回報
    ret.append(a_return['rtot'])
    #我們關注最大的drawdown，因此如下取值
    down.append(drawDown['max']['drawdown'])
    #獲取sharpe ratio
    sharpe_r.append(sharpe['sharperatio'])
#組裝成dataframe
result_df = pd.DataFrame()
result_df['Highest'] = par1
result_df['in_amount'] = par2
result_df['stoploss'] = par3
result_df['takeprofit'] = par4
result_df['total profit'] = ret
result_df['Max Drawdown'] = down
result_df['Sharpe Ratio'] = sharpe_r
#根據總報酬來排列
result_df = result_df.sort_values(by=['total profit'],ascending=False)
print(result_df)
```

最後我們看結果，以 5 根最高家、同時進場 4 次、40% 停損以及 20% 停利為最優，並且總報酬約莫是 14% 左右，MDD 2%，夏普則為 0.17，以這個數值來看其實這個策略是蠻不 ok 的，但經由回測我們可以得知從原先的我們隨意定的參數的報酬率僅有 9%，通過參數的回測之後可以來到 14% 報酬率，所以千萬不要太看輕參數調整這件事情，雖然有時候我們還得透過一些圖表去研究是否有過度擬合的問題，像我們前一小節所說，錢都是在特定那一兩波多賺到的，而參數沒有辦法很好的適應大部分的情況。

```
     Highest  in_amount  stoploss  takeprofit  total profit  Max Drawdown  Sharpe Ratio
61         5          4       0.4         0.2      0.142504     22.493644      0.177518
45         5          3       0.4         0.2      0.106846     17.992600      0.122441
183        7          4       0.2         0.4      0.106198     21.530245      0.118872
119        6          4       0.2         0.4      0.099388     21.980496      0.101593
113        6          4       0.1         0.2      0.086231     24.017539      0.070550
..       ...        ...       ...         ...           ...           ...           ...
176        7          4       0.1         0.1     -0.117320     28.397223     -0.426323
180        7          4       0.2         0.1     -0.125265     30.245525     -0.376764
48         5          4       0.1         0.1     -0.127369     30.143859     -0.317016
116        6          4       0.2         0.1     -0.130015     30.730696     -0.371819
52         5          4       0.2         0.1     -0.185352     35.252894     -0.456827
```

圖 4.4.8　執行結果，最終演算出個參數組合與分析

至此我們這個小節大致上結束了，pyfolio 內容幾乎一樣，我就不再示範了，有關 pyfolio 的程式部分，在 github 上面的程式我會特別用註解標明這裡是 pyfolio，如果你有需要用到 pyfolio 分析就把註解打開就可以了。我們接著來做小節統整。

❑ 本小節對應 Code

Trading / tech2_highest.py

❑ 小節統整

本小節我們示範了稍微進階一點的策略寫法，為什麼我會挑破高買入的策略示範呢？就像我們前面有提到的，在多頭的情況下破高買入的行為

相當於順勢而為，所以在台積電這種近期旺旺旺的股票中可以獲得幾乎 200% 翻倍的利潤，破高買入的策略其實是可以使用的，但我認為你需要再加入一點濾網，例如我們會去觀察追高被騙而虧損的地方以及追高獲利的地方，去鑽研是否有跡象或方法可以避免假突破又殺的情況，或者是追高之後出的太早導致獲利降低的情況，我們也是這樣不斷的檢討一步步的產生出可以上線運行替我們賺錢的策略。

有些同學可能在經歷這麼多的分析套件之後有點混淆，怎麼有框架內建的分析又有 pyfolio 的分析？實際上到底要怎麼用？原則上我自己的流程是這樣，當然你可以看你的情境或使用習慣做出調整，例如你認為你只在乎 sharpe ratio、return 跟 MDD，那你當然可以省略後面的步驟，簡單來說就是找出自己與上司最能夠接受的方法做調整便可，至於我自己的流程如下：

1. 初步寫出策略，可行進入下一階段
2. 進行參數演算，用框架內建的三個分析方法找出最優參數 (Sharpe ratio、return、MDD)
3. 使用 pyfolio 深度分析在最優參數的情況下策略的表現

原則上這個比較複雜的演算版本我就會推薦你與研究策略版本分開來兩個程式，到時候只需要將研究好的策略框架，也就是那個 class 貼過來暴力演算的程式就可以使用了。最後就是本小節的重點整理與學習目標啦：

1. backtrader 框架中的庫存與成本呼叫
2. backtrader 控制策略進場次數
3. backtrader 演算參數時若 range 非整數，使用 np.arange() 支援
4. backtrader addanalyzer 內建分析方法應用
5. 熟悉 backtrader 的使用以及各種分析流程

4.5 指標型策略 3 – macd 翻紅、ma 齊上揚多條件進場

聊聊 macd 與 ma 多條件進場

我們先前所教的兩個案例其實都算是基本，因為實際上你在撰寫策略的時候有很大的可能不是符合一個條件就進場，而是要符合多個條件才會進，因此本小節我們要來做進階一點的練習，也是最後一個練習了，透過這三個小節的 backtrader 演練，我相信對於框架的基本使用應該具備一定程度的掌握了，當然如果你還有更多疑問歡迎上 Github 提出 issue 讓我們一起研究討論。

較複雜一點的技術指標其實往往是金融程式人員剛入門的困難點之一，尤其是你是程式偏重而非金融偏重的更為明顯，像我自己以前在寫的時候就常常遇到問題，有些指標國內跟國外的命名不一樣，所以往往你會找得很辛苦，例如我們要找的 macd，通常 macd 大家關注比較多的是快線跟慢線的差值，也就是那個柱狀圖，但柱狀圖國內的股票網站跟國外的定義命名就有一點點不一樣。

下圖是統一期貨的說明，DIFF 代表快線兩個 EMA 相減，DEA 代表慢線，是 DIFF 的 EMA，柱狀圖則是兩個相減。

- DIFF (快線) = EMA (收盤價, 12) - EMA (收盤價, 26)
- DEA(慢線) = EMA (DIFF, 9)
- MACD紅綠柱狀體 = DIFF - DEA

圖 4.5.1　MACD 說明 (圖源自統一期貨)

而下圖是我從國內股票很棒的網站玩股網擷取的數據圖，其中 DIFF 代表快線；MACD 則是慢線，OSC 則是快線減去慢線的結果，也就是剛剛上圖提到的 MACD 紅綠柱狀體，沒什麼問題。

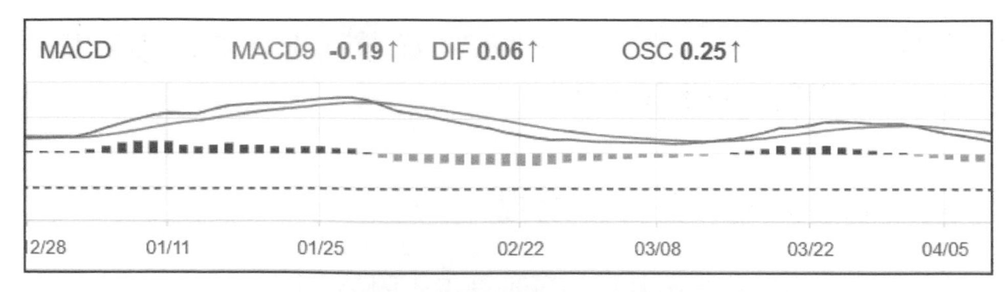

圖 4.5.2　MACD 技術指標圖 (圖源自玩股網)

但當你沒有讀過一遍國外的 MACD 定義時就貿然使用指標，過程中你會撞牆很多次，下圖來自於國外 wiki 的 MACD 定義，在國外的定義中快線為 MACD；慢線為 MACD Signal Line；快線減慢線為 MACD Histogram。我們剛剛在國內的玩股網看到的慢線在圖上的標示是 MACD，可是在國外的說明圖 MACD 的標示代表快線，對於許多剛入門的金融程式設計師來說，著實需要許多時間去驗證與對資料。

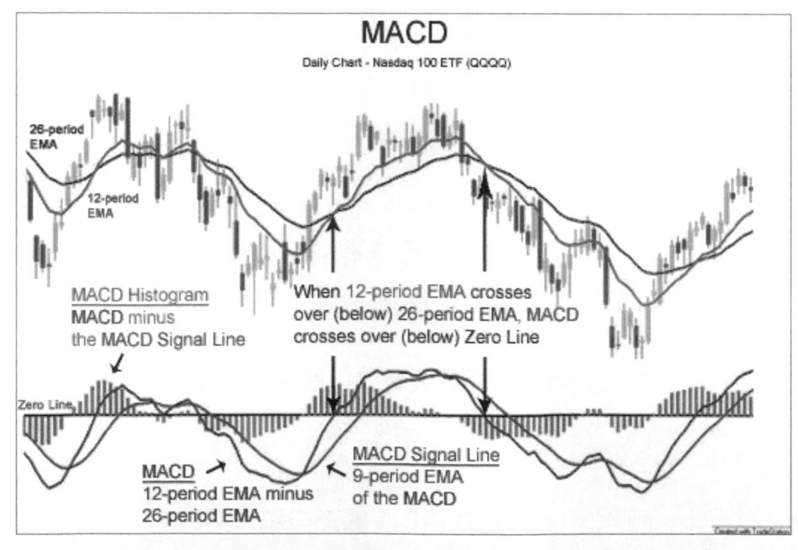

圖 4.5.3　MACD 線圖說明 (圖源自英文版 WIKI)

因為我們使用的套件絕大部分都是來自於國外，因此我是比較建議你稍微看一下國外的定義，然後第一次寫的時候進去套件的程式裡面看看他是怎麼寫的。或者是你直接呼叫使用也沒關係，然後你可以打開例如玩股網、鉅亨網等等有技術指標的網站去驗證一下資料，看一下你呼叫的這個函數產出來的資料與你期望的是否相符。

說了這麼多，我們這個小節要來做 5ma、20ma、60ma 長中短 ma 齊上揚且 macd 的柱狀圖由負轉正時我們進場，並且在他漲一漲遇到綠棒時我們就出場，然後設置基本停利停損保護，我們就直接開始吧。

macd+ma 策略 – params

首先我會開一個 tech3_macd_ma.py 的檔案，並將 4.3 小節的框架貼上，我們就可以開始了。首先我們將框架名稱換掉，並且定義好 params，包括了 macd 的三個參數，快線的兩個 EMA 的根數 12、26 與慢線的 9 先定義好，12、26、9 算是 MACD 最標準也是大部分軟體預設的參數。再來我定義了三條 ma 的根數，並將停損設置 30%，停利設置 10%。

```
====================tech3_macd_ma.py==============
class MACD_Sta(bt.Strategy):
    params = (
        ('period_me1', 12),
        ('period_me2', 26),
        ('period_signal', 9),
        ('period_sma1', 5),
        ('period_sma2', 20),
        ('period_sma3', 60),
        ('stoploss',0.3),
        ('takeprofit',0.1),
        )
```

題外話一下，有些同學可能看到這裡會覺得有點奇怪，停利設置的比停損低這麼多，那不就是大賠小賺嗎？有可能獲利嗎？程式交易其實是一個很奇妙的東西，常常是牽一髮動全身，有時候一個簡單的停損放大縮小改變就會讓整個策略的獲利大幅改變，我舉個例子，如下圖我們假設下箭頭是買，上箭頭是賣，當我們設置停損 40% 時，此番交易就是獲利的，獲利 20 塊錢，因為我們忍受住了跌到 70 塊錢的震盪，而放到最後成為了贏家。

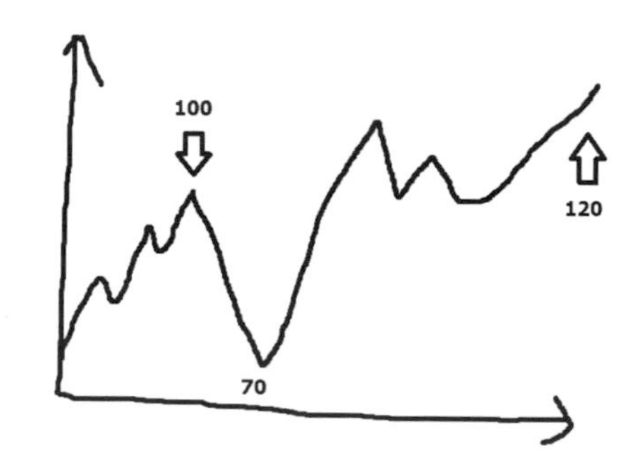

圖 4.5.4　忍受住短期震盪的交易圖示

而如果你將停損設置為 10%，原本獲利 20 點的交易，很有可能變成賠 40 多點，其原因通常有二，其一為有時候太小的停損容易受到短期波動欺騙，我們通常俗稱叫做容易被嘎；其二為有時候你的策略沒進場很有可能只是因為你限制了進場次數，進場次數滿了所以後面不會進太多愚蠢的單，當你把停損停利的限制降低，你往往就會看到策略後面追了很愚蠢的單是你沒有想到過的，就如下圖這樣。

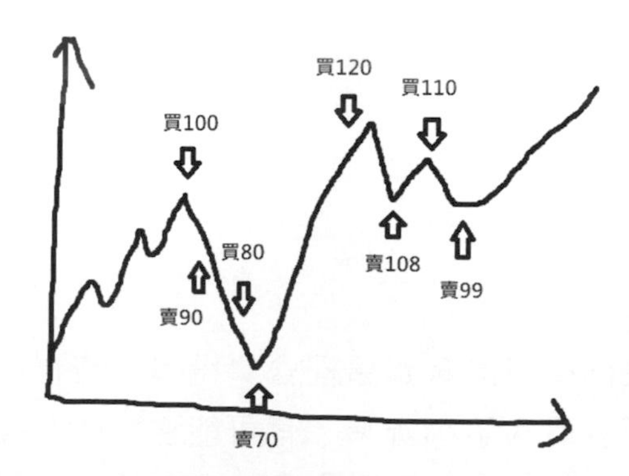

圖 4.5.5　策略太過敏感而常常停損

所以固定的停利停損什麼才恰當老實說是一件很難說的事情，如果你的策略勝率高達 97%，雖說是大賠小賺，但你小賺的次數真的太多了，還是遠遠壓過大賠而給你帶來很好的獲利，那也不錯；也有些人的策略勝率只有 30%，可是都是小賠超大賺，這個也不失為一個好策略。總而言之在程式交易的世界裡情況很多，我們最終目的就是在可接受的風險下獲得最高的獲利，有時候勝率反而如浮雲，不是嗎？

以我個人的經驗來看，在進階的程式交易中固定停利停損並不是個好主意，因為每一檔股票的波動不一樣，他的停利停損的點數與 % 數也應該有所不同，所以衍伸出了許多停利停損的方式，包括用波動來決定、或是很多人愛用的移動停利停損，亦或是也很多人都是依靠指標來進行出場，然後設置一個很大的停損值，如果你真的要使用固定停損停利，至少要先用參數演算稍微測一下。什麼作法都有，這些就等你把本書的入門先熟練之後，再一步步往進階之路邁進了。

macd+ma 策略 – __init__

再來是整個框架算是第二重要的東西了，我們將我們會用到的指標都先定義起來。首先定義一些策略等一下會用到的東西，包括原本官方範例的部分我也都保留。

```
====================tech3_macd_ma.py==============
def __init__(self):
    #定義基本的東西
    self.order = None
    self.buyprice = None
    self.buycomm = None
    self.dataclose = self.datas[0].close
    self.datahigh = self.datas[0].high
    self.dataopen = self.datas[0].open
```

接著是非常重要的 MACD 的柱狀圖，很棒的是 backtrader 的指標專門有一個函式叫做 MACDHisto，透過設置快慢以及信號的根數並且呼叫他的 histo 屬性即可獲得差值，不過你單純呼叫他的物件是無效的，你還需要取得他的元素 histo。

```
====================tech3_macd_ma.py==============
    #獲取快線與慢線的差值histo
    self.histogram= bt.ind.MACDHisto(period_me1=12,period_me2= 26,
period_signal=9)
    #呼叫histo
    self.histo  = self.histogram.histo
```

接著我們加入三個 MA，就完成指標的定義了。

```
====================tech3_macd_ma.py==============
    #加入三個ma
    self.sma1 = bt.indicators.SimpleMovingAverage(
        self.datas[0].close, period=self.params.period_sma1)
    self.sma2 = bt.indicators.SimpleMovingAverage(
        self.datas[0].close, period=self.params.period_sma2)
        # Add a MovingAverageSimple indicator
    self.sma3 = bt.indicators.SimpleMovingAverage(
        self.datas[0].close, period=self.params.period_sma3)
```

有些同學可能至此會覺得很疑惑，為什麼 MACDHisto 類要再呼叫 histo 取這個 Class 的元素，而 SimpleMovingAverage 卻不用？你可能心中已經有答案了，那就是我們常常說的寫套件寫框架的人決定了你要如何去使用他，雖然我們在教 ta 的 3.2 小節中有說到如何查詢官方文件及用法，不過我自己是覺得 Backtrader 官方文件對於指標的使用這一塊並沒有寫得非常清楚，因此我趁這個機會來向你解釋一下我是如何查詢的。

你看到這個小節時大概已經知道我的作法了，原則上官方文件找不到的話你就得去看他的程式怎麼做。首先我們一樣對著這個 MACDHisto 點 Ctrl+ 滑鼠左鍵。

```
====================tech3_macd_ma.py==============
    #獲取快線與慢線的差值histo
    self.histogram= bt.ind.MACDHisto(period_me1=12,period_me2= 26,
period_signal=9)
```

你勢必會看到兩個程式，一個是 class MACD，另一個是 class MACDHisto。下面這些程式是 MACDHisto，有幾個點我們來解釋一下，首先是這個 MACDHisto 類他繼承了前面的 MACD，也就是我們看到的 class MACDHisto(MACD)。你可以把它想像你在 call MACDHisto 的時候它同時也會去做上面的 MACD 類 (我就不貼上來了，往上滑就會有)，上面的 MACD 我們等一下再說，先來逐一介紹一些重要的元素。

```
======================macd.py====================
class MACDHisto(MACD):
    '''
    Subclass of MACD which adds a "histogram" of the difference between the
    macd and signal lines

    Formula:
      - histo = macd - signal

    See:
      - http://en.wikipedia.org/wiki/MACD
    '''
    alias = ('MACDHistogram',)

    lines = ('histo',)
    plotlines = dict(histo=dict(_method='bar', alpha=0.50, width=1.0))

    def __init__(self):
        super(MACDHisto, self).__init__()
        self.lines.histo = self.lines.macd - self.lines.signal
```

首先是這個 alias，顧名思義它就是別名，別名是什麼意思？例如這個 class 我們使用 bt.ind.MACDHisto() 對吧？別名的意思是你其實也可以

bt.ind.MACDHistogram()，效果是一樣的，我們再看一個例子。

```
=======================macd.py====================
alias = ('MACDHistogram',)
```

這個是剛剛我們使用的 ma 指標，其實這個 SimpleMovingAverage() 就是別名 (alias)。

```
====================tech3_macd_ma.py==============
    #加入三個ma
    self.sma1 = bt.indicators.SimpleMovingAverage(
        self.datas[0].close, period=self.params.period_sma1)
    self.sma2 = bt.indicators.SimpleMovingAverage(
        self.datas[0].close, period=self.params.period_sma2)
    self.sma3 = bt.indicators.SimpleMovingAverage(
        self.datas[0].close, period=self.params.period_sma3)
```

這個才是真正的 ma 的原先 class 的名字，它有兩個別名，意味著你使用 bt.indicators.SimpleMovingAverage() 跟 bt.indicators.SMA() 效果是一致的。

```
=======================sma.py====================
class MovingAverageSimple(MovingAverageBase):
    '''
    Non-weighted average of the last n periods

    Formula:
      - movav = Sum(data, period) / period

    See also:
      - http://en.wikipedia.org/wiki/Moving_average#Simple_moving_average
    '''
    alias = ('SMA', 'SimpleMovingAverage',)
    lines = ('sma',)
```

當你查詢某個指標的程式時，只要看到 alias 你可以把它想成是綽號，也就是無論你是叫它的本名 (Class) 或是小名 (Alias) 都可以。講完 alias 我們接著來説説 lines。

要怎麼理解 lines 呢？我自己是把它想像成框架將所有的數據以及指標用一條條平行的線來進行管理。所有的技術指標的寫法，他都會先定義 lines 的元素，並且將指標的值放入 lines 中，之後你就可以在 next 中透過 [0]、[-1] 這樣的模式去使用資料。

```
======================macd.py===================
    lines = ('histo',)
    plotlines = dict(histo=dict(_method='bar', alpha=0.50, width=1.0))
    def __init__(self):
        super(MACDHisto, self).__init__()
        self.lines.histo = self.lines.macd - self.lines.signal
```

你還記得我們剛剛假設的問題嗎？為什麼 MACDhisto 需要再取得 histo 的元素而 sma 不用？因為當你呼叫 MACDHisto 的時候它同時也使用了上方的 MACD，來獲取 macd 跟 signal，並且兩個數值相減之後得到 MACDHisto。

我們看下面兩行程式，上面是 MACDHisto 的 lines 定義，下面是 MACD 的 lines 定義，可見得不只是 MACDHisto 定義了 lines，MACD 也定義了 lines，此時你的 MACDHisto 的 lines 上面就會有三組數據：macd、histo 跟 signal，因此你才需要指定 histo，不然程式並不知道你要的到底是 histo、macd 還是 signal，不過當如果你不指定 histo 而直接呼叫的話，它會返回東西給你，只是他會給你 macd 的數值，也就是 MACDHisto 的 lines 中的第一條數據，你可以自己比對看看。

```
======================macd.py===================
#來自class MACDHisto
lines = ('histo',)
```

```
=======================macd.py===================
#來自class MACD
lines = ('macd', 'signal',)
```

這也順便解答了一個問題，為何 MACDHisto 明明程式沒有使用到下面三個參數 period_me1、period_me2 跟 period_signal 而我們卻可以傳值？因為他呼叫 MACDHisto 的同時也呼叫了需要這些參數的 MACD 類。

```
====================tech3_macd_ma.py==============
    #獲取快線與慢線的差值histo
    self.histogram= bt.ind.MACDHisto(period_me1=12,period_me2= 26,
period_signal=9)
```

MACD 中就具備這三個參數，所以同樣可以對 MACDHisto 做傳參數的動作，如你所見它預設其實就是 12、26、9，所以你不需要傳值也可以。

```
=======================macd.py==================
    lines = ('macd', 'signal',)
    params = (('period_me1', 12), ('period_me2', 26), ('period_signal', 9),
              ('movav', MovAv.Exponential),)
```

接著來解釋為何 sma 不用，你看下面 SMA 的程式，它的 lines 中只有一個元素 sma，所以當你直接使用 sma 物件時時可以不需要在後面指定 sma 這個元素，因為它也只有一組資料在他的 lines 上讓你使用，所以無需特別指定。

```
=======================sma.py=================
class MovingAverageSimple(MovingAverageBase):
    '''
    Non-weighted average of the last n periods

    Formula:
      - movav = Sum(data, period) / period

    See also:
      - http://en.wikipedia.org/wiki/Moving_average#Simple_moving_average
```

```
    '''
    alias = ('SMA', 'SimpleMovingAverage',)
    lines = ('sma',)

    def __init__(self):
        # Before super to ensure mixins (right-hand side in subclassing)
        # can see the assignment operation and operate on the line
        self.lines[0] = Average(self.data, period=self.p.period)
        super(MovingAverageSimple, self).__init__()
```

當然了，其實你要像 histo 那樣指定 sma 也是沒有問題的。

```
====================tech3_macd_ma.py==============
    #加入三個ma
    self.sma1 = bt.indicators.SimpleMovingAverage(
        self.datas[0].close, period=self.params.period_sma1).sma
```

再來第三個部分是快速地介紹一下畫圖的部分，可能你先前就有疑問了，為什麼沒有做任何事框架會幫我們畫圖？他是根據什麼來畫圖的？在看指標的寫法的時候不知道你有沒有注意到每一個指標他都會有 plotlines 這個元素來定義如何畫圖，所以在 __init__ 中定義指標的時候才會自動將指標畫上最終的圖，因為每一個指標在呼叫的同時都會透過 plotlines 來定義畫圖，至於 plotlines 是如何運作的就是框架的工作了，詳情你可以 google backtrader plotting 了解更多，我們就不在畫圖這邊著墨太多了。

```
========================macd.py=================
class MACDHisto(MACD):
    alias = ('MACDHistogram',)
    lines = ('histo',)
    plotlines = dict(histo=dict(_method='bar', alpha=0.50, width=1.0))
```

總而言之，在 backtrader 框架中的指標有三個地方我會特別去注意：

1. alias 別名，看看這個物件是否有其他別名可以呼叫，這樣有時候有人寫 sma 有人寫 Simplemovingaverage() 時才不會搞混

2. lines 以及注意該指標的 lines 上是有多重資料例如 MACDHisto，可返回 macd、signal 與 histo
3. plotlines，有時候若是想要把線圖改為柱狀圖，如 macd 使用 bar 來畫圖。

最後我將 __init__ 完整貼上供你參考，我們接著要來進行 next 也就是策略撰寫了。

```
====================tech3_macd_ma.py==============
def __init__(self):
    #定義基本的東西
    self.order = None
    self.buyprice = None
    self.buycomm = None
    self.dataclose = self.datas[0].close
    self.datahigh = self.datas[0].high
    self.dataopen = self.datas[0].open
    #獲取快線與慢線的差值histo
    self.histogram= bt.ind.MACDHisto(period_me1=12,period_me2= 26,period_signal=9)
    #呼叫histo
    self.histo  = self.histogram.histo
    #加入三個ma
    self.sma1 = bt.indicators.SimpleMovingAverage(
        self.datas[0].close, period=self.params.period_sma1)

    self.sma2 = bt.indicators.SimpleMovingAverage(
        self.datas[0].close, period=self.params.period_sma2)
            # Add a MovingAverageSimple indicator
    self.sma3 = bt.indicators.SimpleMovingAverage(
        self.datas[0].close, period=self.params.period_sma3)
```

macd+ma 策略 – log

無更動

macd+ma 策略 – notify_order

無更動

macd+ma 策略 – notify_trader

無更動

macd+ma 策略 – next

接下來是最核心的部分 next，我們這一小節要來進階到我自己日常最常用的使用方法，其實前面都是單一策略買賣而已，真實交易的程式通常都是多條件進場的，所以我們要來實作一下。

開頭一樣保留原本的東西。

```
===================tech3_macd_ma.py=============
    def next(self):
        #檢查是否有訂單卡住，為官方示範的範例
        if self.order:
            return
```

接下來是重點，首先我們買入的條件有二，第一為判斷三條 ma 齊揚。我們這裡小小的閒聊一下，齊揚其實算是一個蠻籠統的說法，畢竟揚有很多方式，這也是策略的發想者跟程式的實踐者可能會有的代溝，例如下圖，大部分的投資者看到下圖應該都不認為這是一個上揚的線形，不過就程式的角度來說，光是圈圈處就算是上揚了，更別提許多地方人用肉眼看是平的線，但其實程式來掃描卻是上揚的，例如 41.1、41.3 這兩個價格你用肉眼看可能幾乎是平的，甚至會給你要下跌的感覺，但是對於程式來說這個線形就是上揚的，除非你明確定義了漲是要到一定的差異才叫做漲。

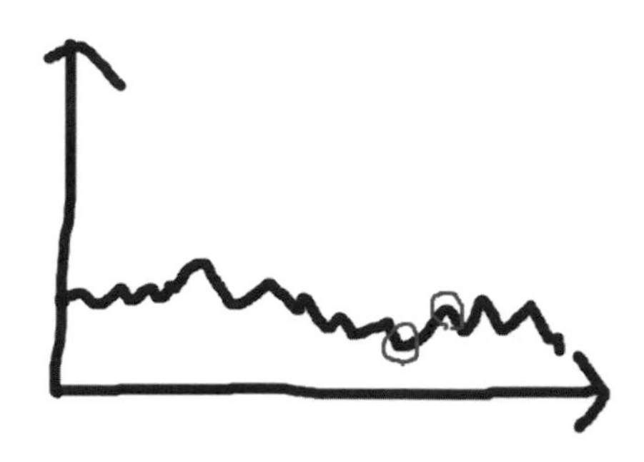

圖 4.5.6　齊上揚的判定

許多人會採用斜率來做，這也很好，不過斜率要考慮的事情也很多。我們都知道斜率是兩個點來計算的，那問題來了，你要拿哪兩點來算斜率？例如下圖這個例子，如果你用太長的期間來計算斜率，那對你的程式來說現在可以說是大空頭，斜率非常負，你可能沒有辦法捕捉到最後面尾段上揚的部分；反之如果你設置的太短，你非常有可能被短期的震盪所騙，而無法看清長期的趨勢。

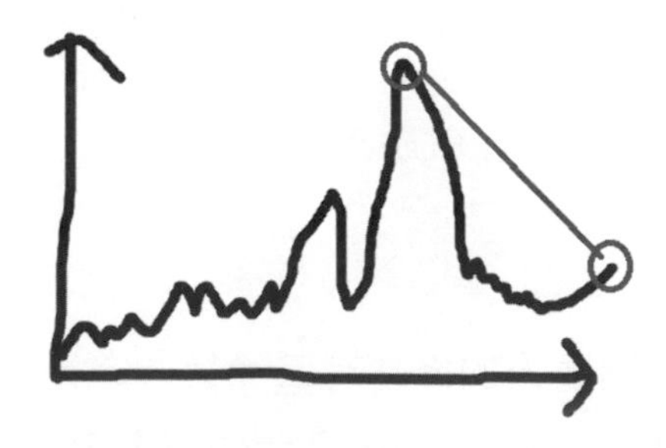

圖 4.5.7　長期上揚與下跌的判定

很複雜對吧？之所以說是閒聊，就是因為這件事本來就沒有標準答案，另一個好例子就是許多人會靠所謂的壓力 (前高) 跟支撐 (前低) 來判斷股票的走勢，但問題也是一樣，你要以多久以前的最高值當作壓力？那你又要以多久以前的最低當作支撐？這些都是程式交易會遇到的難題。

雖說無標準解，不過我可以說說我們可能的作法，例如齊揚這件事情，我們說說等一下會採用的方式，也就是今天的值大於昨天，那就定義為揚，但這種方法的確很容易被短期震盪所騙，所以權宜之計是我們常常會用許多條不同時間長短的指標來判斷揚這件事情 (例如 5ma、20ma、60ma)，當長中短期的線都開始揚了，我們才認定她是準備要開始走高。

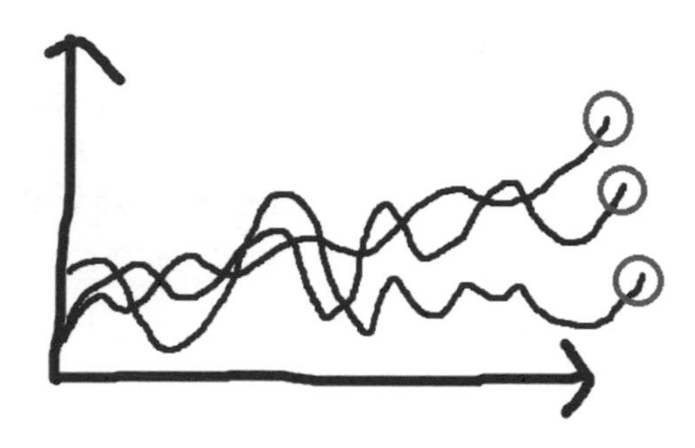

圖 4.5.8　三條線都開始走揚

如果你是用斜率來實作，我可能也會建議你採用長短多段式的點來判斷斜率，並且對這兩條斜率做出相應的判斷處理，或者是你要計算更多點的斜率，日斜率、周斜率、月斜率、年斜率當然都可以。

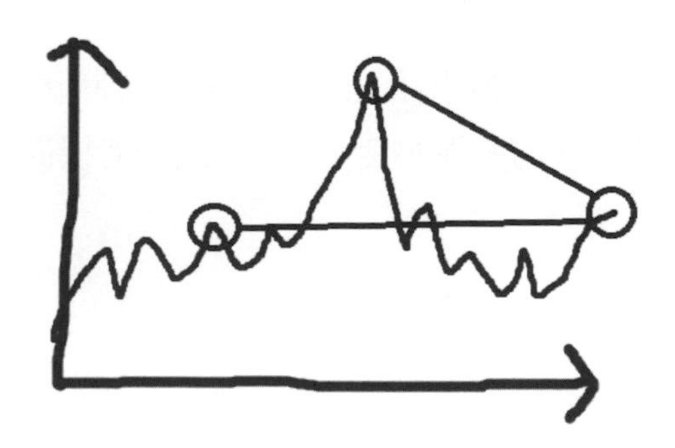

圖 4.5.9　中長期的點與現今的點斜率

上揚的問題暫時的解法就是我們透過三根長中短的 ma 都往上走 (n > n-1, n= 今日) 來判定，那 macd 柱狀圖 (histo or osc) 的部分，我以玩股網的圖為例，我希望捕捉到如下圖框框處當快線跟慢線的差 (histo、osc) 由綠開始轉紅，也就是由負轉正的時候就是我們的進場時機，搭配長中短三條 ma 齊揚我們就做買入，接著我們來看程式。

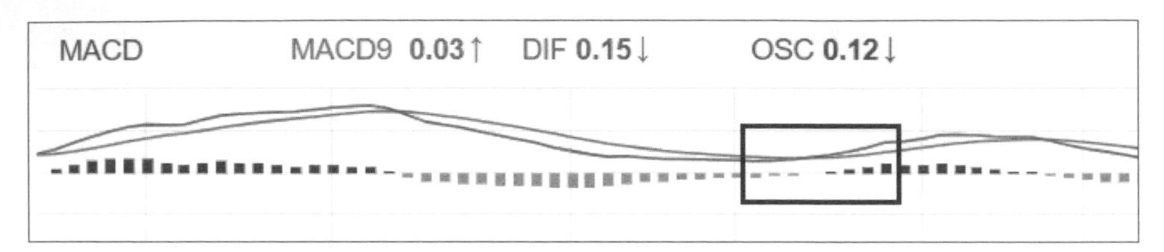

圖 4.5.10　macd 翻紅示意 (圖源自玩股網)

接下來是重點。通常我自己最常用的做法是先寫好各種條件，這樣既好維護又清楚明白。例如下面的程式，我們先寫了第一個條件，當前的 5ma 大於昨日的 5ma，且 20ma 跟 60ma 也同樣當前大於昨日的話，則符合第一道檢核程序。

```
====================tech3_macd_ma.py==============
    #當庫存為0
    if self.position.size==0:
        #條件一，當5ma、20ma、60ma三條線齊揚
        buy_condition1 = self.sma1[0]>self.sma1[-1] and self.sma2[0]>self.
sma2[-1] and self.sma3[0]>self.sma3[-1]
```

再來條件二也很簡單，我們引用 histo 也就是柱狀圖，我選擇採用三根 macd 柱狀圖來判斷，當前面兩根都為負，但是當根開始轉正時則符合第二道檢核程序。

```
====================tech3_macd_ma.py==============
        #條件二，當macd的柱狀圖有負轉正
        buy_condition2 =self.histo[-2]<0  and self.histo[-1]<0 and self.
histo[0]>=0
```

當兩個條件都符合時我們才會進場，接下來很簡單，我們用 if 條件一跟條件二的方法來進行買入，這樣的寫法就是當買入條件一符合時會為 True，條件二也同理，當兩個條件同為 True 的時候代表兩個條件都符合，我們就執行買入動作。

```
====================tech3_macd_ma.py==============
```

```
        #同時符合兩者則進場買入
        if buy_condition1 and buy_condition2:
            #買入log
            self.log('BUY CREATE, %.2f' % self.dataclose[0])
            #買入動作
            self.order = self.buy()
```

那賣出我們要有什麼條件呢？如下圖所示，空心的代表紅棒 (收 > 開)，反之實心的代表綠棒，原則上我會希望當他是紅棒時我們則開心地靜待他漲，直到出現綠棒且最高價也無法高過前日的最高價則我們出場，另外為了防止剛進場馬上就遇到綠棒，我會加入限定符合下圖這個線型之外至少要有 10% 的獲利才停利出場，並且保險起見再加一個停損做保險機制。

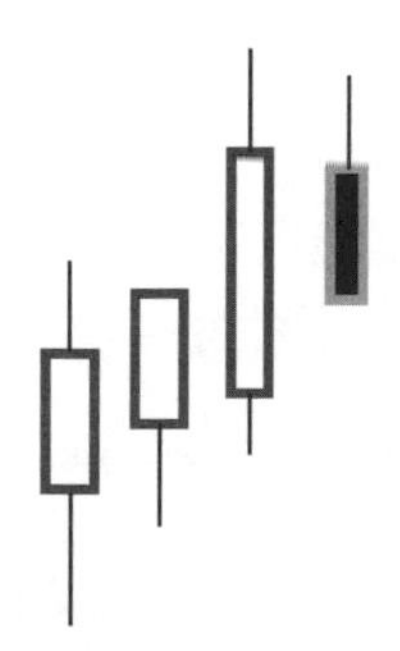

圖 4.5.11　紅紅綠棒示意，捕捉漲勢休息的時候

首先我們來實現上圖，else 相對應買入時的 position size 是否為 0，不為 0 則代表有庫存準備賣出判斷。首先我們第一個條件先來實現最高價的問題，其實也是很簡單的大於小於的運算，當今日高小於昨日高，且昨天與前天的高都分別比他們的前一根更高時符合我們第一個賣出條件，代表昨天與前天均突破前一天最高價，但今日則未突破。

```
====================tech3_macd_ma.py==============
    #反之有庫存則判斷是否有賣出機會
    else:
        #條件一，當前(n)小於昨日(n-1)高，但n-1高大於n-2高且n-2大於n-3
```

```
        sell_condition1 = self.datahigh[0] < self.datahigh[-1] and 
self.datahigh[-1] > self.datahigh[-2] and  self.datahigh[-2]>self.datahigh[-3]
```

再來是賣出條件二，我們要來做上面的圖的三根紅紅綠的型態，我們都知道在台灣綠棒是開盤大於收盤，反之紅棒則是收盤大於開盤，知道了這個定義之後就超簡單了，如下。

```
====================tech3_macd_ma.py==============
        #條件二，當出現紅紅綠的線形
        sell_condition2 = self.dataopen[0] >self.dataclose[0] and self.
dataclose[-1] > self.dataopen[-1] and self.dataclose[-2] > self.dataopen[-2]
```

再來是第三個條件，為了避免買入時隔天就遇到綠棒，所以我會希望至少是賺了 10% 且遇到我們要的線形時才走，因此我們先前定義的 takeprofit 是 0.1，因此我們要求當前收盤價必須大於我們庫存成本的 1.1 倍，也就是在 10% 以上，之所以這邊的停利會設置比較低，是因為我們主要不是靠停利 10% 來出場的，我們是希望當他一路漲漲漲到遇到綠棒感覺準備轉弱時出場，這個 10% 僅是確保擁有一定程度的獲利而不會太過敏感。

```
====================tech3_macd_ma.py==============
#條件三，當收盤價至少比成本價高
        sell_condition3 = self.dataclose[0] > self.position.price*(1+self.
params.takeprofit)
```

我們最後再定義一個停損的保護機制，當前收盤價若是小於庫存的 0.7 倍則停損賣出，換句話說就是 30% 停損。

```
====================tech3_macd_ma.py==============
        #條件四，當收盤價至少比成本價低stoploss，視為停損
        sell_condition4  = self.dataclose[0] < self.position.price*(1-self.
params.stoploss)
```

接著就容易了，跟買入一樣，我們將條件組合再一起，首先條件一二三是合在一起的，同時符合這三個條件我們才執行賣出，再來我們的條件

四也就是 30% 停損則是另一個獨立賣出條件，作為保險機制。另外為了方便檢查結果我將兩個賣出動作的 log 分開，你就可以很清楚的在執行視窗上看到什麼時候執行了停損或符合條件的停利。

```
====================tech3_macd_ma.py==============
        #將條件1、2、3組合再一起
        if (sell_condition1 and sell_condition2 and sell_condition3):
            #賣出log，改為sell profit
            self.log('SELL Profit, %.2f' % self.dataclose[0])
            #平倉賣出
            self.order = self.close()
        #條件4為停損特別拉出
        elif sell_condition4:
            #賣出log，改為sell loss
            self.log('Stop Loss CREATE, %.2f' % self.dataclose[0])
            #停損賣出
            self.order = self.close()
```

總的來說 next 如下，我們設置一下框架運行設定之後就來跑跑看，看看效益如何。

```
====================tech3_macd_ma.py==============
#策略的核心
    def next(self):
        #print出收盤價的部分
        # self.log('Close, %.2f' % self.dataclose[0])
        #檢查是否有訂單卡住，為官方示範的範例
        if self.order:
            return
        #當庫存為0
        if self.position.size==0:
            #條件一，當5ma、20ma、60ma三條線齊揚
            buy_condition1 = self.sma1[0]>self.sma1[-1] and self.sma2[0]>
self.sma2[-1] and self.sma3[0]>self.sma3[-1]
            #條件二，當macd的柱狀圖由負轉正
```

```
            buy_condition2 =self.histo[-2]<0  and self.histo[-1]<0 and
self.histo[0]>=0
            #同時符合兩者則進場買入
            if buy_condition1 and buy_condition2:
                #買入log
                self.log('BUY CREATE, %.2f' % self.dataclose[0])
                #買入動作
                self.order = self.buy()
        #反之有庫存則判斷是否有賣出機會
        else:
            #條件一，當前(n)小於昨日(n-1)高，但n-1高大於n-2高且n-2大於n-3
            sell_condition1 = self.datahigh[0] < self.datahigh[-1] and self.
datahigh[-1] > self.datahigh[-2] and  self.datahigh[-2]>self.datahigh[-3]
            #條件二，當出現紅紅綠的線形
            sell_condition2 = self.dataopen[0] >self.dataclose[0] and self.
dataclose[-1] > self.dataopen[-1] and self.dataclose[-2] > self.dataopen[-2]
            #條件三，當收盤價至少比成本價高
            sell_condition3 = self.dataclose[0] > self.position.price*(1+self.
params.takeprofit)
            #條件四，當收盤價至少比成本價低stoploss，視為停損
            sell_condition4  = self.dataclose[0] < self.position.price*(1-
self.params.stoploss)
            #將條件1、2、3組合再一起
            if (sell_condition1 and sell_condition2 and sell_condition3):
                #賣出log，改為sell profit
                self.log('SELL Profit, %.2f' % self.dataclose[0])
                #平倉賣出
                self.order = self.close()
            #條件4為停損特別拉出
            elif sell_condition4:
                #賣出log，改為sell loss
                self.log('Stop Loss CREATE, %.2f' % self.dataclose[0])
                #停損賣出
                self.order = self.close()
```

macd+ma 策略 – 一般

因為一般基本上沒什麼變，唯獨就是我把商品的取得資料區間拉長了而已，為了節省空間這次我把註解都先拿掉了。接著我們馬上來運行看看。另外在 plot 中有一個 volume=False 參數，因為其實我們目前沒有使用到量，所以我們可以指定圖上不要畫上量的資訊。

```
====================tech3_macd_ma.py==============
if __name__ == '__main__':
    cerebro = bt.Cerebro()
    cerebro.addstrategy(MACD_Sta)
    data = bt.feeds.YahooFinanceData(
        dataname=f'2317.TW',
        fromdate=datetime.datetime(2014, 1, 1),
        todate=datetime.datetime(2021, 6, 20),
        reverse=False)
    cerebro.adddata(data)
    cerebro.broker.setcash(1000000.0)
    cerebro.addsizer(bt.sizers.FixedSize, stake=1000)
    cerebro.broker.setcommission(commission=0.0015)
    results = cerebro.run()
    print('Final Portfolio Value: %.2f' % cerebro.broker.getvalue())
    cerebro.plot(style='candlestick', barup='red',
bardown='green',volume=False)
```

老實說以 7 年左右的時間來說，100 萬的資金只返回了 5 萬多元，這個獲利算是相當低的，但畢竟是花時間的一個策略，通常我不會輕言丟棄了，通常會看一下圖看看問題出在哪裡，而且這其實有一個盲點在，就是台積電一張股票根本不需要 100 萬的資金在裏頭，太浪費了，等一下我們會想個權宜之計來解決他。

```
Final Portfolio Value: 1056244.29
```

圖 4.5.12　執行結果 1，最終獲利

我們看看獲利圖，看第二格藍色跟紅色點的部分，四次交易中贏了三次，一次停損，其實他的獲利少只是因為進場的時機太少了，因此我下一小節我們會來嘗試看看將台灣市值前 5 大的股票都拿來跑跑看，看是不是每一個都是賺錢的。

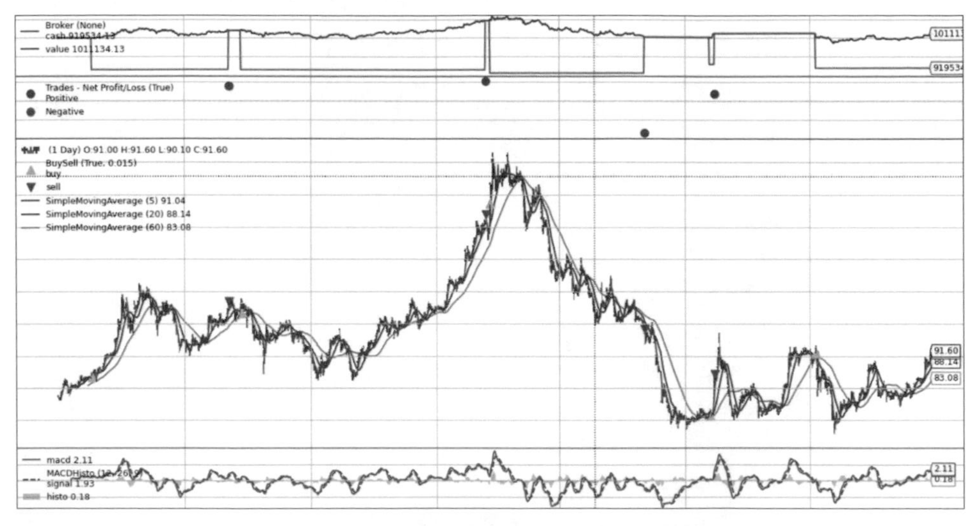

圖 4.5.13　執行結果 2，交易買賣圖

macd+ma 策略 – 測試多檔商品

因為前面都示範過了關於 pyfolio 分析以及暴力演算等等內容，基本上再做一次一模一樣我覺得有一點佔篇幅所以我就不再示範了，我們接著來嘗試另一種情境，我們將策略平行來回測多檔股票來看看結果如何。

策略的部分基本不用再動什麼，我們只要在框架設置那邊寫一個迴圈，然後將每一次的結果都儲存成 excel，再把每一張交易儲存在一個檔案夾就可以了。儲存每次的分析結果在上一小節就有提到了，包括總報酬、MDD 跟 Sharpe Ratio 這種基本的分析。

我們馬上開始吧，我列出了市值比較大的幾家股票備用，然後 loop 這些股票，並且在每次 loop 的時候重新定義框架，等於是將框架重置。

```
====================tech3_macd_ma.py==============
#準備開始設置框架
if __name__ == '__main__':
    #列出目標股票
    stock_list = ['2330.TW','2317.TW','2454.TW','2603.TW','6505.TW']
    #空list備用
    final_list = []
    #迴圈目標股票
    for stock in stock_list:
        #基本的框架設置
        cerebro = bt.Cerebro()
        cerebro.addstrategy(MACD_Sta)
```

再來這裡我會做一點點變化。我們原先設置初始資金都是 100 萬對吧，但是 100 萬同時拿來玩 30 萬的股票跟玩 2 萬塊的股票是不太合理的，尤其是我們只買一張的情況下。因此我們改變一下做法，我會使用歷史資料中的最高價多 50% 作為這一檔股票交易應該要投入的金額。

為此我們就需要改變一下作法，因為我們要計算歷史資料最高價多 50%，所以我們無法使用框架的 YahooFinanceData 來 call 資料，我們得要先在外面 Call 資料，然後才能去計算我們的初始金額，所以我們使用 yfinance 來獲取資料。值得注意的小點是我們的資料都是一股的價格，所以我們的初始資金必須還要乘上 1000 換算成一張的價格。

```
====================tech3_macd_ma.py==============
        #使用yfinance先獲取資料
        yf_data = yf.Ticker(stock)
        yf_data = yf_data.history(start='2018-01-01', end='2020-12-31')
        #計算期間內最高的股價，乘以1.5作為基本資金
        set_cash = np.max(yf_data['High'].values)*1.5*1000
```

接著我們使用 PandasData() 方法，這是 backtrader 框架中非常重要的方法之一，顧名思義他就是專門吃 pandas dataframe 格式，並且是讓你可以自行準備資料的方法。框架基本上跟 Yahoo 的資料非常吻合，所以直接用 dataname 指定你的 dataframe 變數即可使用。如果你有其他券商的報價源要塞其實很簡單，你就看 yahoo 的資料有哪些、欄位名稱叫什麼，然後將你的報價源資料改為一樣的格式就沒問題了。

```
====================tech3_macd_ma.py==============
        #pandasData讀取自備資料
        data = bt.feeds.PandasData(dataname=yf_data)
```

接著設置剛剛算出來的初始資金，還有一些傭金等設置。

```
====================tech3_macd_ma.py==============
        #加入資料、設置初始資金、設置每次買入股數、設置傭金
        cerebro.adddata(data)
        cerebro.broker.setcash(set_cash)
        cerebro.addsizer(bt.sizers.FixedSize, stake=1000)
        cerebro.broker.setcommission(commission=0.0015)
```

接著是設置 Share Ratio、returns、mdd 三個重要且基本的分析，然後設置運行。

```
====================tech3_macd_ma.py==============
        #設置三種分析
        cerebro.addanalyzer(bt.analyzers.SharpeRatio)
        cerebro.addanalyzer(bt.analyzers.Returns)
        cerebro.addanalyzer(bt.analyzers.DrawDown)
        #運行
        results = cerebro.run()
```

接著我們組裝元素，我希望儲存股票代號、初始資金、結束資金、獲利 (結束 - 初始)、總報酬率、MDD、Sharpe Ratio。這是另一種儲存資料轉成 dataframe 的方法，我們前面也曾經有使用過，來快速的稍微說一下。

```
====================tech3_macd_ma.py==============
        #將資料放入同一個list中
        con_data = [stock, set_cash, cerebro.broker.getvalue(), cerebro.
broker.getvalue()-set_cash, a_return['rtot'], drawDown['max']['drawdown'],
sharpe['sharperatio']]
        #append到一開始新增的list
        final_list.append(con_data)
```

我們儲存的目的是要整理資料並且最終轉成 dataframe 存成 excel 對吧？以前我們示範用類似下面這種方法，創建 n 個 list 儲存資料，最後明確地將空的 dataframe 的欄位賦予一個 list，這樣雖然整齊、清楚但是其實頗占篇幅，對於程式的精簡度並沒有這麼好，但好處就是在資料的對應上非常清晰。

```
=========================test.py==================
x = []
x.append(1)
y = pd.DataFrame()
y['test'] = x
```

其實你也可以這樣做，像我們這個小節的範例一樣，用 list 中包一個 list，而內層的 list 你就直接把他想成一列 (橫的) 資料就好，他就是將一列列的資料用 list 整合起來之後再用 list 包起來，然後最後再定義欄位名稱。其實儲存的方式真的百百種，你也可以用字典來儲存等等。如果做 code review 的人是我的話，其實我並不是特別刁鑽程式行數的人 (除非太誇張)，我比較在意的是清楚的註解、變數命名以及不要做無謂的消耗，當然是寫給自己用的就難免會偷懶一下。

```
=========================test.py==================
x = [[123,456],[456,789]]
y = pd.DataFrame(x,columns=['test1','test2'])
print(y)
```

拉回正題，資料儲存完之後我們要處理圖片的問題，其實很簡單，我們替 plot 畫圖的賦予一個變數，然後用 savefig 儲存圖片的方式儲存起來，我這邊開了一個叫做 png 的資料夾專門存放結果的圖片。之所以儲存的時候 figure 要取兩個 [0] 的原因是他被兩層 list 包住了，這個框架在畫圖時傳回來的圖片樣式就是這樣，其實也沒有什麼特別好說的，當你自己寫要存圖片時你就會遇到錯誤，然後你把它 print 出來看就會發現他被包起來了，這時候只要向雙層 list 取值就可以了。

```
====================tech3_macd_ma.py==============
        #plot出來
        figure = cerebro.plot(style ='candlebars')
        #儲存相片
        figure[0][0].savefig(f'png/result_{stock}.png')
        #關閉相片
        plt.close()
```

最後在迴圈的外面我們來將剛剛的 final_list 也就是所有結果做儲存即可。

```
====================tech3_macd_ma.py==============
    #產製檔案
    col = ['股票代號','投入金額','結束金額','報酬($)','總報酬(%)','MDD',
'Sharpe Ratio']
    final_pd = pd.DataFrame(final_list,columns=col)
    final_pd.to_excel('result.xlsx')
```

接著還有一個小問題，當你直接運行的時候，你一定會發現每一次迴圈都會跳一張圖出來，如果你不關掉還沒辦法跑對吧？這確實是蠻困擾的，就我所知他的 plot show 出來似乎是寫死在框架裡的，至少目前我還沒有看到有什麼參數選項可以控制不要 show 圖，所以我會這樣做，我會用 Ctrl+ 左鍵進去這個 plot 函數。

```
====================tech3_macd_ma.py==============
        #plot出來
        figure = cerebro.plot(style ='candlebars')
```

接著 Ctrl+F 去搜尋 show 這個方法在哪裡。

```
env > Lib > site-packages > backtrader > cerebro.py > Cerebro > plot
987          for stratlist in self.runstrats:
988              for si, strat in enumerate(stratlist):
989                  rfig = plotter.plot(strat, figid=si * 100,
990                                      numfigs=numfigs, iplot=iplot,
991                                      start=start, end=end, use=use)
992                  # pfillers=pfillers2)
993
994                  figs.append(rfig)
995
996              plotter.show()
997
```

圖 4.5.14　找到 plot 中的 show

在 996 行中發現了 show，我會將它註解掉。比較麻煩的是有時候你想要 show 圖的話你還要把他在解開，或者是你可以自己加參數對它做改寫，其實很簡單的，你為 plot 新增選項，例如用 True / False 來控制，然後當是 True 時才 show() ，Fasle 時則不 show()，我自己的主要工作環境中我是有做改寫。

```
figs = []
for stratlist in self.runstrats:
    for si, strat in enumerate(stratlist):
        rfig = plotter.plot(strat, figid=si * 100,
                            numfigs=numfigs, iplot=iplot,
                            start=start, end=end, use=use)
        # pfillers=pfillers2)

        figs.append(rfig)

    # plotter.show()
```

圖 4.5.15　將 show 註解

接著我們來執行，執行完後我們就可以看到一張結果表，你就可以透過一些圖表或是統計方式來整理你的獲利，如果你想獲得更詳細的風險分析，可以再多做 pyfolio 的分析。

A	B	C	D	E	F	G	H
	股票代號	投入金額	結束金額	報酬($)	總報酬(%)	MDD	Sharpe Ratio
0	2330.TW	781047.4548	969119.8247	188072.3699	0.215752353	10.78998795	0.769463248
1	2317.TW	161273.0653	182321.6025	21048.53719	0.122673188	13.48992314	0.470195401
2	2454.TW	1100250.825	1307576.408	207325.5824	0.172637176	13.07418775	0.503723203
3	2603.TW	60600.00229	74882.28159	14282.2793	0.211622371	2.956920669	0.741784613
4	6505.TW	210384.3192	181861.6159	-28522.70329	-0.145689904	33.06420393	-2.193626192

圖 4.5.16　執行結果 1，執行報告書

接著你還可以在 png 裡面收到每一次結果的結果圖。

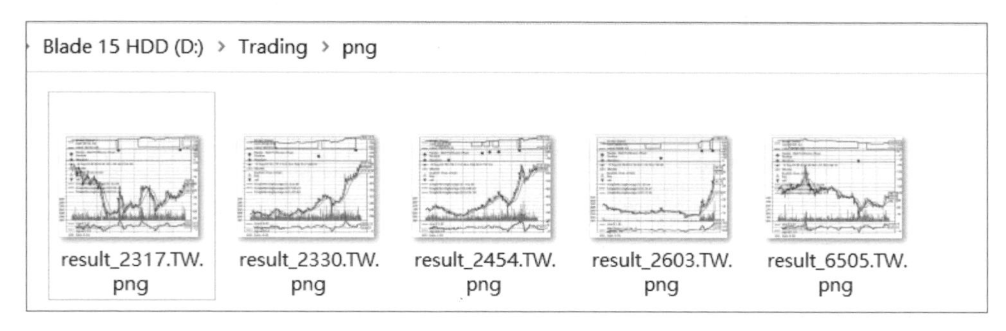

圖 4.5.17　執行結果 2，結果圖

其實我們現在用的這個方法，比較像是將每一個想要買的資產透過一個簡單的算法去分配投入裡面的金錢 (不限於 4 支，4 支只是圖示)。

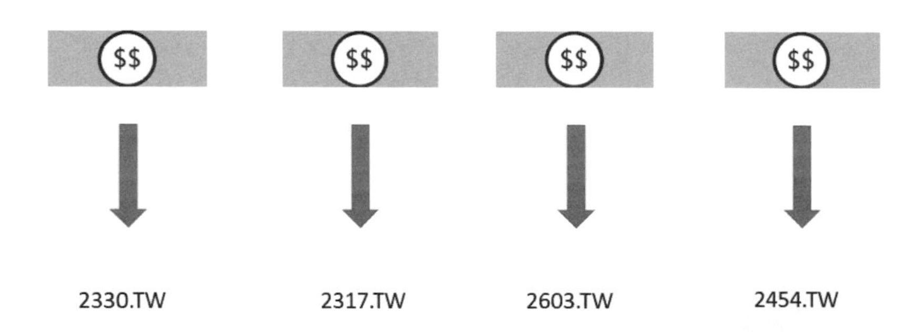

圖 4.5.18　將每一個目標標的都分配一筆錢

但是還有一種情境是比較符合一般的投資人的情境，就是例如我想向股市投入 100 萬元 (不限於 4 支，4 支只是圖示)，無論是誰出現買入的訊號就做買進，反之則賣出。

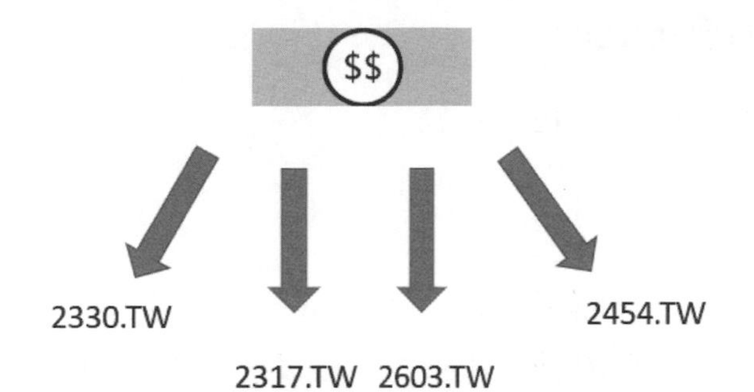

圖 4.5.19　將一筆錢投入一群標的

這兩種方法在技術上有挺大的差異，第一種就是我們這個小節剛剛示範的方法，就是我們使用迴圈去 loop 每一支股票，並且透過算法獲得合理的分配金額；第二種一筆錢分配在各種商品中的就比較進階一點了，屬於 backtrader 多商品交易的範疇，你可以去看看 backtrader 的 Multi Example。

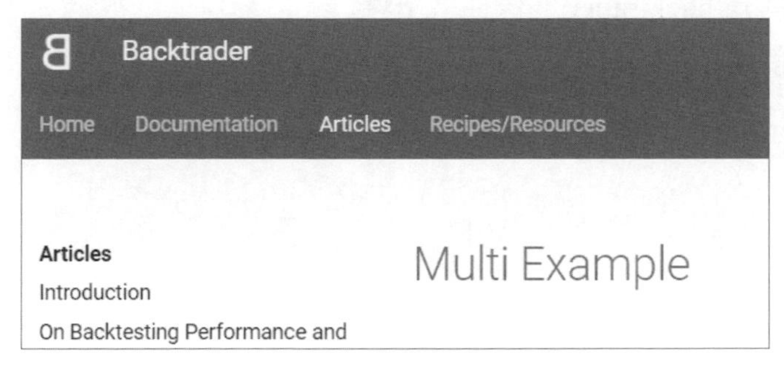

圖 4.5.20　backtrader 官方多商品交易文章（圖源自 backtrader 官方文件）

不過我覺得 Multi Example 的說明對於新手有那麼一點不友善，它裡面說明你可以用 dictionary 的方式來儲存每一個商品的指標，並且在 next 的部分透過使用 key 來索引及 loop 獲取目前商品的指標，說著你可能會有點不太懂，當你看到這裡的時候相信你對於 backtrader 基本有一些掌握了，若是你有這種多商品測試的需求，你可以在 Github 上面提出 issue 或者是寄信給我，我可以給你一份樣本跟註解說明。

❑ 本小節對應 code

Trading/tech3_macd_ma.py

❑ 小節統整

講到這個小節我們的 backtrader 框架的入門與應用基本上就結束了，其他進階的就等待你累積經驗，遇到問題後多多找資料或者是向人請益解決問題了。接著下一章節會比較輕鬆一點，我們不講技術，來講講我們現在大致上的工作，以及過去我在一些公司及接案跟金融比較有關的一點經驗談。

本小節的技術重點如下，其實總的來說這個章節最重要的就是熟悉 backtrder 這個框架：

1. 對於 backtrdaer 的內建的指標有基礎認識 (alias、lines 等)
2. 熟悉撰寫 backtrader 多條件進出場
3. 熟悉使用 loop 來對每一檔股票一次進行測試

Chapter

05

聊聊AI、大數據與金融

5.1 深度學習、新聞、股市

聊聊為什麼有這個章節以及何謂大數據

為什麼要講這個呢？其實我是想到當我自己在看一些超厲害的技術相關的書的時候，我總是很希望在結尾或是字裡行間看到他現在是使用什麼技術，或是他能夠分享他曾經透過哪些技術獲得什麼樣的成果等等，我總是希望能夠在別人的經驗裡挖掘一些可能性。我是假設這本書是給予沒有寫過或是剛寫不久的 python 入門者，並且對金融有那麼一點興趣，那我希望我能夠帶給入門者一些很淺薄的經驗談，未來當你遇到類似的問題的時候希望可以帶給你一絲絲啟發，就如同我走到這裡曾經有許許多多老師教授及工作上的前輩給我的啟發一樣。

因為我唸的科系是就是巨量資料相關，因此我在面試的時候最常被問到何謂大數據？如果你去查定義勢必會有如我在行銷資料科學的 Medium 找到的這張圖的 4v，甚至還有 5v 等等定義，強調數據大、處理迅速、多元且正確等等核心重點，這些想必你也看到爛掉了。對於數據大國外有些人的看法不一，但看起來最低要求是至少有 1TB 的數據量，但實際上市面上 9 成的公司在做大數據分析的時候可能都未必符合這些標準，難道大數據只有一線掌握巨大資源的公司才能夠稱自己在做大數據嗎？

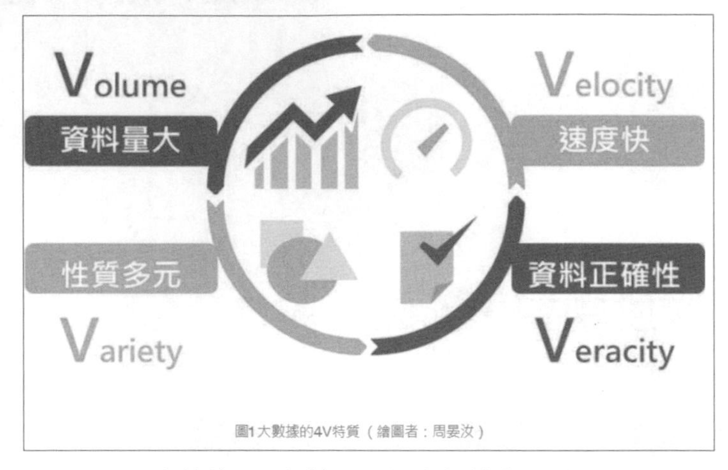

圖 5.1.1　大數據 4v 定義，圖源自行銷資料科學 Medium

嚴謹一點的人可能會同意，只有一線掌握數據的公司才有資格說自己在處理大數據。但通常別人問的話我不會這麼說，我會說我認為或許我們可以不要把大數據當作一種定義來看，我們可以把它當作一種態度，什麼樣的態度？在大數據時代我們應該對數據抱持著包容的態度，並且秉持著凡事經過數據佐證、經過數據分析再去做決策思考。

什麼是包容？就是不要先入為主地認為這個數據跟自己沒關係，或者是太細微、很無用的數據。我舉一個例子，我曾經看過一篇文章說美國有一個牙刷公司，在大數據的思維鼓勵下，公司回收所有使用後的牙刷並將牙刷的刷毛炸開的角度及程度以及刷毛是否有缺漏收集為龐大的數據收納並建立資料庫進行解析，從而根據不同的牙齒口型設計各種牙刷以帶給顧客更好的體驗，而聽說透過這樣子的設計該公司的牙刷後來成為了美國好幾州的龍頭品牌。

如果你在 30 年前跟老闆說，老闆我想要回收世界各地的我們的牙刷，並且對牙刷的刷毛角度建立資料庫，老闆可能會眉頭一皺拒絕你，在以前的年代可能是以消費者的意見調查為主要改進手段，對老闆來說刷毛的角度太過細微可能不是他會在乎的事情，尤其是成本可能過大，但在如今大數據思考的背景框架下，以及設備的突飛猛進，許多企業會願意針對這些枝微末節的大數據進行探究與收集。俗話說的好，魔鬼藏在細節裡，而且商業大老也曾經說過消費者根本不懂自己想要什麼，你問他的感受可能回答不出來或是回答的也不正確，透過小細節數據的探索，我們才有可能探究出真實的答案。

除了細小的數據之外，大數據的核心精神也在於廣。廣是什麼意思？廣就是我們在態度中所說的不先入為主的認為這個數據跟我們沒關係，當有人提出質疑時，我們可以透過一些統計方法去驗證相關性，從而來提出結論是否有關。例如假設汽車銷售業務部門提出一個問題：進門看車的客戶是否購買跟天氣是否有關係？底下可能開始議論紛紛，有人認為客人會買就是會買，不會就是不會；有人認為討厭下雨天的客人在下雨天來看車可能心情差，影響到對車的評價。這時身為數據人員，我們可以去訪問收集客戶喜好的天氣、客戶進門時記錄天氣並並紀錄是否購買，通過計算來判定他們的相關性以及購買機率。當然了我說的只是假設，實際上企業還得考量執行問題，這就是廣的含意，對於客戶是否購買我們可能不只考慮他的財務背景，甚是連今天的天氣都可以考量進去，我自己認為這些就是大數據的精神。

其實當初在構思書的內容的時候，這裡本來是想要簡單的使用一下機器學習、深度學習的模型來做一些股價預測、市場判斷等等 (當然通常是不太準)，但後來我覺得不如來講講我過去曾經做的與金融有關的專案，原因有二，其一是在交易的世界中目前我們也還沒有用 AI 取得成功，仍然在實驗努力中；其二是有太多開放資源講機器學習 (ML)、深度學習 (DL)、強化學習 (RL) 或是一些課程講得太好了，因此我也不敢在這方面大放厥詞，或許等未來我們的模型真實用在交易的時候再來分享會比較恰當一點。所以我們這個小節就來輕鬆一下，不談程式怎麼寫，談談幾個跟金融有關的專案，順便說說我們現在的工作方向，跟金融沒關的一些接案或是專案我就不說了，避免佔去篇幅。

在開始之前推薦一些資源

圈內人可能都知道的 ML/DL/RL 偉大的學習資源：台大教授李宏毅老師的 Youtube 頻道，如果你對這個領域很有興趣，千萬要去看看，真的全部看完且都理解了的話，你應該就超越許多這個領域的工作者了。這個真的很棒，有時間的話去看看吧。

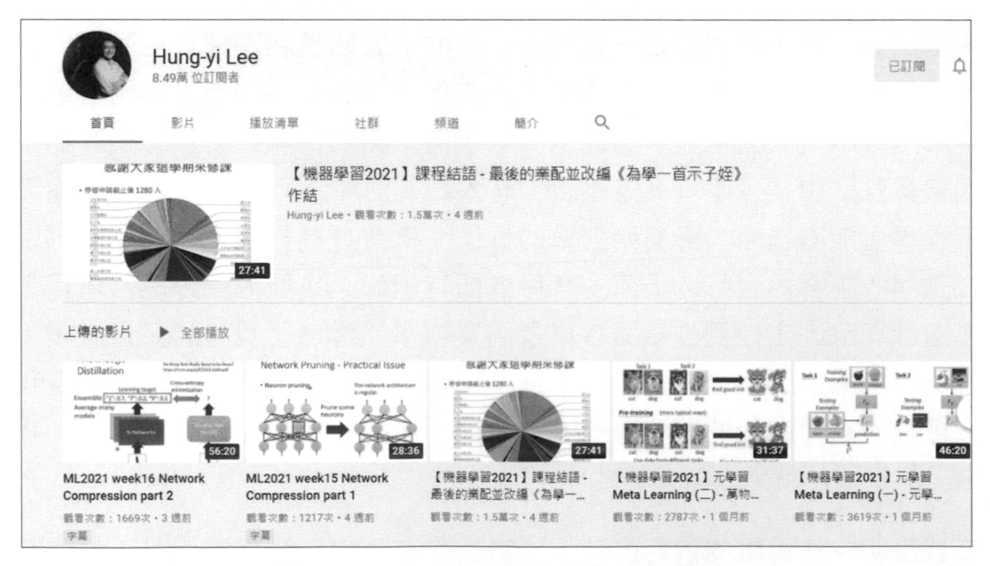

圖 5.1.2　Youtube 李宏毅老師的頻道

再來是這個網站，paper with code，裡面有最新的模型論文跟 Code 示範 (不過不一定每一篇論文都有 code)，當你遇到問題要解的時候，你可以來這裡看看最新的論文有哪些，看看有沒有自己可以用的。

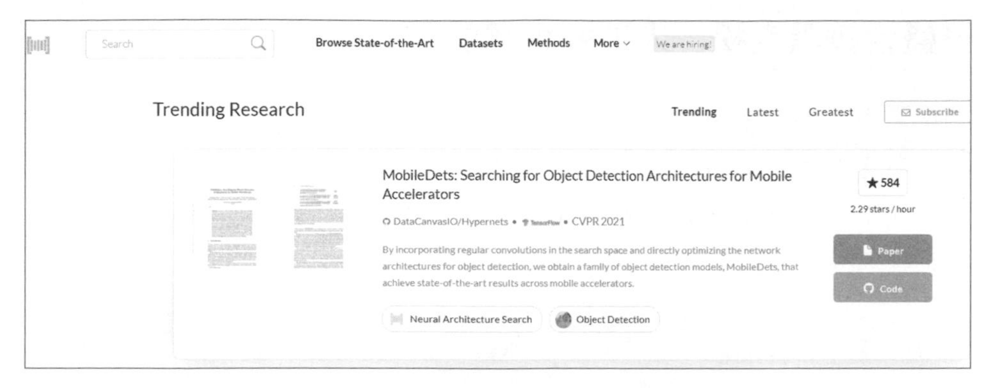

圖 5.1.3　Paper with code 首頁

這個專案我很推薦給剛入門的人，因為他整理出了各式各樣的模型用於交易的結果，你想體驗看看的話可以 clone 下這個專案來試做看看。

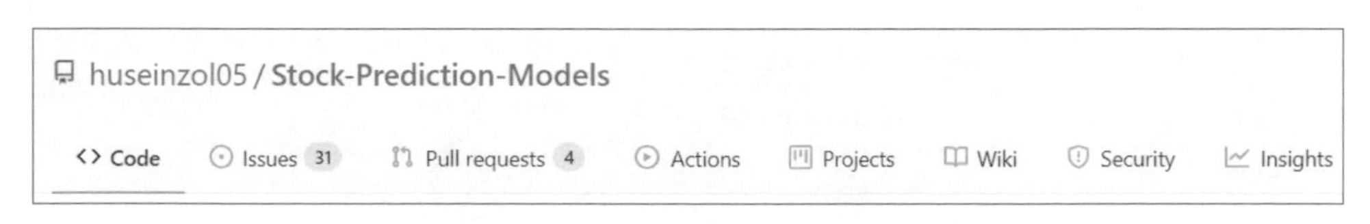

圖 5.1.4　推薦 Github 上面專案

另外推薦你一個一樣是圈內人都必定知道的資料科學競賽平台 Kaggle，不一定非要以參加競賽為主，上面也有一些不錯的數據也可以拿來用作研究用途，不過如果你有參加過而且名列前茅，那對你找相關資料科學的工作絕對是有好處的。如果你對 AI 跟市場有關的技術很感興趣，這個由知名的金融科技公司 Two Sigma 舉辦，已經過去的比賽你可以去看看，你可以看到許多高手示範如何使用新聞去預測股價。

圖 5.1.5　推薦 Kaggle 上 Two Sigma 舉辦之競賽

日盛金控黑克松，人工智慧解盤

我大學的時候是東吳大學 NLP 實驗室的成員，而這場比賽就是我大學時期的指導教授吳政隆老師，也是這個實驗室的主持人帶領參加的。當時時值我大二，我們在這場比賽中進入了最後的六強決賽，不過還是很可惜地並未獲獎。

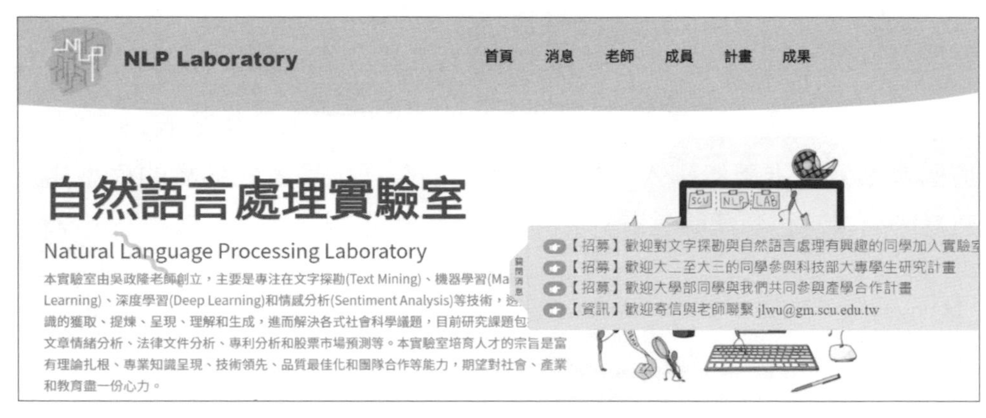

圖 5.1.6　東吳大學 NLP 實驗室首頁

之所以提到實驗室是因為我們參與這個比賽是與自然語言有關係的，我們的比賽主題是利用關聯式新聞篩選方法增進股票預測的準確度，後來這個主題也變成我的專題之一，並且分享在 Github 上面，有興趣你可以去看看，在這邊也很感謝我的隊友們的幫忙以及教授的指導，說真的這個時候的我才大二，什麼都不懂，多虧了教授的指導以及發想這個研究方向及主題，我們才有去研究並學習這個領域的機會，也因為這些機會讓我有一點金融相關的作品，而有機會到野村學習並增廣見聞。

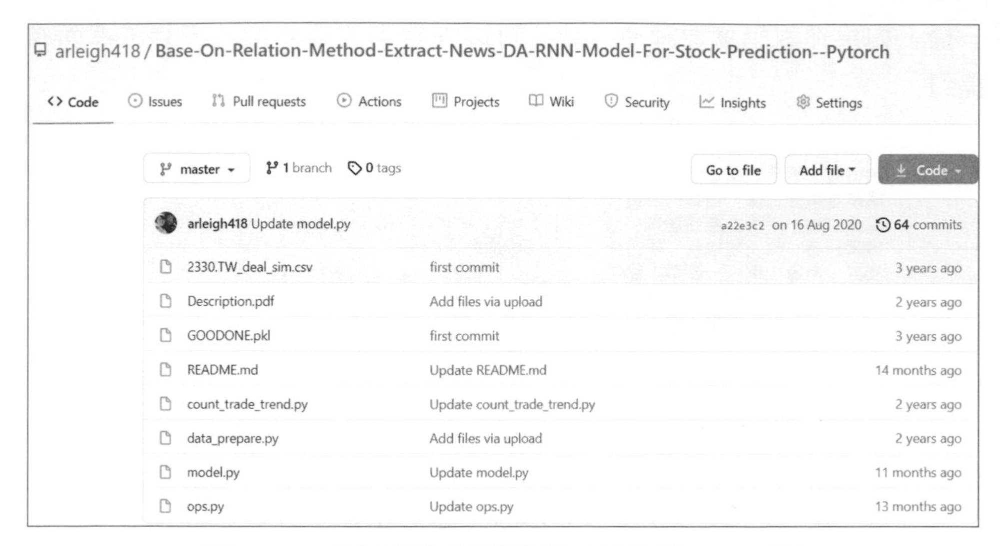

圖 5.1.7　基於關聯式新聞提取方法專案 github 頁

關聯式新聞提取方法

那我們這個專案的目的是什麼呢？許多人在預測股價的時候常常會以新聞 (消息面) 當特徵，我們在 2.4 小節的時候有教如何獲取新聞對吧，但你看那個雅虎的新聞的列表，例如台積電他都是以提到台積電關鍵字的新聞為主，但有一個值得深思的問題，難道說沒有提及台積電的新聞對台積電的股價就不重要嗎？例如他的競爭對手的消息呢？半導體產業上下游相關的消息呢？甚至是美國匯率、標普道瓊、聯準會的動向等等的消息都不會對台積電的股價造成影響嗎？答案顯然是否定的。

所以我們這個專案採用一些 word embedding(詞嵌入) 方法將新聞斷詞並且去除冗詞贅字之後將每個詞語轉換成矩陣，至於算法工具有很多，使用上也很簡單，我們那時是使用 fastText、word2vec 這一類的工具，現今還有更強大的 BERT、Elmo 等等，至於現在是不是還有更新更強的，我就沒有這麼清楚了，每一個 model 在賦予一個詞一個數值的方式都不太一樣，如果你對轉換原理有興趣，可以去看李宏毅老師的影片，裡面有提到。

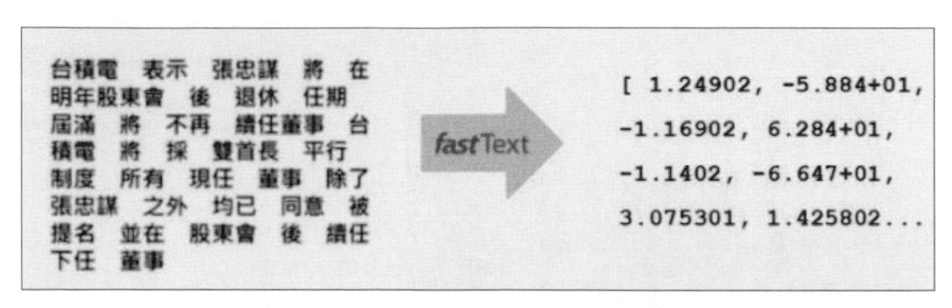

圖 5.1.8　fasText 轉換文字為向量示意

轉換完之後在每一篇文章根據他的文字排列組合就是一個個矩陣，有了矩陣之後我們就可以去計算它的空間向量的距離，那新的問題就來啦，上千篇新聞中，以台積電為例，你的上千篇新聞要跟誰比才叫做跟台積電股價比較有關連的？

因此我們必須要找到中心點，能夠代表台積電的中心點，老實説我們也不能保證什麼文章最能夠代表台積電，不過我們以台積電維基百科的介紹以及台積電官網自己的介紹作為中心點，將這兩篇文章同樣化為矩陣，並計算這個中心點與上千篇新聞的向量空間距離，然後再做篩選。

篩選出來後我們當時在指導教授的建議下使用了這一個 DA-RNN 專案的模型來預測買賣建議點及股價預測。

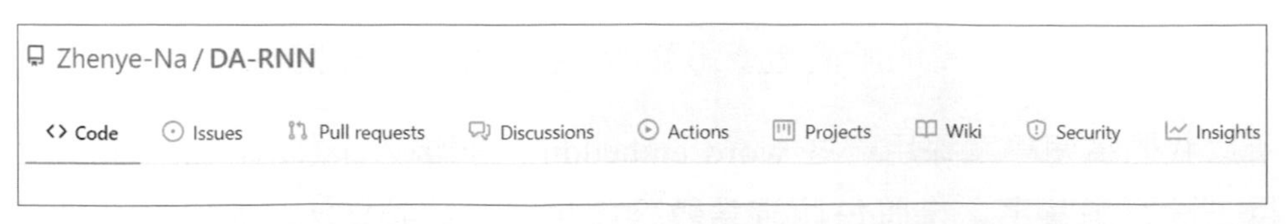

圖 5.1.9　DA-RNN 論文實作專案 github

該專案是源自於這一篇論文。該模型後來我們也應用在我們 2019 年中華郵政大數據競賽，我們獲得了全國第二，當中我們也應用這個模型去預測送件的時間區段，跟真實送件時間來比的話準確度並不是很好，但我們展開了模型規劃出來的各個點應該到達的時間，發現其實是一個有邏輯且有順序的送件路線，不過這個跟金融沒關係，就是後話了。

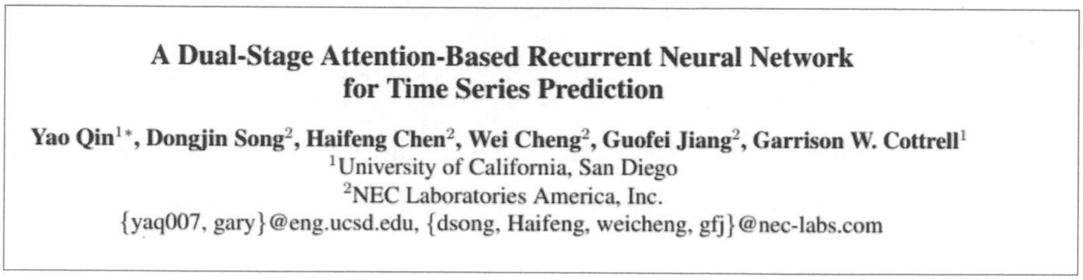

A Dual-Stage Attention-Based Recurrent Neural Network for Time Series Prediction

Yao Qin[1*], Dongjin Song[2], Haifeng Chen[2], Wei Cheng[2], Guofei Jiang[2], Garrison W. Cottrell[1]
[1]University of California, San Diego
[2]NEC Laboratories America, Inc.
{yaq007, gary}@eng.ucsd.edu, {dsong, Haifeng, weicheng, gfj}@nec-labs.com

圖 5.1.10　DA-RNN 論文全稱與其作者

這個 DA-RNN 模型是一種基於時間序列的 seq2seq 模型，時間序列在股市上算是挺常用的方法，例如我用前面 5 天的開高低收的資訊去預測明天的股價。而 DA-RNN 不僅是時間序列，還結合了 seq2seq 的特性，也就是他有一個 Encoder 跟 Decoder 做數據的理解並輸出，不同的是 DA-RNN 在 Encoder 跟 Decoder 引用了注意力機制 (Attention)，分別對每一個特徵以及每一個時間序做 Attention，你可能不是很明白，不過這是正常的，因為我也不是說得很明白，其實時隔這麼多年我的印象也不是非常清晰了。

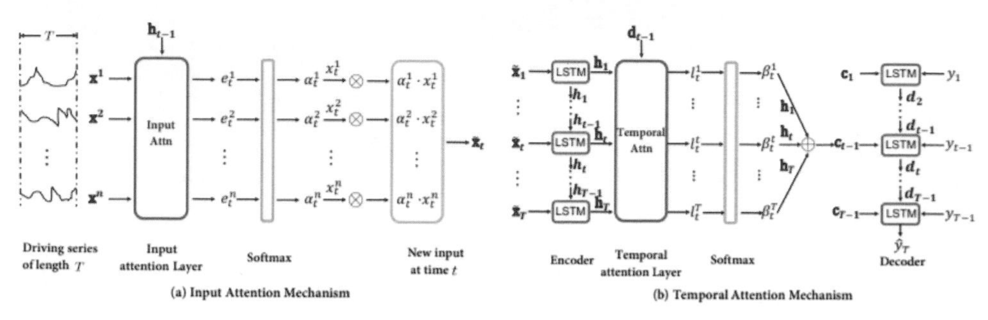

圖 5.1.11　DA-RNN 論文中介紹其結構（圖源自 DA-RNN 論文內容）

有幸的是這些模型的底層技術在李宏毅老師的影片中全部都有教學，包括 seq2seq、時間序列模型 (如 LSTM)、Attention 等，雖然以現在來說這其實算是挺久的模型了，但是裡面有一些技術仍然很基本也很經典，或許現在不是主流了，但也值得你稍微了解一下。

如果你是金融專業並且對於這些模型走一個應用派的話，在時間有限的前提下你可能不需要對每一個算法公式聊若指掌，但你最好要知道這個技術、這個名詞是應用在什麼場景，以及大致上知道為什麼他會適合用這這類場景。

最後我們得到了下圖三個結果，詳情你可以去看 github 上面的專案，裡面有一篇 pdf 檔詳細的說明我們怎麼做。

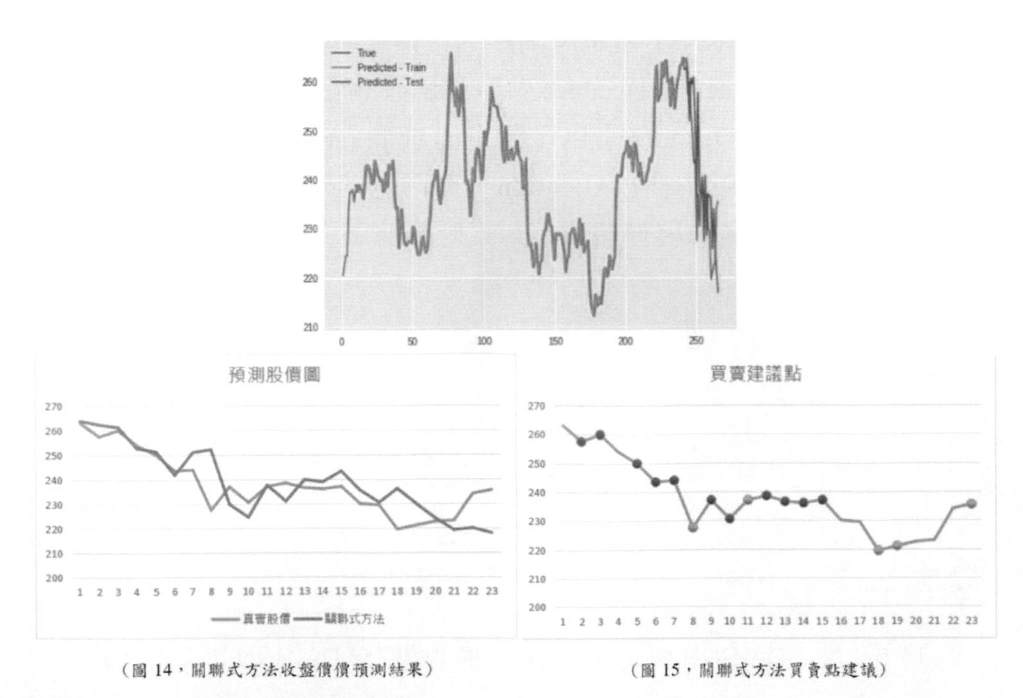

圖 5.1.12　關聯式新聞提取方法用於股價預測 (股價預測結果與買賣建議點)

老實說這個做為一個產品來說還差了十萬八千里，作為一個專業的研究來說也差了那麼一大截，不過當時時值大二還沒什麼經驗，這類的東西當初就讓我們幾個隊友們奮戰了許久。

如你所見，我們用來比賽的這個專案存在許多仍然需要改進的地方，因此後來我的專題研究針對其中一個問題來研究，我們透過實驗去決定什麼類型的股票套用哪一種計算的模式，實驗範圍包括測試 word2vec 與 fastText 對模型預測結果的差異、對重複詞彙取 set 的影響、向量空間距離的計算方法差異、關聯程度 100、75、50、25 四種篩選嚴苛程度、使用中心文章或者是公司名稱作為中心點的差異等這些面向進行實驗，詳情在這篇專案中也有一份報告書如果有興趣可以去看看。老實說並沒有很明確的結論，因為裡面有一個大問題是測試的樣本太少了，不過因為測試的案例非常多，所以在專題有限的時間內我只跑了這幾個標的作為測試。

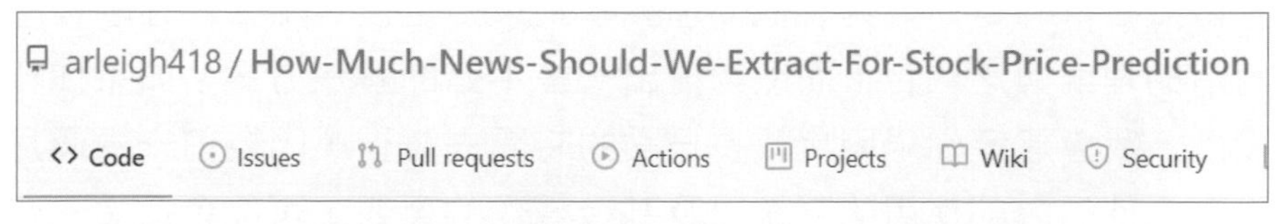

圖 5.1.13　應提取多少新聞作為股票預測的特徵實驗專題 Github

實話實說，如果你問現在的我以前做的這些研究有沒有可以用的，我會說沒有。原因是這種專題或是競賽製作礙於時間有限的關係，你能夠測試及考量的事情比較少，但當這件事扯到了錢，也就是真實的程式交易，我自己都會認為這樣的測試案例過少、實驗設計感覺有漏洞。但我還是想向你介紹，原因是裡面有一些技術是真實會用到的，而且很常用，例如時間序列的模型、對於文章轉換成矩陣 (並不是瞎轉喔，他是有根據、邏輯、算法的) 以及計算關聯度這些技巧在我後來的工作中確實是有使用到的。

5.2 野村實習期間

聊聊為什麼有這個章節

野村是我在 2019 二三月左右的時候提出申請，並且我就一路以 IT 部門的實習生的身分待到了當兵前 (2020 九月左右)。如果有機會我真的很推薦你去那邊實習看看，你可以看到首屈一指的投信投顧行業在做什麼事情，並且你可以多問多看看，大家都會認真地看待你提出的問題並給予建議，不論是我們部門的長官同事，或者是其他部門的都對實習生很友善，也很樂於指導。你不一定要擔心自己的實力不夠而沒有辦法勝選，基本上達到一個門檻之後，面試者們更關心你的學習欲望跟態度。

老實說以我的感覺野村並不是要求實習生得要對公司做出什麼巨大貢獻，我認為他們期待的不是這個，他們期待著希望學生從工作中進行學習，當然最棒的是你能夠在他們那裏學到東西之後，結合你在學校所學較前沿的理論與之融合，而能夠提出一些不錯的解決方案。如果你真的要投遞，我會建議你規劃比較長一點的時間去實習，因為前一兩個月你得先熟悉他們內部使用的系統以及基金運作的邏輯，可能會透過一些測試專案讓你熟悉，上手之後才有可能交付你更加重大的任務。

當然我上述說的僅限於 IT 部門，其他是不是這樣我不能保證。在野村的這段時間我接觸到了導入自動化作業流程 (RPA) 的專案，不過這個專案跟 python 沒什麼關係，所以不多加描述。據我跟廠商聊天所知不只是野村，各大金控也都積極地在推廣流程的自動化，你如果有興趣可以去研究 Blue Prism、UiPath 跟 Automation Anywhere 這些自動化工具，當然了你要使用 python 也是沒問題的，只是沒有工具來的方便快速，不過聽說 windows 似乎要在未來內建類似的系統？所以我猜想這些工具可能會朝向與 AI 結合這方面進化 (最經典也最需要的就是文件、圖片辨識)，事實上在我接觸時就有耳聞原廠已有此功能，但當時似乎還不夠健全。

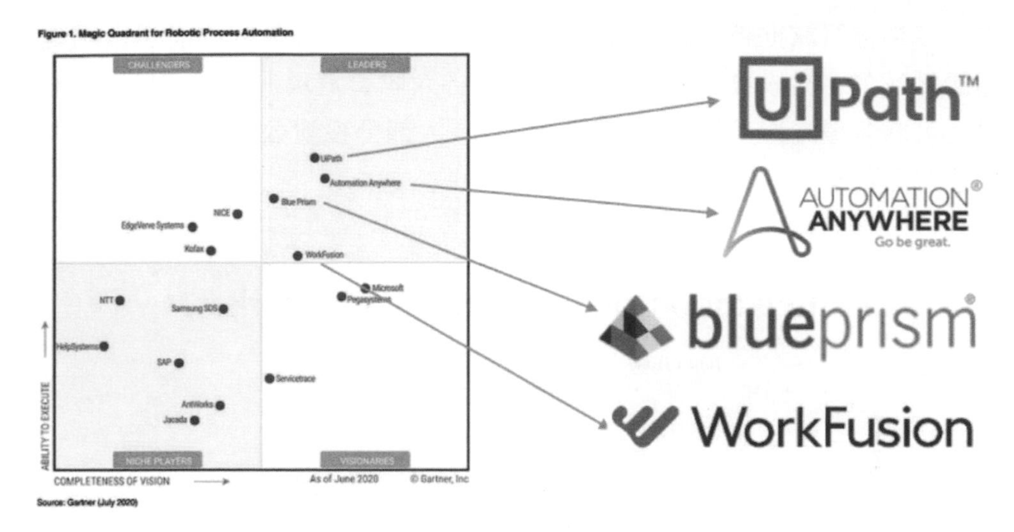

圖 5.2.1　Gartner 發布 RPA 的評比，這四家為評比的領導廠商

在野村還有一件很棒的事情，就是它會有幾周會找各個部門的大主管，甚至是找國外合作的基金公司來向我們演講。例如曾經有人向荷蘭的某投資公司詢問業界關於深度學習與機器學習的應用，他們表示未必所有人都只把模型當作是拿來預測的工具，像是國外很多市場研究者，它們在乎的是模型再學習的「變化」，例如我們 5.1 小節前提到的注意力機制對吧？他們可能會拿市場各式各樣的資料去跑一些預測，並分析模型的注意力權重的變化，看看模型在這不斷學習的期間他增長了對哪個特徵的權重？並且在什麼時間點增長了權重？有什麼變化？許多市場研究者關心的反而是這個。

又有一次我想到了我那個時候很有名的論文，用推特情緒預測市場並獲得成功，如下圖。我當時向投資部門的演講代表，也就是某一位資深經理人詢問：近期有一篇使用推特預測市場的論文，你們是如何看待模型應用在市場這一塊？他回答大致上是：當初這篇論文推出時確實受到很大的關注，他們也有對其進行深度的研究，確實一開始很有效，但投資市場變幻莫測，有效的東西通常公布出來之後過不久就會失效，現在基本上如果你單靠推特情緒去推測市場很有可能會導致失敗，而且市場是超級敏感的，當一推出這篇論文不久，各大收費資料源例如 Bloomberg 馬上就將各種論壇相關情緒指標納入了，大部分投資公司第一時間也獲取了這個資料。

Twitter mood predicts the stock market.

Johan Bollen[1,⋆],Huina Mao[1,⋆],Xiao-Jun Zeng[2].

⋆: authors made equal contributions.

圖 5.2.2　Twitter 預測股市論文名稱及其作者

最近我自己在做程式交易才特別有感觸，當你看到有人公布一個賺錢方法時 (假設不是詐騙，真的會賺錢的策略)，不要高興得太早，許多人一起用那這個策略肯定不久後就失效了，你往往會發生初期投入小錢覺得賺錢了，等到你覺得 OK 了投入大錢才發現他逐漸失效，最後以失敗收尾，你得要做出修正或是加入一些你的方法，你才有可能有繼續賺錢的機會。

AI 導入專案

除此之外，我還在野村負責過 AI 的導入專案，不過我先聲明在先，因為時間過得有點久，裡面有些數據不是真的，我也不是記得很清楚，但是流程跟內容基本上是真的。我跟著後來新進非常優秀的實習生共同進行，其實金融機構大部分都還是以 C#、Java 一類的為主流，python 還算是比較少的那一塊，因此 python 的一些 coding 的規範就由我們來規劃，在當時我們應該算是第一個使用 Python 來開發一個專案的 (我指的是在 IT 部門，並且不包含一些用 python 製作的小工具)，在有這方面經驗的同事建議與幫助下我們制訂了一些基本的函數與物件的撰寫原則，包括註解、使用範例、函式或物件的輸入及輸出的型態、撰寫文件、統一的加解密原則、Log 記錄方法等等。

當初是 IT 的各大長官們問我，我是念數據、AI 相關的科系，有沒有什麼東西可以嘗試導入看看，看效果如何的？我記得我當時提出了 6、7 項吧，其中有語音相關、網路聲量相關、顧客相關、市場相關等等層面，在經過討論之後我們決定做了與顧客相關的，並且除了自己 IT 部門之外也與其他相關的部門合作。說是合作我自己覺得有一點不好意思，因為整個開發過程中比較像是他們在教導我很多東西，我們每兩周要開一次進度報告與檢討會，在每一次的檢討會中針對每一個結論與問題都能獲得大家的建議與解答。

老實說我到現在都不認為是因為別人覺得我很厲害而給我這個機會，我認為比較像是一來他們希望實習生能夠透過實際在業界執行一個專案來獲得學習機會，二來是對目前業界來說 AI、大數據這一塊還算是比較新的東西，至少沒有推行數十年之久，所以想導入看看會帶來什麼效果，而我非常有幸獲得這個機會，這對我來說真的是一次很重大的成長機會，雖然可能未必有對公司業務帶來什麼幫助。

那我們做的這個專案究竟是什麼呢？我們透過 AI 去掃描做贖回的客戶中，預測哪些人未來三年可能不會再與我們有交易，之所以是三年原因是在業界若是客戶過長的時間沒有交易，這個客戶的帳戶會有點像是被冷凍那樣，如果還想要再申贖基金，他得再提出相關申請，而通常帳戶被冷凍之後還會再回來提出申請的客戶偏少。在最終專案完成時，我們利用測試集驗證之後準確率達 9 成，也就是透過一些樣態我們能夠有 9 成的準確率抓出這些做贖回基金動作的客戶未來三年將不會再有任何交易。老實說 AI 整個流程很簡單，就是這樣而已，取出資料，對資料做分析篩選與清理，然後我們丟入一個機器學習的 model 中並產出預測結果。

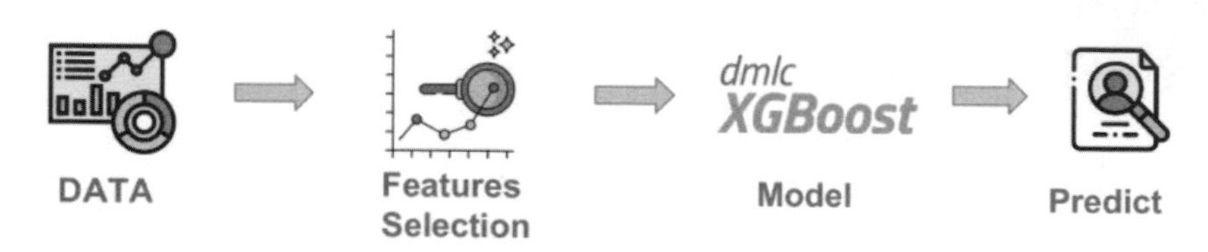

圖 5.2.3 簡單的 AI 專案流程示意

我曾經看過一篇文章說，模型、調參、資料大小等等其實都不是對 AI 專案來說最優先的，而是如果你能找到一個或是數個關鍵特徵，即使你用最普通的模型準確度也會有飛快性的成長，這個我們在此專案中也有所感覺，等一下會提到。

DATA 的部分

光看流程你可能覺得不難，如同我們在學校學習這一塊的時候，是不是大部分都是例如我們從 kaggle、yahoo 或是教授準備好的這一類資料源中獲取資料，然後透過一些開源的特徵篩選工具做特徵篩選之後，丟入各種模型中然後挑最準確的那一個之後就可以下結論了？

但事實上在業界做沒有這麼簡單，我由那四個看起來很簡單的步驟逐步解釋給你聽。首先是資料源，金融業最在乎資安的問題，尤其是 IT 部門對於資安的掌控更是嚴謹到滴水不漏，當你要拿取資料尤其是跟客戶有關的資料時問題就來了，第一個問題就是權限問題，你要使用什麼方式獲得 DB 連線權限？ Windows 系統角色權限嗎？還是你需要開一組 SQL 帳密？那如果是用帳密的話你要如何保護你的帳密？ (e.g. 3.5 小節加解密方式)

等你拿到資料之後，還有問題，通常公司絕對不會只有一個系統對吧？可能有分 A 系列產品系統、B 系列產品系統、客戶管理系統等等，因此得要先對資料有所了解，資料庫的 Table 跟欄位肯定不是中文或是清楚的英文讓你很好明白，有些可能是簡寫或代號，因此你得要去翻找文件去尋找這個欄位的意義。光這就是很大的功，因為一個系統假設有 50 個功能，每個功能可能都會有對應的 Table，每個 Table 中又有 50 個欄位，再把所有系統的欄位都看過一次的話可能不現實對吧？

你可能會說，那我們就一律撈出來使用阿，反正大數據不是越大越好嗎？如果資料都是有其邏輯可循的那或許可行，但要知道裡面有些資料可能是為了系統開發測試用的，是人工隨機塞資料進去的，完全沒有任何意義，當盲目地使用這麼龐大又雜亂的資料時，很有可能造成雜訊過多，影響模型的表現。

因此這時候溝通就很重要了，得要去找系統的負責人向他了解有沒有哪些欄位是人工塞進去測試的而不能使用，雖然不一定可以 100% 濾除，但多少能減少一些雜訊。除上述這些之外，最基本的你還得了解這些系統對應的產品及功能邏輯，像是基金這一類的產品其實比較複雜，因為有法規跟一些申報的問題，所以它的整個流程並不是說買、賣、結束這麼單純。

Features Selection 的部分

我們在做機器學習的時候，很常會做特徵篩選，這也是避免雜訊的主要方法之一，我推薦一個很方便的專案 - feature-selector，除了簡單易用之外，他還會幫你做一些圖表分析。

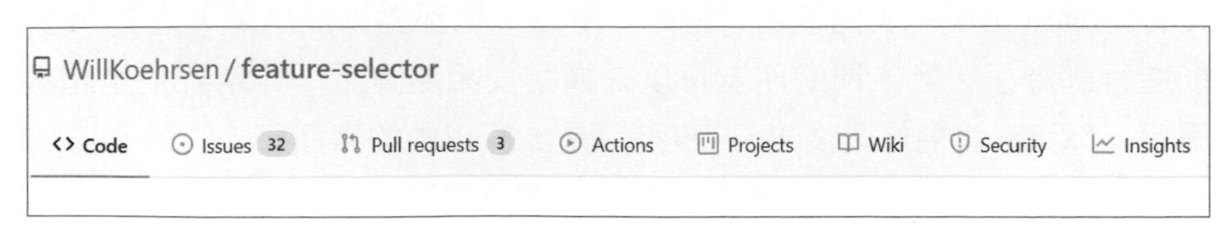

圖 5.2.4　推薦的特徵篩選工具 github

這個部分是倚靠工具完成的，其實我在整個 AI 專案中可以明顯地感覺到，user 並非是只在乎模型預測的準不準，他們更希望我們能夠透過一些資料分析或者是例如模型的特徵重要程度分析去幫他們發現一些他們從未發現的問題。因此我們每兩周會開一次進度追蹤會議，我們除了在上面做進度報告之外，我們也會一起去做一些資料分析的圖表，以及模型在訓練時產出一些特徵重要程度、決策樹圖、相關係數這一類的分析。

裡面有一些挺奇妙的結論，我下面僅是舉例，不代表真實數字，因為細節我也記的不是很清楚了。例如有一項佔高重要性，就是日期，我們將日期的月日拆開放在了特徵裡頭 (年沒有放，因為我們認為年只是不斷往前推進的一個數字)，發現到期中的日 (1-30 號的那個日) 竟然佔有重要的比分，經過資料分析後驗證，哇！確實是在 20 號以後做全額贖回的客戶會離開我們的機率是最高的，雖然不是特別特別突出的那種高，但比例上來講確實是比較高，當時大家都笑著提出各種有趣的觀點，這是個蠻奇妙的事情，當初我們在做簡報的時候還很猶豫要不要放這個上去。

Model 的部分

模型的部份我們是把當時最著名的幾個模型都套進去，包括 XGBOOST、隨機森林、SVM、羅吉斯迴歸、通過神經元擬合等等林林總總許多方法，最後以 XGBOOST 表現為優，且運行最快，因此選擇 XGBOOST。

以整個 AI 專案來說，我倒覺得 Model 反而是最簡單的一環，因為有 scikit -learn 這個完美的機器學習庫，所以一切都變得很簡單，只要 fit 就能進行訓練了。剛入門的朋友可以去網路找相關資源，非常好找也超級簡單，你資料準備好之後 Train 模型只是 5 行以內的事而已。

Predict 的部分

Predict 的部分我就直接講整個專案的末尾。其實一開始我們模型訓練完後，拿測試區間來預測、測試時準確率只有大約 75%，想必是不太能接受的，我們從調參、換模型都不斷的嘗試，但頂多增加至 78% 左右，並未有巨大的突破。直到我們在某一次的資料分析中發現一個特點，並把該指標做成特徵之後加入，準確度就飆升至 90% 以上。

我們發現了什麼呢？在發現無論怎麼調參都沒有巨大的進展的時候，我們回去挖掘資料，發現到一件事情，正常來說我們一般人都會認為如果某個客戶購買我們的產品並獲得數倍的巨額利潤的時候，應該不會離開我們才是，相反的他們應該會很滿意並繼續購買，但資料顯示事實並非如此，我們發現到一個樣態：這種獲取巨額利潤的人很多都是 10、20 年前就購買該基金之後放著，有可能是繼承，也有可能是他單純忘記了，當他經過數十年的歲月想起來之後要來贖回時，通常絕大部分的客戶贖回後就不會再回來。因此我們加入了一個指標，就是客戶最近一次申購基金跟現在差了多久，那種上一次申購至今差了好幾千天的通常就是不會再做申購的客戶，透過這個指標我們的準確率獲得了飛躍的提升。

也因此我才會說我先前在書上看到的那句話很有共鳴，就是如果你能透過一些分析方法找到一些關鍵特徵，那即便你用很基本的線性回歸也能獲得良好的結果。當然我認為每一個 AI 有關的專案都有它的特性及性質在，或許有人透過挑選很適合的模型而獲得巨大的成功，也有人透過調參而獲得很棒的進展，因此實際上我們在操作的時候應該算是並行的，我們會同時挑許多 Model 並行測試；也會透過工具自動調適最好的參數；也會去挖掘資料，三面並行。

說到調參 scikit-learn 自己有一個函數是專門幫你調參的，使用很簡單有興趣你可以去 Google 一下。

sklearn.model_selection.GridSearchCV

class sklearn.model_selection. **GridSearchCV**(*estimator, param_grid, *, scoring=None, n_jobs=None, refit=True, cv=None, verbose=0, pre_dispatch='2*n_jobs', error_score=nan, return_train_score=False*) [source]

圖 5.2.5 sklearn 的調參函數

上線運行與佈署

如果是研究、專題或是作業做到上一步驟基本就完成了，不過要把它變成一個能夠上線運行的方法就又是一道難題了。在我們這要將一個功能或是程式，無論大小都得經過三道測試關卡，每一道測試關卡都會有一個環境需要佈署，並且需構思測試案例及提交測試報告經過審核後才能夠進行上版，並不是只有我們這樣做而已，我與許多在其他金控的同學聊天時大家也都是類似的作法，只要異動都需要經過層層的測試最終才能夠上線。

測試其實只是麻煩，但並不困難，困難的是一些細節。例如你在訓練模型的時候最簡單的方法就是撈全部的資料，清理之後可能做一些歸一化、標準化等等之後就切割數據集為訓練、驗證、測試，訓練跟驗證用作訓練期間，訓練資料當作是模型學習的環境，驗證資料作為儲存好模型的依據，測試則是最終結果，這些步驟其實一氣呵成，並不困難。

但問題是當你的模型要每天、每周或每月運行時，我們來一步步想，首先是撈資料的問題，因為我們撈的資料遍布各個系統的資料庫，而且現有的系統也正在使用這些資料，因此就會有 lock 而導致程式錯誤出現，lock 大抵上就是因為其他系統因為作業關係正在對某一個 Table 進行寫入或改寫，而 sql 為了避免資料錯亂會做一個註記，直到寫入或改寫完成時才會讓你讀取，因此在設計上線流程的時候，要對撈資料的 sql 語法做避免 lock 的設計。在請教內部的有經驗的 SQL 高手後，考量到當時離我們離開已經很近了，因此建議是在 sql 語法中加入 no lock 指令避免此問題。

資料源不會出錯之後，還要設計 log，log 還須包含流程執行的 log 跟錯誤 log，所謂流程執行的 log 就是我們會在每一個重要工作完成時寫 log，例如資料撈取完成、資料清理完畢、模型準備完成等等，當有 bug 時你可以透過追 log 大致上知道是哪一段出了問題；錯誤 log 更明確了，我們先前不是有教到 try、except 可以捕捉到錯誤訊息嗎？就是利用這個並且多加一步把錯誤訊息寫入 log 檔中而已。

再來是如果你有對資料做一些處理，例如歸一化 (Min-Max-Normolization) 好了，歸一化的數據如下，有問題的是你的整個資料的最大值、最小值要如何而來？我們撈出做贖回的客戶我隨便假設一天 10 個好了，通常我不會只用這 10 個客戶的資料來做歸一化，我會用訓練資料的那個大樣本做歸一化，因此我需要將過去的大樣本的最大、最小值先儲存起來，並且在預測時 load 出來後拿它們來計算歸一化。

$$X_{nom} = \frac{X - X_{min}}{X_{max} - X_{min}} \in [0,1]$$

圖 5.2.6 Min-Max 歸一化公式

歸一化處理完後就是預測結果如何呈現，通常程式設計師做出功能算是合格的程式設計師，但如果要成為讓別人敬重你或喜歡你的程式設計師，就必須要顧慮 user 的美觀需求，像我們是以寄信通知，不敢說能夠做的五顏六色，漂漂亮亮，但是 user 希望的一些統計訊息、基本訊息、表格的整齊這些都是一些需要去做修正的地方。

最後就是佈署與版控，需要跟相關的負責人討論好，寫好上版文件、版控、運行的排程設置等等都要做好，經過層層關卡檢驗之後，才會正式上線。

至此算是大致上說完了，我以前待過專門做網路聲量的網路行銷公司，在那裏講求的是開發的迅速，因此我們做一個專案可能半個月到一個月就可以提交程式，經過負責人修改後上線，非常火速；但在金融業講求的是安全與嚴謹，你需要不斷的考量安全問題、文件、審核與進度會議都需要掌握，因此開發的時程通常會拉得很長，往往是可能三四個月甚至半年才會完成一個小專案。而且整個流程老實說在模型方面的技術反而是最基本最簡單的，事實上在大數據的框架下也是如此，其實最困難的是資料清洗與挖掘，模型有時候反而不是最費工的地方，畢竟我們也不是模型的研究者，通常都是拿現成的工具來使用。

關於在野村負責 AI 專案的內容大致就這樣了，其實我現在離開了一段時間，我也不確定這個專案後續如何，是否有在新增其他的 AI 工具，或者甚至這個專案後面有沒有 bug、是否還在運行等等。如同我前面說的，我並不保證這個專案能夠帶來多少貢獻，但對我自己來說是一次值得感激且非常難得的成長機會。分享給你，如果你對技術層面有更多想要知道的，你一樣可以提出 issues 或者是寄信箱給我，當然我不可能給你程式，一來那是屬於公司的資產，二來我手上也沒有完整的程式可以給你。

接著我們進入下一章節，說說作為程式交易工作者的我們現在在進行什麼吧！

5.3 做為程式交易工作者

聊聊做程式交易的起源

為什麼我會踏進來做這個呢？我當初念書的時候，除了課業、實習與競賽之外，我也很樂於接一些專案，當中有些是為了錢、也有些是為了投資。我常常在詢問周遭那些對於股市或是創業有興趣的朋友有沒有可以幫助他們的，我可以免費幫他回測策略，撰寫交易策略；或者是免費幫他架設網站，做 SEO 等，當然條件可能就是他的淨利的 5-15% 不等，視什麼專案而定。例如我替我的鄰兵回測策略，或者是我曾幫一個想要創業，做情人手工小禮物的朋友架設網站，雖然基本上目前大部分對方因故沒再繼續經營，不過我因此歷練了許多，時至今日我也仍然在尋找有沒有類似的機會擴展收入來源。

現在我們正在專職研究程式交易。當初是我在大學期間透過教授的邀約參與市場研究與交易的專案，後來接到這個專案的老闆邀約而變成我目前的主業。我們在做什麼呢？說我老闆憑藉他在市場多年的交易經驗而想出一些策略，然後我用程式去實現他，並且根據模擬出來的結果不斷的修正改進，而我們目前確實有兩個上線運行替我們自動交易的策略。

最一開始的時候主要是做一些統計與研究，我隨便舉例，例如我們去統計當紅棒 + 紅棒 + 紅棒 + 綠棒出現之後，再搭配量的情況下，下一根的通常走勢為何。不過因為初期我仍在學礙於實習與學校課業的壓力，以及大三四期間我接案與競賽的作品要進行，所以並沒有辦法投入大量的時間，直到我全職投入這個之前我們都沒有什麼巨大的進展。

使用 Multicharts 開發策略

到真的全職投入的時候，我們一開始是使用 Multicharts 這一個知名的程式交易軟體，他們有提供免費試用。當然 Multicharts 是有自己的程式語法的，但因為許多東西他都幫你包裝好了，所以使用起來非常簡單容易，他的程式碼非常好學，其實就有點像指令而已，有興趣你可以去試用看看，他應該就像是高配版的 backtrader，只不過要收費就是了，而且目前他的資料對於股票的支援並不是很完善，所以我們使用 Multicharts 的策略大部分都是用在期貨為主，像是大台指小台指。

圖 5.3.1 Multicharts 官網首頁部分截圖

之所以一開始採用這個是因為在我全職做這件事之前，我老闆就有一些策略是基於 Multicharts 寫成的，我們透過上百次的檢討交易最終修改成現在上線運行交易程式，這中間除了我們看著每一筆巨額的虧損交易，並想著如何加入一些濾網可以避免巨大虧損又不影響獲利的，我們還看了幾本書，試了書上的一些指標方法看看有沒有可以改進現有策略的方法。總之我們嘗試了數百次了，直至今日都仍然不斷地在嘗試有沒有改進的方法。

至於我們得策略是由許多買賣條件組合而成的，並同時包含做多跟做空，也就是我們在第四章節提到的，通常一個策略成型都是由數個指標濾網。不過我們自己的策略使用到的技術指標較少，我們主要是以型態及順勢為理念所構成的策略。老實說程式交易中程式的部分其實並不算太難，最難最難的一直都是策略，當有了策略之後，在選對了框架或產品之後，我們所做的也就是利用套件計算各種指標並組合再一起罷了，就算是有自行開發指標的需求，多數也是基於開高低收與量組合而成的公式，只要公式有了，資料有了，也不是太難的事情。所以做程式交易這一塊其實最重要的是對策略、對金融的理解。我自認不是對於金融有高理解的人，所以我與我老闆共同合作，他負責策略的主要發想，我負責實現他腦海裡的策略。

先前也有稍微提到過，在許多策略中很多入門者都會忽略了一點，那就是手續費跟滑價的重要性，我們的策略在 4-5 年的回測期間內，手續費與滑價的支付甚至會接近百萬之多，股票可能還可以，滑價就是當快市發生時價格波動迅速激烈，假設你下了單要買在 260 元，但因為此時因為訂單過多，價格過動，你可能買在 263 元，此時當你就會多出了 3 塊錢的成本。

手續費可能沒什麼好說的，算是不可抵抗的因素，不過滑價像我們交易期貨這種高波動的東西，有時候遇到快市 1 分鐘內漲跌個 100 點都是常見的事情，而通常此時會有大批訂單會觸發，所以當你的網路品質不佳，或是券商那邊塞車，獲利可是會差很多的，例如我們曾經遇過 30 點的滑價，30 點是什麼概念？以期貨來說小台一口一點是 50，如果我們開個 10 口，先不論盈虧，光滑價我們就損失 50*30*10，將近 15000 元，會將很多獲利都吃掉。有些人會說，滑價有時滑向好的，有時滑向壞的，但我們做到現在統計來看，滑價絕大部分都是滑向壞的，因此我們比較保守一點不太相信這個說法，我們都寧願再回測的時候將手續費算高一點，順便把滑價支付也算進去。

目前的模式是 python 跟 Multicharts 混和用，與期貨有關的是用 Multicharts 來寫策略與測試；股票的研究就以 python 為主，我們 python 的資料源則是視策略的特性來決定，如果是日 K 為主的策略則用 yfinance 的資料，快速又簡單；反之如果是玩 ticks 或者是 1 分 K、30 分 K 的則以永豐的 api 為主，我們目前是這樣。永豐的 api 叫做 Shioaji，你可以去看看他的文件，體會一下要怎麼使用，當然除了永豐就我所知還有群益的 api 評價也很不錯，你都可以考慮看看。

圖 5.3.2 永豐 SHIOAJG 文件首頁截圖

我們之所以會混搭是因為 Multicharts 對期貨的支援更好，歷史資料全面，但是股票資料就顯得不是這麼豐富；而 python 的永豐 api 跟 yfinance 恰恰相反，股票的歷史資料充足，但是期貨例如大台指小台指則歷史資料有限，未來是否會加強支援我也不確定，但目前來看是這樣，因此我們是混搭使用。Multicharts 的部份我們就不說太多，說說 python 跟 AI 有關的吧！

使用 Python 研究市場、開發策略、AI 交易

我們自己應用 Python 除了本書教的回測方法以及作一些型態的統計之外，主要是拿來研究 AI 交易。之前是以時間序列類型的 Deep Learning 模型為主，像我先前提到的 DA-RNN 也被我們用來做交易預測、買賣建議等，我們也曾實驗過以 XGBOOST 這一類非時序型的做買賣評估，然後嘗試過利用上帝視角標註資料然後透過時間序列深度學習模型或者是機器學習模型去做監督式學習，但最終都以成效不彰收場。

最近幾年在 AI 交易世界中大家認為比較有希望的是強化學習 (RL)。深度學習 (DL) 的旨在利用多層深度的神經元去運算並不斷擬合最佳參數去適應我們給他的學習目標；RL 則重點在於我們不告訴模型什麼是目標，我們只對他每一次的結果進行獎勵 (reward) 跟懲罰 (penalty)，並且他會根據收到的獎勵跟懲罰做出相應的學習，最常見的是對每一次交易所產生的資產變化作為獎勵跟懲罰，賺錢就給予獎勵；反之賠錢就給予懲罰。

下圖是很經典的 RL 示意圖，我就以例子來進行簡介就好，對理論有興趣的一樣李宏毅老師的影片也有 RL 這個主題，可以去看看。我們在裡面看到了幾個元素：Environment、action、Agent、Reward、State 這些元素，大部分我們需要花費大量心思設計的通常是 reward 跟 env 這兩個。我們簡單解釋一下這些元素。

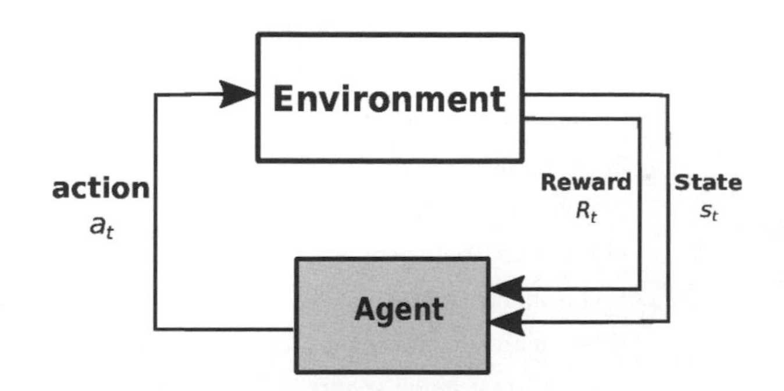

圖 5.3.3 RL 示意圖，圖源自 ResearchGate, source publication：A Machine Learning Approach for Power Allocation in HetNets Considering QoS

第一個是 Agent，在強化學習中如果看到 Agent 你可以直接把他想像成一個做決策的 Model，也就是我們要訓練的目標。Agent 是專門做出決策的，以股票的例子來說，端看怎麼設計，例如我設計成 Agent 可以輸出 -10~10 的值域，而 -10 代表賣出 10 張的決策；10 則代表買入 10 張的決策。

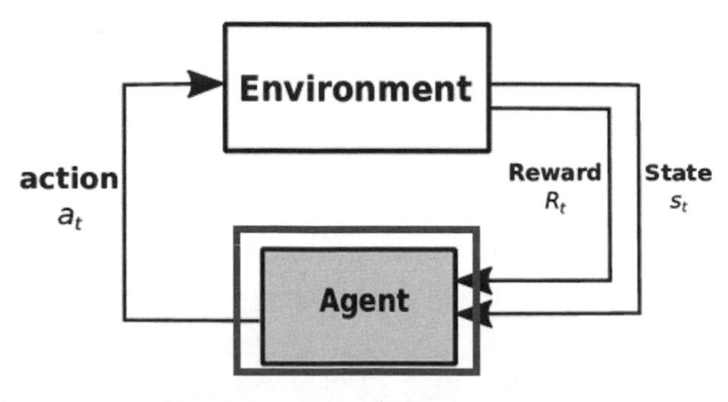

圖 5.3.4　RL 示意圖 – Agent

我先前介紹給你的專案 Stock-Prediction-Model 裡面就有一個 Agent，這裡面雖然有些只是策略，例如第 1、2 項，不過大部分都是 RL 領域，如 Q-learning、Policy-gradient 等。

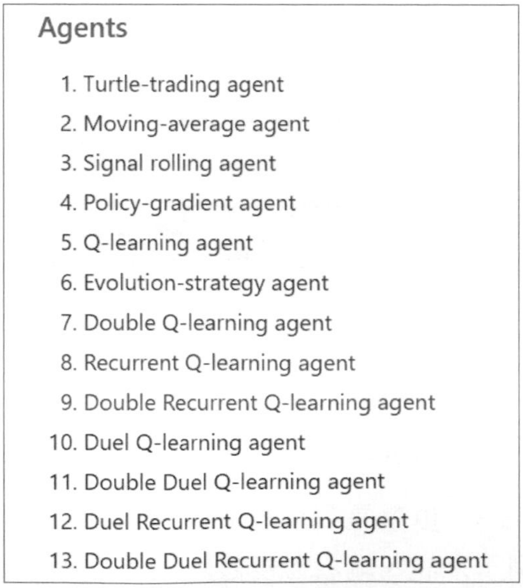

Agents

1. Turtle-trading agent
2. Moving-average agent
3. Signal rolling agent
4. Policy-gradient agent
5. Q-learning agent
6. Evolution-strategy agent
7. Double Q-learning agent
8. Recurrent Q-learning agent
9. Double Recurrent Q-learning agent
10. Duel Q-learning agent
11. Double Duel Q-learning agent
12. Duel Recurrent Q-learning agent
13. Double Duel Recurrent Q-learning agent

圖 5.3.5　Stock-Prediction-Model 專案 Agent 部分，圖截自該專案 README

承上，再來是 action，我們剛剛說了 Agent 負責做決策，而 action 很簡單，action 就是 Agent 所做出來的決策，例如剛剛的例子，Agent 判斷應該要買 10 張，此時 action=10 並傳入給下一步驟去執行所謂的買入 10 張這個動作。

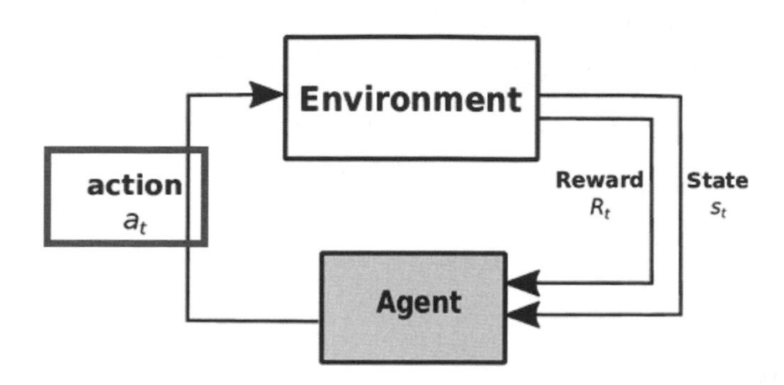

圖 5.3.6　RL 示意圖－ action

再來是 Environment 環境 (下簡稱 env)，env 就是你創造一套規則，並且讓 AI 在這一套規則中遊玩學習。承接剛剛的例子，Agent 做出決策買入 10 張 (action=10)，而 env 就是要來處理檢查現金是否購買 10 張、執行買入紀錄庫存與成本、計算當前庫存獲利等動作，以股票來說 env 就是一個買賣股票的規則而已，你根據收到的買入賣出指令 (action)，要去做對應的買賣動作。通過這個例子你應該能大致上理解，env 就是在設計我們的遊戲規則，如果是訓練交易股票的機器人，那就是設計股票交易遊戲規則。

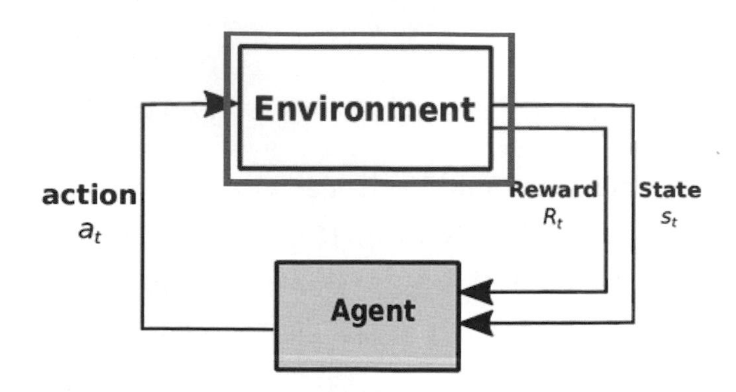

圖 5.3.7　RL 示意圖－Environment

你可能有看過 fb 影片有人用 AI 打超級瑪利歐，或是用 AI 去玩什麼遊戲，其實這很多都是 RL 的應用。有一個非常著名的套件 gym，他專門提供各種不同的 RL 的 env 讓你玩，例如下圖，你看有各種遊戲的環境幫你設計好了，因為我們一般人要去設計一個例如超級瑪利歐的 env 是挺困難的，我覺得比設計股票交易或期貨交易的 env 還要難上許多，這個 gym 提供大量寫好的環境直接供你 AI 去學習使用。

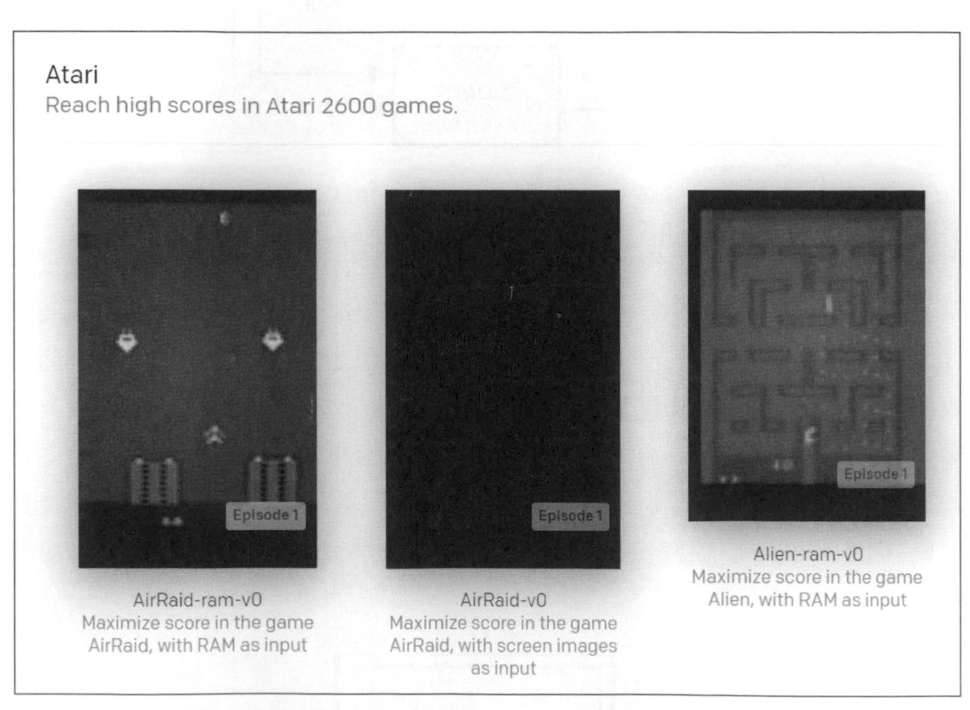

圖 5.3.8　gym 的 environment，圖截取自 gym 官網

再來是 state。state 跟 reward 通常都是與 env 有關，state 代表狀態，狀態是要傳回給 Agent 供他做決策的依據之一，根據設計你可以自由選擇 state 要放什麼，最常見的是會將當前時刻的開高低收跟量、現有現金、現有庫存數量、持有成本等等資訊打包成 state 傳給 Agent，因此這個 state 通常在 env 的末尾來輸出，因為我們得先經過一些買賣的處理，才能夠獲得現有現金、庫存等等資訊。

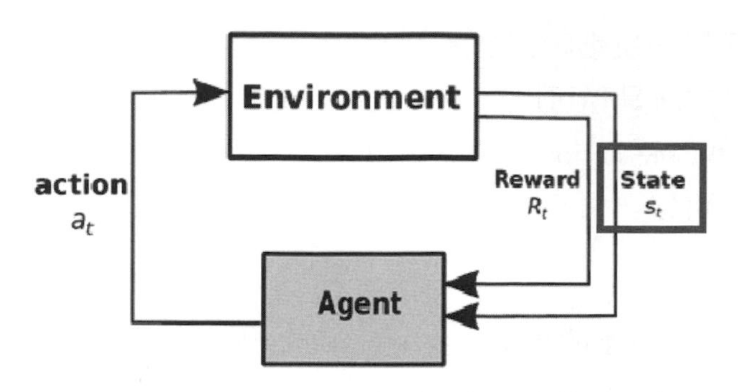

圖 5.3.9　RL 示意圖－State

Reward 的設計是模型學習好壞的關鍵點，也是強化學習的重點特色之一。Reward 並沒有一個公式告訴你怎麼設計 reward 是最好，但是有一些比較常見的算法，例如以我們股票的例子來說，reward 最簡單也最常看見的就是報酬率了，每一刻 action 輸出並在 env 執行的時候，我們都可以根據現有庫存的損益來計算當前的資產成長率是多少對吧？例如我 30 萬本金，此時我有 28 萬現金跟現價值 5 萬股票庫存，合計 33 萬，因此在此刻我就會回傳 0.1 (獲利 10%) 當作我的 reward，通常正的代表獎勵 (reward)，負的則意味著懲罰 (penalty)。

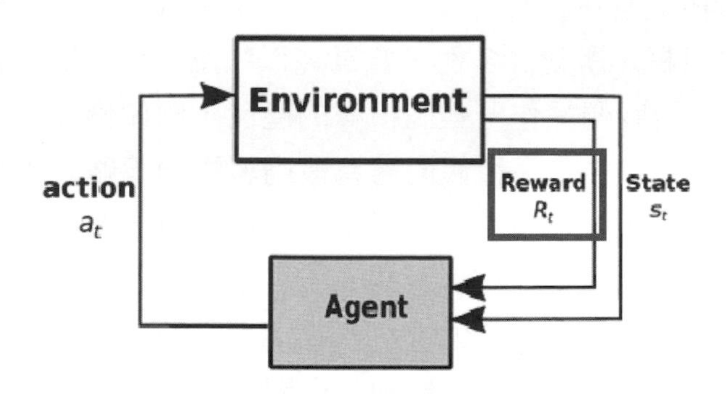

圖 5.3.10　RL 示意圖－Reward

Reward 是很自由的，你可以自由的定義獎懲，當然結果的好壞我們通常都是實驗過後才知道，剛剛說例如我們用資產的成長率來當作獎懲，增長 10% 就是 0.1，虧損 10% 就是 -0.1，除此之外，你還可以設置例如你要求模型不可以一次堆積太多庫存，你可以對太高的庫存做成懲罰，又或者更直接的方法是你可以在 env 中直接限制，例如我希望都在 10 口以內，當開滿 10 口時 action 仍然大於 0 時，我們可以在 env 裡面直接不買入，這些都是可以自由設計的，總之能讓你的交易模型賺更多錢的就是好模型。

整個 RL 就是一個不斷的循環，我用股票的一個設計的例子做一次統整。在最一開始的時候，Agent 會獲得一個 state，裡面是第一天的開高低收以及完全沒動的現金及 0 庫存，然後 reward 為 0，他根據這些資訊判斷出應該要有的 action，當他判定應該為賣出 1 張 (-1) 並傳入 env，此時 env 檢核到我並沒有庫存，所以此次交易由 -1 改為 0，並且一樣放入開高低收的資訊以及空的庫存跟現金打包起來，而此時 reward 則是根據你的設計而定，env 會將 reward、state 一同傳入給模型，模型的最終目的是讓 reward 往最大的方向走，他會根據你給他的評分來檢討這一次的交易，並以此學習起來做為下一次判斷的依據，然後不斷的循環。所以你的 reward 最好是設計成當 reward 越大，報酬也必定越大的這個方向。

我自己在 train 的過程中常常會有一些問題，例如我們都知道模型以追求最大 reward 為目標，所以許多例子會單純以報酬率作為獎懲依據，股票的可能還好，但當我們操作一些高槓桿的產品，例如個股期貨好了，就常常會遇到訓練到最後，模型傾向認為最高報酬的策略是不斷囤積並在最後一刻結算時賣出，就報酬率來説確實，他不斷地囤積個股期，甚至囤積到 200 口，個股期跳動一點是 2000 元，通常期初買入在結算時賣出可能漲了 10 點好了，10*200*2000，一個月結算漲 10 點應該不是很不可能的事情，就能有約 400 萬的獲利，但問題來了，這樣賺錢賺很爽沒錯，但相反的就是賠錢也賠很爽，壓錯邊就會賠到底。

因此在交易一些高槓桿的產品的時候，我都會傾向在 env 中控制設置公式去計算槓桿對應的最大口數是多少，並且對於不斷囤積的行為在 reward

中給予懲罰，寧願獲利穩定或少一點，我們也不願意接受風險極大的大賺與大賠。

模型用於交易真的不是一件易事，因為他不像策略這麼簡單明確，你完全可以知道他這一次買賣是因為什麼條件進出場，但模型你就完全不知道，我們只能透過不斷的修改 reward 跟 env 來控制他，並且透過 reward 跟 loss 的逐步變化來推測發生了什麼，最終希望模型的交易能夠在基於我們可接受的風險下賺錢。現今許多模型都是各取優點並互相結合，你可以對模型做各種組合，例如遷移學習 (transfer learning) 來處理新聞資料，我可以先拿新聞資料去學習對明日股市的漲跌預測，然後拿來交易模型這裡使用，我們通常會讓新聞先經過學習漲跌的模型並產出向量，然後將這個向量再傳入給交易模型做決策。

例如我的另一篇專題就與遷移學習有關，下面是其中一個例子，左側是整個模型的主軸，右側有一個框起來的是我們預先 train 一個 LSTM 來預測漲跌，然後再將這個 LSTM 模型放入主流程專門處理新聞，並將交易模型產生出來的矩陣與新聞模型產生出來的矩陣結合再一起再去做預測，通常我們會稱這個叫做 pre-train model。

這也是現在很流行的一種方式，他的理念就是每一類型的資訊由一個專業的模型來處理，其實這也是蠻合理的，畢竟你如果將文字向量、技術指標向量與價格向量混合在一起並丟給一個模型，可能會造成雜訊太多，技術指標跟價量混在一起可能還好，但是像新聞矩陣這種跟價量資料差異過大的資料，將他混在一起其實沒什麼意義。

模型的世界千變萬化，各種事情也都有人在做，例如我有聽教授說過現今還有靠圖片影像領域的 AI 來交易的實驗，大家看股市其實都是一堆線圖對吧，k 棒、技術指標、量，這就構成了圖的要件，因此有些人甚至實驗過利用這些圖片來預測未來的圖長什麼樣子，這也是個很棒的主題。

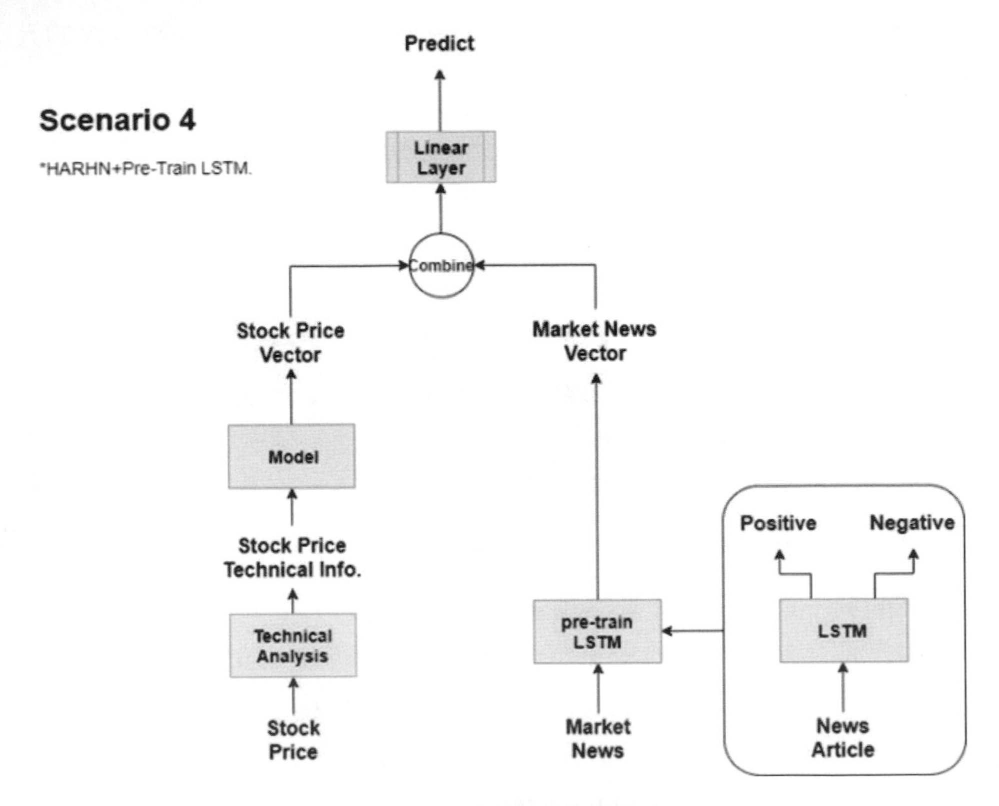

圖 5.3.11　遷移學習的應用之一

說到這裡，總結一下我們在做的事情，我們現在是並行在研究，我老闆負責研究策略，然後如果是期貨的需求就用 Multicharts 實現，如果是股票的需求就用 Python 實驗，在我老闆研究構思的時候，我就是研究各種模型應用於交易，並且現在有幾個正在模擬運行測試中，老實說我們現在的模型目前也沒有應用到我剛剛介紹的遷移學習與新聞資料，不過我正在考慮將新聞資料應用在做空的模型上，做多的模型略有進展，但做空的模型則非常失敗。總而言之模型這一塊我們目前也未有上線運行的一套模型，所以我也只能跟你聊聊我們正在做的事，以及過去曾經做過的事，而沒有辦法給你一個明確的方向，我們自己也尚未在 AI 這一塊找到明確的方向。

本書到這裡已經到了尾聲，我在構思此書的時候有一個目標，希望你看完此書後，你聽到你周遭的朋友、家人、同事在玩股票的，你可以跟他說：嘿朋友，你有什麼策略跟我講，我可以幫你回測一下，或者做一些輔助你決策的機器人，賺到錢記得要分紅。在這個目標下才有了那三個主要章節，第一個我們教爬蟲，因為在你沒有什麼資源的狀況下，你得要從免費的地方抓取資料，這就很考驗爬蟲功力；第二個我們教一些股市程式常有的應用，包括簡單保護密碼、判斷營業日、視覺化以及一些很常用的套件，最後是實作可以每日運行的輔助系列；第三是 backtrader 回測框架的應用，以及一些人家看了會覺得你很專業的分析工具。

如果你覺得有什麼地方沒有明白，或是有什麼應用想要討論，甚至是你有策略想要來跟我合作，我都非常的歡迎，歡迎你寄信給我或者是上 Github 提出 issue，我會盡快地回覆，也希望能藉由此書與看到這裡的你交個朋友，希望這本書多多少少有幫助到你。

Note